高等学校水利类专业教学指导委员会
中国水利教育协会
中国水利水电出版社
共同组织编审

普通高等教育“十二五”规划教材
全国水利行业规划教材

水资源保护与管理

主　编　付　强　何俊仕　刘继龙
副主编　马　龙　康银红　冯　波　关英红　付玉娟

中国水利水电出版社
www.waterpub.com.cn

内 容 提 要

"水资源保护与管理"是水文与水资源工程及相关专业本科生的主要专业课之一。本教材共设有七章，以水资源为研究对象，结合目前水资源开发利用中存在的问题，系统阐述了水资源保护与管理的基本理论和基本方法，并给出了相关实例，从而使该书的科学性、前沿性、实用性和趣味性融为一体。在广泛吸收其他经典教材部分教学内容的基础上，本教材重点阐述了水资源开发与利用、水资源保护、水资源优化配置、水灾害及其防治、节水理论与技术和水资源管理等方面的内容。

本教材可作为高等学校水文与水资源工程专业"水资源保护与管理"课程的本科教材，也可作为水文与水资源工程专业的研究生和教师，以及相关专业的科技人员使用、参考。

图书在版编目（CIP）数据

水资源保护与管理 / 付强，何俊仕，刘继龙主编. -- 北京 : 中国水利水电出版社，2014.1

普通高等教育"十二五"规划教材 全国水利行业规划教材

ISBN 978-7-5170-1730-1

Ⅰ. ①水… Ⅱ. ①付… ②何… ③刘… Ⅲ. ①水资源－资源保护－高等学校－教材②水资源管理－高等学校－教材 Ⅳ. ①TV213.4-53

中国版本图书馆CIP数据核字(2014)第020765号

书　　名	普通高等教育"十二五"规划教材　全国水利行业规划教材 **水资源保护与管理**
作　　者	主　编　付强　何俊仕　刘继龙
出版发行	中国水利水电出版社 （北京市海淀区玉渊潭南路1号D座　100038） 网址：www.waterpub.com.cn E-mail：sales@waterpub.com.cn 电话：（010）68367658（发行部）
经　　售	北京科水图书销售中心（零售） 电话：（010）88383994、63202643、68545874 全国各地新华书店和相关出版物销售网点
排　　版	中国水利水电出版社微机排版中心
印　　刷	北京纪元彩艺印刷有限公司
规　　格	184mm×260mm　16开本　20.75印张　492千字
版　　次	2014年1月第1版　2014年1月第1次印刷
印　　数	0001—3000册
定　　价	**42.00**元

前言

本教材是教育部水利学科教育指导委员会指定推荐教材、中国水利水电出版社“十二五”规划教材、全国水利行业规划教材，由东北农业大学组织沈阳农业大学、内蒙古农业大学、四川农业大学和吉林大学，结合我国高等学校水文与水资源工程专业发展新形势和水资源保护与管理学科新发展进行编写的。

水资源的保护与管理，是维持水资源可持续利用、实现水资源良性循环的重要保证，也是维持社会进步、国民经济可持续发展的关键所在。“水资源保护与管理”是高等学校水文与水资源工程专业的主要专业课之一，本教材通过对水资源的来源、利用、保护、节约、再生和管理等方面进行系统分析，使学生充分了解和掌握水资源保护与管理方面的基本理论与方法。此外，为加深学生对教学内容的了解，每章都配有适量的参考题，便于学生学习和掌握重点。

本教材由东北农业大学付强和沈阳农业大学何俊仕任主编，东北农业大学刘继龙、内蒙古农业大学马龙、四川农业大学康银红、吉林大学冯波和东北农业大学关英红任副主编。本教材共分七章，具体编写分工为：东北农业大学付强和内蒙古农业大学马龙负责编写第一章——绪论，沈阳农业大学何俊仕和付玉娟负责编写第二章——水资源开发与利用，东北农业大学刘继龙负责编写第七章——水资源管理，内蒙古农业大学马龙负责编写第四章——水资源优化配置，四川农业大学康银红负责编写第六章——节水理论与技术，吉林大学冯波负责编写第五章——水灾害及其防治，东北农业大学关英红负责编写第三章——水资源保护，全书由东北农业大学付强统稿。

本教材编写过程中，很多专家和学者提出了宝贵意见，编者还参考、借鉴和引用了大量国内外有关教材、专著、论文、标准和法律法规等资料，在此，谨向他们表示衷心的感谢。

由于本教材涉及多个学科的知识，加之编者水平有限，书中的缺点和错误在所难免，恳请广大师生和各界读者提出宝贵意见。

编 者

2013年10月

目录

第一章 绪 论

第一节 水资源涵义及特点

一、水资源的涵义

水，是生命之源，是人类赖以生存和发展的不可缺少的一种宝贵资源，是自然环境的重要组成部分，是可持续发展的基础条件。百度百科给出水的定义为：水（化学式为 H_2O）是由氢、氧两种元素组成的无机物，在常温常压下为无色无味的透明液体。水，包括天然水（河流、湖泊、大气水、海水、地下水等）和人工制水（通过化学反应使氢氧原子结合得到水）。

地球上的水覆盖了地球71%以上的表面，地球上这么多的水是从哪儿来的？地球上本来就有水吗？关于地球上水的起源在学术界上存在很大的分歧，目前有几十种不同的水形成学说。有的观点认为在地球形成初期，原始大气中的氢、氧化合成水，水蒸气逐步凝结下来并形成海洋；有的观点认为，形成地球的星云物质中原先就存在水的成分；有的观点认为，原始地壳中硅酸盐等物质受火山影响而发生反应、析出水分；有的观点认为，被地球吸引的彗星和陨石是地球上水的主要来源，甚至地球上的水还在不停增加。

直到19世纪末期，人们虽然知道水，熟悉水，但并没有"水资源"的概念，而且水资源概念的内涵也在不断地丰富和发展，再加上由于研究领域不同或思考角度不同，国内外专家学者对水资源概念的理解和定义存在明显差异，目前关于"水资源"的定义有：

(1) 联合国教科文组织和世界气象组织共同制定的《水资源评价活动——国家评价手册》：可以利用或有可能被利用的水源，具有足够的数量和可用的质量，并能在某一地点为满足某种用途而可被利用。

(2)《中华人民共和国水法》：该法所称水资源，包括地表水和地下水。

(3)《中国大百科全书》：在不同的卷册中对水资源也给予了不同的解释，如在"大气科学、海洋科学、水文科学卷"中，水资源被定义为：地球表层可供人类利用的水，包括水量（水质）、水域和水能资源，一般指每年可更新的水量资源；在"水利卷"中，水资源被定义为：自然界各种形态（气态、固态或液态）的天然水，并将可供人类利用的水资源作为供评价的水资源。

(4) 美国地质调查局：陆面地表水和地下水。

(5)《不列颠百科全书》：全部自然界任何形态的水，包括气态水、液态水或固态水的总量。

(6) 英国《水资源法》：地球上具有足够数量的可用水。

(7) 张家诚：降水量中可以被利用的那一部分。

(8) 刘昌明：与人类生产和生活有关的天然水源。

（9）曲耀光：可供国民经济利用的淡水资源，其数量为扣除降水期蒸发的总降水量。

（10）贺伟程：与人类社会用水密切相关而又能不断更新的淡水，包括地表水、地下水和土壤水。

综上所述，国内外学者对水资源的概念有不尽一致的认识与理解，水资源的概念有广义和狭义之分。广义上的水资源，是指能够直接或间接使用的各种水和水中物质，对人类活动具有使用价值和经济价值的水均可称为水资源。狭义上的水资源，是指在一定经济技术条件下，人类可以直接利用的淡水。水资源是维持人类社会存在并发展的重要自然资源之一，它应当具有如下特性：能够被利用；能够不断更新；具有足够的水量；水质能够满足用水要求。

二、水资源的特点

水资源作为自然资源的一种，具有许多自然资源的特性，同时具有许多独特的特性，为合理有效地利用水资源，充分发挥水资源的环境效益、经济效益和社会效益，需充分认识水资源的基本特点。水资源的基本特点包括以下几个方面[1-5]。

（1）循环性。

地球上的水体受太阳能的作用，不断地进行相互转换和周期性的循环过程，而且循环过程是永无止境的、无限的，水资源在水循环过程中能够不断恢复、更新和再生，并在一定时空范围内保持动态平衡，循环过程的无限性使得水资源在一定开发利用状况下是取之不尽、用之不竭的。

（2）有限性。

在一定区域和一定时段内，水资源的量是有限的，更新和恢复的水资源量也是有限的，水资源的消耗量不应该超过水资源的补给量，以前，人们认为地球上的水是无限的，从而导致人类不合理开发利用水资源，引起水资源短缺、水环境破坏和地面沉降等一系列不良后果。

（3）不均匀性。

水资源的不均匀性包括水资源在时间和空间两个方面上的不均匀性。由于受气候和地理条件的影响，不同地区水资源的分布有很大差别，例如我国总的来讲，东南多，西北少；沿海多，内陆少；山区多，平原少。水资源在时间上的不均匀性，主要表现在水资源的年际和年内变化幅度大，例如我国降水量的年内分配和年际分配都极不均匀，汛期4个月的降水量占全年降水量的比率，南方约为60%，北方则为80%；最大年降雨量与最小年降雨量的比，南方为2～4倍，北方为3～8倍。水资源在时空分布上的不均匀性，给水资源的合理开发利用带来很大困难。

（4）多用途性。

水资源作为一种重要的资源，在国民经济各部门中的用途是相当广泛的，不仅能够用于农业灌溉、工业用水和生活供水，还可以用于水力发电、航运、水产养殖、旅游娱乐和环境改造等。随着人们生活水平的提高和社会国民经济的发展，对水资源的需求量不断增加，很多地区出现了水资源短缺的现象，水资源在各个方面的竞争日趋激烈，如何解决水资源短缺问题，满足水资源在各方面的需求是急需解决的问题之一。

（5）不可代替性。

水是生命的摇篮，是一切生物的命脉，如对于人来说，水是仅次于氧气的重要物质，成人体内，60%的质量是水，儿童体内水的比重更大，可达80%。水在维持人类生存、社会发展和生态环境等方面是其他资源无法代替的，水资源的短缺会严重制约社会经济的发展和人民生活的改善。

（6）两重性。

水资源是一种宝贵的自然资源，水资源可被用于农业灌溉、工业供水、生活供水、水力发电、水产养殖等各个方面，推动社会经济的发展，提高人民的生活水平，改善人类生存环境，这是水资源有利的一面；同时，水量过多，容易造成洪水泛滥等自然灾害，水量过少，容易造成干旱等自然灾害，影响人类社会的发展，这是水资源有害的一面。

（7）公共性。

水资源的用途十分广泛，各行各业都离不开水，这就使得水资源具有了公共性，《中华人民共和国水法》明确规定，水资源属于国家所有，水资源的所有权由国务院代表国家行使，国务院水行政主管部门负责全国水资源的统一管理和监督工作；任何单位和个人引水、截（蓄）水、排水，不得损害公共利益和他人的合法权益。

第二节 水资源量及其分布

一、世界水资源概况

水是人类及一切生物赖以生存的必不可少的重要物质，是工农业生产、经济发展和环境改善不可替代的极为宝贵的自然资源。地球在地壳表层、表面和围绕气球的大气层中存在着各种形态的，包括液态、气态和固态的水，形成地球的水圈，从表面上看，地球上的水量是非常丰富的。

地球上各种类型的水储量分布情况如表1-1所示，水圈内海洋水、冰川与永久积雪、地下水、永冻层中冰、湖泊水、土壤水、大气水、沼泽水、河流水和生物水等全部水体的总储存量为13.86亿km^3，其中海洋水量13.38亿km^3，占地球总储存水量的96.5%，这部分巨大的水体属于高盐量的咸水，除极少量水体被利用（作为冷却水、海水淡化）外，绝大多数是不能被直接利用的。陆地上的水量仅有0.48亿km^3，占地球总储存水量的3.5%，就是在陆面这样有限的水体也并不全是淡水，淡水量仅有0.35亿km^3，占陆地水储存量的73%，其中0.24亿km^3的淡水量，分布于冰川多积雪、两极和多年冻土中，以人类现有的技术条件很难利用。便于人类利用的水只有0.1065亿km^3，占淡水总量的30.4%，仅占地球总储存水量的0.77%。因此，地球上的水量虽然非常丰富，然而可被人类利用的淡水资源量是很有限的。

表1-1 地球上各种水体的水储量分布

水体	水储量		咸水		淡水	
	$10^3 km^3$	%	$10^3 km^3$	%	$10^3 km^3$	%
海洋水	1338000.0	96.54	1338000.0	99.04	0	0
冰川与永久积雪	24064.1	1.74	0	0	24064.1	68.70
地下水	23400.0	1.69	12870	0.95	10530.0	30.06

续表

水体	水储量		咸水		淡水	
	10^3km^3	%	10^3km^3	%	10^3km^3	%
永冻层中冰	300.0	0.02	0	0	300.0	0.86
湖泊水	176.4	0.013	85.4	0.006	91.0	0.26
土壤水	16.5	0.001	0	0	16.5	0.047
大气水	12.9	0.0009	0	0	12.9	0.037
沼泽水	11.5	0.0008	0	0	11.5	0.033
河流水	2.12	0.0002	0	0	2.12	0.006
生物水	1.12	0.0001	0	0	1.12	0.003
总量	1385984.6	100	1350955.4	100	35029.2	100

注　资料来源于何俊仕等《水资源概论》(中国农业大学出版社，2006年)。

表1-2　　世界各大洲的水资源量分布

洲别	大陆及岛屿面积 (10^4km^2)	平均年降水量		平均年江河径流量		平均年地下水更新量	
		深度 (mm)	体积 ($10^{12}m^3$)	深度 (mm)	体积 ($10^{12}m^3$)	占江河径流量的百分数 (%)	体积 ($10^{12}m^3$)
欧洲	1050.0	790	8.29	306	3.21	35	1.12
亚洲	4347.5	740	32.20	332	14.41	26	3.75
非洲	3012.0	740	22.30	151	4.57	35	1.60
北美洲	2420.0	756	18.30	339	8.20	29	2.16
南美洲	1780.0	1600	28.40	661	11.76	35	4.12
澳洲及大洋洲	895.0	791	7.08	267	2.39	24	0.58
南极洲	1398.0	165	2.31	165	2.31	≈0	≈0
全球陆地	14900.0	800	119.00	314	46.80	30	13.32

注　资料来源于张明泉等《水资源评价》(兰州大学出版社，1995年)。

地球上人类可以利用的淡水资源主要是指降水、地表水和地下水，其中降水资源量、地表水资源量和地下水资源量分别用年平均降水量、多年平均年河川径流量和平均年地下水更新量（或可恢复量）来表征，表1-2为世界各大洲的平均年降水量、平均年江河径流量和平均年地下水更新量。世界各地拥有的水资源量差别很大，欧洲、亚洲、非洲、北美洲、南美洲、澳洲及大洋洲、南极洲平均年降水量（体积）分别为$8.29\times10^{12}m^3$、$32.20\times10^{12}m^3$、$22.30\times10^{12}m^3$、$18.30\times10^{12}m^3$、$28.40\times10^{12}m^3$、$7.08\times10^{12}m^3$、$2.31\times10^{12}m^3$，最大平均年降水量是最小平均年降水量的13.94倍；平均年江河径流量（体积）依次为$3.21\times10^{12}m^3$、$14.41\times10^{12}m^3$、$4.57\times10^{12}m^3$、$8.20\times10^{12}m^3$、$11.76\times10^{12}m^3$、$2.39\times10^{12}m^3$、$2.31\times10^{12}m^3$，最大平均年江河径流量是最小平均年江河径流量值的6.24倍；平均年地下水更新量（体积）分别为$1.12\times10^{12}m^3$、$3.75\times10^{12}m^3$、$1.60\times10^{12}m^3$、$2.16\times10^{12}m^3$、$4.12\times10^{12}m^3$、$0.58\times10^{12}m^3$、0，除南极洲外，最大平均年地下水更新量是最小平均年地下水更新量的7.10倍。

二、我国水资源概况

（一）我国水资源总量

我国地处北半球欧亚大陆的东南部，位于季风气候区域，受热带、太平洋低纬度上空温暖而潮湿气团的影响以及西南的印度洋和东北的鄂霍茨克海的水蒸气的影响，东南地区、西南地区以及东北地区可获得充足的降水量，使我国成为世界上水资源相对比较丰富的国家之一。

我国水利部门在综合有关文献资料的基础上，对世界上153个国家的水资源总量和人均水资源总量进行了统计。在进行统计的153个国家中，水资源总量排在前10名的国家（表1-3）分别是巴西、俄罗斯、美国、印度尼西亚、加拿大、中国、孟加拉国、印度、委内瑞拉、哥伦比亚，用多年平均年河川径流量表示的水资源总量依次为69500亿m^3、42700亿m^3、30560亿m^3、29860亿m^3、29010亿m^3、27115亿m^3、23570亿m^3、20850亿m^3、13170亿m^3、10700亿m^3，中国仅次于巴西、俄罗斯、美国、印度尼西亚、加拿大，排在第6位，水资源总量比较丰富。

表1-3　水资源总量排名前10位的国家（水资源总量以多年平均年河川径流量表示）

国家	水资源总量		人均水资源总量	
	总量（亿m^3/a）	排序	人均（m^3/a）	排序
巴西	69500	1	42957	20
俄罗斯	42700	2	29048	31
美国	30560	3	11608.7	56
印度尼西亚	29860	4	15253.6	49
加拿大	29010	5	98462	8
中国	27115	6	2238.6	121
孟加拉国	23570	7	19571	44
印度	20850	8	2228	122
委内瑞拉	13170	9	60291	15
哥伦比亚	10700	10	30483	29

注　参考辽宁省水利厅《辽宁水资源管理》（辽宁科学技术出版社，2006年），资料来源《水信息报》，1997（20）；人均水资源总量是用各国水资源总量除以各国1995年人口数，人均水资源总量排序是指在153个统计国家中的排名。

（二）我国水资源特点

我国幅员辽阔，人口众多，地形、地貌、降水、气候条件等复杂多样，再加上耕地分布等因素的影响，使得我国水资源具有以下特点[3,5,9]。

1. 总量相对丰富，人均拥有量少

如表1-3所示，我国多年平均年河川径流量为27115亿m^3，水资源总量仅次于巴西、俄罗斯、美国、印度尼西亚、加拿大，排在世界第6位。然而，我国人口众多，年人均水资源量仅为2238.6 m^3，排在世界第121位。1993年“国际人口行动”提出的《持续水——人口和可更新水的供给前景》报告提出下列划分标准：人均水资源量少于1700m^3/a，则为用水紧张国家；人均水资源量少于1000m^3/a，则为缺水国家；人均水资源量少于500m^3/a，则为严重缺水国家。随着人口的增加，到21世纪中叶，我国人均水资源量将接近1700m^3/a，届时我国将成为用水紧张的国家[10]。随着人民生活水平的提高，社会经济的不断发展，水资源的供需矛盾将会更加突出。

2. 水资源时空分布不均匀

我国水资源在空间上的分布很不均匀，南多北少，且与人口、耕地和经济的分布不相适应，使得有些地区水资源供给有余，有些地区水资源供给不足。表 1-4 给出了 1997～2005 年我国松花江、辽河、海河、黄河、淮河、长江、东南诸河、珠江、西南诸河和西北诸河的水资源总量。据统计，南方四片面积、耕地面积、人口分别占全国总面积、耕地总面积、总人口的 36.5%、36.0%、54.4%，但南方四片拥有的水资源总量却占全国水资源总量的 81%，人均水资源量和亩均水资源量分别为 41800m^3/a 和 4130m^3/a，约为全国人均水资源量和亩均水资源量的 2 倍和 2.3 倍。北方的辽河、海河、黄河、淮河四个流域片面积、耕地面积、人口分别占全国总面积、耕地总面积、总人口的 18.7%、45.2%、38.4%，但上述四个流域片拥有的水资源总量只相当于南方四片水资源总量的 12%。我国水资源在空间分布上的不均匀性，是造成我国北方和西北许多地区出现资源性缺水的根本原因，而水资源的短缺是影响这些地区经济发展、人民生活水平提高和环境改善等的主要因素之一。

表 1-4　　1997～2005 年中国分区水资源总量　　单位：亿 m^3

编号	分区	1997 年	1998 年	1999 年	2000 年	2001 年	2002 年	2003 年	2004 年	2005 年	平均值
(A)	松花江	1682.8	2881.1	1377.1	1395.1	1420.3	1373.0	1424.0	1189.9	1525.0	1281.9
(B)	辽河							345.2	419	549.7	406.9
(C)	海河	212.1	353.8	192.5	269.6	200.2	159.0	321.1	299.6	267.1	251.0
(D)	黄河	481.5	677.2	625.9	565.9	513.3	473.4	827.3	628.0	756.3	599.1
(E)	淮河	625.3	1403.4	587.4	1232.9	592.1	695.0	1851.7	752.2	1399.6	967.5
(F)	长江	9274.2	13127.1	11264.9	10032.4	8887.0	10890.8	10064.8	8734.6	9887.0	10240.3
(G)	东南诸河	2433.3	2580.8	2252.0	2128.9	2104.4	2314.4	1312.4	1323.8	2261.7	2056.3
(H)	珠江	6478.2	5155.1	4403.9	4429.4	5817.6	5251.1	4172.2	3512.9	4391.3	4902.6
(I)	西南诸河	5356.1	6286.5	5927.7	6123.3	5700.8	5640.5	5571.6	5969.3	5561.8	5815.3
(J)	西北诸河	1311.3	1552.1	1564.4	1523.5	1632.2	1457.3	1369.9	1300.4	1453.5	1462.7
全国合计		27854.8	34017.1	28195.7	27700.8	26867.8	28254.5	27460.2	24129.6	28053.1	28059.3

注　参考左其亭等《水资源利用与管理》（黄河水利出版社，2009 年），资料来源与《中国水资源公报》（1997～2005 年）。

由于我国大部分地区受季风气候的影响，我国水资源在时间分配上也存在明显的年际和年内变化，在我国南方地区，最大年降水量一般是最小年降水量的 2～4 倍，北方地区为 3～6 倍；我国长江以南地区由南往北雨季为 3～6 月至 4～7 月，雨季降水量占全年降水量的 50%～60%，长江以北地区雨季为 6～9 月，雨季降水量占全年降水量的 70%～80%。我国水资源的年际和年内变化剧烈，是造成我国水旱灾害频繁的根本原因，这给我国水资源的开发利用和农业生产等方面带来很多困难。

第三节　水资源的重要性与用途

一、水资源的重要性

水资源的重要性主要体现在以下几个方面[9,11-13]。

（1）生命之源。

水是生命的摇篮，最原始的生命是在水中诞生的，水是生命存在不可缺少的物质。不同生物体内都拥有大量的水分，一般情况下，植物植株的含水率为60%～80%，哺乳类体内约有65%，鱼类75%，藻类95%，成年人体内的水占体重的65%～70%。此外，生物体的新陈代谢、光合作用等都离不开水，每人每日大约需要2～3L的水才能维持正常生存。

（2）文明的摇篮。

没有水就没有生命，没有水更不会有人类的文明和进步，文明往往发源于大河流域，世界四大文明古国——古代中国、古代印度、古代埃及和古代巴比伦——最初都是以大河为基础发展起来的，尼罗河孕育了古埃及的文明，底格里斯河与幼发拉底河流域促进了古巴比伦王国的兴盛，恒河带来了古印度的繁荣，长江与黄河是华夏民族的摇篮。古往今来，人口稠密、经济繁荣的地区总是位于河流湖泊沿岸，沙漠缺水地带，人烟往往比较稀少，经济也比较萧条。

（3）社会发展的重要支撑。

水资源是社会经济发展过程中不可缺少的一种重要的自然资源，与人类社会的进步与发展紧密相连，是人类社会和经济发展的基础与支撑。在农业用水方面，水资源是一切农作物生长所依赖的基础物质，水对农作物的重要作用表现在它几乎参与了农作物生长的每一个过程，农作物的发芽、生长、发育和结实都需要有足够的水分，当提供的水分不能满足农作物生长的需求时，农作物极可能减产甚至死亡。在工业用水方面，水是工业的血液，工业生产过程中的每一个生产环节（如加工、冷却、净化、洗涤等）几乎都需要水的参与，每个工厂都要利用水的各种作用来维持正常生产，没有足够的水量，工业生产就无法进行正常生产，水资源保证程度对工业发展规模起着非常重要的作用。在生活用水方面，随着经济发展水平的不断提高，人们对生活质量的要求也不断提高，从而使得人们对水资源的需求量越来越大，若生活需水量不能得到满足，必然会成为制约社会进步与发展的一个瓶颈。

（4）生态环境基本要素。

生态环境是指影响人类生存与发展的水资源、土地资源、生物资源以及气候资源数量与质量的总称，是关系到社会和经济持续发展的复合生态系统。水资源是生态环境的基本要素，是良好的生态环境系统结构与功能的组成部分。水资源充沛，有利于营造良好的生态环境，水资源匮乏，则不利于营造良好的生态环境，如我国水资源比较缺乏的华北和西北干旱、半干旱区，大多是生态系统比较脆弱的地带。水资源比较缺乏的地区，随着人口的增长和经济的发展，会使得本已比较缺乏的水资源进一步短缺，从而更容易产生一系列生态环境问题，如草原退化、沙漠面积扩大、水体面积缩小、生物种类和种群减少。

二、水资源的用途

水资源是人类社会进步和经济发展的基本物质保证，人类的生产活动和生活活动都离不开水资源的支撑，水资源在许多方面都具有使用价值，水资源的用途主要有农业用水、工业用水、生活用水、生态环境用水、发电用水、航运用水、旅游用水、养殖用水等[10,14-15]。

(1) 农业用水。

农业用水包括农田灌溉和林牧渔畜用水。农业用水是我国用水大户，农业用水量占总用水量的比例最大，在农业用水中，农田灌溉用水是农业用水的主要用水和耗水对象，采取有效节水措施，提高农田水资源利用效率，是缓解水资源供求矛盾的一个主要措施。

(2) 工业用水。

根据《工业用水分类及定义》(CJ 40—1999)[16]，工业用水指工、矿企业的各部门，在工业生产过程（或期间）中，制造、加工冷却、空调、洗涤、锅炉等处使用的水及厂内职工生活用水的总称。工业用水是水资源利用的一个重要组成部分，由于工业用水组成十分复杂，工业用水的多少受工业类别、生产方式、用水工艺和水平以及工业化水平等因素的影响。

(3) 生活用水。

生活用水包括城市生活用水和农村生活用水两个方面，其中城市生活用水包括城市居民住宅用水、市政用水、公共建筑用水、消防用水、供热用水、环境景观用水和娱乐用水等；农村生活用水包括农村日常生活用水和家养禽畜用水等。

(4) 生态环境用水。

生态环境用水是指为达到某种生态水平，并维持这种生态平衡所需要的用水量。生态环境用水有一个阈值范围，用于生态环境用水的水量超过这个阈值范围，都会导致生态环境的破坏。许多水资源短缺的地区，在开发利用水资源时，往往不考虑生态环境用水，产生许多生态环境问题，进行水资源规划时，充分考虑生态环境用水，是这些地区修复生态环境问题的前提。

(5) 水力发电。

地球表面各种水体（河川、湖泊、海洋）中蕴藏的能量，称为水能资源或水力资源。水力发电是利用水能资源生产电能。

(6) 其他用途。

水资源除了在上述的农业、工业、生活、生态环境和水力发电方面具有重要使用价值，而得到广泛应用外，水资源还可用于发展航运事业、渔业养殖和旅游事业等。

在上述水资源的用途中，农业用水、工业用水和生活用水的比例称为用水结构，用水结构能够反映出一个国家的工农发展水平和城市建设发展水平。

表1-5为美国的农业用水量，工业用水量和生活用水量，表1-6为日本的农业用水量、工业用水量和生活用水量，表1-7为中国的农业用水量、工业用水量和生活用水量。美国、日本和中国的农业用水量、工业用水量和生活用水量有显著差别，在美国，工业用水量最大，其次为农业用水量，再次为生活用水量；在日本，农业用水量最大，除个别年份外，工业用水量和生活用水量相差不大；在中国，农业用水量最大，其次为工业用水量，最后为生活用水量。

表 1-5　美国农业用水量、工业用水量和生活用水量（1950～2000 年）　单位：亿 m^3

年份	农业用水量	工业用水量	生活用水量
1950	1230	1064	243
1955	1520	1534	285
1960	1520	1907	340
1965	1658	2432	387
1970	1796	2998	435
1975	1934	3385	468
1980	2073	3523	547
1985	1893	3005	612
1990	1893	3107	641
1995	1851	3027	678
2000	1980	2210	610

注　资料来源于马静等水资源利用国内外比较与发展趋势，水利水电科技进展，2007 年。

表 1-6　日本农业用水量、工业用水量和生活用水量（1975～2000 年）　单位：亿 m^3

年份	农业用水量	工业用水量	生活用水量
1975	570	183	123
1976	570	178	131
1977	570	174	134
1978	570	169	137
1979	570	168	139
1980	580	165	137
1981	580	161	141
1982	580	158	143
1983	585	158	149
1984	585	156	150
1985	585	156	151
1986	585	154	152
1987	585	154	155
1988	585	154	157
1989	586	154	161
1990	586	156	166
1991	586	159	168
1992	586	158	170
1993	586	154	169
1994	587	150	171
2000	552	158	174

注　资料来源于马静等水资源利用国内外比较与发展趋势，水利水电科技进展，2007 年。

表 1-7　　中国农业用水量、工业用水量和生活用水量（1949～2004 年）　　单位：亿 m^3

年份	农业用水量	工业用水量	生活用水量
1949	1000	24	6
1959	1940	96	14
1965	2545	181	18
1980	3699	457	280
1993	3817	906	475
1997	3920	1121	525
2000	3860	1160	610
2002	3736	1142	619
2004	3667	1229	651

注　资料来源于马静等水资源利用国内外比较与发展趋势，水利水电科技进展，2007 年。

水资源的使用用途不同时，对水资源本身产生的影响不同，对水资源的要求也不尽相同，如水资源用于农业用水、生活用水和工业用水等部门时，这些用水部门会把水资源当作物质加以消耗，此外，这些用水部门对水资源的水质要求也不相同；当水资源用于水力发电、航运和旅游等部门时，被利用的水资源一般不会发生明显的变化。水资源具有多种用途，开发利用水资源时，要考虑水资源的综合利用，不同用水部门对水资源的要求不同，这为水资源的综合利用提供了可能，但同时也要妥善解决不同用水部门对水资源要求不同而产生的矛盾。

第四节　水资源保护与管理的意义与内容

水资源是基础自然资源，水资源为人类社会的进步和社会经济的发展提供了基本的物质保证，由于水资源的固有属性（如有限性和分布不均匀性等）、气候条件的变化和人类的不合理开发利用，在水资源的开发利用过程中，产生了许多水问题，如水资源短缺、水污染严重、洪涝灾害频繁、地下水过度开发、水资源开发管理不善、水资源浪费严重和水资源开发利用不够合理等，这些问题限制了水资源的可持续发展，也阻碍了社会经济的可持续发展和人民生活水平的不断提高。因此，进行水资源的保护与管理是人类社会可持续发展的重要保障。

一、水资源保护与管理的意义

（1）缓解和解决各类水问题。

进行水资源保护与管理，有助于缓解或解决水资源开发利用过程中出现的各类水问题，比如通过采取高效节水灌溉技术，减少农田灌溉用水的浪费，提高灌溉水利用效率；通过提高工业生产用水的重复利用率，减少工业用水的浪费；通过建立合理的水费体制，减少生活用水的浪费；通过采取一些蓄水和引水等措施，缓解一些地区的水资源短缺问题；通过对污染物进行达标排放与总量控制，以及提高水体环境容量等措施，改善水体水质，减少和杜绝水污染现象的发生；通过合理调配农业用水、工业用水、生活用水和生态环境用水之间的比例，改善生态环境，防止生态环境问题的发生；通过对供水、灌溉、水力发电、航运、渔业、旅游等用水部门进行水资源的优化调配，解决各用水部门之间的矛盾，减少不应有的损失；通过进一步加强地下水开发利用的监督与管理工作，完善地下水和地质环境监测系统，有效控制地下水的过度开发；通过采取工程措施和非工程措施改变水资源在空间分布和时间分布上的不均匀性，减轻洪涝灾害的影响。

（2）提高人们的水资源管理和保护意识。

水资源开采利用过程中产生的许多水问题，都是由于人类不合理利用以及缺乏保护意识造成的，通过让更多的人参与水资源的保护与管理，加强水资源保护与管理教育，以及普及水资源知识，进而增强人们的水法制意识和水资源观念，提高人们的水资源管理和保护意识，自觉地珍惜水，合理地用水，从而可为水资源的保护与管理创造一个良好的社会环境与氛围。

（3）保证人类社会的可持续发展。

水是生命之源，是社会发展的基础，进行水资源保护与管理研究，建立科学合理的水资源保护与管理模式，实现水资源的可持续开发利用，能够确保人类生存、生活和生产，以及生态环境等用水的长期需求，从而为人类社会的可持续发展提供坚实的基础。

二、水资源保护与管理的研究内容

本书的主要研究内容如下。

（1）水资源涵义及特点，水资源量及其分布，水资源的重要性与用途，水资源保护与管理的意义。

（2）水资源开发与利用：水资源开发利用形式，需水量预测，可供水量预测，水资源供需平衡计算与分析。

（3）水资源保护：水资源保护的概念，天然水的组成与性质，水体污染，水质模型，水环境标准，水质监测与评价，水资源保护措施。

（4）水资源优化配置：水资源优化配置内涵，水资源优化配置基本原则，水资源优化配置内容与模型，面向可持续发展的水资源优化配置。

（5）水灾害及其防治：水灾害属性，水灾害类型及其成因，水灾害危害，水灾害防治措施。

（6）节水理论与技术：节水内涵，生活节水，工业节水，农业节水，城市污水回用。

（7）水资源管理：水资源管理的概念，水资源管理的目标，水资源管理的原则，水资源管理的内容，国外水资源管理概况及经验，水资源法律管理，水资源水量与水质管理，水价管理，水资源管理信息系统。

思 考 题

1. 简述水资源的概念与基本特点。
2. 简述水资源的时空分布特点。
3. 简述水资源的重要性与用途。
4. 简述水资源开发利用中面临的问题。
5. 简述水资源保护与管理的研究内容。

6. 论述水资源保护与管理的意义。

参考文献

[1] 李广贺，张旭，张思聪，等．水资源利用与保护［M］．北京：中国建筑工业出版社，2002.

[2] 顾圣平，田富强，徐得潜．水资源规划及利用［M］．北京：中国水利水电出版社，2009.

[3] 左其亭，王树谦，刘廷玺．水资源利用与管理［M］．郑州：黄河水利出版社，2009.

[4] 董增川．水资源规划与管理［M］．北京：中国水利水电出版社，2008.

[5] 王双银，宋孝玉，张鑫，等．水资源评价［M］．郑州：黄河水利出版社，2008.

[6] 何俊仕，林洪孝．水资源概论［M］．北京：中国农业大学出版社，2006.

[7] 张明泉，曾正中．水资源评价［M］．兰州：兰州大学出版社，1995.

[8] 辽宁省水利厅．辽宁水资源管理［M］．沈阳：辽宁科学技术出版社，2006.

[9] 刘文祥，耿世刚，刘金洁，等．水资源危机［M］．贵阳：贵州科技出版社，2001.

[10] 王晓昌，张荔，袁宏林．水资源利用与保护［M］．北京：高等教育出版社，2008.

[11] 王守荣，朱川海，程磊，等．全球水循环与水资源［M］．北京：气象出版社，2003.

[12] 王家枢．水资源与国家安全［M］．北京：地震出版社，2002.

[13] 于法稳．水资源与农业可持续发展［M］．重庆：重庆大学出版社，2000.

[14] 陈梦玉．水资源开发利用［M］．北京：中国水利水电出版社，1997.

[15] 左其亭，窦明，马军霞．水资源学教程［M］．北京：中国水利水电出版社，2008.

[16] 建设部给水排水产品标准化技术委员会．工业用水分类及定义（CJ 40—1999）［M］．北京：中国标准出版社，2001.

[17] 马静，陈涛，申碧峰，等．水资源利用国内外比较与发展趋势［J］．水利水电科技进展，2007，27（1）：6-10，13.

第二章　水资源开发与利用

第一节　水资源开发利用形式

一、地面水资源开发利用形式

由于地面水资源的种类、性质和取水条件各不相同，因而地面水的开发利用形式也各不相同。按水源划分，有河流、湖泊、水库、海洋等水体取水。按取水构筑物的构造型式分，则有固定式（岸边式、河床式、斗槽式）和活动式（浮船式、缆车式）两种。在城市上游的河流取水，为了兼顾城市防洪和供水，通常是采用建造水库的方法来实现地面水资源的开发利用。总之，地面水资源的开发利用应根据当地需要和实际取水条件，设计选择适宜的取水形式。

（一）河流取水的工程形式

开发利用河水资源的工程形式很多，一般按取水构筑物的类型可分为固定式和活动式两类。在型式选择时，应根据取水量和水质要求，结合河床地形、地质、淤积、冲刷、水位变幅、冰冻和航运等情况以及施工条件，在保证取水安全可靠的前提下，通过技术经济比较后确定。

1. 固定式取水构筑物

在河水资源的开发利用过程中，习惯上把不经过筑坝拦蓄河水，而在岸边或河中直接修建的固定的取水设施称为固定式取水构筑物，这是相对于移动式取水构筑物而言的。固定式取水构筑物与活动式取水构筑物相比具有取水可靠，维护管理简单，适应范围广等优点，但投资较大，水下工程量较大，施工期长。

固定式取水构筑物主要分为岸边式和河床式两种，另外还有斗槽式等。

（1）岸边式取水构筑物。

直接从江河岸边取水的构筑物叫岸边式取水构筑物，由集水井和泵站两部分组成。岸边式取水构筑物主要适用于河岸较陡，主流近岸，岸边有足够水深，水质和地质条件较好，水位变幅不大的河段。

按照集水井与泵站的相对位置，岸边式取水构筑物可分为合建式和分建式两种基本型式。

（2）河床式取水构筑物。

从河心进水孔取水的构筑物，称为河床式取水构筑物。当河岸较平坦、枯水期主流离岸较远、岸边水深不足或水质不好而河心有足够水深或较好水质时，宜采用这种型式。

河床式取水构筑物的特点是适应范围较广，集水井和泵房建在河岸上，可不受水流冲刷和冰凌碰击，也不影响河道水流。当河床变迁之后，进水管可相应地伸长或缩短，冬季保温、防冻条件比岸边式好。但取水头部和进水管经常淹没在水下，清洗和检修不方便。

（3）斗槽式取水构筑物。

斗槽式取水构筑物由进水斗槽和岸边式取水构筑物组成，即在岸边式取水构筑物取水处的河流岸边用堤坝围成斗槽，利用斗槽中流速较小、水中泥沙易于沉淀、潜冰易于上浮的特点，减少泥沙和冰凌从取水口的进入，从而进一步改善水质。当河流含沙量大、冰凌严重时，宜采用斗槽式取水构筑物。

2. 移动式取水构筑物

在遇到下列情形时，一般应考虑使用移动式取水构筑物。

（1）当河水水位变幅较大而取水量又较小时。

（2）当供水要求紧迫、建设固定式取水构筑物赶不上需要时。

（3）当水文资料不全、河岸不稳定时。

（4）当设计临时性的供水水源时。

移动式取水构筑物主要有缆车式和浮船式两种，它们具有水下工程量少、施工方便、工程投资少、灵活机动等优点，但操作管理较复杂，需经常随河水水位的变化将缆车或浮船移位以及更换输水斜管的接头，运行不够安全，尤其是浮船式，供水可靠性较差，水位涨落时移位频繁，易受洪水和风浪的影响，且影响航运。因此，随着建设要求的提高，现在采用浮船式取水构筑物已有减少的趋势。

建设移动式取水构筑物要求河床比较稳定，岸坡有适宜的倾角，河流漂浮物少，无冰凌且取水构筑物不易受漂木、浮筏、船只撞击，河段顺直，靠近主流。

（二）湖泊、水库取水工程形式

我国湖泊、水库众多。而且近些年来水库的建设速度还在加快。为了满足生产和生活用水的需要，现在已有越来越多的湖泊、水库取水工程。湖泊、水库取水工程类型有：

（1）隧洞式取水和明渠取水。

（2）分层取水。

（3）岸边式或湖心式取水。

二、地下水资源开发利用形式

由于地下水的类型、埋藏条件、含水层性质等的不同，开发利用地下水的形式也各不相同。按水源地的供水特点分为集中式水源地和分散式水源地；按照汲取地下水的集水建筑物类型可分为管井、大口井、坎儿井、辐射井、截潜流工程、引泉工程等。总之，地下水资源的开发利用应根据水文地质条件并结合当地需要，选择适宜的开采方式。

用于集取地下水的工程建筑物称为集水建筑物。由于地下水埋藏条件、开采条件及当地经济技术条件与习惯的不同，集水建筑物的型式也就多种多样。总括起来不下数十种，综合归纳可概括为垂直系统、水平系统、联合系统和引泉工程四大类型。

1. 垂直系统

因集取地下水的主要建筑物的延伸方向基本与地表面垂直，故称垂直系统。包括管井、筒井、大口井、轻型井等各种类型的水井，都属于此种系统。

垂直系统集水建筑物，可适用于各种条件，因而应用最为广泛。下面对几种常见的井型略加介绍。

（1）管井。

这是一种直径较小，深度较大，井壁用钢管、铸铁管、钢筋混凝土管或塑料管等各种管材加固的井型。因其通常采用水井钻机施工，水泵抽水，故群众习惯称之为机井。管井的直径在生产中多为200～300mm，超过300～500mm者比较少见。100～150mm的管井除临时性或勘探井外，一般较少采用。管井的深度，视当地水文地质条件而定。当前农用管井的深度多为50～100m，也有达200～300m者。随着生产发展的要求，钻井机具性能的提高，管井的深度也在逐渐增加。

（2）筒井与大口井。

习惯上，将人工开挖或半机械化施工、直径较大、形状似一圆筒的各种浅井统称为筒井。因筒井与管井在结构方面没有本质的区别，仅是深度和直径有所差异而已，故有些文献中已不再加区分，通称筒井。将直径超过1.5m以上者称为大口井。筒井的直径一般为1～1.5m。大口井的直径一般在3～5m，但也有达十余米至数十米的。筒井和大口井多开采地下水埋深较小的潜水（也有少数开采承压水的），深度较小，最浅者仅有几米，通常不大于50m。

（3）轻型井。

这种井直径小，深度不大，用塑料管等轻质材料加固井壁，用轻型小口径钻机施工的一种井型。直径最小者仅75mm，深度30～50m。适合在地下水埋深小（最好小于3m）的地区建造。

2. 水平系统

集取地下水的主要建筑物的延伸方向，基本与地面相平行的，称为水平系统。常见的有截潜流工程、坎儿井、卧管井等。水平系统取水建筑物只有在特定条件下适用，因而应用不如垂直系统建筑物普遍。

（1）坎儿井。

坎儿井是干旱地区开发利用山前洪积扇地下潜水，用于农田灌溉和人畜饮用的一种古老的水平集水工程。这种工程在我国主要分布在新疆的吐鲁番、哈密盆地一带。

坎儿井的供水系统一般由竖井、廊道、明渠、涝坝（地面蓄水池塘）四大部分组成。坎儿井的主要特点是可以自流灌溉，不用动力提水，水量稳定、水质优良，能减少输水蒸发损失，能防风沙，施工设备简单，操作技术易为群众掌握。坎儿井使用寿命较长。但由于其施工工期长、易坍塌、渗漏损失大、维修管理不易等原因，目前新开挖者不多。

（2）截潜流工程。

在河床有大量冲积的卵石、砾石和砂等的山区间歇河流，或一些经常干涸断流，但却有较为丰富的潜流的河流中上游，山前洪积扇溢出带或平原古河床，由于水井施工难度大或出水量较小，这时可采用管道或截渗墙来截取潜流，这种截取潜流的建筑物，一般通称为截潜流工程，其结构如图2-1所示。截潜流工程应用较为普遍。

（3）卧管井。

管井是在平原地区，含水层薄而浅的条件下，采用的一种井型。它由水平的卧管和

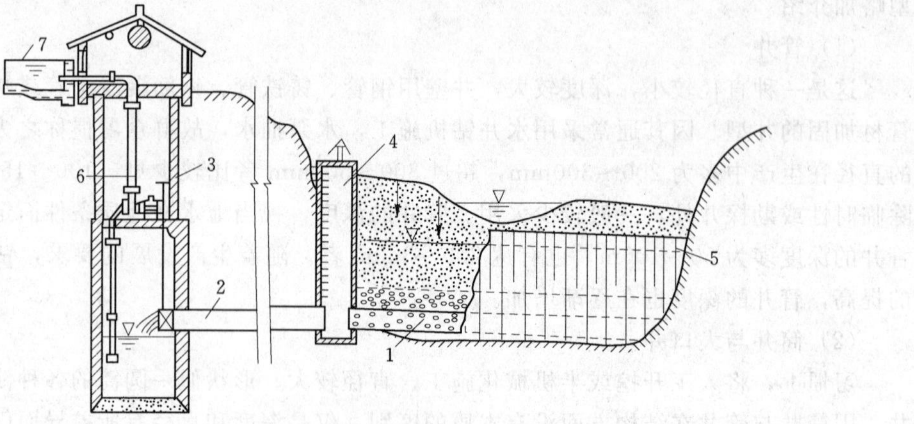

图 2－1　截潜流工程结构示意图

1—进水部分；2—输水部分；3—集水井；2—检查井；5—截水墙；
6—水泵；7—出水池

垂直的集水井组成。水平卧管为直径 25～50mm 的穿孔管，周围围填滤料，长度可达 100～200m。在陡崖坡处，如有适宜的水文地质条件，可施工陡崖卧管井。这种卧管井可使用专用水平钻机钻孔，安装带有条孔的钢管、竹管等。管口常需装设闸阀，以供调节和保护地下水源。卧管井只适用于特定的水文地质条件，或有渠水及其他人工补给水源的地区。

3. 联合系统

将垂直与水平系统结合在一起，或将同系统中的几种联合成一整体，便可称为联合系统。如联井（用水平管道将几个井连接起来）、辐射井（由垂直的集水井和沿集水井辐射状分布的水平管组成）、筒管井（为筒井与管井的联合。当含水层埋深大、井的深度大时，为节约管材而采取下小上大的一种变径措施）等。

4. 引泉工程

根据泉水出露特点，予以扩充、收集、调节与保护的引泉水建筑物，通称引泉工程。引泉工程必须在具有特殊的地下水天然露头条件下采用。因而是与前三种系统不同的开采地下水的建筑物类型。

以上四种类型，均应根据当地具体条件，合理选用。

目前，水资源短缺和水污染严重已经成为制约我国经济可持续发展的重要因素。加强多种水资源的联合开发利用，是解决我国水资源短缺问题的有效途径。多种水资源的联合开发利用方式主要有地表、地下水联合运用；雨水、海水、中水等多种水源利用相结合等。

三、其他水资源的综合利用

1. 雨水利用

从上世纪 80 年代开始，世界各国就开始探索雨水利用。德国是欧洲开展此项工程最好的国家之一。德国的城市雨水利用方式有三种：一是屋面雨水集蓄系统，集下来的雨水主要用于家庭、公共场所和企业的非饮用水。法兰克福一个苹果榨汁厂，更是把屋顶集下来的雨水作为工业冷却循环用水，成为工业项目雨水利用的典范。二是雨水截污与渗透系统，道路雨水通过下水道排入沿途大型蓄水池或通过渗透补充地下水。德国城市街道雨水管道口均设有截污挂篮，以拦截雨水径流携带的污染物。三是生态小区雨水利用系统，小区沿着排水道建有渗透浅沟，表面植有草皮，供雨水径流流过时下渗。超过渗透能力的雨水则进入雨水池或人工湿地，作为水景或继续下渗。

城市雨水利用的形式可以多种多样。一方面可通过城市建设格局的调控，采取低于硬化面一定高度、大面积均匀分布的城市绿地，在整个规划区范围内将各种硬化面的降雨径流分散接纳、渗入地下，减少或避免雨水径流外排，使雨水环境化。另一方面，可将屋顶、道路、庭院、广场的雨水径流用管道收集，经处理后储存到蓄水池，用于浇灌绿地、冲洗厕所、洗车、消防、市政杂用等。或者采用蓄滞和调控设施将雨水径流的洪峰流量削减后排入河道，减轻排水河道的行洪压力。

2. 海水利用

海水利用包括海水直接利用、海水淡化和海水农业等。

(1) 海水直接利用。

海水直接利用就是用海水代替淡水作为工业用水和生活用水。随着海洋生物污损防治技术的提高和耐腐蚀材料的进一步发展，沿海城市中海水在工业冷却用水中所占比例正逐步增加。而海水用于生活用水，目前主要是海水冲厕等。

(2) 海水淡化。

海水淡化是海水利用的重点。目前海水淡化技术有两种，即蒸馏法和反渗透法。

蒸馏法制取淡水，是利用热能来实现的，在有核电站和热电厂的条件下采用这种技术，可以充分利用电厂余热，用蒸馏法制取淡水。

反渗透法是利用孔径比纳米还细小的半透膜滤去盐分来制取淡水。目前，尚未到生产阶段。

(3) 海水农业。

目前，农业用水量大约占人类用水总量的70%左右，海水农业是当今研究和开发的热点之一。也许若干年后，随着我国基因工程技术的飞速发展，耐海水植物的基因被转接到水稻、蔬菜等作物上。到那时，人类可在海湾或海滩上种植各种农作物，并直接利用海水灌溉。海水农业将成为人类食品供给的重要组成部分。

3. 中水回用

城市污水经处理设施深度净化处理后的水统称“中水”。其水质介于自来水（上水）与排入管道内污水（下水）之间，故名“中水”。

中水回用，一方面为城镇供水开辟了第二水源，可大幅度降低“上水”的消耗量，同时也在一定程度上缓解了“下水”对水源的污染问题。从而起到了保护水源，增加水量的作用。在美国、日本、以色列等国，厕所冲洗、园林和农田灌溉、道路保洁、洗车、城市喷泉、冷却设备补充用水等，都大量地使用中水。

总之，在水资源开发利用过程中必须始终贯彻全面考虑、统筹安排、综合利用的原则，正确处理各种用水的相互关系，尽量做到一水多用，分质供水。随着地表水与地下水联合运用、雨水资源、海水资源和污水资源利用水平的不断提高，加之各项节水措施的应用，我国水资源紧张的局面一定能够缓解，并最终彻底解决水资源不足的问题，实现水资源的可持续利用。

第二节 需水量预测

需水预测是在充分考虑资源约束和节约用水等因素的条件下，研究各规划水平年按生活、生产和生态用水三类口径，区分城镇和农村、河道内与河道外、高用水与一般用水行业，分别进行毛需水与净需水量的预测。需水预测时需要考虑市场经济条件下对水需求的抑制，充分研究节水发展及其对需水的抑制效果。需水预测是一个动态预测过程，与节约用水及水资源配置不断循环反馈。需水量的变化与经济发展速度、国民经济结构、工农业生产布局、城乡建设规模等诸多因素有关。科学的需水预测是水资源规划和供水工程建设的重要依据。

一、需水预测原则

需水预测应以各地不同水平年的社会经济发展指标为依据，有条件时应以投入产出表为基础建立宏观经济模型。要加强对预测方法的研究，从人口与经济——驱动需水增长的两大内因——入手，结合具体的水资源条件和水工程条件，并结合过去20年来各部门需水增长的实际过程，分析其发展趋势，采用多种方法进行计算，并论证所采用的指标和数据的合理性。

需水预测主要分析工业、农业、生活和其他部门的需水要求。在需水预测中，要考虑科技进步对未来用水的影响，又要考虑水资源紧缺对社会经济发展的制约作用，使预测合乎当地实际发展情况。需水预测要着重分析评价各项用水定额的变化特点、用水结构和用水量变化趋势的合理性，并分析计算各耗水量指标。

预测中应遵循以下几条主要原则：

（1）以各规划水平年社会经济发展指标为依据，贯彻可持续发展的原则，统筹兼顾社会、经济、生态、环境等各部门发展对水的需求。

（2）考虑水资源紧缺对需水量增长的制约作用，全面贯彻节水的方针，分析研究节水措施的采用和推广等对需水的影响。

（3）考虑市场经济对需水增长的作用和科技进步对未来需水的影响，分析研究工业结构变化、生产工艺改革和农业种植结构变化等因素对需水的影响。

（4）重视现状基础资料调查，结合历史情况进行规律分析和合理的趋势外延，使需水预测符合各区域特点和用水习惯。

二、需水量预测分类

按用户或行业特点，需水可分为生活、生产、生态三部分。按用水特征，需水可分为河道内和河道外两类需水。见表2-1。

生活和生产需水又通称为社会经济需水。生活需水是指城镇生活与农村生活所需的水量。生产需水是指有经济产出的各类生产活动所需的水量，包括第一产业农业，农业指种植业和林牧渔业，第二产业工业，工业分为高用水工业、一般工业、火（核）电工业和建筑业，以及第三产业的商饮业、其他服务业等，见表2-2。

表 2-1　　用水户分类口径及其层次结构

一级	二级	三级	四级	备注
生活	生活	城镇生活	城镇居民生活	仅为城镇居民生活用水（不包括公共用水）
		农村生活	农村居民生活	仅为农村居民生活用水（不包括牲畜用水）
生产	第一产业	种植业	水田	水稻等
			水浇地	小麦、玉米、棉花、蔬菜、油料等
		林牧渔业	灌溉林果地	果树、苗圃、经济林等
			灌溉草场	人工草场、灌溉的天然草场、饲料基地等
			牲畜	大、小牲畜
			鱼塘	鱼塘补水
	第二产业	工业	高用水工业	纺织、造纸、石化、冶金
			一般工业	采掘、食品、木材、建材、机械、电子、其他（包括电力工业中非火（核）电部分）
			火（核）电工业	循环式、直流式
		建筑业	建筑业	建筑业
	第三产业	商饮业	商饮业	商业、饮食业
		服务业	服务业	货运邮电业、其他服务业、城市消防用水、公共服务用水及城市特殊用水
生态环境	河道内	生态环境功能	河道基本功能	基流、冲沙、防凌、稀释净化等
			河口生态环境	冲淤保港、防潮压碱、河口生物等
			通河湖泊与湿地	通河湖泊与湿地等
			其他河道内	根据河流具体情况设定
	河道外	生态环境功能	湖泊湿地	湖泊、沼泽、滩涂等
		其他生态建设	城镇生态环境美化	绿化用水、城镇河湖补水、环境卫生用水等
			其他生态建设	地下水回补、防沙固沙、防护林草、水土保持等

表 2-2　　国民经济和生产用水行业分类表

三大产业	7部门	17部门	40部门（投入产出表分类）	部门序号
第一产业	农业	农业	农业	1
第二产业	高用水工业	纺织	纺织业、服装皮革羽绒及其他纤维制品制造业	7、8
		造纸	造纸印刷及文教用品制造业	10
		石化	石油加工及炼焦业、化学工业	11、12
		冶金	金属冶炼及压延加工业、金属制品业	14、15
	一般工业	采掘	煤炭采选业、石油和天然气开采业、金属矿采选业、非金属矿采选业、煤气生产和供应业、自来水的生产和供应业	2、3、4、5、25、26
		木材	木材加工及家具制造业	9
		食品	食品制造及烟草加工业	6

续表

三大产业	7部门	17部门	40部门（投入产出表分类）	部门序号
第二产业	一般工业	建材	非金属矿物制品业	13
		机械	机械工业、交通运输设备制造业、电气机械及器材制造业、机械设备修理业	16、17、18、21
		电子	电子及通信设备制造业、仪器仪表及文化办公用机械制造业	19、20
		其他	其他制造业、废品及废料	22、23
	电力工业	电力	电力及蒸汽热水生产和供应业	24
	建筑业	建筑业	建筑业	27
第三产业	商饮业	商饮业	商业、饮食业	30、31
	服务业	货运邮电业	货物运输及仓储业、邮电业	28、29
		其他服务业	旅客运输业、金融保险业、房地产业、社会服务业、卫生体育和社会福利业、教育文化艺术及广播电影电视业、科学研究事业、综合技术服务业、行政机关及其他行业	32、33、34、35、36、37、38、39、40

注 1997年国家颁布的40部门为投入产出表的分类口径，与统计年鉴分类口径略有不同，可参考投入产出口径统计。

生态环境需水是指为了维持生态环境系统一定功能所需要保留的自然水体或需要人工补充的水量。河道内生态环境需水指维持河流生态系统一定形态和一定功能所需要保留的水（流）量，按维持河道一定功能的需水量和河口生态环境需水量分别计算。河道外生态环境需水指保护、修复或建设给定区域的生态环境需要人为补充的水量，按城镇生态环境需水、湖泊沼泽湿地生态环境补水、林草植被建设需水和地下水回灌补水分别计算。

三、生活需水预测

生活需水主要是指城镇居民和农村居民生活需水。由于它的增长速度快，用水高度集中，与人们生活息息相关，关系到千家万户，因此必须给以高度重视，尤其在我国北方水资源供需矛盾突出，更需及时通过调查，摸清生活需水的现状和发展动向，统筹规划，早作安排，以满足人民生活需水的要求。

1. 生活需水的分类

按用水户分布，分为城镇生活需水和农村生活需水。按供水系统，分为自来水供给的生活需水和自备水源供给的生活需水。按供水水源，分为地表水供给（不需调节的地表水与需要调节流量的地表水）；地下水供给（泉水、浅层地下水与深层地下水）；中水供给（经过处理的污水用于生活需水的那部分水）。

2. 生活需水预测

生活需水可采用人均日用水量方法进行预测。

$$W = 0.365\sum_{i=1}^{2} n_i m_i \tag{2-1}$$

$$n_i = p_{0i}(1+\varepsilon_i)^k \tag{2-2}$$

式中：W 为某水平年生活需水量，m^3；n_i 为某水平年城镇、农村居民人口数，人；p_{0i} 为现状年城镇、农村居民人口数，人；ε_i 为城镇、农村居民人口增长率；m_i 为某水平年份的城镇、农村居民人均用水定额，L/（人·d）；i 为 1、2，分别指城镇和农村两种情况；k 为现状年与某水平年的时间间隔，年。

对总需水量的估算，考虑的因素是用水人口和用水定额。人口数可以用式（2-2）预测，也可以计划部门预测数为准。用水定额以现状调查数字为基础，根据经济社会发展水平、人均收入水平、水价水平、节水器具推广与普及情况，结合生活用水习惯，参照建设部门已制定的城市（镇）用水标准，参考国内外同类地区或城市生活用水定额，分别拟定各水平年城镇和农村居民生活用水定额，利用式（2-1）预测某水平年的生活需水量。根据供水预测成果以及供水系统的水利用系数，结合生活净需水量可进行生活毛需水量的预测。城市居民生活用水量标准见表 2-3，村镇最高日居民生活用水定额见表 2-4。

表 2-3　　城市居民生活用水量标准

地域分区	日用水量［L/(人·d)］	适 用 范 围
一	80～135	黑龙江、吉林、辽宁、内蒙古
二	85～140	北京、天津、河北、山东、河南、山西、陕西、宁夏、甘肃
三	120～180	上海、江苏、浙江、福建、江西、湖北、湖南、安徽
四	150～220	广西、广东、海南
五	100～140	重庆、四川、贵州、云南
六	75～125	新疆、西藏、青海

表 2-4　　村镇最高日居民生活用水定额　　单位：L/(人·d)

主要用（供）水条件	一区	二区	三区	四区	五区
集中供水点取水，或水龙头入户且无洗涤和其他设施	30～40	30～45	30～50	40～55	40～70
水龙头入户，有洗涤池，其他卫生设施较少	40～60	45～65	50～70	50～75	60～100
全日供水，户内有洗涤池和部分其他卫生设施	60～80	65～85	70～90	75～95	90～140
全日供水，室内有给水排水设施且卫生设施较齐全	80～110	85～115	90～120	95～130	120～180

注　1. 本表所列用水量包括了居民散养禽畜、散用汽车和拖拉机用水量、家庭小作坊生产用水量。
2. 一区包括：新疆、西藏、青海、甘肃、宁夏、内蒙古西北部，陕西和山西两省黄土沟壑区、四川西部。
二区包括：黑龙江、吉林、辽宁，内蒙古西北部以外的地区，河北北部。
三区包括：北京、天津、山东、河南、河北北部的以外的地区，陕西和山西两省黄土沟壑以外的地区，安徽、江苏两省的北部。
四区包括：重庆、贵州、云南、四川西部以外的地区，广西西北部，湖北、湖南两省的西部山区。
五区包括：上海、浙江、福建、江西、广东、海南、台湾、安徽、江苏两省北部的以外地区，广西西北部，湖北、湖南两省西部山区的以外地区。

城镇和农村生活需水量年内相对比较均匀，可按年内月平均需水量确定其年内需水过程。对于年内用水量变幅较大的地区，可通过典型调查和用水量分析，确定生活需水月分配系数，进而确定生活需水的年内需水过程。

四、生产需水预测

（一）农业需水量预测

我国是农业大国，农业用水量占总用水量的70%以上。长期以来，由于技术和管理水平落后、灌溉设施老化失修等原因，目前我国灌溉水的利用率与发达国家相差甚远，农业节水潜力很大。

农业需水包括农田灌溉和林牧渔畜需水。其中农田灌溉需水所占的比重较大，是农业需水的主体。与工业、生活需水相比，具有面广量大、一次性消耗的特点，而且受气候影响较大。当水资源短缺，水量得不到保证时，一般可以改变作物组成，使需水量减少，压缩农业需水来满足工业和生活需水。因此，农业灌溉需水的保证率低于生活和工业需水的保证率。但菜田需水要求较高的供水保证率，可与工业和生活需水一样得到保证。

农田灌溉和林牧渔需水量的大小与降水有关。由于降水是随机事件，每年降水量的多少不确定，从而导致农田灌溉和林牧渔需水量每年有所不同。为了分析未来水平年农田灌溉和林牧渔需水量的变化规律，通常考虑 $P=50\%$、$P=75\%$ 和 $P=90\%$ 等三个不同年型。

1. 农田灌溉需水

农田灌溉需水是为满足作物生育期用水需求，除天然降水供给外，通过各种水利设施补送到农田的水量。农业需水中，主要是农田灌溉需水，占70%以上。

(1) 作物需水量。作物需水量指作物正常生长条件下，植株蒸腾和株间蒸发所需水量。其大小与气象条件（温度、日照、湿度、风速等）、土壤性状及含水状况、作物种类及其生长发育阶段、农业技术措施和灌溉排水方法等有关，即受着大气—作物—土壤综合系统中众多因素的影响，且这些因素对需水量的影响又是互相关联的、错综复杂的。所以，目前尚难从理论上对作物田间需水量作出精确的计算。在生产实践中常采用两方面的途径来解决，一方面是通过田间试验的方法直接测定；另一方面是采取某些经验性公式或半理论性公式进行计算。下面简介几种常用的估算方法。

1）蒸发器法（α 值法）。大量灌溉试验资料表明，水面蒸发量与作物田间需水量之间存在一定程度的相关关系，因此可以用水面蒸发量这一参数来衡量作物田间需水量的大小，计算公式为：

$$ET=aE_0+b \tag{2-3}$$

式中：ET 为某时段（月、旬、生育阶段、全生育期）内的作物田间需水量，mm；E_0 为与 ET 同时段的水面蒸发量（一般指80cm口径蒸发皿的蒸发值），mm；a、b 为经验常数，由实测资料分析确定。

α 值法只需要水面蒸发量资料，而水面蒸发量资料又易于获得，所以此法在国内外都有广泛应用，适用于水稻及土壤水分充足的旱作物的田间需水量计算。

2）产量法（k 值法）。农作物的产量是太阳能的累积与水、土、肥、热、气诸因素及农业措施综合作用的结果。在一定的气象条件下和一定的产量范围内，作物田间需水量随产量的提高而增加。但两者并不成直线比例关系，随着产量的提高，单位产量的需水量逐渐减少，当产量达到一定水平后，单位产量的需水量将趋于稳定。以产量为指标计算作物田间需水量的公式为：

$$ET=kY \tag{2-4}$$

或

$$ET=kY^n+c \tag{2-5}$$

式中：ET 为作物全生育期的田间总需水量，m^3/hm^2；Y 为作物单位面积产量，kg/hm^2；k 为需水系数，即单位产量所消耗的水量，m^3/kg，根据试验资料确定，一般水稻 $k=0.50\sim1.15$，小麦 $k=0.60\sim1.70$，玉米 $k=0.50\sim1.50$，棉花 $k=1.20\sim3.40$；n 为经验指数，根据试验确定，一般 $n=0.3\sim0.5$；c 为经验常数，根据试验确定，小麦一般 $c=11.3\sim16.0$。

k 值法简便易行，只要确定了作物计划产量即可计算出它的田间需水量，因此曾在我国得到广泛应用，这一方法主要适用于确定供水不充分的旱作物的田间需水量。

3）综合法（彭曼—蒙特斯法）。作物在腾发过程中需要克服一定的阻力，从而要消耗一定的能量。该法就是根据农田能量平衡原理、水汽扩散原理和空气导热定律，推导出半经验性公式，即彭曼公式。彭曼法由于一方面理论性强，计算误差较小；另一方面也对参考经验资料作了简化，只要具有一般的气象资料便可计算，因此国际上广泛应用，是联合国粮农组织（FAO）推荐的主要方法之一。具体计算时分两步来进行，先根据气象资料计算出参考作物腾发量（也称潜在腾发量），再根据作物需水特性乘以作物系数，得出作物需水量。计算公式有如下形式：

$$ET_0=\frac{0.408\Delta(R_n-G)+\dfrac{900}{T+273}\gamma u_2(e_a-e_d)}{\Delta+\gamma(1+0.34u_2)} \tag{2-6}$$

$$ET=k_w k_c ET_0 \tag{2-7}$$

式中：ET_0 为参照作物蒸发蒸腾量，mm/d；Δ 为平均气温时饱和水汽压随温度的变化率，kPa/℃；R_n 为冠层表面净辐射，$MJ/m^2/d$；G 为土壤热通量，$MJ/m^2/d$；γ 为湿度表常数，kPa /℃；u_2 为 2m 高处的风速，m/s；e_a 为饱和水汽压，kPa；e_d 为实际水汽压，kPa；k_w 为土壤水分修正系数；k_c 为作物系数，反映作物的需水特性。

因篇幅所限，本教材对彭曼法不能详述，需进一步了解时可参考有关书籍。

（2）作物的灌溉制度。

农作物的灌溉制度是指作物播种前（或水稻插秧前）和整个生育期内合理地进行灌溉的一整套制度，包括灌水次数、每次灌水时间、灌水定额和灌溉定额。灌水定额是指一次灌水单位面积上的灌水量，灌溉定额是指播前和全生育期各次灌水定额之和，它们的单位常以 m^3/hm^2 或 mm 水层深表示。

灌溉制度随作物种类、品种、自然条件及农业技术措施的不同而变化，必须从当地、当年的具体条件出发进行分析研究，通常采用以下三种方法制定作物灌溉制度：总结群众丰产灌水经验、根据灌溉试验资料制定灌溉制度和按水量平衡原理分析制定灌溉制度。其中水量平衡原理根据设计典型年的气象资料和作物需水要求，通过水量平衡计算，拟定出灌溉制度。

1）旱作田水量平衡方程。在旱作物生育期中任何一个时段内，土壤计划湿润层内储水量的消长变化可用以下水量平衡方程式表示：

$$W_t - W_0 = \Delta W + P_0 + K + M - ET \tag{2-8}$$

式中：W_0 为时段初土壤计划湿润层内的储水量；W_t 为时段末土壤计划湿润层内的储水量；ΔW 为由于计划湿润层加深而增加的水量；P_0 为时段内保存在计划湿润层内的有效雨量；K 为时段内的地下水补给量；M 为时段内的灌水量；E 为时段内作物田间需水量。

2）水稻田水量平衡方程。在水稻生育期中任何一个时段内，稻田田面水层的消长变化可用以下水量平衡方程表示：

$$h_1 + P + m - E - C = h_2 \tag{2-9}$$

式中：h_1 为时段初田面水层深度；h_2 为时段末田面水层深度；P 为时段内的降雨量；m 为时段内的灌水量；E 为时段内的田间耗水量；C 为时段内的排水量。

根据上述水量平衡方程，在具备有各项计算参数的情况下，以各生育期田面适宜水层的上下限为限制条件（水稻田）或以土壤计划湿润层允许最大和最小储水量为限制条件（旱田），逐时段地进行水量平衡计算（列表法或图解法），便可求出作物的灌溉制度。从而可知作物的灌水定额和灌溉定额。

（3）灌溉用水量。

1）灌溉水的利用效率。为了对农田进行灌溉就需要修建一个灌溉系统，以便把灌溉水输送、分配到各田块。一般的灌溉系统主要由各级渠道连成的渠道网及渠道上的各类建筑物所组成。渠道的级数视灌区面积和地形等条件而定，常分为五级，即干渠、支渠、斗渠、农渠和毛渠。农渠为末级固定渠道，农渠以下的毛渠、输水沟和灌水沟、畦等为临时性工程，统称为田间工程。

一个灌溉系统由渠首将水引入后，在各级渠道的输水过程中有蒸发、渗漏等水量损失，水到田间后，也还有深层渗漏和田间流失等损失。为了反映灌溉水的利用效率，衡量灌区工程质量、管理水平和灌水技术水平，通常用灌溉水有效利用系数（$\eta_{水}$）来表示。灌溉水有效利用系数是指灌区灌溉面积上田间所需要的净水量与渠首引进的总水量的比值。可用下式计算：

$$\eta_{水} = \frac{\sum_{i=1}^{n} A_i M_i}{W} \tag{2-10}$$

式中：$\eta_{水}$ 为灌溉水有效利用系数；A_i 为 i 种作物的灌溉面积，hm^2；M_i 为 i 种作物的灌水定额，m^3/hm^2；W 为从水源的引水量，m^3；i 为灌溉作物的种类。

当缺少相关资料时，灌溉水有效利用系数也可通过式（2-11）计算：

$$\eta_{渠} = \eta_{系}\ \eta_{田} \tag{2-11}$$

式中：$\eta_{系}$ 为整个渠道系统中各条末级固定渠道（农渠）放出的净流量与从渠首引进的毛流量的比值。渠系水利用系数反映了从渠首到农渠的各级渠道的输水损失情况，其数值等于各级渠道水利用系数的乘积，即：

$$\eta_{渠} = \eta_{干}\ \eta_{支}\ \eta_{斗}\ \eta_{农} \tag{2-12}$$

$\eta_{田}$ 田间水利用系数是指田间所需要的净水量与末级固定渠道（农渠）放进田间工程的水量之比，表示农渠以下（包括临时毛渠直至田间）的水的利用率。

2）灌溉用水量计算。灌溉用水量是灌区需要水源供给的灌溉水量，其数值与灌区各种作物的灌溉制度、灌溉面积以及渠系输水和田间灌水的水量损失等因素有关。一般将灌溉面积上实际需要供水到田间的水量称为净灌溉用水量，而将净灌溉用水量与损失水量之和，也就是从水源引入渠首的总水量，称为毛灌溉用水量。

灌溉用水量的计算公式为：

$$W=\sum A_i M_i/\eta_{水} \tag{2-13}$$

式中：W 为灌溉用水量，m^3；M_i 为第 i 种作物的灌溉定额，m^3/hm^2；A_i 为第 i 种作物的灌溉面积，hm^2。

未来不同水平年的灌溉需水量估算，主要考虑以下几个因素：灌溉面积的发展速度，不同保证率情况下的不同灌溉方式，不同作物及组成的灌溉定额，灌溉水利用系数提高程度等。不同水平年不同保证率农业灌溉需水量预估，可按预测框图程序进行，如图 2-2 所示。

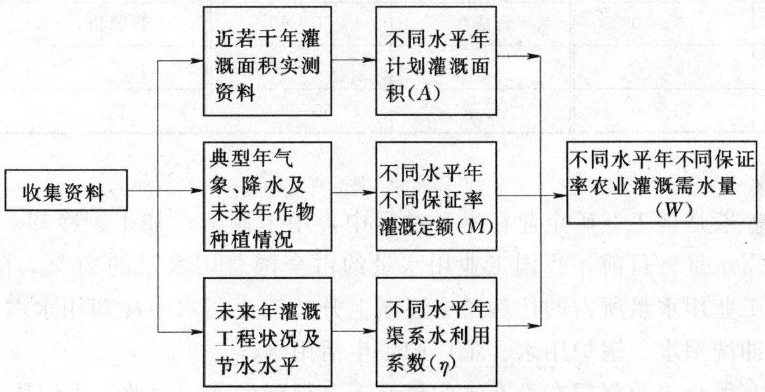

图 2-2 农业灌溉需水量预测框图

2. 林牧渔业用水量

林牧渔业用水量包括林果地灌溉、草场灌溉、鱼塘补水和牲畜用水等 4 类。林牧渔业用水的研究不像农作物那样系统全面，通常是通过调查或试验得出不同年型的林牧渔业的用水定额，再根据林牧渔业的规模确定不同年型的用水量。

(1) 林果灌溉用水量。

根据调查或灌溉试验，分别确定不同年型的净灌溉定额；根据灌溉水源及灌溉方式，确定灌溉水利用系数；根据林果灌溉面积计算林果灌溉用水量。

(2) 牧草灌溉用水量。

根据调查或灌溉试验，分别确定不同年型的牧草净灌溉定额；根据灌溉水源及灌溉方式，确定灌溉水利用系数；根据牧草的灌溉面积计算牧场灌溉用水量。

人工牧草的灌溉定额，也可以通过计算牧草的需水量，利用水量平衡原理来确定。

(3) 鱼塘补水量。

鱼塘补水是为了维持鱼塘一定水面面积和相应水深所需要补充的水量，通常采用补水定额的方法计算。补水定额可根据鱼塘渗漏量及水面蒸发量与降水量，利用水量平衡原理来确定。

$$m=\alpha E-P+S \tag{2-14}$$

式中：m 为鱼塘补水定额，mm；E 为水面蒸发量，由水文气象部门蒸发器测得，mm；α 为蒸发皿折算系数；P 为年降雨量，mm；S 为年渗漏量，mm。

根据灌溉水源及灌溉方式，确定灌溉水利用系数；根据鱼塘补水面积和补水定额计算鱼塘补水量。

(4) 牲畜用水量。

将牲畜分为大牲畜（牛、马、驴等）、小牲畜（猪、羊、兔等）和禽类，分别调查其用水定额（该定额与年型关系不大，一般不分年型来统计）；然后按牲畜的数量计算牲畜的用水量（表 2-5）。

表 2-5　饲养畜禽最高日用水定额表

畜禽类别	用水定额	畜禽类别	用水定额	畜禽类别	用水定额
	L/(头或只·d)		L/(头或只·d)		L/(头或只·d)
马	40～50	育成牛	50～60	育肥猪	30～40
骡	40～50	奶牛	70～120	羊	5～10
驴	40～50	母猪	60～90	鸡	0.5～1.0

（二）工业需水量预测

工业需水一般是指工、矿企业在生产过程中，用于制造、加工、冷却、空调、净化、洗涤等方面的需水量。目前，我国工业用水量约占全国总用水量的 20%，随着工业经济的快速发展，工业用水量所占的比例还会逐渐上升。工业用水中冷却用水占 60%～70%，其余是工艺和冲洗用水、锅炉用水、工厂职工生活用水。

目前，没有哪个工业部门在没有水的情况下会得到发展，因此，人们称“水是工业的血液”。一个城市工业需水的多少，不仅与工业发展的速度有关，而且还与工业的结构、工业生产的水平、节约用水的程度、用水管理水平、供水条件和水资源的多寡等因素有关。需水不仅随部门不同而不同，而且与生产工艺有关，同时还取决于气候条件等。

1. 工业需水的特点

工业生产用水的特点可归纳为以下几点。

(1) 数量较大。

工业用水在总用水量中占有相当大的比重。我国 2002 年，工业总用水量为 1140 亿 m^3，占全国总用水量的 20.8%。工业发达国家，工业用水所占比重还要大得多，例如早在 60 年代中期，西德工业用水量占总用水量的 70%，捷克为 81%；60 年代末英国为 76%，法国为 41%，苏联为 36%；而 70 年代中期美国为 44%。无疑，随着我国工业化水平的提高，工业用水量必然增加，它所占的比重将逐渐提高。

(2) 增长速度快。

工业的高速发展，使工业用水量增长速度很快，大大超过农业和城市生活用水量的增长速度。有关资料表明，20 世纪以来，全世界农业用水量增长了 7 倍，城市生活用水量增长了 11.5 倍，而工业用水量却增长了 36 倍。新中国成立以来我国工业高速发展带来工业用水量猛增，到 1979 年比新中国成立初期增加了 18 倍。由于近年来节约用水的大力开展，工业用水量的增长速度有所降低。

(3) 用水集中。

由于大工业多集中于城市附近及某些工业基地，使取水集中，更加剧了局部地区水资源供求矛盾的严重程度，常常形成工业用水与城市生活和郊区农业争水的局面。

(4) 用量差异大。

工业生产用水的数量，不仅因生产性质和产品的不同而相差悬殊，即使同一种产品，由于生产工艺、设备类型、管理水平以及地区条件等不同，其用水量差异也很大。电力、化工、造纸、冶金等工业是用水大户，如造纸、人造纤维每吨产品用水量均高达 $1000m^3$ 以上。这些行业的单位产品用水量大大超过其他工业部门。但同是钢铁工业，吨钢取水量首钢为 $25.7m^3$，宝钢为 $12m^3$，而美、英、德等国仅为 $4\sim5m^3$。

(5) 节水潜力大。

正因为同样的产品生产用水量差异大，因此通过采用新技术、新工艺、提高管理水平，节水的潜力很大。例如一座装机容量 100 万 kW 的火电厂，采用直流式冷却，每年需水 12 亿～16 亿 m^3，若采用循环式冷却则仅需水 1.2 亿 m^3，可节水 90%以上。目前我国工业产品耗水量仍相当高，工业用水的重复利用率也低，与发达国家相比还有很大差距，水的浪费仍很严重，因此节水仍大有可为。

2. 工业需水分类

尽管现代工业分类复杂、产品繁多、需水系统庞大，需水环节多，而且对供水水流、水压、水质等有不同的要求，但仍可按下述 4 种分类方法进行分类研究。

(1) 按工业需水在生产中所起的作用分类。

按工业需水在生产中所起的作用可分为：①冷却需水，是指在工业生产过程中，用水带走生产设备的多余热量，以保证进行正常生产的那一部分需水量；②空调需水，是指通过空调设备用水来调节室内温度、湿度、空气洁度和气流速度的那一部分需水量；③产品需水（或工艺需水），是指在生产过程中与原料或产品掺混在一起，有的成为产品的组成部分，有的则为介质存在于生产过程中的那一部分需水量；④其他需水，如清洗场地需水等。

(2) 按工业需水过程分类。

按工业需水过程可分为：①总需水，即工矿企业在生产过程中所需要的全部水量（V_t）。总需水量包括空调、冷却、工艺、洗涤和其他需水。在一定设备条件和生产工艺水平下，其总需水量基本是一个定值，可以测试计算确定。②取用水（或称补充水），即工矿企业取用不同水源（河水、地下水、自来水或海水）的总取水量（V_f）。③排放水，即经过工矿企业使用后，向外排放的水（V_d）。④耗用水，即工矿企业生产过程中耗用掉的水量（V_c），包括蒸发、渗漏、工艺消耗和生活消耗的水量。⑤重复用水，在工业生产过程中，二次以上的用水，称为重复用水。重复用水量（V_r）包括循环用水量和二次以上的用水量。

(3) 按水源分类。

按水源可分为：①地表水，工矿企业直接从河流、湖泊、水库等水体中取水，一般水质达不到饮用水标准，可作工业生产需水；②地下水，工矿企业在厂区或邻近地区自备设施提取地下水，供生产或生活用的水，在我国北方城市，工业需水中取用地下水占相当大的比重；③海水，沿海城市将海水作为工业需水的水源，有的将海水直接用于冷却设备，有的海水淡化处理后再用于生产；④再生水，城市排出废污水经处理后再利用的水。

（4）按工业组成的行业分类。

在工业系统内部，各行业之间需水差异很大，由于我国历年的工业统计资料均按行业划分统计。因此，按行业分类有利于需水调查、分析和计算。一般可分为高用水工业、一般工业和火（核）电工业三类用户分别进行预测。

工业需水分类，其中按行业划分是基础，如再结合需水过程、需水性质和需水水源进行组合划分，将有助于工业需水调查、统计、分析、预测工作的开展。一般说，按行业划分越细，研究问题就越深入，精度就越高，但工作量增加；而分得太粗，往往掩盖了矛盾，需水特点不能体现，影响需水问题的研究和成果精度。

3. 工业需水调查计算

研究城市工业需水必须掌握可靠的第一手资料。但由于过去长期对用水问题不够重视，用水缺少观测，缺乏资料。因此，工业用水调查是获得用水资料的重要手段，是研究城市需水极其重要的一项工作。

工业需水调查内容主要包括：①基本情况，包括人口、土地、职工人数、工业结构和布局，历年工业产值及主要工业产品、产量等。②供排水情况，包括供水水源、供水方式、排水出路和水质情况等。水源情况调查，除自来水用量可直接从自来水公司记载中取得外，各单位自取河水、地下水都要进行调查。③用水情况，包括地区的工业发展规划，城市建设发展规模，将来的工业结构及布局，工业产值、产量的计划，供排水工程设施规划等。

工业用水调查不仅提供了工业用水的一般情况，更重要的是：通过调查了解一个地区工业用水的水平，可以找出合理用水的途径和措施，挖掘工业用水的潜力，同时为工业需水量的计算奠定基础。工业需水分析计算方法可采用水平衡法。

一个地区，一个工厂，乃至一个车间的每台用水设备，在用水过程中水量收支保持平衡。即一个用水单元的总需水量，与消耗水量、排出水量和重复利用水量相平衡。

$$V_t = V_c + V_d + V_r \tag{2-15}$$

式中：V_t 为总需水量，在设备和工艺流程不变时，为一定值；V_c 为消耗水量，包括生产过程中蒸发、渗漏等损失水量和产品带走的水量；V_d 为经工矿企业使用后向外排放的水量；V_r 为重复用水量，包括二次以上用水量和循环水量。

4. 工业用水考核指标及计算方法

参照《评价企业合理用水技术通则 GB/T 7119—96》(General principles for evaluating the rational utilization of water in enterprises)，工业用水中，共有3类9个指标，具体见图2-3。

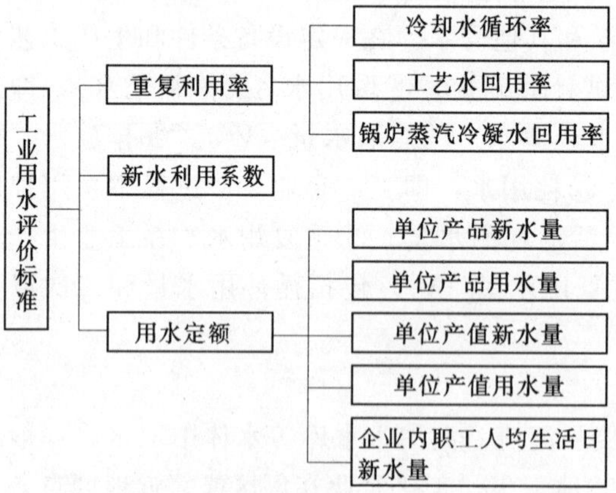

图2-3　工业用水评价指标

(1) 重复利用率。

重复利用率是工业用水中能够重复利用的水量的重复利用程度。它是考核工业用水水平的一个重要指标。是指在一定的计量时间（年）内，生产过程中使用的重复利用水量与总用水量之比，计算公式：

$$R=\frac{V_r}{V_t}\times 100\% \tag{2-16}$$

式中：R 为重复利用率，%；V_r 为重复利用水量，m^3；V_t 为生产过程中总用水量，m^3。

由于火电业、矿业、盐业的用水特殊，为了便于城市间的比较，计算城市工业重复利用率时不包括这三个工业部门。当然，也可以同时计算出包括这三个工业部门的城市工业重复利用率。

(2) 新水利用系数。

在一定的计量时间（年）内，生产过程中使用的新水量与外排水量之差同新水量之比。计算公式为：

$$K_f=\frac{V_f-V_d}{V_f} \tag{2-17}$$

式中：K_f 为新水利用系数；V_f 为生产过程中取用的新水量，m^3；V_d 为生产过程中，外排水量（包括外排废水、冷却水、漏、溢水量等），m^3。

(3) 用水定额指标。

用水定额指标只介绍万元增加值用水量。万元增加值用水量指每 1 万元工业增加值需要的用水量，计算公式：

$$V_{wt}=\frac{V_{yf}+V_r}{Z} \tag{2-18}$$

式中：V_{wt}为万元工业增加值用水量，m^3/万元；V_{yf}为年生产用新水量总和，m^3；V_r 为年重复利用水量，m^3；Z 为年工业增加值，万元。

5. 工业需水预测

工业用水预测是一项比较复杂的工作，涉及的因素较多。一个城市或地区的工业用水的发展与国民经济发展计划和长远规划密切相关。通常采用的方法是：研究工业用水的发展史，分析工业用水的现状，考察未来工业发展的趋向和用水水平的变化，从中得出预测的规律。工业用水预测方法一般有以下几种。

(1) 趋势法。

用历年工业用水增长率来推算将来工业需水量。用水量的递增率基本稳定时，预测不同水平年的需水量计算式为：

$$V_i=V_0(1+P)^n \tag{2-19}$$

式中：V_i 为预测的某一水平年工业需水量；V_0 为预测起始年份工业用水量；P 为工业用水年平均增长率；n 为从起始年份至预测某一水平年份所间隔时间。

用水量的递增率呈现递增或递减规律时，预测不同水平年的需水量计算式为：

$$p_i=p_1(1+q)^{i-1} \tag{2-20}$$

$$V_i=V_{i-1}\left[1+\frac{p_1}{(1+q^{i-1})}\right] \tag{2-21}$$

式中：p_1 是第一年的用水量递增率；q 是用水量递增率 p 的递变率，q 为正值时，p 逐年上涨，否则，下降。

一个城市工业用水的增长率与工业结构、用水水平、水源条件等有关。用趋势法预测关键是对未来用水量增长率的准确确定，需要找出与增长率紧密相连的因素，充分分析过去实际结构，合理确定未来不同水平年的平均用水增长率。一般来说，工业用水年平均增长率随用水水平提高、单耗降低、重复利用程度提高呈下降的趋势。

趋势法推算较简单易行，但是从历年调查资料中分析用水增长率时，必须是选取工业发展稳定阶段，该阶段是相当长的一个时段并具有准确度较高的用水量数值，便于观察历年用水增长趋向。对异常点要做合理性检查，才能把异常点省去，消除偶然因素的影响。如某一大型耗水性工厂经多年建设，在某一年正式投产使用，使某城市工业用水量骤增至某一个水平。又如，某年遇到连续干旱缺水年份，水源缺乏，供水量衰减，迫使工业用水减少等。当有一个较长系列的用水资料时，就可以作详细分析，避免偶然因素，删除异常点，对于特殊情况，应另作分析。

（2）重复利用率提高法。

万元增加值用水量和重复利用率，是衡量工业用水水平的两个综合指标。一般来说，一个地区或一个工矿企业单位，工业结构不发生根本变化时，万元增加值用水基本取决于重复利用率。随着重复利用率的不断提高，万元增加值用水将不断下降。

重复利用率提高法可采用下式计算：

$$V_{2f}=\frac{1-\eta_2}{1-\eta_1}q_1 Z_2 \tag{2-22}$$

式中：V_{2f} 为预测年的工业用水量，m^3；η_1、η_2 分别为现状年与预测年的重复利用率；q_1 为现状年的万元增加值用水量，m^3/万元；Z_2 为预测年的工业增加值，万元。

重复利用率与万元增加值用水的关系可用水平衡式推导。因为重复利用率：

$$\eta=\frac{V_r}{V_t}\times 100\% \tag{2-23}$$

或

$$\eta=\left(1-\frac{V_f}{V_t}\right)\times 100\% \tag{2-24}$$

所以可进行下列推导：

$$1-\eta_1=\frac{V_{1f}}{V_t} \tag{2-25}$$

$$1-\eta_2=\frac{V_{2f}}{V_t} \tag{2-26}$$

由式（2-25）和式（2-26）可得：

$$\frac{1-\eta_1}{1-\eta_2}=\frac{V_{1f}}{V_{2f}} \tag{2-27}$$

对于同一行业，当生产设备、工艺流程和生产规模不变时，由万元增加值用水 $q=\frac{V_f}{Z}$ 得：

$$V_{1f}=Zq_1 \qquad V_{2f}=Zq_2$$

故得：
$$\frac{1-\eta_1}{1-\eta_2}=\frac{q_1}{q_2} \tag{2-28}$$

一个行业，如果已知现有用水重复利用率和万元增加值用水，根据该地水源条件、工业用水的水平，如能提出将来可达到的重复利用率，便可利用式（2－28）求出将来的万元增加值用水量。从而比较准确的推求将来的工业用水量。

【例 2－1】 已知某市 1990 年冶金工业用水重复利用率为 76.3%，相应的万元增加值用水量为 $636m^3$。根据该市水资源条件和目前用水水平，参照国内外先进水平，提出 2010 年冶工业重复水利用率将达到 90%，相应的万元增加值用水量可求出为：

$$\frac{1-0.763}{1-0.90}=\frac{636}{q_2}$$

$$q_2=268m^3/万元$$

各个行业用上述方法，都可推求出不同水平年的万元增加值用水量。

（3）需水量弹性系数法。

需水量弹性系数是指工业需水量增长率与工业年产值增长率的比值。该法是依据企业以往年的年需水量增长率和工业产值增长率，计算需水量弹性系数；而后根据企业发展规划确定今后的年产值增长率，进而求出需水量增长率，再根据趋势法计算工业用水量。

【例 2－2】 某企业 2000～2010 年工业总产值和年需水量见表 2－6，“十二五”规划确定年工业产值增长率为 15%，试用弹性系数法预测企业的 2015 年的需水量。

表 2－6　　某企业需水量及产值表

年份	2000	2001	2002	2003	2004	2005	2006	2007	2008	2009	2010
工业产值（万元）	5.45	6.58	7.93	9.57	11.54	13.91	16.78	20.24	24.41	29.43	35.5
需水量（万 m^3）	1240	1400	1595	1810	2055	2333	2650	3010	3450	3870	4400

解：1）根据历年资料，计算工业产值与用水增长率（表 2－7）。

表 2－7　　某企业工业产值与用水增长率表

年份	2000	2001	2002	2003	2004	2005	2006	2007	2008	2009	2010	均值
工业产值增长率（%）		20.73	20.52	20.68	20.59	20.54	20.63	20.62	20.60	20.57	20.63	20.61
需水量增长率（%）		12.90	13.93	13.48	13.54	13.53	13.59	13.58	14.62	12.17	13.70	13.50

经计算多年平均用水增长率为 13.50%，工业产值增长率为 20.61%。

2）计算需水弹性系数：

$$\overline{r}=\frac{\overline{d}}{\overline{e}}=\frac{13.50\%}{20.61\%}=0.66$$

3）计算 2010～2015 年用水增长率：

$$d=\overline{r}e=0.66\times15\%=9.9\%$$

4）按趋势法计算 2015 年用水量：

$$V_t=V_0(1+d)^n=4400\times(1+9.9\%)^5=7054(万\ m^3)$$

（4）相关法。

工业用水的统计参数（单耗、增长率等）与工业增加值有一定的相关关系，如把增加值作为横轴，描绘上实际值，进行回归分析，则适合这种相关分析的回归方程有以下形式：

$$\log y = a\log x + b \tag{2-29}$$

$$y = \frac{a}{1 + b\mathrm{e}^{-a\log x}} \tag{2-30}$$

$$y = ax + b \tag{2-31}$$

式中：y 为单位用水量或增长率；x 为工业增加值；a、b 为常数。

根据企业发展规划确定今后的年产值增长率，进而求出预测年的工业增加值。采用回归分析得到的经验公式，计算预测年的工业用水量。

（三）第三产业需水量预测

建筑业和第三产业需水量预测方法可参照工业需水量预测方法。建筑业需水预测可采用建筑业万元增加值用水量法，也可采用单位建筑面积用水量法。第三产业需水可采用万增加值用水量法进行预测，也可参考城市建设部门分类口径及其预测方法进行复核。根据这些产业发展规划成果，结合用水现状分析，预测各规划水平年的净需水定额和水利用水系数，进行净需水量和毛需水量的预测。

第三产业需水量年内分配相对比较均匀。对年内用水量变幅较大的地区，通过典型调查进行用水量分析，计算需水月分配系数，确定用水量的年内过程。

五、生态需水预测

（一）基本概念与内涵

生态与环境需水是指为了维持给定目标下生态与环境系统一定功能所需要保留的自然水体和需要人工补充的水量。要结合当地水资源开发利用状况、经济社会发展水平、水资源演变情势等，确定切实可行的生态与环境保护、修复和建设目标，分别进行河道外和河道内的生态与环境需水量的预测。

河道内生态与环境需水指维持河流生态系统一定形态和一定功能所需要保留的水（流）量，按维持河道一定功能的需水量和河口生态与环境需水量分别计算。河道内生态与环境需水量要以河流水系主要控制断面为计算节点，对上、下游不同计算节点的计算值经综合分析后确定成果。河道内生态与环境需水量与河道内非消耗性生产需水量之间有重复的，计算时应予以注明。

河道外生态与环境需水指保护、修复或建设给定区域的生态与环境需要人为补充的水量，按城镇生态与环境需水、湖泊沼泽湿地生态与环境补水、林草植被建设需水和地下水回灌补水分别计算。

（二）河道内生态与环境需水

河流在自然本质上是一个完整的连续体，自古以来河流两岸就是人类繁衍生息之地。人类活动对河流的开发利用与社会经济发展程度密切相关，河流水体生态退化主要受自然和人类双重活动的控制。河流资源利用方式的演变大致可以分为 4 个阶段：初级开发阶段、平衡利用阶段、掠夺开发阶段、协调发展阶段。

初级开发阶段：人类自发对河流资源进行利用，河流资源基本上受自然规律支配，主要是洪涝灾害的影响，河流的连通性和宽度构成了河流生态系统的重要结构特征，具有河流所有的天然生态功能，包括维持水循环的连续性、生物完整性、自净过滤作用、通道作用和水沙输送等。

平衡利用阶段：社会经济的发展，使得人们对河流资源的本质有了一定了解，利用能力不断提高。早期为了生存对渔业资源进行开发，开发航运功能并进行贸易往来，上游引水、中游筑坝以及泛洪平原的垦殖，在满足规模农业发展和初级工业化和人口、经济的发展需求的基础上，河流基本能够维持自然水文规律，河流的生物完整性和多样性没有遭到破坏，河流水资源的承载能力还没有得到充分体现和发挥。

掠夺开发阶段：工业化程度高，对河流的开发利用主要着眼于经济的发展，对河流的控制能力极大地加强，以水库、水力发电等为代表的利用方式强化了对河流资源的利用，局部水循环的基本格局大都被打破，农业面源污染和大规模工业化造成的污染层出不穷，甚至出现“有河皆干，有水皆污”的局面。河流生物种大部分灭绝，河道断流频发。出现了世界性的河流环境污染和生态破坏，经济结构不合理，对生态系统的认识不足。河流水资源利用方式的不当对人类的生存和发展逐渐构成了现实威胁。

协调发展阶段：城市化和工业化进程中对水资源的竞争，形成城市和工业用水挤占农业用水，农业用水挤占生态环境用水的不合理循环格局。河流有限水资源在量和质上的不足造成的生态环境恶化现状，使人类认识到人与自然实现和谐共处的必要性，人类对生态用水问题开始高度重视。河流生态系统作为流域生态系统的子系统，它的最基本的特征就是参与自然界的水分循环，通过水体介质不断地跟周围环境进行物质和能量交换，与周边环境相互影响和制约。

国外对河道生态用水问题关心较早。20世纪40年代，随着水库的建设和水资源开发利用程度的提高，美国的资源管理部门开始注意和关心渔场的减少问题。60年代初期，工业化国家开始出现水资源对国民经济的制约作用，这种影响在枯水期尤为显著。由于径流迅速减小，对水力发电、航运、供水的限制越来越大，常常造成巨大经济损失，更造成生态恶化。于是各工业化国家对枯水期径流开展了大规模研究。20世纪70年代以来，法国、澳大利亚、南非等国都开展了许多关于鱼类生长繁殖与河流流量关系等方面的研究，从而提出了河流生态流量的概念，并产生了许多计算和评价方法。20世纪90年代以前河流流量的研究主要集中在所关心的鱼类、无脊椎动物等对流量的需求。20世纪90年代后的研究，不仅研究维持河道的流量，而且还考虑了河流流量在纵向上、横向上的连接。从总体上讲，考虑了河流生态系统的完整性，考虑了生态系统可以接受的流量变化。

由于我国的自然条件复杂、人口众多，造成的生态用水问题极为复杂。研究生态系统某种临界状态下的水分条件，以此作为生态用水衡量标准，既是该领域理论和技术上的探索，也是生产实践中急需解决的问题。

1. 维持河道一定功能的需水量

维持河道一定功能的需水量包括生态基流、输沙需水量和水生生物需水量等。根据各地河流水系实际情况，选择不同方法计算，经比较选取合理结果。

(1) 湿周法。

湿周法是根据河道的水力特性参数，如湿周、水力半径、平均水深等，由实测的河道断面湿周与断面流量之间的对应关系，绘制流量—湿周关系图，由图中找出突变点或影响点（point of effection），与该点对应的流量值即为河道生态流量推荐值。它是基于满足临界区域水生生物栖息地的思想提出来的。

湿周法主要适用于：①小型河流或者是流量很小且相对稳定的河流；②泥沙含量少，水环境污染不明显的河流；③推荐的流量是主要为了满足某些大型无脊椎动物以及特殊物种保护的要求。

从关系图中直接判断突变点有时比较困难，甚至无法判断，尤其对于山区河流，变化点多数不明显，需要借助数学方法来加以判别。通常，该法较适用于平原地区河道。

(2) Tennant 法。

Tennant 在对美国 11 条河流的断面数据进行分析后，依据流量对应的流速、水深等增幅大小，认为年均流量的 10%是河流生态与环境得以维持的最小流量，并以预先确定的年平均流量百分比将河流生态与环境划分为不同的等级。

Tennant 法将全年分为两个计算时段，根据多年平均流量百分比和河道内生态与环境状况的对应关系，直接计算维持河道一定功能的生态与环境需水量。Tennant 法中，河道内不同流量百分比和与之相对应的生态与环境状况见表 2－8。

表 2－8　　Tennant 法中不同流量百分比对应的河道内生态环境状况

流量等级描述	推荐的基流百分比标准（年平均流量百分数）（%）		流量等级描述	推荐的基流百分比标准（年平均流量百分数）（%）	
	10 月至次年 3 月	4～9 月		10 月至次年 3 月	4～9 月
最大流量	200	200	好	20	40
最佳流量	60～100	60～100	中等或差（退化）	10	30
极好	40	60	最小	10	10
非常好	30	50	极差	<10	<10

根据 Tennant 法，维持河道一定功能需水量计算式如下：

$$W_R = 24 \times 3600 \times \sum_{i=1}^{12} M_i Q_i P_i \tag{2-32}$$

式中：W_R 为多年平均条件下维持河道一定功能的需水量，m^3；M_i 为第 i 月天数，d；Q_i 为第 i 月多年平均流量，m^3/s；P_i 为第 i 月生态与环境需水百分比。

Tennant 法将一年分为 2 个计算时段，4～9 月为多水期，10 月至次年 3 月为少水期，不同时期流量百分比有所不同。各流域计算时年内时段可按如下方法划分：将天然情况下多年平均月径流量从小到大排序，前 6 个月为少水期，后 6 个月为多水期。

用 Tennant 法计算维持河道一定功能的生态与环境需水量关键在于选取合理的流量百分比。不同的河流水系其河道内生态与环境功能不同，同一河流的不同河段也有差异，因此要根据实际情况选取合理的河流生态与环境目标来确定流量百分比。一些研究中，少水期通常选取多年平均流量的 10%～20%作为河道生态与环境需水量，多水期选取多年平均流量的 30%～40%，但要根据各河流水系的实际情况而定。

特殊河流（河段），如泥沙含量较高或有国家级保护物种的河流（河段），维持河道一定功能的需水应分单项计算，并对成果进行合理性分析检查。

(3) 分项计算方法。

1) 生态基流。生态基流指为维持河床基本形态、防止河道断流、保持能力和避免河流水体生物群落遭到无法恢复的破坏而保留在河道中的最小水面，给出 3 种计算方法。

方法一：最小月流量平均法。

计算式为：

$$W_{Eb}=365\times 24\times 3600\times \frac{1}{10}\sum_{i=1}^{10}Q_{mi} \tag{2-33}$$

式中：W_{Eb} 为河道生态基流，m^3；Q_{mi} 为最近 10 年中第 i 年最小月平均流量，m^3/s。

方法二：典型年最小月流量法。

选择满足河道一定功能、未出现较大生态环境问题的某一年作为典型年，将典型年最小月平均流量作为满足年生态环境需水的平均流量。典型年最小月流量法计算公式为：

$$W_{Eb}=365\times 24\times 3600\times Q_{sm} \tag{2-34}$$

式中：Q_{sm} 为典型年最小月平均流量，m^3/s。

方法三：Q_{95} 法。

指将 95%频率下的最小月平均流量作为河道内生态基流。该法主要是用来计算河流纳污容量的。

不同河流水系，用以上 3 种方法计算得到不同的结果，综合分析后作为河道内生态基流。

2) 输沙需水量。河道输沙需水量指保持河道水流泥沙冲淤平衡所需水量，主要与河道上游来水来沙条件、泥沙颗粒组成、河流类型及河道形态等有关。

对北方多沙河流而言，河道泥沙输送主要集中在汛期，汛期水流含沙量高，通常处于饱和输沙状态，因此可根据汛期输送单位泥沙所需的水量来计算输沙需水量。汛期输送单位泥沙所需的水量可近似用汛期多年平均含沙量的倒数来代替。输沙需水量可用下式计算：

$$W_s=S_l\frac{1}{S_{cw}} \tag{2-35}$$

式中：W_s 为年输沙需水量，m^3；S_l 为多年平均输沙量，kg；S_{cw} 为多年平均汛期含沙量，kg/m^3。

基岩河床的河流或河床比降较大的山区河流，一般情况下水流处于非饱和输沙状态，可用多年最大月平均含沙量代表水流对泥沙的输送能力，输沙需水量计算式为：

$$W_s=S_l\frac{1}{S_{c\max}} \tag{2-36}$$

式中：S_l 为多年平均输沙量，kg；$S_{c\max}$ 为多年最大月平均含沙量，kg/m^3。

有资料的河段，可根据模型计算水流挟沙力，由水流挟沙力和输沙量计算河道输沙需水量，计算模型可参见河流泥沙有关论著。

3) 水生生物需水量。水生生物需水量是指维持河道内水生生物群落的稳定性和保护生物多样性所需要的水量。为保证河流系统水生生物及其栖息地处于良好状态，河道内需要保持一定的水量；对有国家级保护生物的河段，应充分保证其生长栖息地良好的水生态环境。

水生生物需水量可按下式计算：

$$W_c = \sum_{i=1}^{12} \max(W_{cij}) \tag{2-37}$$

式中：W_c 为水生生物年需水量，m^3；W_{cij} 为第 i 月第 j 种生物需水量，根据具体生物物种生活习性确定，m^3。

依据生物资料与河流流量资料，建立河道流量与生物量或种群变化关系，以生物为主要因子，考虑生态与环境对河流流量的季节性变化要求。对湿地，可建立水量与高等大型植物的关系等。在生态需水计算过程中，要考虑对特定生物的保护要求。

资料缺乏地区，可按多年平均流量的百分比估算河道内水生生物的需水量，一般河流少水期可取多年平均径流量的 10%～20%，多水期可取多年平均径流量的 20%～30%，有国家级保护生物的河流（河段）可适当提高百分比。

4）河道内生态基流、输沙需水量和水生生物保护需水量分月取最大值（外包），得到维持河道一定功能的年需水量。

此外，在某些情形下，为保持河流一定的水环境容量，根据水质保护标准和特定的环境要求，进行所需水量或流量的推求，作为河道环境需水量。

2. 河口生态与环境需水量

河口生态与环境需水量指防止咸潮上溯、维持河口生态系统平衡所需的水量，主要包括河口冲沙需水量、防潮压咸需水量、河口生物需水量。各需水量之间有一定重复，各计算单项需水量的最大值为河口生态与环境需水量。

（1）河口冲沙需水量。

河口冲沙需水量指为了保持河口泥沙冲淤平衡所需要水量。冲沙需水量计算需分析历年入海水量的变化特点及河口生态环境、泥沙冲淤平衡状况，丰水年和平水年可利用汛期的排水及灌溉回归水冲淤，枯水年份需要保持一定的入海水量，满足河口冲沙的需要。河口泥沙受到河道水流与潮流的相互作用，水动力条件复杂，可用河口多年入海水量、含沙量、泥沙淤积量等进行估算。

（2）防潮压咸需水量。

防潮压咸需水量是为了避免咸潮上溯对河口地区生态环境和生活生产用水带来不利影响所需要的水量。咸潮河流为防止潮水上溯，保持河口地区不受咸潮影响，必须保持河道一定的防潮压咸需水量。有资料地区可根据河口流量与咸水位关系计算相应的入海压咸需水量。无资料地区可以河口处多年平均月最大潮水位和设计潮水位来计算防潮压咸所需水量。

（3）河口生物需水量。

河口生物需水指为了保持河口水生生物及其栖息地所需要的水量。河口生物栖息地受河道水流和海洋潮流的共同影响，情况比较复杂。河口生物栖息地保护主要是维持河口入海水量与咸潮及泥沙的动态平衡，一般通过典型年入海水量的分析，确定其需水量。

3. 河道内生态与环境需水量

河道内生态与环境需水量应在河流水系主要控制节点（包括河口）计算成果的基础上，综合分析河流水系不同河段河道内生态与环境保护、修复或建设目标，提出合理成果。

（三）河道外生态与环境需水

1. 城镇生态与环境需水量

城镇生态与环境需水量指为保持城镇良好的生态与环境所需要的水量，主要包括城镇河湖需水量、城镇绿地建设需水量和城镇环境卫生需水量。

（1）城镇绿地生态需水量。

采用定额法，即按下式计算：

$$W_G = S_G q_G \tag{2-38}$$

式中：W_G 为绿地生态需水量，m^3；S_G 为绿地面积，hm^2；q_G 为绿地灌溉定额，m^3/hm^2。计算时要注意公式中单位转换系数（下同）。

（2）城镇河湖补水量。

按照水量平衡法或定额法计算城镇河湖生态环境补水量。

1）水量平衡法。根据水量平衡原理，城镇河湖补水量计算公式如下：

$$W_{cl} = F + fV - \frac{S(P-E)}{1000} \tag{2-39}$$

式中：W_{cl}为河湖年补水量，m^3；F 为水体渗漏量，m^3；V 为城镇河湖水体体积，m^3；f 为换水周期，次/a；S 为水面面积，m^2；P、E 分别为降水和水面蒸发量，mm。

2）定额法。按照现状水面面积和现状城镇河湖补水量估算单位水面的河湖补水量，根据对不同规划水平年河湖面积的预测计算所需水量。也可以采用人均水面面积的现状定额为基础，结合未来城镇人口预测，采用适当的人均水面面积（根据城镇总体规划等）进行预测。

（3）城镇环境卫生需水量。

按照定额法计算：

$$W_{ch} = S_c q_c \tag{2-40}$$

式中：W_{ch}为环境卫生需水量，m^3；S_c 为城市市区面积，m^2；q_c 为单位面积的环境卫生需水定额（采用历史资料和现状调查法确定），m^3/m^2。

2. 林草植被建设需水量

林草植被建设需水指为建设、修复和保护生态系统，对林草植被进行灌溉所需要的水量，林草植被主要包括防风固沙林草等。

林草植被生态需水量采用面积定额法计算：

$$W_p = \sum_{i=1}^{n} S_{pic} q_{pi} \tag{2-41}$$

式中：W_p 为植被生态需水量，m^3；S_{pi}为第 i 种植被面积，hm^2；q_{pi}为第 i 种植被灌水定额，可参照农作物灌水定额的计算方法，无资料地区可参考条件相似地区确定，m^3/hm^3。

3. 湖泊沼泽湿地生态与环境补水量

湖泊沼泽湿地生态与环境补水量指为维持湖泊一定的水面面积或沼泽湿地面积需要人

工补充的水量。

(1) 湖泊生态与环境补水量。

湖泊生态与环境补水量可根据湖泊水面蒸发量、渗漏量、入湖径流量等按水量平衡法估算，计算公式如下：

$$W_L=10S(E-P)+F-R_L \tag{2-42}$$

式中：W_L 为湖泊生态与环境补水量，m^3；S 为需要保持的湖泊水面面积，hm^2；P 为降水量，mm；E 为水面蒸发量，mm；F 为渗漏量，m^3；参考达西公式计算，一般情况下可忽略不计；R_L 为入湖径流量，m^3。

此外，我国部分湖泊污染严重，还要考虑换水以改善水质，这部分水量要求可另行计算。

(2) 沼泽湿地生态与环境补水量。

沼泽湿地生态与环境补水量可用水量平衡法进行估算，其公式为：

$$W_w=10S(E_w-P)+F-R_w \tag{2-43}$$

式中：W_w 为沼泽湿地生态环境需水量，m^3；S 为需要恢复或保持的沼泽湿地面积，hm^2；P 为降水量，mm；E_w 为沼泽湿地蒸发量，mm；F 为渗漏量，m^3，对于底层为冰冻或者泥炭层的沼泽湿地，可近似认为渗漏量为 0；R_w 为进入沼泽湿地的径流量，m^3。

4. 地下水回灌补水量

地下水回灌补水指为了防治地下水超采，需要通过工程措施对地下水超采区进行回灌所需要的水量。通常情况下，如果开采量小于补给量，地下水超采区可逐步恢复。如确需通过工程措施对地下水超采区进行回灌，可根据地下水保护规划，结合地下水超采量、地下水采补平衡目标、地下水回灌系数和地下水回灌年数，确定合理的地下水回灌量。

六、综合需水分析与计算

对一个区域来说，有生活、生产和生态环境三类用水部门。生活需水量主要取决于人口数量和用水定额两个因素，生活需水量预测一般采用定额法，关键在于确定不同水平年的人口数量和相应的生活用水定额，其中人口数量以计划部门预测为主；生活用水定额受国民经济、生活水平和基础设施完善程度等因素的影响，在现状用水定额的基础上考虑经济的发展和人民生活水平的提高来确定。生产需水量又分为工业需水量和农业需水量。工业需水量与工业发展的速度、工业结构、工业生产的水平、节约用水的程度、用水管理水平、供水条件和水资源的多寡等因素有关。可采用趋势法、相关法和重复利用率提高等方法进行预测。农业需水包括农田灌溉和林牧渔畜需水。无论是农作物的灌溉用水，还是林、牧、渔业用水量的大小，主要都取决于灌溉定额与灌溉面积两个因素。农业用水量的预测采用灌溉定额法，关键在于拟定不同水平年可能发展扩大的灌溉面积，并要合理确定相应的灌溉定额和渠系水的利用系数。灌溉定额与降水频率有关，一般选取降水频率为50%、75%和90%的三个不同年型（代表年）确定相应的灌溉定额。因此预测的农业需水量具有频率的概念。生态环境需水量，要结合当地水资源开发利用状况、经济社会发展水平、水资源演变情势等，确定切实可行的生态与环境保护、修复和建设目标，分别进行河道外和河道内的生态与环境需水量的预测。

在生活、生产和生态（环境）三类需水预测基础上，进行河道内和河道外、城镇和农村需水预测成果的综合分析与计算。综合时应注意，某些需水项之间有一定重复，应综合考虑。

1. 河道外需水量

河道外需水量要参与区域或流域水资源的供需平衡分析。应分别提出不同代表年，如降水频率为 $P=50\%$、$P=75\%$和 $P=90\%$，按城镇和农村分类汇总的需水量预测成果。

【例 2-3】 某市地处湘北，面积为 2177.02km²，其中平原面积 1857.22 km²，丘区岗地面积为 319.8 km²。全市多年平均气温 17.0℃，多年平均无霜期 276 天，多年平均日照时数 1720h，多年平均蒸发量 1332.6mm，多年平均降水量 1326mm，汛期 4～9 月降水量占全年降水量的 65.7%。以 2000 年为现状年，社会经济基本情况见表 2-9。

表 2-9 现状年基本情况统计表

人口（万人）			耕地面积（万亩）			工业总产值（万元）	农业总产值（万元）
农业	非农业	总人口	水田	旱田	总面积		
57.449	14.25	71.699	44.2	25	69.2	222372	91020

2010 年为近期规划年，2020 年为远期规划年。按上述方法分别预测近期、远期不同水平的生活、生产（工业、农业）需水量，而后进行汇总，结果见表 2-10。

表 2-10 某市不同水平年各部门需水汇总表

水平年	保证率（%）	需水量（万 m³）				
		生活	工业	农业	其他	合计
2000	现状年	2860	7679	49731	3013.7	63283.7
2010	50%	3478.3	22783	49900	6093.3	82254.6
	75%	3478.3	22783	57502	6701.5	90464.8
	90%	3478.3	22783	64875	7291.3	98427.6
2020	50%	4157	69425	49087	9814.0	132483.0
	75%	4157	69425	56540	10410.2	140532.2
	90%	4157	69425	63788	10990.1	148360.1

2. 河道内需水量

河道内需水包括河道内生产需水和河道内生态与环境需水。河道内生产用水一般不消耗水量，可以“一水多用”。但要通过在河道中预留一定的水量给予保证。河道内生产需水量主要包括航运、水力发电、旅游等生产部门的用水。

(1) 航运需水量。

航运需要通航河段保持一定的水位和流量，以维持航道必要的深度和宽度。在设计航运基流时，根据治理以后的航道等级标准及航道条件，计算确定相应设计最低通航水深保证率的流量，以此作为通航河段河道内航运用水的控制流量。

(2) 水力发电需水量。

水力发电用水一般指为保持梯级电站、年调节及调峰等电站的正常运行，需要向下游下泄并在河道中保持一定的水量。水力发电一般不消耗水量，但要满足在特定时间和河段内保持一定水量的要求。在统筹协调发电用水与其他各项用水的基础上，计算确定水力发电需水量。

(3) 其他生产用水量。

其他生产用水可根据各地实际情况，如漂木用水、旅游用水等。

分项生态环境用水量之间有重复，计算河道内生态与环境需水量时取外包线。河道内需水量超过河道内生态环境需水量的部分，要与河道外需水量统筹协调，参与区域或流域水资源的供需平衡分析。

为了保障预测成果具有合理性，要对经济社会发展指标、用水定额以及需水量进行合理性分析。主要分析内容包括：各类预测指标发展变化趋势的合理性分析，区域间和各类用水间的数据协调性分析及国内外其他地区的指标比较等。

第三节 可供水量预测

随着国民经济的持续稳定发展，工农业各部门用水量的不断增加，有些地区由于水资源的不足而制约了工农业的进一步发展。为了利于工农业生产的规划与发展，对区域水资源进行评价与管理就显得尤为重要，而可供水量计算是水资源供需分析的重要环节。

一、可供水量的概念与影响因素

水资源供需分析，应着重分析清楚在各种保证率情况下的水资源供需现状，同时也要分析近期和远景水平年在各种保证率情况下的水资源供需情况。从供水的角度讲，不仅要摸清现状水利工程系统实际的供水量，而且要分析清楚现状、近期、远景不同水平年在各种保证率情况下的可能供水量。经过多年的实践摸索，这种现状和不同水平年在各种保证率情况下，供水系统可能提供的水量，常以“可供水量”命名。

1. 可供水量的定义

1982～1986年“全国水资源合理利用与供需平衡分析”开展以来，在全国趋近统一的理解是：可供水量是指在不同水平年、不同保证率情况下，考虑需水要求，供水工程设施可能提供的水量。

为何这样定义可供水量呢？从区域水资源分析的内容和目的来看，引进的可供水量概念要满足如下要求。

(1) 能在区域水资源供需分析计算中，反映出水资源的余缺程度。

(2) 有别于工程的实际供水量和工程的最大供水能力。

(3) 工程的弃水和不能为用户所利用的水量都不能作为工程可能提供的水量。

(4) 能适应现状、近期和远景各种不同水平年的供需分析。

(5) 能适应于全国范围（南方和北方）以及不同的计算方法。

上述可供水量的定义，可以满足此五条要求。下面对“可供水量”定义进行如下详细的解释。

(1) 可供水量加上“可”字，意味着所算出的供水量是某种计算条件下的供水工程设施所“可能”或“可以”提供的水量。供水工程设施的可供水量有别于工程的实际供水量，也有别于工程的最大供水能力。工程实际供水量是指工程没有考虑需水要求而实际提供的水量，其中未必全部被用水部门利用。而最大供水能力是指工程充分发挥作用时可提供的水量，同样没有考虑需水要求，其可供水量只是最大供水能力中为用户利用了的那部分供水量。

例，某一引水枢纽，在逐日来水过程线给定时，考虑河道下泄流量的要求，当河道日平均可引流量小于和等于引水渠道的最大过水能力时，全引；当河道日平均可引流量大于引水渠道的最大过水能力时，只引渠道的最大过水流量。将渠道逐日引用的水量相加，即为渠道全年最大可引水水量，也即引水工程的供水能力。显然，工程的供水能力指的是工程措施充分发挥作用时可提供的水量。

但这样算得的渠道最大可引水量，并不是许可供给的水量，因为年最大可引水量可能有一部分是没有用的，例如农业灌溉，在非灌溉期的那部分引水量是毫无用处的。因此，许可的引水量必须从年最大可引水量中减去用户不用的水量，剩余部分才是引水工程可以供给的水量，简称可供水量。可供水量与工程的供水能力是不同的，供水能力未考虑需水限制。可供水量大小取决于来水过程、下游河道流量要求、渠道过水能力以及用户的需水要求等。

(2)“不同水平年”的水平年，是指水资源开发利用的程度，表现在各类供水工程设施的多少、工程状况和管理水平等方面。在计算可供水量时，要考虑分析现状、近期、远景几种发展水平的情况。

(3)“不同保证率”即表示在计算可供水量时要考虑丰、平、枯几种不同来水情况，又表示供水工程设施对用户供水保证程度的一种概念。同一供水工程设施在不同的丰、平、枯水年可能提供的水量是不同的。

(4)“考虑需水要求”是指计算可供水量时，需要把供水和需水（用水）结合起来考虑，弃水和不能为用户利用的水量（用户不需要的水）不能算作可供水量。

(5)“供水工程设施提供的”是指计算的可供水量一定是供水工程设施为用户提供的。供水工程设施包括正常的蓄、引、提、调水工程，也包括临时工程设施；既包括地表地下水供水工程，也包括再生水利用工程。没有通过供水工程设施直接为用户利用的水量，如农作物利用的天然降水量、农作物根系吸收的包气带土壤水分和地下水，都不能算作可供水量。这部分水量已经通过农作物在供水和用水之间达到了自身平衡，再参加供需分析已失去意义，而且也无法计算这部分用水究竟有多大。所以，供水工程设施未控制的集水面积上的水资源量不能成为可供水量。

2. 可供水量的影响因素

从可供水量的定义出发，影响可供水量的因素主要有以下几个方面。

(1) 供水工程条件。

由于天然水资源年际、年内变化大，且与用水需求的变化不一致，水土资源的配置不相适应，天然水资源很难直接满足各类用户的需要。因此，要修建各类供水工程设施，调节水资源的时空分布，或远处引水，或蓄丰补枯，或提高水位，以满足用户需求。供水量（利用的水资源量）总是与供水工程设施相联系的。一般说来，供水工程设施有：蓄水工程（水库、塘坝）、引水工程（有坝引水、无坝引水）、提水工程（抽水站）和再生水工程等。

供水工程设施的改变，如现有工程参数的变化，不同的调节运用方式以及不同发展时期新增工程设施等情况，都会使得算出的可供水量有所不同。

（2）来水条件。

我国大部分地区受季风影响，水资源的年际、年内变化大。我国南方地区最大年径流量与最小年径流量的比值为2～4倍，北方可达3～8倍。南方汛期水量可占年水量的60%～70%，北方汛期水量可占年水量的80%以上。而可供水量的计算与年来水量及年内变化有着非常密切关系。不同年的来水变化，以及年内的时间和空间变化，都会使可供水量的计算结果不一致。

（3）用水条件。

因为不同年的用水特性（包括用水结构、分布、性质、要求、规模等）和合理用水节约用水情况是不相同的，所以不同年计算出的可供水量也是不相同的。另外，用水条件也往往相互影响，如河道的冲淤、河口生态用水要求，可能直接影响河道外直接供水的可供水量；河道上游的用水要求可能影响到下游的可供水量等。

除了上述三个影响可供水量的主要因素外，水质条件对可供水量也有一定影响。不同年的水源泥沙和污染程度等情况直接影响所提供可供水量的大小。如高矿化度地下水，未经改良和处理是不能供工农业使用，更不能供城乡人畜饮用。

二、水利工程可供水量计算

可供水量包括地表水可供水量、浅层地下水可供水量、其他水源可供水量。其中地表水可供水量中包含蓄水工程供水量、引水工程供水量、提水工程供水量以及外流域调入的水量。在向外流域调出水量的地区（跨流域调水的供水区）不统计调出的水量，相应其地表水可供水量中不包括这部分调出的水量。其他水源可供水量包括深层承压水可供水量、微咸水可供水量、雨水集蓄工程可供水量、污水处理再利用量、海水利用量（包括折算成淡水的海水直接利用量和海水淡化量）。地表水可供水量除按供需分析的要求提出长系列的供水量外，还需提出不同水平年 $P=50\%$、$P=75\%$、$P=95\%$ 三种保证率的可供水量；浅层地下水资源可供水量一般只需多年平均值。

可供水量的计算时段应取得比较适中，不能过大，也不能过小。划得过大，往往会掩盖供需之间的矛盾，因为一个地区的缺水，往往只是几个关键时期，甚至是很短的一段时间，所以只有把计算时段划小，才能把供需之间的矛盾暴露出来。但划得太小，则分析计算工作量大，有时还受资料的限制。所以，计算时段的划分应以能客观反映供需矛盾为准则。一般来说，北方供需矛盾突出的地区按月进行分析可能满足要求，南方供需矛盾突出的地区在作物灌溉期甚至要按旬或按周进行分析才可能满足要求；对一些供需矛盾不突出地区，则可能按主要作物灌溉期和非灌溉期进行分析，甚至可能按年进行分析等。

（一）地表水可供水量计算

1. 蓄水工程

蓄水工程能在时间上对水资源重新分配，在来水多时把水蓄起来，在来水少时根据用水要求适时适量地供水。这种把来水按用水需求在时间上和数量上重新分配的过程，称为水库调节。

（1）大、中型水库。

一般而言，年调节水库为一年一次调蓄过程。为简单起见，设年初、年末库容均为水库的死库容。Y_t 表示 t 时段来水流量，D_t 表示 t 时段需水量，Q_t 表示 t 时段可供水量，单位均为 m^3/s。V_t 表示 t 时段初水库蓄水量，单位为 $m^3/s \cdot \Delta t$。时段长 $\Delta t=90$ 天，一年划分为 4 个时段。有关计算情况见表 2-11，不同计算模式如图 2-4 所示。

表 2-11　　水库调节计算表

调节计算模式	时段		1		2		3		4	
	Y_t		300		100		0		0	
	D_t		200		200		200		200	
(1)	Q_t		200		200		0		0	
	V_t	0		100		0		0		0
(2)	Q_t		100		100		100		100	
	V_t	0		200		200		100		0
(3)	Q_t		200		100		50		50	
	V	0		100		100		50		0

1）“有水就用模式”。如果有水，只要需要就给予供给。

按如下水量平衡方程计算：

$$V_{t+1}=V_t+(Y_t-Q_t)\Delta t \qquad (2-44)$$

$Q_1=200m^3/s$，$Q_2=200m^3/s$，$Q_3=0$，$Q_4=0$。这种结果显然是不合理的，缺水集中在后两个计算时段，不便于生活与生产的安排。

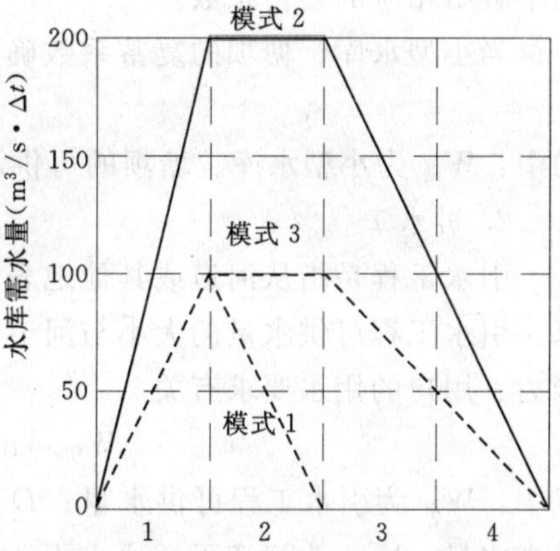

图 2-4　不同计算模式示意图

2）“过程相似”模式。供水总量虽不能满足需水总量要求，但其过程应尽可能与需水一致，这样便于生活与生产的安排。

如果水库期初、末不蓄不放水，维持库容不变，总来水恰好用完。总来水为 400 $m^3/s \cdot \Delta t$，总需水为 $800m^3/s \cdot \Delta t$，来水总量为需水总量的 1/2。按过程相似，每时段应供水流量 $100m^3/s$。水库蓄水变化过程，如图 2-4 所示。

$$Q_1=Q_2=Q_3=Q_4=100m^3/s$$

$$V_0=0, V_1=200, V_2=200, V_3=100, V_4=0$$

3）如水库库容有限，$V_{有效}=100m^3/s \cdot \Delta t$。

第一时段末，水库最多能蓄 $100m^3/s \cdot \Delta t$ 水量。这时 $Q_1=100m^3/s \cdot \Delta t$，就要弃水 $100m^3/s \cdot \Delta t$。这显然是不合适的，实际上 $Q_1=200m^3/s \cdot \Delta t$，它也能蓄至库满。

第二时段，后三个时段需水 $600m^3/s \cdot \Delta t$，现有水量 $200m^3/s \cdot \Delta t$，一是来水 $100m^3/s \cdot \Delta t$；二是水库蓄水 $100m^3/s \cdot \Delta t$。按过程相似，每时段应供流量 $200/3m^3/s \cdot \Delta t$，但这样做第二时段末要蓄水 $200 \sim 200/3m^3/s$，超过水库有效库容又要弃水，显然也是不合适的。水库最多能蓄 $100m^3/s \cdot \Delta t$，从而 $Q_2=100m^3/s \cdot \Delta t$。

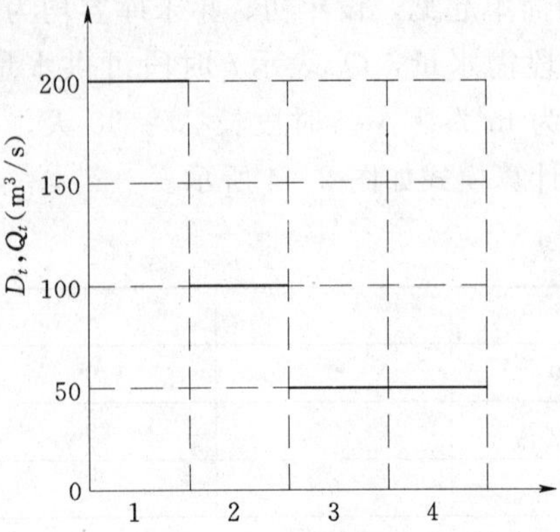

图 2-5　库容有限时的供水过程示意图

第三、四时段，共有水 $100\text{m}^3/\text{s}\cdot\Delta t$，从而两时段各供水 $50\text{m}^3/\text{s}$。$Q_3=Q_4=50\text{m}^3/\text{s}$。水库供水过程如图 2-5 所示。

(2) 小型蓄水工程。

小型蓄水工程的特点是数量多而且缺乏实测资料，所以往往采用"复蓄系数"法来估算可供水量。

所谓的"复蓄系数"，就是水库、塘坝年可供水量与有效库容之比值。复蓄系数与水库的集雨面积、来水多少、有效库容大小、担负的灌溉面积等多种因素有关，一般通过典型工程分类实地调查分析来确定。由于小型水库、塘坝库容较小，从而来水可使有效库容多次充蓄，复蓄系数可大于 1.0。

按小型蓄水工程的不同类别，把实际调查到的复蓄系数和相应年份的来水频率绘在几率格纸上，通过适线法求得复蓄系数和来水频率之间的相关线。在应用时，可根据来水的频率查出相应的复蓄系数。

当小型水库、塘坝的复蓄系数确定以后，利用下面公式可算出可供水量。

$$W_{\text{供}}=nV \tag{2-45}$$

式中：$W_{\text{供}}$ 为小型水库、塘坝的可供水量；n 为复蓄系数；V 为水库塘坝的有效库容。

2. 引水工程

引水工程是指从河道或其他地表水体能够自流取水的水利工程。一般按典型年逐年计算。引水工程可供水量的大小与河道天然来水量、下游河道过水流量要求、引水工程过水能力、用户的用水要求有关。

$$W_{\text{引}}=\min(D,Q_{\max},Y_{up}-Y_{down}) \tag{2-46}$$

式中：$W_{\text{引}}$ 为引水工程可供水量；D 为用户需水量；$Q_{\max}$ 为引水工程供水能力；Y_{up} 为河道来水量；Y_{down} 为河道下游要求下泄水量。

(1) 一用户情形。

有一河流引水工程向某地区供水，引水渠道过水能力为 $Q_{\max}=70\text{m}^3/\text{s}$，取水口流量过程与需水量过程见表 2-12，设下泄流量要求不低于 $60\text{m}^3/\text{s}$。试计算该工程的年可供水量。

表 2-12　取水口径流量过程与需水量过程　单位：m³/s

月份	1	2	3	4	5	6	7	8	9	10	11	12
来水 Y_t	110	150	120	140	130	110	110	115	150	100	90	130
需水 D_t	65	80	50	70	50	90	60	70	75	60	50	80

可供水量受到过水能力、需求和可引水量的制约，即：

$$W=\sum_{t=1}^{12}\min(D_t,Y_t-60,Q_{\max}) \tag{2-47}$$

据此可计算可供水量为 $1.7\times10^9 m^3$。

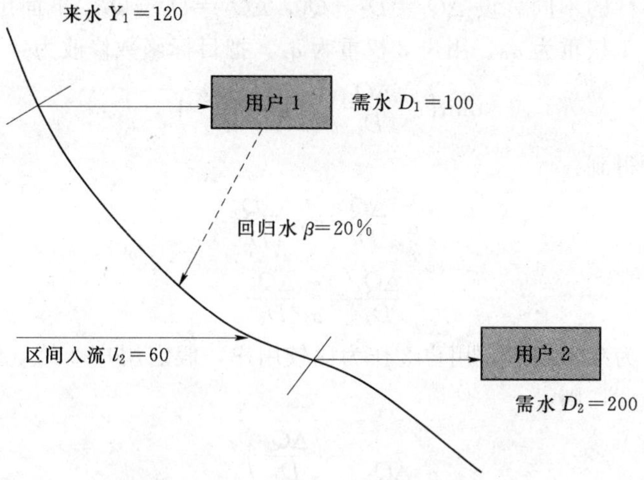

图 2-6 两用户情形（单位：m^3/s）

（2）两用户情形。

有一河流向两个用户供水，设引水渠道的过水能力和取水口下泄流量不受限制，河流来水与用户需水情况如图 2-6 所示，试计算可供水量。

按照不同的计算原则，有不同的计算方法。

第一种方法，自上而下计算，按“属地优先权”原则，先尽量满足第 1 用户要求，然后再进行第 2 用户的分析计算。

$$\begin{cases}用户\ 1: Q_1=100m^3/s \\ 用户\ 2: Q_2=100m^3/s\end{cases}$$

第二种方法，按两用户“均衡受益”原则进行分析计算。“均衡受益”是指，如果在资源紧缺的条件下，两用户供水量与需水量之比应相等。因无调节能力，以一个时段为例说明，其他时段类似计算。

设 Q_1 代表向用户 1 供水量，Q_2 代表向用户 2 供水量，则有方程式：

$$\begin{cases}120-Q_1+Q_1\times20\%+60=Q_2 & 水连续方程 \\ \dfrac{Q_1}{100}=\dfrac{Q_2}{200} & 均衡受益方程\end{cases} \tag{2-48}$$

联立求解得：$Q_1^*=180/2.8=64.28(m^3/s)$，$Q_2^*=360/2.8=128.59(m^3/s)$。

（3）考虑用户重要性不同。

为方便计，在两用户情形，如图 2-6 所示，可建立优化模型：

$$\min\left(\frac{D_1-Q_1}{D_1}\right)^2+\left(\frac{D_2-Q_2}{D_2}\right)^2 \tag{2-49}$$

$$\text{s.t. } Y_2=I_2+(Y_1-Q_1)+\beta Q_1 \tag{2-50}$$

求最优解，得到：

$$\frac{D_1-Q_1}{D_1}=\frac{D_2-Q_2}{D_2} \tag{2-51}$$

如果用户 2 较用户 1 重要，这样供水就是不合理的，因为它使两用户的缺水率相等，未能考虑用户重要性的不同。设 $\Delta Q_1 = D_1 - Q_1$，$\Delta Q_2 = D_2 - Q_2$，下面用权重来考虑用户的重要性。设用户 1 权重为 α_1，用户 2 权重为 α_2，把目标函数修改为：

$$\min\left(\alpha_1 \frac{\Delta Q_1}{D_1}\right)^2 + \left(\alpha_2 \frac{\Delta Q_2}{D_2}\right)^2 \tag{2-52}$$

通过求解，可得到：

$$\alpha_1 \frac{\Delta Q_1}{D_1} = \alpha_2 \frac{\Delta Q_2}{D_2} \tag{2-53}$$

$$\frac{\Delta Q_2}{D_2} = \frac{\alpha_1}{\alpha_2} \frac{\Delta Q_1}{D_1} \tag{2-54}$$

如果选用户 1 为参考用户，用户 2 作为比较用户，假定用户 2 的重要性是用户 1 的 2 倍，即 $\alpha_1 = 1$，$\alpha_2 = 2$，则：

$$\frac{\Delta Q_2}{D_2} = \frac{\left(\dfrac{\Delta Q_1}{D_1}\right)}{2} \tag{2-55}$$

两用户用水情况下可供水量计算方程式变为：

$$\begin{cases} 120 - Q_1 + Q_1 \times 20\% + 60 = Q_2 \\ \dfrac{\left(\dfrac{100 - Q_1}{100}\right)}{2} = \dfrac{200 - Q_2}{200} \end{cases} \tag{2-56}$$

求解得：$Q_1 = 80/1.8 = 44.44$ (m^3/s)，$Q_2 = 260/1.8 = 144.44$ (m^3/s)。

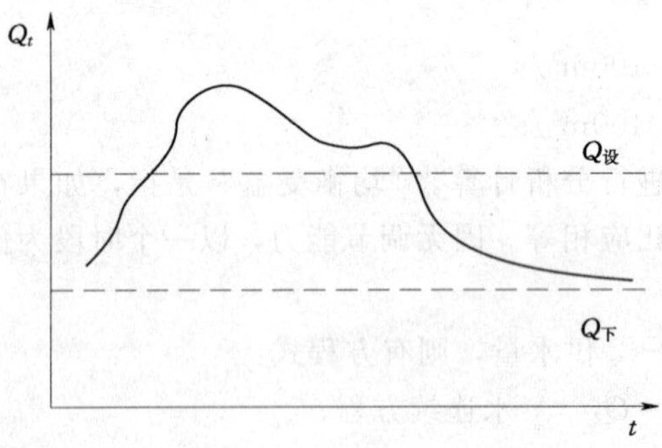

图 2-7　河道最大可提水量示意图

这是理论上分析结果，实际问题中，由于受到约束条件制约，不可能完全达到理论解，但结果将是靠近理论解的情形。一般地，以农业部门用户为参考，对其他部门进行加权，形成相对重要性权重系数，如生活∶工业∶农业＝4∶2∶1 等。

3. 提水工程

地表提水工程可供水量是指通过动力机械设备从江河、湖泊中提取的水量。

从河道提水，其最大可提水量取决于河道来水情况、下游河道的水流要求以及提水设备能力，如图 2-7 所示。

图 2-7 中，Q_t 为某取水点的年逐日流量过程线；$Q_设$ 为提水设备能力；$Q_下$ 为下游河道的水流要求。

那么，全年最大可提水量可用下式计算：

$$W_{可提} = \int_t q(t)\mathrm{d}t \tag{2-57}$$

其中

$$q(t) = \min[Q_t - Q_下, Q_设] \tag{2-58}$$

这样算出的可能最大提水量，并不是提水工程可供水量，因为不是全年任一时刻都需要提如此计算的水量，要根据水情况进行提水；另外提水设备不可能全年开机，它需要维护、检修。因此，提水工程的可供水量必定小于可能最大提水量。

（二）地下水可供水量的计算

地下水可供水量是指通过提水设备从地下提取为用户所用的水量。不同年降雨情况各异，地下水补给状况也是不同的，因而地下水年提取水量是不同的，丰水年补给条件好，可以多提取，枯水年补给条件差，提取量要少。地下水多年平均可供水量的控制极限一般为多年平均综合补给量。地下水可供水量计算，一般应以不致造成不良后果为前提，具体计算方法有水均衡法，原理与地表水库的相同，或利用地下水动力模型进行调节计算。在计算时，要受到地下水开采井的设备能力限制。

地下水可供水量与当地地下水资源可开采量、机井提水能力、开采范围和用户的需水量等有关。地下水可供水量计算公式为：

$$W_{可供} \sum_{i=1}^{t} \min(H_i, W_i, X_i) \tag{2-59}$$

式中：H_i、W_i、X_i 分别为 i 时段机井提水能力、地下水资源可开采量及用户的需水量；t 为计算时段数。

（三）其他水源开发利用

其他水源开发利用主要指参与水资源供需分析的雨水集蓄利用、微咸水利用、污水处理再利用、海水利用和深层承压水利用等。

1. 雨水集蓄利用

雨水集蓄利用主要指收集储存屋顶、场院、道路等场所的降雨或径流的微型蓄水工程，包括水窖、水池、水柜、水塘等。通过调查、分析现有集雨工程的供水量以及对当地河川径流的影响，提出各地区不同水平年集雨工程的可供水量。

2. 微咸水利用

（1）微咸水（矿化度 2～3g/L）一般可补充农业灌溉用水，某些地区矿化度超过 3 g/L 的咸水也可与淡水混合利用。在北方一些平原地区，微咸水的分布较广，可利用的数量也较大，微咸水的合理开发利用对缓解某些地区水资源紧缺状况有一定的作用。

（2）通过对微咸水的分布及其可利用地域范围和需求的调查分析，综合评价微咸水的开发利用潜力，提出各地区不同水平年微咸水的可利用量。

3. 污水处理再利用

（1）城市污水经集中处理后，在满足一定水质要求的情况下，可用于农田灌溉及生态环境。对缺水较严重城市，污水处理再利用对象可扩及水质要求不高的工业冷却用水，以及改善生态环境和市政用水，如城市绿化、冲洗马路、河湖补水等。

（2）污水处理再利用于农田灌溉，要通过调查，分析再利用水量的需求、时间要求和使用范围，落实再利用水的数量和用途。现状部分地区存在直接引用污水灌溉的现象，在供水预测中，不能将未经处理、未达到水质要求的污水量计入可供水量中。

（3）对污水处理再利用需要新建的供水管路和管网设施实行分质供水的，或者需要建设深度处理或特殊污水处理厂的，以满足特殊用户对水质的目标要求，要计算再利用供水管路、厂房及有关配套设施的投资，单列统计并附说明。

(4) 估算污水处理后的入河排污水量，分析对改善河道水质的作用。

(5) 调查分析污水处理再利用现状及存在的问题，落实用户对再利用的需求，制定各规划水平年再利用方案。要求不同水平年各提出两种方案：一为正常发展情景下的再利用方案，简称“基本再利用方案”；二为根据需要和可能，加大再利用力度的方案，简称“加大再利用方案”。污水处理再利用要分析再利用对象，并进行经济技术比较（主要对再利用配水管道工程的投资进行分析），提出实施方案所需要满足的条件和相应的保障措施与机制。

4. 海水利用

海水利用包括海水淡化和海水直接利用两种方式。

(1) 对沿海城市海水利用现状情况进行调查。海水淡化和海水直接利用要分别统计，其中海水直接利用量要求折算成淡水替代量。

(2) 分析海水利用的潜力，除要摸清海水利用的现状、具备的条件和各种技术经济指标外，还要了解国内外海水利用的进展和动态，并估计未来科技进步的作用和影响，根据需求和具备的条件分析不同地区、不同时期海水利用的前景。各地可根据需要和可能，提出规划水平年两套海水利用的方案：一为按正常发展情景下的海水利用量，简称“基本利用方案”；二为考虑科技进步和增加投资力度加大海水利用力度的情景下的利用量，简称“加大海水利用方案”。海水利用以有条件的城市为单位分析计算，按计算分区进行汇总。

5. 深层承压水利用

深层承压水利用应详细分析其分布、补给和循环规律，做出深层承压水的可开发利用潜力的综合评价。在严格控制不超过其可开采数量和范围的基础上，提出各规划水平年深层承压水的可供水量。

三、区域可供水量的计算

区域可供水量与工程的数量、类型、各水利工程的运行调度、用户需水要求等因素有关，需要对整个区域水利工程系统进行分析，从而确定区域可供水量。计算时，遵循如下原则：先用小工程的水，后用大工程的水；先用自流水，后用蓄水和提水；先用离用户较近的水，后用远处的水；先用地表水，后用地下水；先用本流域的水（包括过境水），后用外流域调水；自来水用于生活和一部分工业，其他水用于水质较低的农业和部分工业。

（一）系统概化

水资源系统是以水为主体构成的一种特定系统，这个系统是指处在一定范围或环境下，为实现水资源开发利用目标，由相互联系、相互制约、相互作用的若干水资源工程单元和管理技术单元所组成的有机体。从逻辑关系上，水资源系统一般由水源、调蓄工程、输配水系统、用水户、排水系统等部分组成。从水源、调蓄工程系统通过输水系统将水分配到用水系统使用，然后由排水系统排放。其过程可用图 2-8 描述。

1. 用户概化

在一个较大区域，往往包含多种多样的水利工程，包含许多具体的用水户。区域可供水量的计算，就是在各种用水户需水要求下，对区域内部所有水利工程的可供水量进行计算。

一个区域内部，具体用水户的数量是非常大的，为了便于计算，可把地域相近的用水户进行归类合并。即把研究区域进行分区，每一分区作为一个供水对象。分区的大小应根

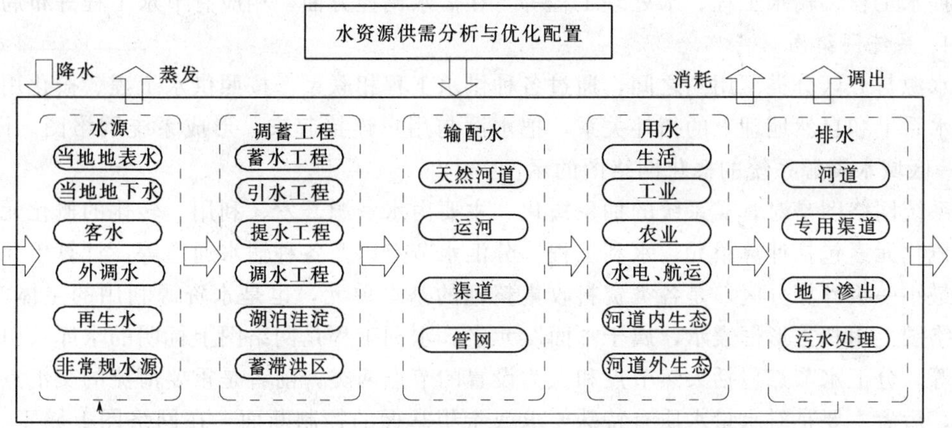

图 2-8 水资源系统组成要素图

据需要，因地制宜来定，不宜过大，也不宜过小。如果分区过大，把几个流域、水系或供水系统拼在一起进行调算，往往会掩盖地区之间的供需矛盾，造成“缺水”是真，“余水”是假象；如果分区过小，则工作量将成倍增加。如果研究区域很大，可以逐级划区，即把要研究的整个区域划为若干个一级区，每一个一级区又可划为若干二级区，以此类推，最后一级区称为计算单元。分区的主要方法如下。

(1) 按行政区划分区。有利于资料的搜集和统计。

(2) 按自然地理单元分区。如按流域、水系结构划分，有利于算清水账。

(3) 按社会经济单元划分。如按特定经济圈、开发区等，有利于突出分析的重点。

(4) 按流域水资源分区与区域行政分区相结合的方法进行划分。考虑区域不同自然特点和自然分区（流域、水系、水文地质单元等）及行政区划的界限，并尽可能地保持自然分区的完整性，对区域进行水资源分区。分区的要求是：有利于展示区域水资源需求在空间上的分布；有利于资料的收集、整理、统计、分析；有利于计算成果的校核、验证等。

一个分区内部的用水户也有各种类型，其用水性质也不尽相同。根据用水性质的不同，划分成几类，如城市生活、农村生活、工业和建筑业及第三产业、农业、河道外生态环境、河道内生态环境等。

2. 水源划分

作为供水来源的区域内的水源，可划分成当地水和外来水。当地水又可分为当地地表水、当地地下水及再生水等。外来水可分为流入本地的河流等客水，以及跨区域调水。当地地表水是指区域内的河流、湖泊等，按照流域水系进行划分。当地地下水是指区域内的地下含水层等，按含水层所属的地质单元划分。再生水等按照不同的收集、处理与供给系统划分。客水是指流入区域内的河流、含水层跨界补给等。调水是指从研究区域外通过工程措施调入本区域的水量，按照不同的调水系统划分。

3. 工程安排

由于天然条件下水资源的时空分布不能满足需水要求，从而需要建立水利工程进行水资源在时间和空间上的调配。为此，依据需水情况和自然条件等，需要进行每一个水源的开发利用布局和工程安排。供水工程主要类型有：蓄水工程、引水工程、地表提水工程、地下提水工程、输水工程、水处理工程等。在需水调控方面，相应有节水工程等布局。

4. 系统网络图

水源与分区分类型用户之间，通过各种供水工程相联系。按照供水工程、概化用户在流域水系上和自然地理上的拓扑关系，把水源与用户连接起来，形成系统网络图。图 2-9 为一区域水资源系统的概化网络图的示例。

系统网络图是对真实系统的抽象概化，主要由水资源开发、利用、转化的概化元素构成。概化元素包括计算单元、水利工程、分汇水节点以及各种输水通道等。计算单元是划分的最小一级计算分区，是各类资料收集整理的基本单元，也是水资源利用的主体对象；在网络图上用长方形框表示，属于“面”元素。水利工程是网络图上标明的水库及引提水工程等。分汇水节点包括天然节点和人为设置的节点两类，前者是重要河流的交汇点或分水点，后者主要是对水量水质有特殊要求或希望掌握的控制断面，在网络图上属于“点”元素。输水通道是对不同类别输水途径的概化，包括河流水系、水利工程到计算单元的供水传递关系、计算单元退水的传递关系、水利工程之间或计算单元之间的联系等，在网络图上属于“线”元素。

以概化后的点、线、面元素为基础，构筑天然和人工用水循环系统，动态模拟逐时段多水源向多用户的供水量、耗水量、损失量、排水量及蓄变量过程，实现真实水资源系统的仿真模拟。

（二）基于模拟的可供水量计算

区域中的各项供水工程组成一个体系，共同为用户供水，彼此既相互联系，又相互影响。按概化系统网络图，有串联、并联、混联多种情况，比较复杂。在计算区域总可供水量时，应根据系统具体情况分析，但总的要求是统筹兼顾各分区各种类型的用水需求，合理安排各种水源各类工程的供水策略，以利于系统供需平衡。

基于模拟的可供水量计算方法，是以概化的系统网络图为基础，以事先拟定的各种调配规则为依据，按一定次序，对各水源、各计算单元进行各水利工程调节计算的方法。区域水资源一般性的调配规则主要有以下几方面。

1. 计算程序

可供水量计算程序为：自上而下，先支流后干流，逐单元计算。每一单元的计算遵循水量平衡的原则。计算时，可把水源划分为本计算单元内部分配和多个单元间联合分配两种情形。前者包括对当地地表水及地下水等水源的分配，这类水源原则上只对所在计算单元内部各类用户进行供水，不跨单元利用。后者包括大型水库、外流域调水、处理后污水等水源或水量的分配与传递，这类水源可为多个计算单元所使用，其水量的传递和利用关系由系统网络。

图传输线路确定：根据事先制定的调配规则，将水量合理分配到相关单元。如一条河流上有上下两个计算单元，可以应用“分散余缺”方式进行计算等。后者也是系统模拟的重点和难点。

2. 供水次序

通常的调节计算原则为：先用自流水，后用蓄水和提水；先用地表水，后用地下水；先用本流域的水（包括过境水），后用外流域调水；水质优的水用于生活等用户，其他水

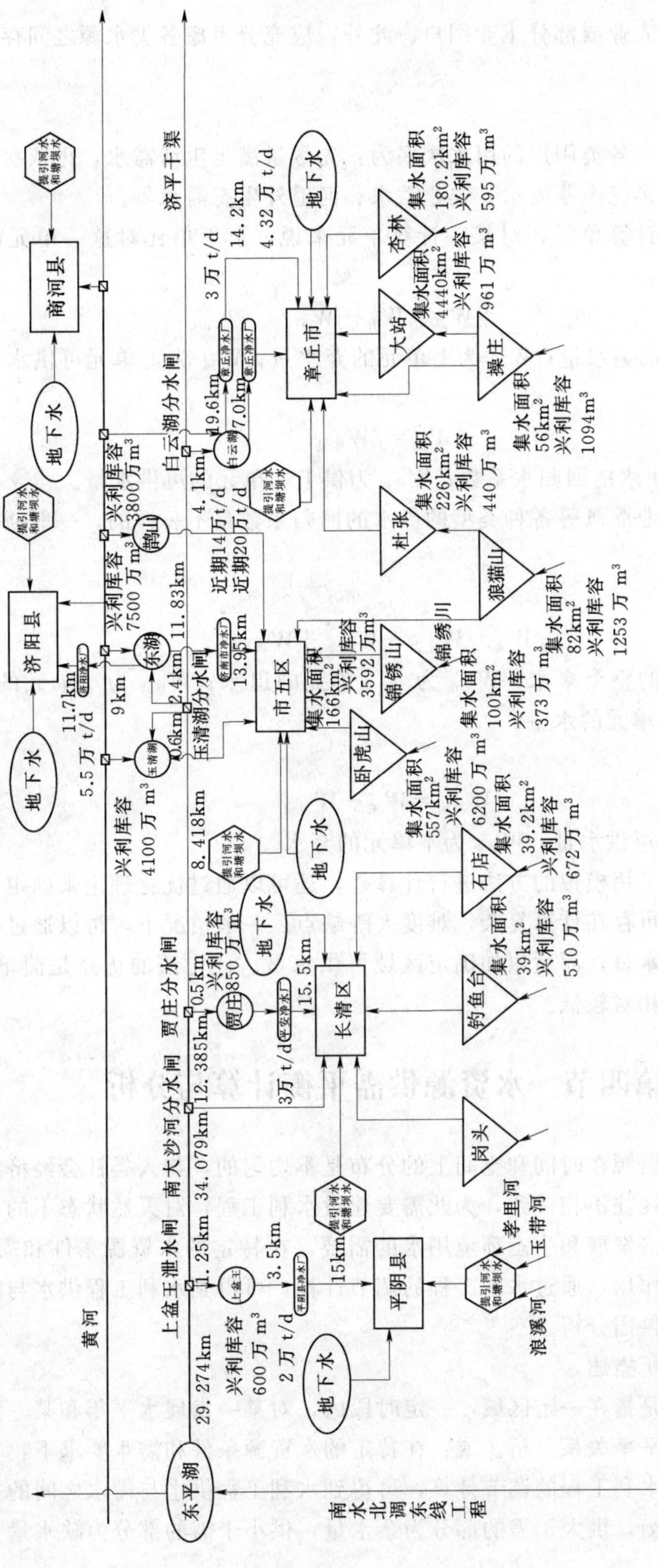

图2-9 水资源系统网络图

用于水质要求较低的农业或部分工业用户。此外，应充分考虑各类水源之间存在的相互影响关系。

3. 用水次序

在水资源紧缺时，各类用户的用水次序为：先尽量满足生活需水，再依次是河道内最小生态需水、工业和第三产业需水、农业需水、河道外生态需水等。

在一条河流上的计算单元，对某一计算单元来说，上下单元对这一单元的计算有影响。上一单元的退水：

$$W_{退}=W_{弃}+W_{回} \tag{2-60}$$

式中：$W_{退}$ 为上单元的退水量；$W_{弃}$ 为上单元的弃水量；$W_{回}$ 为上单元可供水量回归到本单元的水量。

$$W_{回}=\beta W_{可供} \tag{2-61}$$

式中：β 为上单元可供水的回归水系数；$W_{可供}$ 为供上一单元的可供水量。

生活、工业、农业灌溉等各种类型的供水的回归系数是不一样的，一般通过典型区的具体调查分析确定。

本单元来水：

$$W_{来}=W_{上退}+W_{区水}+W_{调入} \tag{2-62}$$

式中：$W_{来}$ 为本单元的整个来水；$W_{上退}$ 为上一单元的退水；$W_{区水}$ 为本单元的区间来水；$W_{调入}$ 为外单元调入本单元的水量。

本单元弃水：

$$W_{弃水}=W_{来}-W_{可供} \tag{2-63}$$

式中：$W_{可供}$ 为本单元可供水量；$W_{弃水}$ 为本单元的弃水。

区域可供水量除了用模拟的方法进行计算外，还可以通过优化理论来确定。这两种方法计算精度较高，但也存在计算复杂，难度大等缺点。一般情况下，可以通过确定区域内各类水利工程的可供水量，而后累加确定区域可供水量。此方法的优点是简单易于操作，缺点是计算结果精度相对较低。

第四节 水资源供需平衡计算与分析

天然状态下的水资源在时间和空间上的分布是不均匀的，与人类社会经济发展用水和生态环境用水的要求往往不相一致，为此需要建设水利工程，对天然状态下的水资源进行调节，以满足社会经济发展和生态环境用水的需要。在特定的水资源条件和需水要求下，充分发挥水利工程的作用，通过水利工程的调节计算，可得到水利工程供水与需水之间的关系，这就是水资源供需分析。

一、供需平衡分析概述

水资源供需平衡是指在一定区域，一定时段内，对某一发展水平年和某一保证率的各部门供水量和需水量平衡关系分析。或：在特定的水资源条件和需水要求下，充分发挥水利工程的作用，通过水利工程的调节计算，可得到水利工程供水与需水之间的关系。供水量和需水量相近为平衡，供大于需的部分为余水量，供小于需的部分为缺水量。其目的是摸清区域内水资源供需现状，预测未来，揭示区域内水资源供需关系的内在规律和主要矛盾，探讨水资源开发利用的途径与潜力，提出实现水的长期稳定供给方案，为加速工农业生产的发展和水利建设提供科学依据。

（一）水平年

区域水资源供需分析主要是为了掌握未来一段时期区域需水能够满足的程度。通常并不针对未来每一年去分析，而是选择几个代表年去分析，通过对代表年的分析，基本掌握区域水资源供给与需求的态势。选择出的代表年，要能够反映区域发展不同阶段社会经济达到的水平、相应的需水水平和水资源开发水平，所以通常称其为水平年。一般来说，需要研究三个阶段的供需情况，即现状情况、近期情况、远期情况，也即三个水平年情况。现状水平年又称基准年，是指现状供需情况以已过去的某一年为代表来分析，近期水平年为从基准年以后的5～10年，远期水平年一般为从基准年以后的15～20年。供水的目的是为了促进区域社会经济的持续发展，从而供需分析的水平年应尽可能与区域国民经济和社会发展规划的水平年相一致。

现状情况是未来发展的基础，因此要作多方面的调查和分析研究，力求反映实际情况。近期供需情况将可能直接为有关单位编制年度计划、五年计划提供依据，因此要求一定的精度，例如要求需水作合理性论证，增加的供水量要有工程规划为依据，还要作必要的投入产出分析等。远期供需情况将对未来发展态势作出展望，要求的精度可低一些。

（二）代表年

在水资源供需平衡分析中，常常选择有代表性的平水年、枯水年与特枯水年作为设计代表年。一般地，平水年频率 $P=50\%$，枯水年 $P=75\%$，特枯水年 $P=90\%$ 或 $P=95\%$。在进行水资源供需分析时，北方干旱缺水地区一般要分析 $P=50\%$ 和 $P=75\%$ 两种代表年的供需情况，南方湿润富水地区一般要分析 $P=50\%$、$P=75\%$ 和 $P=90\%$（或 $P=95\%$）三种代表年的供需情况。具体一个区域进行水资源供需分析时，选几种代表年来分析，要根据分析的目的来定，例如北方干旱缺水地区，如想通过分析提出特枯年份的对策措施，则分析 $P=90\%$ 或 $P=95\%$ 代表年供需状况是必不可少的；又如南方湿润富水地区，已经觉得平水年的供需分析在决策中不能说明多大问题，在分析时，就不必进行 $P=50\%$ 的代表年的供需分析。

（三）分区单元

水资源供需关系分析，一般需要将一个大的区域划分成若干分区。对每一分区单元进行供需分析，然后逐级汇总。

水资源供需分析在流域和省级行政区范围内以计算分区进行，对城镇和农村须单独划分，并对建制市城市单独进行计算。现状年的城市范围为城市建成区，规划水平年的城市范围为城市规划区。流域与行政区的方案和成果应相互协调，提出统一的供需分析结果和推荐方案，然后再进行全国汇总、分析和平衡。

（四）计算时段

水资源供需平衡计算时段的划分，总的原则是：能够突出不同时段的水资源量的余缺情况，不至于掩盖水资源的供需矛盾。

（五）分析方法

1. 系列法

在水平年确定后，要预测区域内各分区各部门不同水平年的需水量，综合考虑区域内水资源条件、需水要求、经济实力、技术水平等因素，作出近期和远期水平年水利工程建设方案的初步安排。根据预测的需水量和相应的水利工程安排情况，按照可供水量计算方法，作水资源长系列的逐年分析计算，以掌握未来不同来水条件下区域水资源供需状态。

一般来说，区域内各概化用户要求的供水保证率是不同的。生活、工业用户的保证率高，农业用户的保证率可低一些等。在计算中要予以考虑。通过对长系列调节计算结果的统计分析，可得到不同来水频率下的各分区各部门的余缺水量。

2. 典型年法

按历史长系列逐年进行分析计算，往往分析计算工作量大，而且在系列资料缺乏时，这种分析计算还难以进行。所以，在一般的区域水资源供需分析时，亦可采用典型年的方法。

与单项工程选择典型年不同的地方是，区域供需分析中所要选择的典型年是面上的典型年，其范围包括整个区域或区域中的一大部分。由于不同地区不同年份的不同季节的降水、径流及用水状况差异很大，即使同一年，区域内各分区的降水频率也不一定相同，这样就给典型年的选择带来了一定的困难。所以，在选择一个流域或一个区域的典型年时应考虑河流上、中、下游的协调与衔接，并从面上分析旱情的特点及其分布规律，找出有代表性的年份。

水资源供需分析计算一般采用长系列月调节计算方法，以反映流域或区域的水资源供需的特点和规律。《全国水资源综合规划技术细则》规定七大流域应采用长系列方法，主要水利工程、控制节点、计算分区的月流量系列应根据水资源调查评价和供水预测部分的结果进行分析计算。无资料或资料缺乏的区域，可采用不同来水频率的典型年法。

（六）供需分析计算原则

（1）在时段单位（月或旬）内，不考虑时段内来水、需水等不均匀变化。逐时段计算时，认为面临时段的需水、地表来水和降雨入渗补给量等已知，而未来时期的情况未知。

（2）对每一计算分区内的供水区，要结合供水工程实际情况，划分出地表水源供水区和地下水源供水区，以及两者相重叠部分。混合水供水区是地下水与地表水能够进行相互补偿的供水范围。地域上以计算分区为单位，每个计算分区内不同需水要求所对应的纯地下水供区、纯地表水供区和混合水供区的比重预先给定。

（3）计算分区的当地径流，只考虑其可利用量参与计算，供水对象限定于所在单元，并只能满足农业需水要求。承压水和海水利用不考虑其补给来源。

（4）每个计算分区的地下淡水层，视作一个地下水库。不考虑地下水库间的水力联系。每个地下水库均受到规定的允许埋深变幅的约束，超出上限埋深的地下水视为弃水。地下水库的供水对象限定于所在单元。

（5）按照需水要求供水。在农业需水范围内的供水所产生的地表回归水依具体流域而定。在城镇生活、工业需水范围内供水所产生的地表回归水中，只考虑其中经污水处理厂处理后的可利用部分参与计算。

（6）每个地表水工程只对其指定的供水区承担供水任务。只有当满足规定供水任务且在工程满蓄后尚有余水时，多余水量依次为下游水库所存蓄。水库存蓄不下的多余水量，则按照计算分区的水流走向，依次由计算分区的河网调蓄库容存蓄。余水的利用规定滞后一个时段。

(7) 河网调蓄库容所存蓄的水量只限于满足所在单元农业需水要求。各单元的田间蓄水只限于存蓄跨流域引水工程在冬天非灌溉季节的引水，并只用于满足汛前灌溉季节的需水要求。河网调蓄水量和田间蓄水的时段蒸发渗漏损失，按时段初蓄水量的某一百分比计算。

(8) 地表水库的时段蒸发渗漏损失按时段初水库水位来计算；地下水库时段潜水蒸发损失按时段初地下水埋深来计算。

(9) 面临时段各项供水对浅层地下水的补给量，规定滞后一个时段。

二、区域水资源供需平衡分析

供需分析计算一般进行二至三次水资源供需分析。一次供需分析是考虑人口的自然增长、经济的发展、城市化程度和人民生活水平的提高，按供水预测的“零方案”，即在现状水资源开发利用格局和发挥现有供水工程潜力的情况下，进行水资源供需分析。若一次供需分析有缺口，则在此基础上进行二次供需分析，即考虑强化节水、污水处理再利用、挖潜配套以及合理提高水价、调整产业结构、合理抑制需求和保护生态环境等措施进行水资源供需分析。若二次供需分析仍有较大缺口，应进一步加大调整经济布局和产业结构及节水的力度，具有跨流域调水可能的，应考虑实施跨流域调水，并进行三次供需分析。实际操作按流域或区域具体情况确定。水资源供需分析时，除考虑各水资源分区的水量平衡外，还应考虑流域控制节点的水量平衡。

1. 一次平衡分析

水资源一次供需分析，就是在流域现状供水能力与外延式增长的用水需求间所进行的供需分析。在水资源需求方面，考虑不同水平年人口的自然增长，经济结构不因水的因素而变化，城市化程度和人民生活水平外延式提高，预测不同水平年各分区各部门需水量。在水资源供给方面，在不考虑新增供水投资来增加供水量的前提下，考虑生态环境要求进行区域可供水量调节计算。

水资源一次供需分析本身不是目的，而是希望通过一次供需分析来了解和明晰现状供水能力与外延式用水需求条件下的水资源供需缺口。更为重要的是，水资源一次供需分析的缺口为水资源的开源、节流和污水处理回用安排提供了基础。如当地水资源进一步挖潜，包括通过地表水和地下水的进一步开发、污水处理回用等提高区域供水能力，以及通过提高水价、工程性节水措施、量化管理等抑制用水需求增长，使缺口的上下包线同时向内收缩，以解决或缓解水资源供需矛盾。

水资源一次供需分析主要回答三个问题：一是确定在无新的供水工程投资条件下，未来不同阶段的供水能力和可供水量；二是确定在无直接节水工程投资条件下，未来不同阶段的水资源需求自然增长量；三是确定现状开发状态下，未来不同阶段的水资源供需缺口，为确定节水、治污和挖潜等措施提供依据。

2. 二次平衡分析

水资源二次供需分析，主要是在一次供需分析的基础上，在水资源需求方面通过节流等各项措施控制用水需求的增长态势，预测不同水平年需水量；在水资源供给方面通过当地水资源开源等措施充分挖掘供水潜力，给出不同水平年供水工程的安排；通过调节计算，分析不同水平年供需态势。

通过供给与需求两方面的调控，如果二次供需分析不存在缺口，则实现了区域水资源的供需平衡。如果还存在缺口，在抑制需求和增加供给共同作用下，一次供需分析的缺口将有较大幅度的下降，即得到二次供需分析的缺口。

在二次供需分析时，要进行供给与需求两个方面调控的多种方案分析计算，从中选择最好的方案。从而，二次分析的供需缺口，实质上是在充分发挥当地水资源承载力条件下仍不能满足用水需求的缺口。对于这一缺口，在有外调水条件的地区，可以考虑实施外调水予以解决。

3. 三次平衡分析

水资源三次供需分析，是在二次供需分析的基础上，进一步考虑跨流域调水解决当地缺水问题，将当地水与外调水作为一个统一整体进行调配。将二次平衡的供需缺口作为需水项，以不同调水规模的方案作为新增供水项参加水资源供需平衡。通过不同方案的对比和分析，为确定调水工程的规模提供依据。

一次供需分析是初步摸一摸供需情况的底，并不要求供需平衡和提出实现平衡的方案计划。若一次供需分析有缺口，则在此基础上进行二次供需分析，即考虑进一步新建工程、强化节水、治污与污水处理再利用、挖潜等工程措施，以及合理提高水价、调整产业结构、抑制需求的不合理增长和改善生态环境等措施进行水资源供需分析。二次供需分析则要求努力平衡和提出实现平衡的方案计划。若二次供需分析仍有较大缺口，应进一步加大调整产业布局和结构的力度，当具有跨流域调水可能时，应增加外流域调水并进行三次水资源供需分析。

三、供需平衡宏观控制

进行区域水资源供需分析的最终目的，是要提出本区域在不同发展时期水的长期供给的措施、方案和计划，其中的核心问题是要宏观控制住水资源的供需平衡。

(1) 选取的计算水平年要与国民经济发展总目标协调一致。

(2) 用某一来水频率的典型年来控制水资源的供需平衡。

水资源的供需平衡是一种相对的平衡，具有一定的保证率概念。在某一保证率它平衡了，而在另一保证率时，又可能出现不平衡。一个区域究竟选择哪一种保证率控制水资源的供需平衡，是个复杂的问题，严格来说应通过经济效益等方面的论证来确定。一般，在水资源匮乏的地区，为了充分利用平水年份的水资源，选择的保证率可以低些；相反，在水资源充沛、供水工程投资较低的地区，选择的保证率可适当的提高。

(3) 进行河道外用水和河道内用水的协调平衡。

按用水的性质分类，水资源供需平衡可分为河道外用水的供需平衡和河道内用水的供需平衡。河道外用水为工业、农业、生活等用水，河道内用水为水力发电、航运、冲沙以及维持河道生态用水等，两者既相互联系，又相互制约。在一个流域内，选择一些有代表性的控制站，以河道内的用水要求作若干方案，然后进行整个流域的河道外用水的供需平衡分析，最后选择一种认可的方案。

（4）为严重缺水区做出补水布局安排。

区域内水资源供需缺口较大的地区是缺水地区，必须要通盘规划之后，统筹考虑做出合理补水布局安排，才可能保证实现地区之间的水资源供需的大致平衡。

第五节　流域水资源供需平衡实例分析

一、基本概况

蒲河流域属温带大陆性季风气候，亚洲季风气候区北缘，主要特点是春季多西南大风，蒸发量大，易春旱；夏季温热多雨，盛吹南风和东南风；秋季风小，天气晴朗；冬季寒冷干燥，雨雪稀少，盛吹北风和西北风。

流域多年平均降水量 647.4mm，年最大降水量 991.6mm，年最小降水量 460.1mm。

本次研究的水资源分区依据《蒲河流域水资源评价》报告的分区成果，即按照行政分区边界所划分出的区域作为计算单元，并对于个别太小的单元予以合并：铁岭县和棋盘山风景区合并，农业高新区与沈北新区合并，于洪区、市区、铁西新区、东陵区合并。

根据上述方法，将蒲河流域所辖区域划分为 5 个计算分区，总计算面积 2248km^2，其中一般山丘区 273.0km^2，一般平原区 1975km^2，从上游至下游各分区具体情况依次为：

（1）棋盘山水库以上区间，称为分区Ⅰ，包括棋盘山水库区间，计算面积 141.7km^2，其中一般山丘区 141.7km^2；

（2）棋盘山水库～道义区间，称为分区Ⅱ，包括沈北新区和农业高新区，计算面积 365.8m^2，其中一般山丘区 110.8km^2，一般平原区 255km^2；

（3）道义～老什牛区间，称为分区Ⅲ，包括市区，于洪区和东陵区，计算面积 599.5km^2，其中一般山丘区 20.5km^2，一般平原区 579km^2；

（4）老什牛～马家套区间，称为分区Ⅳ，包括新民市，计算面积 511km^2，其中一般平原区 511km^2；

（5）马家套～河口区间，称为分区Ⅴ，包括辽中县，计算面积 630km^2，其中一般平原区 630km^2。

蒲河流域水资源供需平衡计算及开发利用方案以此为计算单元。

流域农业万元产值用水量为 1400.02m^3，流域内平均工业万元产值用水量为 93m^3。

本次需水预测及供需平衡分析的规划期限是以 2005 年为现状基准年，2010 年为近期水平年，2020 年为远期水平年。

二、供用水现状

（一）水利工程现状

某流域现有中型水库棋盘山 1 座、小型水库 4 座和团结大闸作为沿程的蓄水工程，其中棋盘上水库总库容 8016 万 m^3，控制面积 133km^2；4 座小型水库总库容 716 万 m^3，详见表 2－13。某流域现有堤防长度为 222.39km，防洪标准辽中城市段为 50 年一遇，其余为 20 年一遇。

表 2－13　　水库特征值表

项目	单位	棋盘山水库	洋什水库	南沟水库	辉山水库	车古营子水库
地理位置		123°38′，41°56′	123°41′，41°58′	123°37′，41°55′		胡台镇
集水面积	km^2	133	11.35	4.2	7.4	36.34
校核洪水位	m	98.8	104.8	83.8	72.0	30.7
总库容	10^4m^3	8016	79.0	67.0	120.0	450
正常蓄水位	m	94.5	102.0	83.0		29.0
兴利库容	10^4m^3	1780	14.0			300
汛限水位	m	94.5	102.0	79.5	70.8	29.7
汛限库容	10^4m^3	2780	61.0	24.0	115.0	500
死水位	m	90.0	100.0	79.1		27.2
死库容	10^4m^3	1080	4.0	3.0	5.0	50

该流域另一蓄水工程为团结大闸，兴利库容 $1731\times10^4m^3$，大坝为均质土坝，拦河坝全长 1100m，坝顶宽 10m，泄洪闸为钢筋混凝土结构桥闸，共有 7 孔，每孔净宽 7m，闸门高 2.8，配有 QPJ2×5 吨型手电两用启闭机。闸底高程为 17.50m，坝顶高程为 21.55m，非汛期保证水位 19.00m。

（二）现状年供水量

作为现状年，2005 年该流域总供水量 53786.66 万 m^3。其中地表水为 21631.77 万 m^3，占 40.22%；地下水 31664.69 万 m^3，占 59.78%。在地表水供水量中，蓄水工程供水量为 5335.86 万 m^3，引水工程供水量为 241.92 万 m^3，提水工程供水量为 6354.498 万 m^3，调水工程供水量为 9699.487 万 m^3。地下水供水量 31664.69 万 m^3。详见表 2－14 和图 2－10。

表 2－14　　2005 年流域分区供水量统计表　　单位：万 m^3

计算分区	地表水					地下水	总供水量
	合计	蓄水工程	引水工程	提水工程	调水工程		
Ⅰ区	895.75	895.75				61.73	957.53
Ⅱ区						3374.94	3442.04
Ⅲ区	3787.29	340.00		1522.17	1925.12	5572.50	9730.95
Ⅳ区	8945.60	300.00		2151.24	6494.36	6265.76	15217.36
Ⅴ区	8003.12	3800.11	241.92	2681.09	1280.00	16389.76	24438.78
总计	21631.77	5335.86	241.92	6354.50	9699.49	31664.69	53786.66

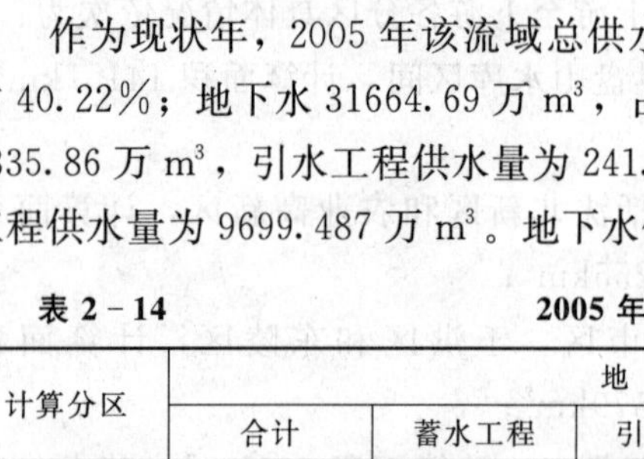

图 2－10　2005 年流域供水量比例图

（三）现状年用水量

现状年实际用水量为 53784.51 万 m^3。生活用水量为 2327.796 万 m^3，其中城镇生活用水量 890.6655 万 m^3，农村生活用水量 1437.131 万 m^3；生产用水量 51456.72 万 m^3，其中农业灌溉用水量 46477.23 万 m^3，林牧渔用水量 3212.4 万 m^3，工业生产用水量 1634.01 万 m^3，第三产业用水量为 133.07 万 m^3。根据实际调研资料显示，流域内需水强度较大，生态用水大部分已经被挤占，此处未列出。该流域 2005 年按计算分区用水量详见表 2-15 和图 2-11。

表 2-15　　2005 年该流域分区用水量统计表　　单位：万 m^3

计算分区	生活			生产					总用水量
	城镇生活	农村生活	小计	农业灌溉	林牧渔	工业	第三产业	小计	
Ⅰ区	26.45	0.00	26.45	32.84	895.75	0.15	0.20	928.94	955.39
Ⅱ区	120.71	51.49	172.20	2918.75	80.76	223.66	46.67	3269.84	3442.04
Ⅲ区	335.83	168.06	503.90	7674.23	235.63	1237.20	80.00	9227.06	9730.95
Ⅳ区	47.50	194.30	241.79	14552.40	400.16	20.00	3.00	14975.56	15217.36
Ⅴ区	360.18	1023.28	1383.46	21299.01	1600.11	153.00	3.20	23055.32	24438.78
合计	890.67	1437.13	2327.80	46477.23	3212.41	1634.01	133.07	51456.72	53784.51

1. 居民生活用水

2005 年流域内居民生活用水总量 2327.79 万 m^3。2005 年城镇人口总数为 240390 人，用水量为 890.66 万 m^3；农村人口总数为 835759 人，用水量为 1437.13 万 m^3。具体情况见表 2-16。

2. 农田灌溉用水

2005 年农业用水总量为 40290.47 万 m^3。水田灌溉用水 27730.548 万 m^3，其中地表水灌溉总面积为 109648 亩，用水量为 9352.37 万 m^3；地下水灌溉总面积为 120867 亩，用水量为 9334.253 万 m^3；外调水灌溉总面积为 116225 亩，用水量为 9043.925 万 m^3；菜田、水浇地、大棚全部取用地下水，各自取用水量分别为 7303.517 万 m^3、3109.8 万 m^3、1569.5 万 m^3。具体情况见表 2-17 和表 2-18。

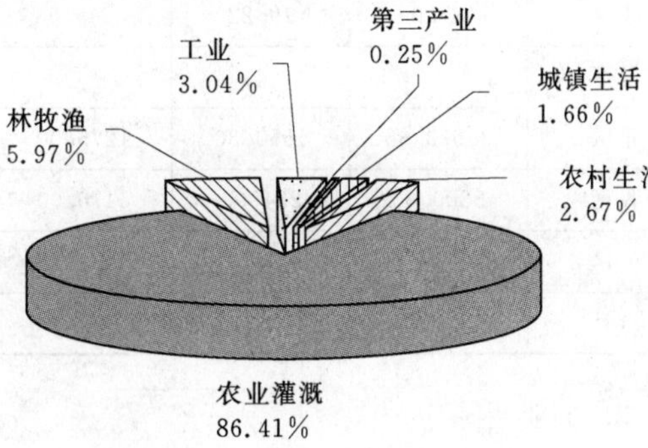

图 2-11　2005 年流域用水量比例图

表 2-16　　2005 年流域分区用水量统计表

计算分区	城镇人口（人）	用水量（万 m^3）	农村人口（人）	用水量（万 m^3）
Ⅰ区	6587	26.45		
Ⅱ区	41065	120.71	84059	51.49
Ⅲ区	91201	335.83	84533	168.06
Ⅳ区	11829	47.49	106465	194.30
Ⅴ区	89708	360.18	560702	1023.28
合计	240390	890.66	835759	1437.13

表 2-17　　2005 年水田灌溉用水量统计表　　单位：万 m^3

计算分区	地表水灌溉面积（亩）	用水量	地下水灌溉面积（亩）	用水量	外调水灌溉面积（亩）	用水量	总用水量
Ⅰ区			197.10	15.77			15.77
Ⅱ区			28170.00	2112.75			2112.75
Ⅲ区	29298.00	1904.37	21879.00	1422.14	18645.00	1211.93	4538.43
Ⅳ区	29350.00	2348.00	63925.00	5114.00	96300.00	7704.00	15166.00
Ⅴ区	51000.00	5100.00	6696.00	669.60	1280.00	128.00	5897.60
合计	109648.00	9352.37	120867.10	9334.25	116225.00	9043.93	27730.55

表 2-18　　2005 年其他作物灌溉用水量　　单位：万 m^3

计算分区	菜田		水浇地		大棚		总用水量
	面积（亩）	用水量	面积（亩）	用水量	面积（亩）	用水量	
Ⅰ区	427.00	19.22					34.98
Ⅱ区					16120.00	806.00	3482.00
Ⅲ区	36673.38	1650.30	1275.00	51.00	15270.00	763.50	7674.23
Ⅳ区	5200.00	234.00	6470.00	258.80			14552.40
Ⅴ区	120000.00	5400.00	70000.00	2800.00			14546.85
合计	162300.38	7303.52	77745.00	3109.80	31390.00	1569.50	40290.46

3. 工业用水

2005 年流域内工业总产值为 34.04 亿元，总用水量为 1634.01 万 m^3。重复利用水量为 429.03 万 m^3，工业用水重复利用率为 30%。各分区详细情况见表 2-19。

表 2-19　　2005 年各分区工业用水情况表　　单位：万 m^3

计算分区	工业产值（万元）	取水量		重复用水量	重复利用率（%）	耗水率（%）	万元产值取水量	总用水量
		耗水量	排水量					
Ⅰ区	31.25	0.03	0.07	0.05	0.30	0.32	48.00	0.15
Ⅱ区	46595.83	50.10	106.46	67.10	0.30	0.32	48.00	223.66
Ⅲ区	257750.00	277.13	588.91	371.16	0.30	0.32	48.00	1237.20
Ⅳ区	4166.67	4.48	9.52	6.00	0.30	0.32	48.00	20.00
Ⅴ区	31875.00	34.27	72.83	45.90	0.30	0.32	48.00	153.00
合计	340418.75	336.11	777.79	490.20				1634.01

4. 林牧渔及第三产业用水

2005 年林牧渔用水总量为 3212.408 万 m^3，其中林地补水定额为 280m^3/亩，大牲畜用水定额为 60L/(头·d)，小牲畜为 30L/(头·d)，鱼塘补水定额为 500m^3/亩。第三产业用水量为 133.07 万 m^3，万元产值用水量为 50m^3。具体情况见表 2-20。

表 2-20　　2005 年林牧渔及第三产业用水情况表　　单位：万 m^3

计算分区	林地		牧业				渔业		第三产业	
	面积（亩）	用水量	大牲畜（头）	用水量	小牲畜（头）	用水量	水面（亩）	用水量	产值（万元）	用水量
Ⅰ区	31885	892.78	335	0.73	2039	2.23			40	0.2
Ⅱ区			6792	14.87	22352	24.48			9334	46.67
Ⅲ区			50009	109.52	115167	126.11			16000	80
Ⅳ区	2000	56	51756	113.35	209169	229.04	35.4	1.77	600	3
Ⅴ区	43000	1204	31450	68.88	298296	326.63	750	37.5	640	3.2
合计	45000	2152.78	140342	307.35	647023	708.49	785.4	39.27	26614	133.07

三、社会发展预测

1. 人口发展预测

根据《沈阳市社会事业发展与改革“十一五”规划》，2005 年人口自然增长率为 0.23‰，到 2010 年，人口自然增长率控制在 0.45‰，城市化率达到 70%。根据预测，2010 年以后全市将进入自然人口将为零增长或负增长状态。据此将对 2010 年和 2020 年进行人口发展预测。

拟定高、中、低三个人口增长方案，高方案人口增长率为 0.6‰，中方案人口增长率为 0.5‰，低方案人口增长率为 0.3‰。

中方案：到 2010 年，流域内人口将达到 1079113 人，其中城镇人口 233688 人，农村人口 845425 人。2010 年以后人口增长率取值为零，所以到 2020 年人口总数保持不变。具体预测结果详见表 2-21 和表 2-22。

表 2-21　　流域城镇人口发展预测表　　单位：人

计算分区	2005 年	2010 年			2020 年		
		低方案	中方案	高方案	低方案	中方案	高方案
Ⅰ区	6857	6867	6874	6878	6867	6874	6878
Ⅱ区	41065	41127	41168	41188	41127	41168	41188
Ⅲ区	83645	83771	83854	83896	83771	83854	83896
Ⅳ区	11829	11847	11859	11865	11847	11859	11865
Ⅴ区	89708	89843	89933	89978	89843	89933	89978
合计	233104	233455	233688	233805	233455	233688	233805

表 2-22　　流域农村人口发展预测表　　单位：人

计算分区	2005 年	2010 年			2020 年		
		低方案	中方案	高方案	低方案	中方案	高方案
Ⅰ区	0	0	0	0	0	0	0
Ⅱ区	84059	84185	84269	84311	84185	84269	84311
Ⅲ区	92089	92227	92319	92366	92227	92319	92366
Ⅳ区	106466	106626	106732	106786	106626	106732	106786
Ⅴ区	560702	561544	562105	562386	561544	562105	562386
合计	843316	844582	845425	845849	844582	845425	845849

注　2020 年人口自然增长率为“0”。

2. 工业生产总值预测

根据《沈阳市国民经济和社会发展第十一个五年规划纲要》，2005 年生产总值年均增长率为 13.8%；规模以上工业总产值年均增长 23.5%。“十一五”期间经济增长年均保持 13%，规模以上工业总产值年均增长 20% 以上。按 2005 年不变价格，预计到 2010 年流域内工业总产值将达到 43.72 亿元，到 2020 年将达到 176.87 亿元。具体预测结果详见表 2-23。

表 2-23　流域 2010 年、2020 年工业产值预测成果　　单位：万元

计算分区	2005 年	2010 年	2020 年
Ⅰ区	16.13	40.13	162.37
Ⅱ区	24049.46	59842.76	242097.33
Ⅲ区	133032.26	331026.83	1339188.15
Ⅳ区	2150.54	5351.23	21648.70
Ⅴ区	16451.62	40936.88	165612.50
合计	175700.00	437197.82	1768709.04

四、需水预测

根据各分区的国民经济发展目标、社会发展要求、各地水资源条件以及生态环境保护对水资源的总体要求，分析预测各规划水平年经济社会发展指标及其对水资源需求的总量、结构和分布。充分考虑人口增长、城镇化进程、人民生活水平和质量的提高、经济合理布局与产业结构调整、水价调整、节约用水、水资源保护以及科技进步等因素对需水变化的影响，合理预测规划水平年的生活、生产和生态用水需求，提出需水预测方案。

（一）需水结构

流域水资源需求预测是指运用科学的预测技术与方法，根据流域所在区域的发展趋势和客观条件，在分析现状水资源的基础上，预测未来某水平年的需求状况。需水预测与该流域社会经济发展关系密切。需水量是某规划水平年各种典型水文保证率状况下，各部门各用水户对符合质量要求的水的需求量。根据需水部门的行业性质，可将用水分成三大类：生活需水、生产需水和生态环境需水。每大类用水部门按其组成情况又可分为若干类，详见图 2-12。

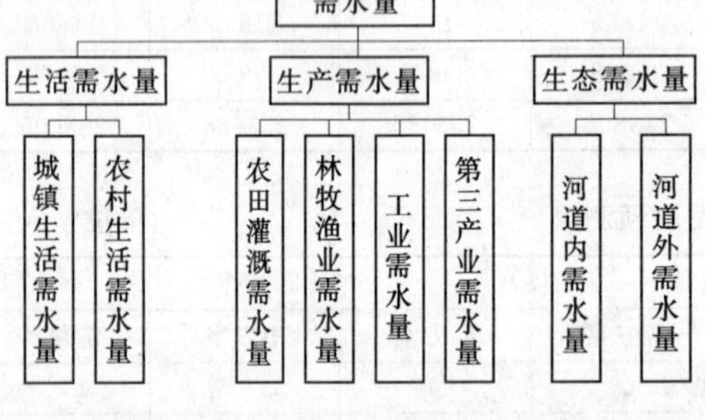

图 2-12　流域水资源需水结构图

需水对象的内部发展要求与其发展规模、速度、技术（生活）标准、经济实力、用水效率、用水定额等因素有关，其外部约束机制与市场机制要素、技术经济政策、科技发展水平等因素有关。对于流域需水对象则需要考虑研究经济发展速度、产业政策及产业结构变化、社会发展趋势、居民生活水准、生产技术标准等特性。如农业需水与农业种植作物种类、种植结构、灌溉制度、用水定

额、用水效率、当地气候等有关，农业用水随着作物种植结构调整、节水设施的使用、灌溉设施的完善、作物品种的改良等将逐年降低。生态环境需水与河道内冲沙、自净等用水和城市绿化用水、防护林草、水土保持等有关，对生态环境质量要求的不断提高将使生态环境用水逐渐增加。

需水预测的主要工作步骤包括：对各子区进行现状用水调查，收集整理基础资料，分析用水定额，选择各类需水预测方法，预测规划水平年人口发展规模、城镇化程度、农业耕地发展规模、农业畜牧业发展预测、产业结构调整、产业发展规模、开源的可能性和程度、节水的潜力等。需水预测一般按生活需水、生产需水和生态环境需水分别对各用水户、各部门预测，最后总和可求得流域综合需水量。

（二）预测方法

1. 生活需水预测

人民生活需水预测采用定额法。

2. 生产需水预测

本次预测各产业需水量采用以下方法：

（1）第一产业需水预测。

1）农田需水预测。

采用灌溉定额与灌溉水利用系数方法进行预测。

2）林牧渔业需水量预测。

包括林果地灌溉（草场灌溉）、鱼塘补水。牲畜用水，考虑经济社会的发展，居民对肉类产品需求的增长，采用牲畜的数量和用水定额法计算确定。

（2）第二产业需水预测。

工业需水预测采用万元产值指标法。

（3）第三产业需水预测。

第三产业需水采用万元产值用水量法进行预测。

3. 生态需水预测

河流基本的生态环境需水量主要用以维持水生生物的正常生长，以及满足部分的排盐、入渗补给、污染自净等方面的要求。对于常年性河流而言，维持河流的基本生态环境功能不受破坏，就是要求年内各时段的河川径流量都能维持在一定的水平上，不出现诸如断流等可能导致河流生态环境功能破坏的现象。基于这种考虑，以河流最小月平均实测径流量的多年平均值作为河流的基本生态环境需水量。计算公式为：

$$W_b = \frac{T}{n\sum_{i}^{n}\min(Q_{ij})} \tag{2-64}$$

式中：W_b 为河流基本生态需水量；Q_{ij} 表示第 i 年第 j 个月的月均流量；T 为换算系数，其值为 31.536×10^6s；n 为统计年数。

（三）预测水平年

本次需水预测及供需平衡分析的规划期限是以 2005 年为现状基准年，2010 年为近期水平年，2020 年为远期水平年。

（四）需水预测计算成果

预测内容分为三类：生活需水、生产需水和生态需水。

1. 生活需水预测

未来生活需水包括城镇生活需水和农村生活需水两部分。

城镇生活需水预测采用定额法，用趋势法对定额和需水量进行校核。城镇生活需水预测中的重点是人均综合定额的选择。定额选取的是否恰当直接影响预测结果。随着城市化水平的发展和居民生活水平的提高，城镇居民生活人均用水量呈提高趋势。本次预测城镇居民生活用水定额2010年取为120L/(人·d)，2020年为150L/(人·d)。

城镇生活需水量预测结果见表2-24和表2-25。流域内现状城镇居民生活用水量为890.6655万m^3，根据预测到2010年用水量为1023.55万m^3，2005～2010年平均年增长2.82%，到2020年用水量为1279.44万m^3，2010～2020年平均年增长2.26%。

表2-24　　2010年城镇人口生活需水量预测结果　　单位：人，万m^3

计算分区	2005年		2010年					
	人口	用水量	低方案	用水量	中方案	用水量	高方案	用水量
Ⅰ区	6857	26.45	6867	30.08	6874	30.11	6878	30.13
Ⅱ区	41065	120.71	41127	180.14	41168	180.32	41188	180.40
Ⅲ区	83645	335.84	83771	366.92	83854	367.28	83896	367.46
Ⅳ区	11829	47.50	11847	51.89	11859	51.94	11865	51.97
Ⅴ区	89708	360.18	89843	393.51	89933	393.91	89978	394.10
合计	233104	890.67	233455	1022.53	233688	1023.55	233805	1024.07

表2-25　　2020年城镇生活需水量预测结果　　单位：人，万m^3

计算分区	2005年		2020年					
	人口	用水量	低方案	用水量	中方案	用水量	高方案	用水量
Ⅰ区	6857	26.45	6867	37.60	6874	37.64	6878	37.67
Ⅱ区	41065	120.71	41127	225.17	41168	225.39	41188	225.50
Ⅲ区	83645	335.84	83771	458.65	83854	459.10	83896	459.33
Ⅳ区	11829	47.50	11847	64.86	11859	64.93	11865	64.96
Ⅴ区	89708	360.18	89843	491.89	89933	492.38	89978	492.63
合计	233104	890.67	233455	1278.17	233688	1279.44	233805	1280.08

农村生活需水预测方法与城镇生活需水预测方法相同。农村人均生活用水定额随着自来水普及率的提高和生活的改善将有所增加。本次预测农村居民生活用水定额2010年取为55L/(人·d)，2020年为60L/(人·d)。

农村生活需水量预测结果见表2-26和表2-27。流域内现状农村居民生活用水量为1437.13万m^3，根据预测到2010年用水量为1697.19万m^3，2005～2010年平均年增长3.38%，到2020年用水量为1698.04万m^3，2010～2020年平均年增长0.005%。

表 2-26　　2010 年农村生活需水量预测结果　　单位：人，万 m^3

计算分区	2005 年		2010 年					
	人口	用水量	低方案	用水量	中方案	用水量	高方案	用水量
Ⅰ区	0	0	0	0	0	0	0	0
Ⅱ区	84059	51.49	84185	169.00	84269	169.17	84311	169.25
Ⅲ区	92089	168.06	92227	185.15	92319	185.33	92366	185.42
Ⅳ区	106466	194.30	106626	214.05	106732	214.25	106786	214.37
Ⅴ区	560702	1023.28	561544	1127.3	562105	1128.43	562386	1128.99
合计	843316	1437.13	844582	1695.50	845425	1697.19	845849	1698.04

表 2-27　　2020 年农村生活需水量预测结果　　单位：人，万 m^3

计算分区	2005 年		2020 年					
	人口	用水量	低方案	用水量	中方案	用水量	高方案	用水量
Ⅰ区	0	0	0	0	0	0	0	0
Ⅱ区	84059	51.49	84185	184.37	84269	184.55	84311	184.64
Ⅲ区	92089	168.06	92227	201.98	92319	202.18	92366	202.28
Ⅳ区	106466	194.30	106626	233.51	106732	233.74	106786	233.86
Ⅴ区	560702	1023.28	561544	1229.78	562105	1231.01	562386	1231.63
合计	843316	1437.13	844582	1849.63	845425	1851.48	845849	1852.41

2. 生产需水预测

(1) 农田灌溉需水量预测。

农田灌溉需水由水田、水浇地和菜田但部分需水组成（即有效灌溉面积由水田面积、水浇地面积和菜田面积组成）。灌溉需水量计算采用灌溉定额法。首先根据各地区不同水平年相关灌溉规划对有效灌溉面积进行预测，然后根据各地区不同的灌溉制度与灌溉定额对需水量进行预测。

通过节水和加强管理，流域内不同耕作类型的灌溉定额将有所变化。考虑不同天然降水条件下，农作物灌溉制度不同，不同种类农作物的灌溉定额应综合考虑制定。各个分区水稻的灌溉定额见表 2-28。

表 2-28　　各个分区水稻的灌溉定额预测表　　单位：亩/m^3

计算分区	2005 年	2010 年		2020 年	
		50%	75%	50%	75%
Ⅰ区	800	750	770	725	755
Ⅱ区	750	700	720	680	715
Ⅲ区	650	600	630	590	615
Ⅳ区	800	750	780	730	750
Ⅴ区	1000	950	980	935	970

其他作物灌溉定额各分区采用统一定额，详见表2－29。

表2－29　各分区其他作物灌溉定额预测表　单位：亩/m^3

作物类型	2005年	2010年		2020年	
		50%	75%	50%	75%
水浇地	400	350	380	325	355
菜田	450	410	430	400	415
大棚	500	450	480	430	450

结合《辽宁省各种作物灌溉制度分析》中水稻、菜田及水浇地灌溉定额月分配比例，见表2－30～表2－32，预测流域内各种作物需水量，其预测结果详见表2－33～表2－38。

表2－30　水稻灌溉定额月分配比例表　%

4月	5月	6月	7月	8月	9月	合计
2.7	34.2	27	13.6	18.6	3.9	100

表2－31　菜田灌溉定额月分配比例表　%

4月	5月	6月	7月	8月	9月	10月	合计
10	15	20	15	7	18	15	100

表2－32　水浇地灌溉定额月分配比例表　%

4月	5月	6月	7月	合计
13	40	37	10	100

大棚作物定额各月平均分配。其需水预测结果见表2－39～表2－42。

表2－33　2010年不同保证率各分区水稻需水量预测表　单位：万m^3

保证率	计算分区	4月	5月	6月	7月	8月	9月	合计
50%	Ⅰ区	0.40	5.06	3.99	2.01	2.75	0.58	14.78
	Ⅱ区	53.24	674.39	532.41	268.18	366.77	76.90	1971.90
	Ⅲ区	113.11	1432.75	1131.12	569.75	779.21	163.38	4189.32
	Ⅳ区	383.89	4862.60	3838.89	1933.67	2644.57	554.51	14218.13
	Ⅴ区	335.40	4248.39	3353.99	1689.42	2310.53	484.47	12422.20
	合计	886.04	11223.18	8860.41	4463.02	6103.84	1279.84	32816.33
75%	Ⅰ区	0.41	5.19	4.10	2.06	2.82	0.59	15.18
	Ⅱ区	54.76	693.66	547.62	275.84	377.25	79.10	2028.24
	Ⅲ区	118.77	1504.39	1187.67	598.23	818.17	171.55	4398.79
	Ⅳ区	399.25	5057.10	3992.45	2011.01	2750.35	576.69	14786.85
	Ⅴ区	345.99	4382.55	3459.91	1742.77	2383.49	499.76	12814.48
	合计	919.18	11642.89	9191.75	4629.92	6332.10	1327.70	34043.53

表 2-34　　2020 年不同保证率各分区水稻需水量预测表　　单位：万 m^3

保证率	计算分区	4 月	5 月	6 月	7 月	8 月	9 月	合计
50%	Ⅰ区	0.39	4.88	3.86	1.94	2.66	0.56	14.28
	Ⅱ区	51.43	651.46	514.31	259.06	354.30	74.29	1904.86
	Ⅲ区	109.27	1384.03	1092.66	550.38	752.72	157.83	4046.88
	Ⅳ区	370.84	4697.27	3708.37	1867.92	2554.66	535.65	13734.71
	Ⅴ区	324.00	4103.95	3239.96	1631.98	2231.97	467.99	11999.85
	合计	855.92	10841.60	8559.16	4311.28	5896.31	1236.32	31700.57
75%	Ⅰ区	0.40	5.09	4.02	2.02	2.77	0.58	14.87
	Ⅱ区	53.67	679.78	536.67	270.32	369.71	77.52	1987.68
	Ⅲ区	116.39	1474.30	1163.92	586.27	801.81	168.12	4310.81
	Ⅳ区	391.26	4955.96	3912.60	1970.79	2695.35	565.15	14491.11
	Ⅴ区	339.07	4294.90	3390.71	1707.91	2335.82	489.77	12558.19
	合计	900.79	11410.03	9007.92	4537.32	6205.46	1301.14	33362.66

表 2-35　　2010 年不同保证率各分区菜田需水量预测表　　单位：万 m^3

保证率	计算分区	4 月	5 月	6 月	7 月	8 月	9 月	10 月	合计
50%	Ⅰ区	1.75	2.63	3.50	2.63	1.23	3.15	2.63	17.51
	Ⅱ区	0	0	0	0	0	0	0	0
	Ⅲ区	150.36	225.54	300.72	225.54	105.25	270.65	225.54	1503.61
	Ⅳ区	21.32	31.98	42.64	31.98	14.92	38.38	31.98	213.20
	Ⅴ区	492.00	738.00	984.00	738.00	344.40	885.60	738.00	4920.00
	合计	665.43	998.15	1330.86	998.15	465.80	1197.78	998.15	6654.32
75%	Ⅰ区	1.84	2.75	3.67	2.75	1.29	3.30	2.75	18.36
	Ⅱ区	0	0	0	0	0	0	0	0
	Ⅲ区	157.70	236.54	315.39	236.54	110.39	283.85	236.54	1576.96
	Ⅳ区	22.36	33.54	44.72	33.54	15.65	40.25	33.54	223.60
	Ⅴ区	516.00	774.00	1032.00	774.00	361.20	928.80	774.00	5160.00
	合计	697.89	1046.84	1395.78	1046.84	488.52	1256.21	1046.84	6978.92

表 2-36　　2020 年不同保证率各分区菜田需水量预测表　　单位：万 m^3

保证率	计算分区	4 月	5 月	6 月	7 月	8 月	9 月	10 月	合计
50%	Ⅰ区	1.71	2.56	3.42	2.56	1.20	3.07	2.56	17.08
	Ⅱ区	0	0	0	0	0	0	0	0
	Ⅲ区	146.69	220.04	293.38	220.04	102.68	264.05	220.04	1466.92
	Ⅳ区	20.80	31.20	41.60	31.20	14.56	37.44	31.20	208.00
	Ⅴ区	480.00	719.99	959.99	719.99	336.00	863.99	719.99	4799.95
	合计	649.20	973.79	1298.39	973.79	454.44	1168.55	973.79	6491.95

续表

保证率	计算分区	4月	5月	6月	7月	8月	9月	10月	合计
75%	Ⅰ区	1.77	2.66	3.54	2.66	1.24	3.19	2.66	17.72
	Ⅱ区	0	0	0	0	0	0	0	0
	Ⅲ区	152.18	228.26	304.35	228.26	106.52	273.92	228.26	1521.76
	Ⅳ区	21.58	32.37	43.15	32.37	15.10	38.84	32.37	215.77
	Ⅴ区	497.94	746.91	995.88	746.91	348.56	896.29	746.91	4979.40
	合计	673.47	1010.20	1346.93	1010.20	471.43	1212.24	1010.20	6734.65

表 2-37　　2010年不同保证率各分区水浇地需水量预测表　　单位：万 m^3

保证率	计算分区	4月	5月	6月	7月	合计
50%	Ⅰ区	0	0	0	0	0
	Ⅱ区	0	0	0	0	0
	Ⅲ区	5.80	17.85	16.51	4.46	44.63
	Ⅳ区	29.44	90.58	83.79	22.65	226.45
	Ⅴ区	318.50	980.00	906.50	245.00	2450.00
	合计	353.74	1088.43	1006.80	272.11	2721.08
75%	Ⅰ区	0	0	0	0	0
	Ⅱ区	0	0	0	0	0
	Ⅲ区	6.30	19.38	17.93	4.85	48.45
	Ⅳ区	31.96	98.34	90.97	24.59	245.86
	Ⅴ区	345.80	1064.00	984.20	266.00	2660.00
	合计	384.06	1181.72	1093.10	295.43	2954.31

表 2-38　　2020年不同保证率各分区水浇地需水量预测表　　单位：万 m^3

保证率	计算分区	4月	5月	6月	7月	合计
50%	Ⅰ区	0	0	0	0	0
	Ⅱ区	0	0	0	0	0
	Ⅲ区	5.39	16.57	15.33	4.14	41.44
	Ⅳ区	27.34	84.11	77.80	21.03	210.27
	Ⅴ区	295.75	910.00	841.75	227.50	2275.00
	合计	328.47	1010.68	934.88	252.67	2526.71
75%	Ⅰ区	0	0	0	0	0
	Ⅱ区	0	0	0	0	0
	Ⅲ区	5.88	18.10	16.75	4.53	45.26
	Ⅳ区	29.86	91.86	84.97	22.97	229.66
	Ⅴ区	323.01	993.88	919.34	248.47	2484.71
	合计	384.06	1181.72	1093.10	295.43	2954.31

表 2-39　　2010 年不同保证率各分区大棚需水量预测表　　单位：万 m³

保证率	计算分区	1月	2月	3月	4月	5月	6月	7月	8月	9月	10月	11月	12月	合计
50%	Ⅰ区	0	0	0	0	0	0	0	0	0	0	0	0	0
	Ⅱ区	60.45	60.45	60.45	60.45	60.45	60.45	60.45	60.45	60.45	60.45	60.45	60.45	725.40
	Ⅲ区	57.26	57.26	57.26	57.26	57.26	57.26	57.26	57.26	57.26	57.26	57.26	57.26	687.15
	Ⅳ区	0	0	0	0	0	0	0	0	0	0	0	0	0
	Ⅴ区	0	0	0	0	0	0	0	0	0	0	0	0	0
	合计	117.71	117.71	117.71	117.71	117.71	117.71	117.71	117.71	117.71	117.71	117.71	117.71	1412.55
75%	Ⅰ区	0	0	0	0	0	0	0	0	0	0	0	0	0
	Ⅱ区	64.48	64.48	64.48	64.48	64.48	64.48	64.48	64.48	64.48	64.48	64.48	64.48	773.76
	Ⅲ区	61.08	61.08	61.08	61.08	61.08	61.08	61.08	61.08	61.08	61.08	61.08	61.08	732.96
	Ⅳ区	0	0	0	0	0	0	0	0	0	0	0	0	0
	Ⅴ区	0	0	0	0	0	0	0	0	0	0	0	0	0
	合计	125.56	125.56	125.56	125.56	125.56	125.56	125.56	125.56	125.56	125.56	125.56	125.56	1506.72

表 2-40　　2020 年不同保证率各分区大棚需水量预测表　　单位：万 m³

保证率	计算分区	1月	2月	3月	4月	5月	6月	7月	8月	9月	10月	11月	12月	合计
50%	Ⅰ区	0	0	0	0	0	0	0	0	0	0	0	0	0
	Ⅱ区	57.76	57.76	57.76	57.76	57.76	57.76	57.76	57.76	57.76	57.76	57.76	57.76	693.12
	Ⅲ区	54.71	54.71	54.71	54.71	54.71	54.71	54.71	54.71	54.71	54.71	54.71	54.71	656.57
	Ⅳ区	0	0	0	0	0	0	0	0	0	0	0	0	0
	Ⅴ区	0	0	0	0	0	0	0	0	0	0	0	0	0
	合计	112.47	112.47	112.47	112.47	112.47	112.47	112.47	112.47	112.47	112.47	112.47	112.47	1349.69
75%	Ⅰ区	0	0	0	0	0	0	0	0	0	0	0	0	0
	Ⅱ区	60.45	60.45	60.45	60.45	60.45	60.45	60.45	60.45	60.45	60.45	60.45	60.45	725.40
	Ⅲ区	57.26	57.26	57.26	57.26	57.26	57.26	57.26	57.26	57.26	57.26	57.26	57.26	687.15
	Ⅳ区	0	0	0	0	0	0	0	0	0	0	0	0	0
	Ⅴ区	0	0	0	0	0	0	0	0	0	0	0	0	0
	合计	117.71	117.71	117.71	117.71	117.71	117.71	117.71	117.71	117.71	117.71	117.71	117.71	1412.55

表 2-41 **2010 年不同保证率各分区作物需水量预测汇总表** 单位：万 m^3

计算分区	水稻	水浇地	菜田	大棚	合计
Ⅰ区	14.78	0	17.51	0	32.29
Ⅱ区	1971.90	0	0	725.40	2697.30
Ⅲ区	4189.32	44.63	1503.61	687.15	6424.70
Ⅳ区	14218.13	226.45	213.20	0	14657.78
Ⅴ区	12422.20	2450.00	4920.00	0	19792.20
合计	32816.33	2721.08	6654.32	1412.55	43604.27

表 2-42 **2020 年不同保证率各分区作物需水量预测汇总表** 单位：万 m^3

计算分区	水稻	水浇地	菜田	大棚	合计
Ⅰ区	14.28	0	16.91	0	31.19
Ⅱ区	1904.86	0	0	700.74	2605.59
Ⅲ区	4046.88	43.11	1452.49	663.79	6206.26
Ⅳ区	13734.71	218.75	205.95	0	14159.41
Ⅴ区	11999.85	2366.70	4752.72	0	19119.27
合计	31700.57	2628.56	6428.07	1364.52	42121.72

(2) 林牧渔业需水量预测。

林、牧、渔业需水包括林果灌溉需水、畜牧业需水和鱼塘补水。林果灌溉需水采用定额法计算；牲畜需水与鱼塘补水，考虑经济社会的发展，居民对肉、鱼类产品需求的增长，采用定额法计算确定。参考辽宁省用水定额，2005 年林地的用水定额为 280m^3/亩，大牲畜为 60L/(头·d)，小牲畜为 30(L/头·d)，鱼塘补水为 500m^3/亩。随着科技的进步，管理水平的提高，预测 2010 年和 2020 年林牧渔业用水定额如表 2-43 所示，需水预测结果见表 2-44 和表 2-45。

(3) 工业需水量。

根据前面的工业总产值预测（按 2005 年不变价格计算），结合工业用水定额预测便可得到未来规划水平年的工业需水量。2010 年工业万元产值用水定额取为 45m^3/万元，2020 年为 24m^3/万元。预测结果见表 2-46。

预计 2010 年工业需水量将达到 1967.39 万 m^3。虽然工业产值持续增加，但由于节水水平的提高使得工业用水定额不断下降。预计到 2020 年工业需水量将达到 4244.90 万 m^3。

表 2-43 **2010 年、2020 年林牧渔定用水额预测表**

行业		2005 年	2010 年	2020 年
牧业	大牲畜（L/头·d）	60	60	60
	小牲畜（L/头·d）	30	30	30
渔业（m^3/亩）		500	500	500
林业（m^3/亩）		280	270	270

表 2-44 **2010 年不同保证率各分区林牧渔需水量预测汇总表** 单位：万 m^3

保证率	计算分区	1月	2月	3月	4月	5月	6月	7月	8月	9月	10月	11月	12月	合计
50%	Ⅰ区	74.69579	74.69579	74.69579	74.69579	74.69579	74.69579	74.69579	74.69579	74.69579	74.69579	74.69579	74.69579	896.3495
	Ⅱ区	8.09827	8.09827	8.09827	8.09827	8.09827	8.09827	8.09827	8.09827	8.09827	8.09827	8.09827	8.09827	97.17924
	Ⅲ区	23.62551	23.62551	23.62551	23.62551	23.62551	23.62551	23.62551	23.62551	23.62551	23.62551	23.62551	23.62551	283.5061
	Ⅳ区	182.2912	182.2912	182.2912	182.2912	182.2912	182.2912	182.2912	182.2912	182.2912	182.2912	182.2912	182.2912	2187.494
	Ⅴ区	203.6838	203.6838	203.6838	203.6838	203.6838	203.6838	203.6838	203.6838	203.6838	203.6838	203.6838	203.6838	2444.206
	合计	492.3945	492.3945	492.3945	492.3945	492.3945	492.3945	492.3945	492.3945	492.3945	492.3945	492.3945	492.3945	5908.734
75%	Ⅰ区	77.35287	77.35287	77.35287	77.35287	77.35287	77.35287	77.35287	77.35287	77.35287	77.35287	77.35287	77.35287	928.2345
	Ⅱ区	8.09827	8.09827	8.09827	8.09827	8.09827	8.09827	8.09827	8.09827	8.09827	8.09827	8.09827	8.09827	97.17924
	Ⅲ区	23.62551	23.62551	23.62551	23.62551	23.62551	23.62551	23.62551	23.62551	23.62551	23.62551	23.62551	23.62551	283.5061
	Ⅳ区	197.0571	197.0571	197.0571	197.0571	197.0571	197.0571	197.0571	197.0571	197.0571	197.0571	197.0571	197.0571	2364.685
	Ⅴ区	212.2669	212.2669	212.2669	212.2669	212.2669	212.2669	212.2669	212.2669	212.2669	212.2669	212.2669	212.2669	2547.203
	合计	518.4006	518.4006	518.4006	518.4006	518.4006	518.4006	518.4006	518.4006	518.4006	518.4006	518.4006	518.4006	6220.808

表 2-45 **2020 年不同保证率各分区林牧渔需水量预测汇总表** 单位：万 m^3

保证率	计算分区	1月	2月	3月	4月	5月	6月	7月	8月	9月	10月	11月	12月	合计
50%	Ⅰ区	74.72992	74.72992	74.72992	74.72992	74.72992	74.72992	74.72992	74.72992	74.72992	74.72992	74.72992	74.72992	896.7591
	Ⅱ区	9.027933	9.027933	9.027933	9.027933	9.027933	9.027933	9.027933	9.027933	9.027933	9.027933	9.027933	9.027933	108.3352
	Ⅲ区	26.3448	26.3448	26.3448	26.3448	26.3448	26.3448	26.3448	26.3448	26.3448	26.3448	26.3448	26.3448	316.1376
	Ⅳ区	186.2353	186.2353	186.2353	186.2353	186.2353	186.2353	186.2353	186.2353	186.2353	186.2353	186.2353	186.2353	2234.824
	Ⅴ区	209.8091	209.8091	209.8091	209.8091	209.8091	209.8091	209.8091	209.8091	209.8091	209.8091	209.8091	209.8091	2517.71
	合计	506.1471	506.1471	506.1471	506.1471	506.1471	506.1471	506.1471	506.1471	506.1471	506.1471	506.1471	506.1471	6073.766
75%	Ⅰ区	77.387	77.387	77.387	77.387	77.387	77.387	77.387	77.387	77.387	77.387	77.387	77.387	928.6441
	Ⅱ区	9.027933	9.027933	9.027933	9.027933	9.027933	9.027933	9.027933	9.027933	9.027933	9.027933	9.027933	9.027933	108.3352
	Ⅲ区	26.3448	26.3448	26.3448	26.3448	26.3448	26.3448	26.3448	26.3448	26.3448	26.3448	26.3448	26.3448	316.1376
	Ⅳ区	201.0013	201.0013	201.0013	201.0013	201.0013	201.0013	201.0013	201.0013	201.0013	201.0013	201.0013	201.0013	2412.015
	Ⅴ区	226.9753	226.9753	226.9753	226.9753	226.9753	226.9753	226.9753	226.9753	226.9753	226.9753	226.9753	226.9753	2723.704
	合计	540.7363	540.7363	540.7363	540.7363	540.7363	540.7363	540.7363	540.7363	540.7363	540.7363	540.7363	540.7363	6488.836

表 2-46　　流域工业需水量预测结果　　单位：万 m^3

计算分区	2005 年		2010 年		2020 年	
	产值（万元）	用水量	产值（万元）	用水量	产值（万元）	用水量
分区Ⅰ	16.13	0.15	40.13	0.18	162.37	0.39
分区Ⅱ	24049.46	223.66	59842.76	269.29	242097.33	581.03
分区Ⅲ	133032.26	1237.2	331026.83	1489.62	1339188.15	3214.05
分区Ⅳ	2150.54	20	5351.23	24.08	21648.69	51.96
分区Ⅴ	16451.61	153	40936.88	184.22	165612.50	397.47
合计	175700.00	1634.01	437197.82	1967.39	1768709.04	4244.90

（4）第三产业。

第三产业需水量不同水平年用水定额基本相同，所以本次研究没有单独预测，该流域第三产业需水量表如表 2-47 所示。

表 2-47　　第三产业不同水平年需水量预测表　　单位：万 m^3

计算分区	2005 年		2010 年		2020 年	
	产值（万元）	用水量	产值（万元）	需水量	产值（万元）	需水量
分区Ⅰ	40	0.2	73.69741	0.339008073	250.1708151	1.00068326
分区Ⅱ	9334	46.67	17197.28996	79.10753383	58377.35971	233.5094388
分区Ⅲ	16000	80	29478.96287	135.6032292	100068.326	400.2733042
分区Ⅳ	600	3	1105.46111	5.085121095	3752.562227	15.01024891
分区Ⅴ	640	3.2	1179.15852	5.424129168	4002.733042	16.01093217
合计	26614	133.07	49034.56986	225.5590214	166451.1518	665.8046073

3. 生态需水预测

生态环境用水是指为维护生态与环境功能和进行生态环境建设所需要的最小蓄水量。按照修复和美化生态环境的要求，可按河道内和河道外两类生态环境需水分别进行预测。根据各地区不同情况，采用不同方法计算。具体预测结果见表 2-48。

此处生态需水预测第二分区水量时未包括新城规划兴建的七星湖和两块湿地的生态需水量。

计算生态需水时，主要考虑为保持流域连续水面，在各个节点闸坝蓄满水的前提下，综合考虑蒸发、渗漏，作物消耗水量，拟采用 Tennant 法计算生态需水量。

这种方法不仅适用于有水文站点的季节性河流，而且适用于没有水文站点的河流，可通过水文技术来获得平均流量。用公式表示：

$$W = \sum_{i=1}^{12} Q_i Z_i \tag{2-65}$$

式中：W 为河道生态环境需水量，m^3；Q_i 为一年内第 i 个月多年平均流量，m^3；Z_i 为对应第 i 月份的推荐基流百分比，%。

由于生态需水量不是一个固定值，而是在一个域值区间内变化，即应该在最小生态需水量和最佳生态需水量之间变化。故河道内的最小生态需水量为：一般用水期（10月～次年的5月）取多年平均月流量的10%作为河道内的最小生态需水量，鱼类产卵育幼期（6～9月）取多年平均月流量的30%作为河道内的最小生态需水量。各地河道内比较适宜的生态需水量为：一般用水期（10月～次年的5月）取多年平均月流量的20%作为河道内的适宜生态需水量，鱼类产卵育幼期（6～9月）取多年平均月流量的40%作为河道内的适宜生态需水量。

在考虑连续水面的情况下，以考虑每个闸坝蓄满水为前提，因此计算最小生态需水即可。

表2-48　多年平均生态需水预测成果表　单位：万 m^3

计算分区	多年平均径流量	径流量		最小生态需水量			适宜生态需水量		
		汛期	非汛期	汛期	非汛期	合计	汛期	非汛期	合计
分区Ⅰ	2509.9	1857.326	652.574	557.1978	65.2574	622.4552	742.9304	130.5148	873.4452
分区Ⅱ	4918.0	3639.320	1278.680	1091.796	127.868	1219.664	1455.728	255.736	1711.464
分区Ⅲ	6791.9	5026.006	1765.894	1507.802	176.5894	1684.391	2010.402	353.1788	2363.581
分区Ⅳ	4881.0	3611.940	1269.060	1083.582	126.906	1210.488	1444.776	253.812	1698.588
分区Ⅴ	6510.0	4817.400	1692.600	1445.220	169.260	1614.480	1926.960	338.520	2265.480
合计	25610.8	18951.990	6658.808	5685.597	665.8808	6351.478	7580.796	1331.762	8912.558

4. 需水预测汇总

生活需水选取中方案需水量，与生产、生态需水量进行汇总，汇总结果见表2-49和表2-50。50%降水频率条件下，2010年需水量合计为55813.73万 m^3，比现状年72933.78万 m^3 增长7.5678%；2020年将达到59845.75万 m^3，比现状年增长7.8015%。75%降水频率条件下，2010年需水量合计为59285.66万 m^3，比现状年72933.78万 m^3 增长14.5049%；2020年将达到60115.93万 m^3，比现状年增长14.695%，需水预测图见图2-13、图2-14。

表2-49　2010年需水预测汇总表　单位：m^3

计算分区	50%				75%			
	生活需水	生产需水	生态需水	总需水量	生活需水	生产需水	生态需水	总需水量
Ⅰ区	30.1	900.2	57.8	988.2	30.1	930.3	64	1024.4
Ⅱ区	349.5	3032.5	220.7	3602.8	349.5	3082.6	330	3762.1
Ⅲ区	552.6	7061.7	1271.7	8886.0	552.6	8527.6	1270	10350.2
Ⅳ区	266.2	16339.8	1069.3	17675.3	266.2	17074.2	1152	18492.4
Ⅴ区	1522.3	21713.0	1426.2	24661.5	1522.3	22608.3	1526	25656.7
合计	2720.7	51542.2	1550.8	55813.8	2720.7	52223.0	4342	59285.7

表 2-50　　2020 年需水预测汇总表　　单位：m^3

计算分区	50%				75%			
	生活需水	生产需水	生态需水	总需水量	生活需水	生产需水	生态需水	总需水量
Ⅰ区	37.6	900.1	60.8	998.5	37.6	898.6	130	1066.2
Ⅱ区	409.9	3504.2	232.0	4146.1	409.9	3509.9	430	4349.8
Ⅲ区	661.3	9686.9	1336.6	11684.8	661.3	9919.6	1536	12116.9
Ⅳ区	298.7	16397.7	1123.9	17820.2	298.7	14676.3	1294	16269.0
Ⅴ区	1723.4	21973.9	1498.9	25196.3	1723.4	22952.7	1638	26314.1
合计	3130.9	52462.7	4252.2	59845.8	3130.9	51957.0	5028	60115.9

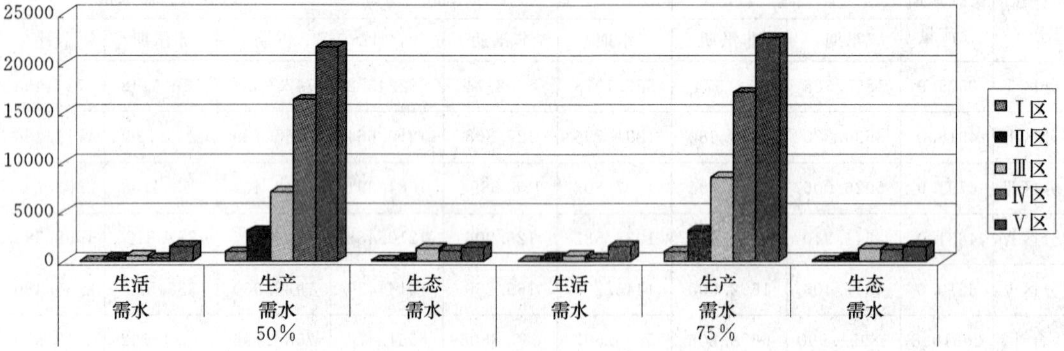

图 2-13　2010 年需水预测

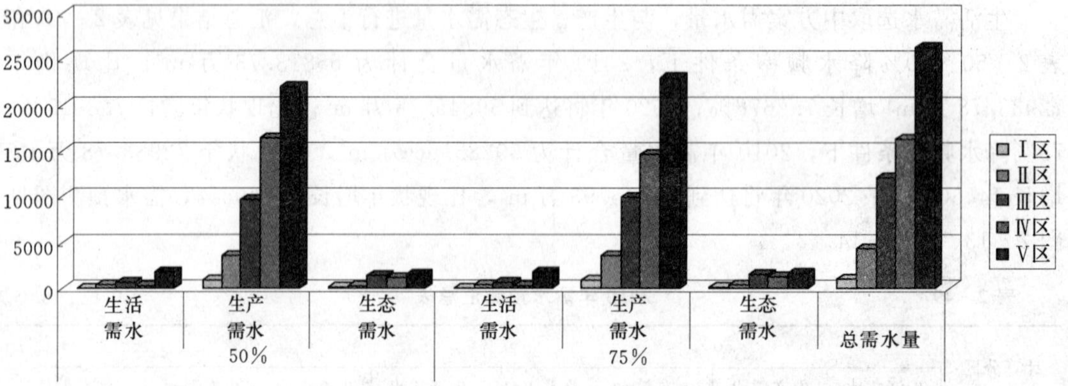

图 2-14　2020 年需水预测

五、供水预测

水资源供给预测是对不同时段供水量进行判断。供水量预测是在供水现状的基础上，考虑不同保证率的可供水量，要预计不同规划水平年工程变化情况以及考虑现有工程更新改造和续建配套后新增的供水能力，要考虑工程老化、水库淤积和因上游用水增加造成的来水量减少等对工程供水能力的影响。各主要供水节点原则上要求采用水文长系列调算和系统优化调节计算的方法计算可供水量。供水预测要充分吸收和利用有关专业规划以及流域、区域规划（全国及各地的地下水开发利用规划、污水治理与回用规划、雨水集蓄利用规划、海水利用规划，以及各流域规划与区域水资源规划等）的成果。并根据本次规划要求和新的情况变化，对成果做适当调整。地表水可供水量计算，要以各河系各类供水工程以及各供水区所组成的供水系统为调算主体，进行自上游到下游，先支流后干流逐级调算。

中型水库和小型水库及塘坝工程可采用简化计算，中型水库一般采用典型年法，小型水库及塘坝采用兴利库容乘复蓄系数法估算。复蓄系数可通过对不同地区各类工程进行分类，采用典型调查方法，参照邻近及类似地区的成果分析确定。

引提水工程根据取水口的径流量、引提水工程的能力以及用户需水要求计算可供水量。引水工程的引水能力与进水口水位及引水渠道的过水能力有关；提水工程的提水能力则与设备能力、开机时间等有关。

规划工程要考虑与现有工程的联系，与现有工程组成新的供水系统，按照新的供水系统进行可供水量计算。对于双水源或多水源用户，联合调算要避免重复计算供水量。

地下水可供水量与当地地下水可开采量、机井提水能力和用户的需水量等有关。

可供水量是指不同水平年、不同保证率或不同频率条件下通过工程设施可提供的符合一定标准的水量，包括区域内的地表水、地下水、外流域的调水、污水处理回用和海水利用等。不同水平年可供水量计算，要考虑现状、近期和远景的几种发展水平的情况；不同保证率可供水量计算，要考虑丰、平、枯几种不同的来水情况。可供水量和以下因素有关：

（1）来水条件。

由于水文现象的随机性，将来的来水是不能预知的，因而将来的可供水量是随着不同水平年的来水变化及其年内的时空变化而变化。

（2）用水条件。

可供水量有别于天然水资源量，它随用水特性及合理用水节约用水等条件不同而变化。

（3）工程条件。

工程参数的变化，不同的调度运行条件及不同发展时期新增工程设施，供水系统的供水能力不同。虽然供水能力不等于可供水量，但工程的可供水量受工程条件影响。

（4）水质条件。

可供水量是指符合一定使用标准的水量，不同用户有不同的标准。

1. 地表水可供水量

地表水可供水量计算，要以各河系各类供水工程以及各供水区所组成的供水系统为调算主体，进行自上游到下游，先支流后干流逐级调算。

2. 地下水可供水量

以矿化度不大于2g/L的浅层地下水资源可开采量作为估算地下水可供水量的依据。在确定地下水可供水量时，必须考虑相应水平年由于地表水开发利用方式和节水措施的变化所引起的地下水补给条件的变化，相应调整水资源分区的地下水资源可开采量，并以此作为估算地下水可供水量的控制条件。

本次研究中，地下水开采量维持在现状水平，不允许进一步扩大开采地下水。本次研究供水预测是根据一次平衡和流域水量平衡的基础上，通过对流域水资源进行优化配置，得出优化雨洪资源开发利用方案的基础上预测的，2010 年、2020 年具体预测结果详见表 2－51～表 2－54。

表 2－51　2010 年 50％降水条件供水预测表　单位：万 m^3

计算分区	地表水				地下水	调水工程	回用水	总供水量
	合计	蓄水工程	引水工程	提水工程				
Ⅰ区	895.75	895.75			61.73		0.07	957.56
Ⅱ区	520.00	20.00		500.00	3374.94		107.72	4002.66
Ⅲ区	1962.17	440.00		1522.17	5726.58	1925.12	595.85	10209.72
Ⅳ区	2951.24	800.00		2151.24	6491.87	6494.36	9.63	15947.10
Ⅴ区	6792.87	3869.86	241.92	2681.10	16640.89	1280.00	73.69	24787.45
总计	13122.03	6025.61	241.92	6854.50	32296.01	9699.49	786.96	55904.49

表 2－52　2010 年 75％降水条件供水预测表　单位：万 m^3

计算分区	地表水				地下水	调水工程	回用水	总供水量
	合计	蓄水工程	引水工程	提水工程				
Ⅰ区	765.99	765.99			61.73	0.00	0.07	827.80
Ⅱ区	444.67	17.10		427.57	3374.94	0.00	107.72	3927.33
Ⅲ区	1677.93	376.26		1301.67	5726.58	1646.25	595.85	9646.62
Ⅳ区	2523.73	684.11		1839.62	6491.87	5553.60	9.63	14578.83
Ⅴ区	5808.87	3309.28	206.88	2292.72	16640.89	1094.58	73.69	23618.03
总计	11221.20	5152.75	206.88	5861.57	32296.01	8294.44	786.96	52598.61

表 2－53　2020 年 50％降水条件供水预测表　单位：万 m^3

计算分区	地表水				地下水	调水工程	回用水	总供水量
	合计	蓄水工程	引水工程	提水工程				
Ⅰ区	895.75	895.75			61.73	0.00	0.23	957.72
Ⅱ区	530.00	30.00		500.00	3374.94	0.00	1808.02	5712.96
Ⅲ区	2012.17	490.00		1522.17	5829.30	1925.12	1928.43	11695.02
Ⅳ区	2961.24	810.00		2151.24	6642.62	6494.36	31.17	16129.39
Ⅴ区	7422.87	4499.86	241.92	2681.10	16808.30	1280.00	238.48	25749.65
总计	13822.03	6725.61	241.92	6854.50	32716.89	9699.49	4006.34	60244.75

表 2-54　　2020 年 75%降水条件供水预测表　　单位：万 m^3

计算分区	地表水				地下水	调水工程	回用水	总供水量
	合计	蓄水工程	引水工程	提水工程				
Ⅰ区	765.99	765.99			61.73	0.00	0.23	827.96
Ⅱ区	453.23	25.65		427.57	3374.94	0.00	1808.02	5636.19
Ⅲ区	1720.69	419.02		1301.67	5829.30	1646.25	1928.43	11124.68
Ⅳ区	2532.28	692.67		1839.62	6642.62	5553.60	31.17	14759.67
Ⅴ区	6347.61	3848.02	206.88	2292.72	16808.30	1094.58	238.48	24488.97
总计	11819.80	5751.35	206.88	5861.57	32716.89	8294.44	4006.34	56837.47

六、供需平衡分析

1. 水资源供需平衡分析的意义

流域水资源的供需平衡关系，即人类对流域水资源的合理开发利用可以供给的水资源与社会经济环境对水资源的需求之间的平衡。通过供需分析原则与方法分析水资源供需缺口的大小，可以研究流域缺水的程度。合理预测规划水平年社会各行业各部门的需水要求，对有效开发、合理利用水资源具有重要意义。水资源的供需状况是制定研究流域长期规划的必要依据之一，是流域水资源优化配置的基础。因此，水资源的供需分析在一定程度上影响着各地区的经济发展与产业结构布局。

流域水资源利用已朝着多目标方向发展，对于需求水资源的质与量的要求都日益提高，但水资源供给不能无限制的满足需求。水资源供需矛盾需要从流域水资源系统整体进行。在考虑环境规划水平的同时，通过各种工程和非工程措施缓解水资源供需矛盾。

2. 水资源供需平衡分析的原则

水资源供需平衡分析涉及社会、经济、生态环境等方面，供需平衡应遵循以下原则：

（1）近期与远期结合。

水资源供需关系随着社会经济条件的不断发展变化而发生阶段性的变化。因此，水资源的供需必须有中长期的规划，既把现状的供需情况弄清楚，又要充分分析未来的供需变化，把近期和远期结合起来。

（2）综合利用与保护结合。

水资源具有多用途性，应对其进行综合开发利用，做到一水多用。水资源又是易污染的流动资源，供需分析中，用水系统需考虑各部门的交叉或重复利用，进行多种水源联合调度。

（3）宏观与微观结合。

分析的区域首先需要考虑大区域与小区域结合，大区域内平衡分析后，进行小区域的供需平衡分析，保证小区域内的供需平衡；单一水源与多水源结合，单一用水部门与多个用水部门结合，最大程度地调度当地水资源，提高供水效率和保证率。

3. 水资源供需一次平衡

根据对流域需水发展和可供水量的分析，按水资源供需一次平衡原则，以现状供水能力去面对现状用水水平的用水增长需求，来进行流域的供需平衡分析，以便充分展示该流域的供需情况，为以后进行节水改造工程和治污挖潜工程提供定量基础。

表 2-55　　2010 年不同保证率各分区供需平衡计算结果汇总（一次平衡）　　单位：万 m^3

保证率	计算分区	需水量	供水量					缺水量	缺水程度（%）
			合计	地表水	地下水	外调水	回用水		
50%	合计	55813.73	53786.66	11932.28	31664.69	9699.49	490.20	2027.07	3.63
	Ⅰ区	988.18	957.53	895.75	61.73		0.05	30.65	3.10
	Ⅱ区	3602.73	3442.04	0.00	3374.94		67.10	160.69	4.46
	Ⅲ区	8886.04	9730.95	1862.17	5572.50	1925.12	371.16	−844.91	
	Ⅳ区	17675.30	15217.36	2451.24	6265.76	6494.36	6.00	2457.94	13.91
	Ⅴ区	24661.47	24438.78	6723.12	16389.76	1280.00	45.90	222.69	0.90
75%	合计	59285.66	50653.13	10203.79	31664.69	8294.44	490.20	8632.53	14.56
	Ⅰ区	1024.40	827.77	765.99	61.73		0.05	196.63	19.19
	Ⅱ区	3762.07	3442.04	0.00	3374.94		67.10	320.03	8.51
	Ⅲ区	10350.17	9182.33	1592.42	5572.50	1646.25	371.16	1167.84	11.28
	Ⅳ区	18492.37	13921.52	2096.16	6265.76	5553.60	6.00	4570.85	24.72
	Ⅴ区	25656.66	23279.46	5749.22	16389.76	1094.58	45.90	2377.19	9.27

表 2-56　　2020 年不同保证率各分区供需平衡计算结果汇总（一次平衡）　　单位：万 m^3

保证率	计算分区	需水量	供水量					缺水量	缺水程度（%）
			合计	地表水	地下水	外调水	回用水		
50%	合计	59845.75	53786.66	11932.28	31664.69	9699.49	490.20	6059.09	10.12
	Ⅰ区	998.47	957.53	895.75	61.73		0.05	40.94	4.10
	Ⅱ区	4146.11	3442.04	0.00	3374.94		67.10	704.07	16.98
	Ⅲ区	11684.75	9730.95	1862.17	5572.50	1925.12	371.16	1953.80	16.72
	Ⅳ区	17820.17	15217.36	2451.24	6265.76	6494.36	6.00	2602.81	14.61
	Ⅴ区	25196.25	24438.78	6723.12	16389.76	1280.00	45.90	757.48	3.01
75%	合计	60115.93	50653.13	10203.79	31664.69	8294.44	490.20	9462.80	15.74
	Ⅰ区	1066.21	827.77	765.99	61.73		0.05	238.43	22.36
	Ⅱ区	4349.82	3442.04	0.00	3374.94		67.10	907.78	20.87
	Ⅲ区	12116.89	9182.33	1592.42	5572.50	1646.25	371.16	2934.56	24.22
	Ⅳ区	16268.95	13921.52	2096.16	6265.76	5553.60	6.00	2347.43	14.43
	Ⅴ区	26314.06	23279.46	5749.22	16389.76	1094.58	45.90	3034.60	11.53

从表 2-55 和表 2-56 可知，50%降水条件下，2010 年该流域一次供需平衡缺水 2027.066 万 m^3，缺水率为 3.63%。由于是用现状供水能力去面对未来增长，因此 2020 水平年的缺口将扩大到 6059.092 万 m^3。75%降水条件下，2010 年该流域一次供需平衡现状年缺水 8632.53 万 m^3，2020 年为 9462.803 万 m^3。在现状水平年情景下，需水保持在高水平，只能依靠挤占生态用水和超采地下水实现供需平衡。

4. 水资源供需二次平衡

根据流域水利工程规划方案，2010 年流域内污水处理回用量将达到 3335.8 万 m^3，2020 年将达到 5837.7m^3；2010 年可增加地下水回灌量 631.32 万 m^3，2020 年可增加地下水回灌量 1052.2 万 m^3；2010 年整治河道可增加供水 1053.25 万 m^3，2010 年开发利用雨水可增加供水量 210 万 m^3，2020 年可增加供水 310 万 m^3；2010 年经过产业结构调整可减少农业用水量 800 万 m^3，到 2020 年可减少至 1600 万 m^3；辽中县团结水库蓄水量可增加 600 万 m^3；赵家套闸改建可增加供水 280 万 m^3。

与一次供需平衡结果相比，在 50%降水条件下，2010 年该流域不缺水；75%降水条件下，2010 年的缺水量为 6687.05 万 m^3，2020 年为 3278.458 万 m^3。个别地区存在不缺水的情况，但是从全流域的角度看，缺水情况仍很严重。且从大伙房水库调来的水量仍维持在现状年的水平。但可以通过大力开展节约用水、需水控制、以供定需等措施，在保证国民经济快速增长的基础上有效地缓解了需水过快增长的势头。根据现有规划，到 2020 年已有水利工程供水量仍不能满足流域内生活、生产和生态需水的要求（表 2-57、表 2-58）。

表 2-57　　2010 年不同保证率下的供需平衡表　　单位：万 m^3

保证率	计算分区	需水量	供水量					缺水量	缺水程度（%）
			合计	地表水	地下水	外调水	回用水		
50%	合计	55813.73	55904.49	13122.03	32296.01	9699.49	786.96	−90.76	
	Ⅰ区	988.18	957.56	895.75	61.73	0.00	0.07	30.63	3.10
	Ⅱ区	3602.73	4002.66	520.00	3374.94	0.00	107.72	−399.93	
	Ⅲ区	8886.04	10209.72	1962.17	5726.58	1925.12	595.85	−1323.68	
	Ⅳ区	17675.30	15947.10	2951.24	6491.87	6494.36	9.63	1728.20	9.78
	Ⅴ区	24661.47	24787.45	6792.87	16640.89	1280.00	73.69	−125.97	
75%	合计	59285.66	52598.61	11221.20	32296.01	8294.44	786.96	6687.05	11.28
	Ⅰ区	1024.40	827.80	765.99	61.73	0.00	0.07	196.60	19.19
	Ⅱ区	3762.07	3927.33	444.67	3374.94	0.00	107.72	−165.27	
	Ⅲ区	10350.17	9646.62	1677.93	5726.58	1646.25	595.85	703.55	6.80
	Ⅳ区	18492.37	14578.83	2523.73	6491.87	5553.60	9.63	3913.54	21.16
	Ⅴ区	25656.66	23618.03	5808.87	16640.89	1094.58	73.69	2038.63	7.95

表 2-58　　2020 年不同保证率下的供需平衡表　　单位：万 m^3

保证率	计算分区	需水量	供水量					缺水量	缺水程度（%）
			合计	地表水	地下水	外调水	回用水		
50%	合计	59845.75	60244.75	13822.03	32716.89	9699.49	4006.34	−399.00	
	Ⅰ区	998.47	957.72	895.75	61.73	0.00	0.23	40.75	4.08
	Ⅱ区	4146.11	5712.96	530.00	3374.94	0.00	1808.02	−1566.85	
	Ⅲ区	11684.75	11695.02	2012.17	5829.30	1925.12	1928.43	−10.27	
	Ⅳ区	17820.17	16129.39	2961.24	6642.62	6494.36	31.17	1690.77	9.49
	Ⅴ区	25196.25	25749.65	7422.87	16808.30	1280.00	238.48	−553.40	

续表

保证率	计算分区	需水量	供水量					缺水量	缺水程度(%)
			合计	地表水	地下水	外调水	回用水		
75%	合计	60115.93	56837.47	11819.80	32716.89	8294.44	4006.34	3278.46	5.45
	Ⅰ区	1066.21	827.96	765.99	61.73	0.00	0.23	238.25	22.35
	Ⅱ区	4349.82	5636.19	453.23	3374.94	0.00	1808.02	−1286.36	
	Ⅲ区	12116.89	11124.68	1720.69	5829.30	1646.25	1928.43	992.22	8.19
	Ⅳ区	16268.95	14759.67	2532.28	6642.62	5553.60	31.17	1509.28	9.28
	Ⅴ区	26314.06	24488.97	6347.61	16808.30	1094.58	238.48	1825.09	6.94

思考题

1. 地面水取水位置的选择时，应注意哪些问题？
2. 地面水取水工程有哪几种类型？各自的适用条件如何？
3. 地下水水源地如何选择？
4. 地下水取水工程类型有哪些？各自的适用条件如何？
5. 需水预测及供水预测的原则与方法？
6. 供需平衡分析的方法与步骤？结合实例进行计算分析。

参考文献

[1] 何俊仕，张广涛，王文殊，等．蒲河流域雨洪资源利用及河道水生态修复应用研究［M］．北京：中国水利水电出版社，2011.

[2] 何俊仕，粟晓玲．水资源规划与管理［M］．北京：中国农业出版社，2006.

第三章 水资源保护

第一节 水资源保护概述

水是生命的源泉，它滋润了万物，哺育了生命。我们赖以生存的地球有百分之七十是被水覆盖着，而其中百分之九十七为海水，与我们生活关系最为密切的淡水呢，只有百分之三，而淡水中又有百分之七十八为冰川淡水，目前很难利用。因此，我们能利用的淡水资源是十分有限的，并且受到污染的威胁。

中国水资源分布存在如下特点：总量并不丰富，人均占有量更低；地区分布不均，水土资源不相匹配；年内年际分配不匀，旱涝灾害频繁。而水资源开发利用中的供需矛盾日益加剧。首先是农业干旱缺水，随着经济的发展和气候的变化，中国农业，特别是北方地区农业干旱缺水状况加重，干旱缺水成为影响农业发展和粮食安全的主要制约因素。其次是城市缺水，中国城市缺水，特别是改革开放以来，城市缺水愈来愈严重。同时，农业灌溉造成水的浪费，工业用水浪费也很严重，城市生活污水浪费惊人。

目前，我国的水资源环境污染已经十分严重，根据我国环保局的有关报道：我国的主要河流有机污染严重，水源污染日益突出。大型淡水湖泊中大多数湖泊处在富营养状态，水质较差。另外，全国大多数城市的地下水受到污染，局部地区的部分指标超标。由于一些地区过度开采地下水，导致地下水位下降，引发地面的坍塌和沉陷、地裂缝和海水入侵等地质问题，并形成地下水位降落漏斗。

农业、工业和城市供水需求量不断提高导致了有限的淡水资源更为紧张。为了避免水危机，我们必须保护水资源。水资源保护是指为防止因水资源不恰当利用造成的水源污染和破坏而采取的法律、行政、经济、技术、教育等措施的总和。水资源保护的主要内容包括水量保护和水质保护两个方面。在水量保护方面，主要是对水资源统筹规划、涵养水源、调节水量、科学用水、节约用水、建设节水型工农业和节水型社会。在水质保护方面，主要是制定水质规划，提出防治措施。具体工作内容是制定水环境保护法规和标准；进行水质调查、监测与评价；研究水体中污染物质迁移、污染物质转化和污染物质降解与水体自净作用的规律；建立水质模型，制定水环境规划；实行科学的水质管理。

水资源保护的核心是根据水资源时空分布、演化规律，调整和控制人类的各种取用水行为，使水资源系统维持一种良性循环的状态，以达到水资源的可持续利用。水资源保护不是以恢复或保持地表水、地下水天然状态为目的的活动，而是一种积极的、促进水资源开发利用更合理、更科学的问题。水资源保护与水资源开发利用是对立统一的，两者既相互制约，又相互促进。保护工作做得好，水资源才能可持续开发利用；开发利用科学合理了，也就达到了保护的目的。

水资源保护工作应贯穿在人与水的各个环节中。从更广泛地意义上讲，正确客观地调查、评价水资源，合理地规划和管理水资源，都是水资源保护的重要手段，因为这些工作是水资源保护的基础。从管理的角度来看，水资源保护主要是“开源节流”、防治和控制水源污染。它一方面涉及水资源、经济、环境三者平衡与协调发展的问题，另一方面还涉及各地区、各部门、集体和个人用水利益的分配与调整。这里面既有工程技术问题，也有经济学和社会学问题。同时，还要广大群众积极响应，共同参与，就这一点来说，水资源保护也是一项社会性的公益事业。

第二节　天然水的组成与性质

一、水的基本性质

1. 水的分子结构

水分子是由一个氧原子和两个氢原子通过共价键键合所形成。通过对水分子结构的测定分析，两个 O—H 键之间的夹角为 104.5°，H—O 键的键长为 96pm。由于氧原子的电负性大于氢原子，O—H 的成键电子对更趋向于氧原子而偏离氢原子，从而氧原子的电子云密度大于氢原子，使得水分子具有较大的偶极矩（$\mu=1.84$D），是一种极性分子。水分子的这种性质使得自然界中具有极性的化合物容易溶解在水中。水分子中氧原子的电负性大，O—H 的偶极矩大，使得氢原子带部分正电荷，可以把另一个水分子中的氧原子吸引到很近的距离形成氢键。水分子间氢键键能为 18.81kJ/mol，约为 O—H 共价键的 1/20。氢键的存在，增强了水分子之间的作用力。冰融化成水或者水汽化生成水蒸气，都需要环境中吸收能量来破坏氢键[1]。

2. 水的物理性质

水是一种无色、无味、透明的液体，主要以液态、固态、气态三种形式存在。水本身也是良好的溶剂，大部分无机化合物可溶于水。由于水分子之间氢键的存在，使水具有许多不同于其他液体的物理、化学性质，从而决定了水在人类生命过程和生活环境中无可替代的作用[1,2]。

（1）凝固（熔）点和沸点。

在常压条件下，水的凝固点为 0℃，沸点为 100℃。水的凝固点和沸点与同一主族元素的其他氢化物熔、沸点的递变规律不相符，这是由于水分子间存在氢键的作用。水的分子间形成的氢键会使物质的熔点和沸点升高，这是因为固体熔化或液体汽化时必须破坏分子间的氢键，从而需要消耗较多能量的缘故。水的沸点会随着大气压力的增加而升高，而水的凝固点随着压力的增加而降低。

（2）密度。

在大气压条件下，水的密度在 4℃时最大，为 $1\times10^3\text{kg/m}^3$，温度高于 4℃时，水的密度随温度升高而减小，在 0～4℃时，密度随温度的升高而增加。

水分子之间能通过氢键作用发生缔合现象。水分子的缔合作用是一种放热过程，温度降低，水分子之间的缔合程度增大。当温度≤0℃，水以固态的冰的形式存在时，水分子缔合在一起成为一个大的分子，如图 3-1 所示。冰晶体中，水分子中的氧原子周围有四个氢原子，水分子之间构成了一个四面体状的骨架结构。冰的结构中有较大的空隙，所以冰的密度反比同温度的水小。当冰从环境中吸收热量，熔化生成水时，冰晶体中一部分氢键开始发生断裂，晶体结构崩溃，体积减小，密度增大。当进一步升高温度时，水分子间的氢键被进一步破坏，体积进而继续减小，使得密度增大；同时，温度的升高增加了水分子的动能，分子振动加剧，水具有体积增加而密度减小的趋势。在这两种因素的作用下，水的密度在4℃时最大。

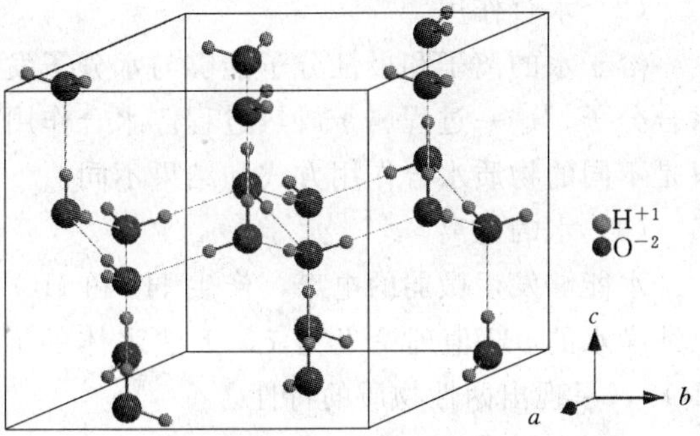

图 3-1　冰的结构模型[3]

水的这种反常的膨胀性质对水生生物的生存发挥了重要的作用。因为寒冷的冬季，河面的温度可以降低到冰点或者更低，这是无法适合动植物生存的。当水结冰的时候，冰的密度小，浮在水面，4℃的水由于密度最大，而沉降到河底或者湖底，可以保障水下生物的生存。而当天暖的时候，冰在上面，也是最先熔化。

(3) 高比热容、高汽化热。水的比热容为 4.18×10^3J/(kg·K)，是常见液体和固体中最大的。水的汽化热也极高，在20℃下为 2.4×10^3 (kJ/kg)。正是由于这种高比热容、高汽化热的特性，地球上的海洋、湖泊、河流等水体白天吸收到达地表的太阳光热能，夜晚又将热能释放到大气中，避免了剧烈的温度变化，使地表温度长期保持在一个相对恒定的范围内。通常生产上使用水做传热介质，除了它分布广外，主要是利用水的高比热容的特性。

(4) 高介电常数。

水的介电常数在所有的液体中是最高的，可使大多数蛋白质、核酸和无机盐能够在其中溶解并发生最大程度的电离，这对营养物质的吸收和生物体内各种生化反应的进行具有重要意义。

(5) 水的依数性。

水的稀溶液中，由于溶质微粒数与水分子数的比值的变化，会导致水溶液的蒸汽压、凝固点、沸点和渗透压发生变化。

(6) 透光性。

水是无色透明的，太阳光中可见光和波长较长的近紫外光部分可以透过，使水生植物光合作用所需的光能够到达水面以下的一定深度，而对生物体有害的短波远紫外光则几乎不能通过。这在地球上生命的产生和进化过程中起到了关键性的作用，对生活在水中的各种生物具有至关重要的意义。

3. 水的化学性质

(1) 水的化学稳定性。

在常温常压下，水是化学稳定的，很难分解产生氢气和氧气。在高温和催化剂存在的条件下，水会发生分解，同时电解也是水分解的一种常用方式。水在直流电作用下，分解生成氢气和氧气，工业上用此法制纯氢和纯氧。

(2) 水合作用。

溶于水的离子和极性分子能够与水分子发生水合作用，相互结合，生成水合离子或者水合分子。这一过程属于放热过程。水合作用是物质溶于水时必然发生的一个化学过程，只是不同的物质水合作用方式和结果不同。

(3) 水的电离。

水能够发生微弱的电离，产生 H^+ 和 HO^-。水的离子积常数 $K_w=10^{-14}$ (25℃)，所以纯净水的 pH 值理论上为 7，天然水体的 pH 值一般为 6～9。水体中同时存在 H^+ 和 HO^-，呈现出两性物质的特性。

(4) 水解反应。

物质溶于水所形成的金属离子或者弱酸根离子能够与水发生水解反应，如式 (3-1) ～式 (3-5) 所示。弱酸根离子发生水解反应，生成相应的共轭酸。金属离子发生水解反应生成一些列羟基配位的金属络合物。

$$CO_3^{2-}+H_2O \rightleftharpoons HCO_3^-+HO^- \tag{3-1}$$

$$HCO_3^-+H_2O \rightleftharpoons H_2CO_3+HO^- \tag{3-2}$$

$$Fe^{3+}+H_2O \rightleftharpoons Fe(OH)^{2+}+H^+ \tag{3-3}$$

$$Fe(OH)^{2+}+H_2O \rightleftharpoons Fe(OH)_2^++H^+ \tag{3-4}$$

$$Fe(OH)_2^++H_2O \rightleftharpoons Fe(OH)_3+H^+ \tag{3-5}$$

二、天然水的性质

(一) 天然水的组成

天然水在形成和迁移的过程中与许多具有一定溶解性的物质相接触，由于溶解和交换作用，使得天然水体富含有各种化学组分。天然水体所含有的物质主要包括无机离子、溶解性气体、微量元素、水生生物、有机物以及泥沙和黏土等[1,4,5]。

1. 天然水中的主要离子

天然水体中常见的离子为 Na^+、K^+、Ca^{2+}、Mg^{2+}、HCO_3^-、CO_3^{2-}、Cl^-、SO_4^{2-}。它们的含量占天然水离子总量的 95%～99%以上[1]。

重碳酸根离子和碳酸根离子在天然水体中的分布很广，几乎所有水体都有它的存在，主要来源于碳酸盐矿物的溶解。一般河水与湖水中超过 250mg/L，在地下水中的含量略高。造成这种现象的原因在于在水中如果要保持大量的重碳酸根离子，则必须要有大量的二氧化碳，而空气中二氧化碳的分压很小、二氧化碳很容易从水中逸出。

天然水中的氯离子是水体中常见的一种阴离子，主要来源于火成岩的风化产物和蒸发盐矿物。它在水中有广泛分布，在水中含量变化范围很大，一般河流和湖泊中含量很小，要用 mg/L 来表示。但随着水矿化度的增加，氯离子的含量也在增加，在海水以及部分盐湖中，氯离子含量达到十几 g/L 以上，而且成为主要阴离子。

硫酸根离子是天然水中重要的阴离子，主要来源于石膏的溶解、自然硫的氧化、硫化物的氧化、火山喷发产物、含硫植物及动物体的分解和氧化。硫酸根离子分布在各种水体中，河水中硫酸根离子含量在 0.8～199mg/L 之间；大多数的淡水湖泊，其硫酸根离子含量比河水中含量高；在干旱地区的地表水及地下水中，硫酸根离子的含量往往可达到几

g/L；海水中硫酸根离子含量为 2～3g/L；而在海洋的深部，由于还原作用，硫酸根离子有时甚至不存在。硫酸盐含量不高时，对人体健康几乎没有影响，但是当含量超过 250mg/L 时，有致泻作用，同时高浓度的硫酸盐会使水有微苦涩味，因此，国家饮用水水质标准规定饮用水中的硫酸盐含量不超过 250mg/L。

钙离子是大多数天然淡水的主要阳离子。钙广泛地分布于岩石中，沉积岩中方解石（$CaCO_3$）、石膏（$CaSO_4 \cdot 2H_2O$）和萤石的溶解是钙离子的主要来源。河水中的钙离子含量一般为 20mg/L 左右。镁离子主要来自白云岩以及其他岩石的风化产物的溶解，大多数天然水中镁离子的含量在 1～40mg/L，一般很少有以镁离子为主要阳离子的天然水。通常在淡水中的阳离子以钙离子为主，在咸水中则以钠离子为主。水中的钙离子和镁离子的总量称为水体的总硬度。硬度的单位为度，硬度为 1 度的水体相当于含有 10mg/L 的 CaO。根据水体硬度的大小，可以根据表 3-1 中的标准将水体的硬度分为若干级。水体过软时，会引起或加剧身体骨骼的某些疾病，因此，水体中适当的钙含量是人类生活不可或缺的。但水体的硬度过高时，饮用会引起人体的肠胃不适，同时也不利于人们生活中的洗涤和烹饪；当高硬度水用于锅炉时，会在锅炉的内壁结成水垢，影响传热效率，严重时还会引起爆炸，所以高硬度水用于工业生产中应该进行必要的软化处理。

表 3-1　　水体的硬度分级[1]

总硬度（度）	0～4	4～8	8～16	16～30	>30
水质	及软水	软水	中等硬水	硬水	极硬水

钠离子主要来自火成岩的风化产物，天然水中的含量在 1～500mg/L 范围内变化。含钠盐过高的水体用于灌溉时，会造成土壤的盐渍化，危害农作物的生长。同时，钠离子具有固定水分的作用，高血压病人和浮肿病人需要限制钠盐的摄取量。钾离子主要分布于酸性岩浆岩及石英岩中，在天然水中的含量要远低于钠离子。在大多数饮用水中，钾离子的含量一般小于 20mg/L；而某些溶解性固体含量高的水和温泉中，钾离子的含量可高达到 100～1000mg/L。

2. 溶解性气体

天然水体中的溶解性气体主要有氧气、二氧化碳、硫化氢等。

天然水中的溶解性氧气主要来自大气的复氧作用和水生植物的光合作用。溶解在水体中的分子氧称为溶解氧（Dissolved oxygen，DO），溶解氧在天然水中起着非常重要的作用。水中动植物及微生物需要溶解氧来维持生命，同时溶解氧是水体中发生的氧化还原反应的主要氧化剂，此外水体中有机物的分解也是好氧微生物在溶解氧的参与下进行的。水体的溶解氧是一项重要的水质参数，对分析水体污染和水体自净有着重要的实际意义。溶解氧的数值不仅受大气复氧速率和水生植物的光合速率影响，还受水体中微生物代谢有机污染物的速率影响。当水体中可降解的有机污染物浓度不是很高时，好氧细菌消耗溶解氧分解有机物，溶解氧的数值降低到一定程度后不再下降；而当水体中可降解的有机污染物较高，超出了水体自然净化的能力时，水体中的溶解氧可能会被耗尽，厌氧细菌的分解作用占主导地位，从而产生臭味。

天然水中的二氧化碳主要来自水生动植物的呼吸作用。从空气中获取的二氧化碳几乎只发生在海洋中，陆地上的水体很少从空气中获取二氧化碳，因为陆地水中的二氧化碳含量经常超过它与空气中二氧化碳保持平衡时的含量，水中的二氧化碳会逸出。河流和湖泊中二氧化碳的含量一般不超过20～30mg/L。

天然水中的硫化氢来自水体底层中各种生物残骸腐烂过程中含硫蛋白质的分解，水中的无机硫化物或硫酸盐在缺氧条件下，也可还原成硫化氢。一般来说硫化氢位于水体的底层，当水体受到扰动时，硫化氢气体就会从水体中逸出。当水体中的硫化氢含量达到10mg/L时，水体就会发出难闻的臭味。

3. 微量元素

所谓微量元素是指在水中含量小于0.1%的元素。在这些微量元素中比较重要的有卤素（氟、溴、碘）、重金属（铜、锌、铅、钴、镍、钛、汞、镉）和放射性元素等。尽管微量元素的含量很低，但与人的生存和健康息息相关，对人的生命起至关重要的作用。它们的摄入过量、不足、不平衡或缺乏都会不同程度地引起人体生理的异常或发生疾病。

4. 水生生物

天然水体中的水生生物种类繁多，有微生物、藻类以及水生高等植物、各种无脊椎动物和脊椎动物。水体中的微生物是包括细菌、病毒、真菌以及一些小型的原生动物、微藻类等在内的一大类生物群体，它个体微小，却与水体净化能力关系密切。微生物通过自身的代谢作用（异化作用和同化作用）使水中悬浮和溶解在水里的有机物污染物分解成简单、稳定的无机物二氧化碳。水体中的藻类和高级水生植物通过吸附、利用和浓缩作用去除或者降低水体中的重金属元素和水体中的氮、磷元素。生活在水中的较高级动物如鱼类，对水体的化学性质影响较小，但是水质对鱼类的生存影响却很大。

5. 有机物

天然水体的有机物主要来源于水体和土壤中的生物的分泌物和生物残体以及人类生产生活所产生的污水，包括碳水化合物、蛋白质、氨基酸、脂肪酸、色素、纤维素、腐殖质等。水中的可降解有机物的含量较高时，有机物的降解过程中会消耗大量的溶解氧，导致水体腐败变臭。当饮用水源水有机物含量比较高时，会降低水处理工艺的处理效果，并且会增加消毒副产物的生成量。

（二）天然水的分类

天然水体在形成和迁移的过程中不断的与周围环境相互作用，其化学成分组成也多种多样，这就需要采用某种方式对水体进行分类，从而反映天然水体水质的形成和演化过程，为水资源的评价、利用和保护提供依据。下面介绍苏联学者O.A.阿列金提出的两种常用分类方法[5]。

1. 按水体中的总盐量分类

按水体中的总盐量对水体进行分类如表3-2所示。在这种分类法中，把淡水的总含盐量范围确定在1.0g/kg之内，是基于人的感觉。当水的总盐量大于该值时便具有咸味；微咸水与咸水的总含盐量界线确定为25g/kg，是因为在该总盐量下，水的冻结温度与其最大密度时的温度相同；咸水与盐水的界线为50g/kg，则是根据海水中还未出现过总盐量大于该值的情况来确定的。

表 3-2　　依据于水体的总含盐量的水体分类[1]

种　类	水体总盐量（g/kg）	种　类	水体总盐量（g/kg）
淡水	<1.0	咸水	25～50
微咸水	1.0～25	盐水	>50

2. 按水体中主要无机离子分类

这种分类方法所涉及的三类阳离子是 Ca^{2+}、Mg^{2+}、$Na^{+}+K^{+}$，三类阴离子是 $HCO_3^{-}+CO_3^{2-}$、Cl^{-}、SO_4^{2-}。首先按照含量最多的阴离子将水体分为三类：重碳酸盐类（HCO_3^{-}）、硫酸盐类（SO_4^{2-}）、氯化物类（Cl^{-}），并分别用 C、S、Cl 三种符号表示。然后按照含量最多的阳离子把每类水体再进一步划分为三组，即钙组（Ca^{2+}）、镁组（Mg^{2+}）、和钠组（Na^{+}）。最后按阴离子和阳离子间的相对关系，把各组分为 4 种水型。

Ⅰ型　　$HCO_3^{-}>Ca^{2+}+Mg^{2+}$

Ⅱ型　　$HCO_3^{-}<Ca^{2+}+Mg^{2+}<HCO_3^{-}+SO_4^{2-}$

Ⅲ型　　$HCO_3^{-}+SO_4^{2-}<Ca^{2+}+Mg^{2+}$ 或 $Cl^{-}>Na^{+}$

Ⅳ型　　$HCO_3^{-}=0$

Ⅰ型是低矿化水体，主要是含有大量 Na^{+} 和 K^{+} 的水体，水中含有相当数量的 $NaHCO_3$；Ⅱ型是低矿化水体和中矿化水体，河水、湖水和地下水都属于这种类型；Ⅲ型水体有很高的矿化度，海洋水和海湾水及高矿化度的地下水属于这一类型；Ⅳ型水体属于酸性水体，其特点是没有 HCO_3^{-}，酸性沼泽水和硫化矿床水体属于这一类水体。另外，在硫酸盐和氯化物的钙组和镁组中不可能出现Ⅰ型水，只能由Ⅳ型水代替，这样天然水体根据该类划分方法可以分为 27 种类型的水体，见表 3-3。

表 3-3　　依据水体中主要无机离子相对含量的水体分类[1]

类	重碳酸盐［C］HCO_3^{-}			硫酸盐［S］SO_4^{2-}			氯化物［Cl］Cl^{-}		
组	钙 Ca	镁 Mg	钠 Na	钙 Ca	镁 Mg	钠 Na	钙 Ca	镁 Mg	钠 Na
型	Ⅰ	Ⅰ	Ⅰ	Ⅱ	Ⅱ	Ⅰ	Ⅱ	Ⅱ	Ⅰ
	Ⅱ	Ⅱ	Ⅱ	Ⅲ	Ⅲ	Ⅱ	Ⅲ	Ⅲ	Ⅱ
	Ⅲ	Ⅲ	Ⅲ	Ⅳ	Ⅳ	Ⅲ	Ⅳ	Ⅳ	Ⅲ

注　每种类型的水体可以用符号表示，如重碳酸盐类钙组Ⅱ型水体可用符号 $C_{Ⅱ}^{Ca}$ 表示。

第三节　水　体　污　染

一、天然水的污染及主要污染物

1. 水体污染

水污染主要是由于人类排放的各种外源性物质进入水体后，而导致其化学、物理、生物或者放射性等方面特性的改变，超出了水体本身自净作用所能承受的范围，造成水质恶化的现象[1,6]。

2. 污染源

造成水体污染的因素是多方面的，如向水体排放未经妥善处理的城市污水和工业废水；施用化肥、农药及城市地面的污染物被水冲刷而进入水体；随大气扩散的有毒物质通过重力沉降或降水过程而进入水体等。

按照污染源的成因进行分类，可以分成自然污染源和人为污染源两类。自然污染源是因自然因素引起污染的，如某些特殊地质条件（特殊矿藏、地热等）、火山爆发等。由于现代人们还无法完全对许多自然现象实行强有力的控制，因此也难控制自然污染源。人为污染源是指由于人类活动所形成的污染源，包括工业、农业和生活等所产生的污染源。人为污染源是可以控制的，但是不加控制的人为污染源对水体的污染远比自然污染源所引起的水体污染程度严重。人为污染源产生的污染频率高、污染的数量大、污染的种类多、污染的危害深，是造成水环境污染的主要因素。

按污染源的存在形态进行分类，可以分为点源污染和面源污染。点源污染是以点状形式排放而使水体造成污染，如工业生产废水和城市生活污水。它的特点是排污经常，污染物量多且成分复杂，依据工业生产废水和城市生活污水的排放规律，具有季节性和随机性，它的量可以直接测定或者定量化，其影响可以直接评价。而面源污染则是以面积形式分布和排放污染物而造成水体污染，如城市地面、农田、林田等。面源污染的排放是以扩散方式进行的，时断时续，并与气象因素有联系，其排放量不易调查清楚。

3. 天然水体的主要污染物

天然水体中的污染物质成分极为复杂，从化学角度分为四大类[1,6]。

无机无毒物：酸、碱、一般无机盐、氮、磷等植物营养物质。

无机有毒物：重金属、砷、氰化物、氟化物等。

有机无毒物：碳水化合物、脂肪、蛋白质等。

有机有毒物：苯酚、多环芳烃、PCB、有机氯农药等。

水体中的污染物从环境科学角度可以分为耗氧有机物、重金属、营养物质、有毒有机污染物、酸碱及一般无机盐类、病原微生物、放射性物质、热污染等[1,6]。

（1）耗氧有机物。

生活污水、牲畜饲料及污水和造纸、制革、奶制品等工业废水中含有大量的碳水化合物、蛋白质、脂肪、木质素等有机物，他们属于无毒有机物。但是如果不经处理直接排入自然水体中，经过微生物的生化作用，最终分解为二氧化碳和水等简单的无机物。在有机物的微生物降解过程中，会消耗水体中大量的溶解氧，水中溶解氧浓度下降。当水中的溶解氧被耗尽时，会导致水体中的鱼类及其他需氧生物因缺氧而死亡，同时在水中厌氧微生物的作用下，会产生有害的物质如甲烷、氨和硫化氢等，使水体发臭变黑。

一般采用下面几个参数来表示有机物的相对浓度。

生物化学需氧量（BOD）：指水中有机物经微生物分解所需的氧量，用 BOD 来表示，其测定结果用 mg/L O_2 表示。因为微生物的活动与温度有关，一般以 20℃作为测定的标准温度。当温度 20℃时，一般生活污水的有机物需要 20 天左右才能基本完成氧化分解过程，但这在实际工作中是有困难的，通常都以 5 天作为测定生化需氧量的标准时间，简称 5 日生化需氧量，用 BOD_5 来表示。

化学需氧量（COD）：指用化学氧化剂氧化水中的还原性物质，消耗的氧化剂的量折换成氧当量（mg/L），用 COD 表示。COD 越高，表示污水中还原性有机物越多。

总需氧量（TOD）：指在高温下燃烧有机物所耗去的氧量（mg/L），用 TOD 表示。一般用仪器测定，可在几分钟内完成。

总有机碳（TOC）：用 TOC 表示。通常是将水样在高温下燃烧，使有机碳氧化成 CO_2，然后测量所产生的 CO_2 的量，进而计算污水中有机碳的数量。一般也用仪器测定，速度很快。

（2）重金属污染物。

矿石与水体的相互作用以及采矿、冶炼、电镀等工业废水的泄漏会使得水体中有一定量的重金属物质，如汞、铅、铜、锌、镉等。这些重金属物质在水中达到很低的浓度便会产生危害，这是由于它们在水体中不能被微生物降解，而只能发生各种形态相互转化和迁移。重金属物质除被悬浮物带走外，会由于沉淀作用和吸附作用而富集于水体的底泥中，成为长期的次生污染源；同时，水中氯离子、硫酸离子、氢氧离子、腐殖质等无机和有机配位体会与其生成络合物或螯合物，导致重金属有更大的水溶解度而从底泥中重新释放出来。人类如果长期饮用重金属污染的水、农作物、鱼类、贝类，有害重金属为人体所摄取，积累于体内，对身体健康产生不良影响，致病甚至危害生命。例如，金属汞中毒所引起的水俣病，1956 年，日本一家氮肥公司排放的废水中含有汞，这些废水排入海湾后经过生物的转化，形成甲基汞，经过海水、底泥和鱼类的富集，又经过食物链使人中毒，中毒后产生发疯痉挛症状。人长期饮用被镉污染的河水或者食用含镉河水浇灌生产的稻谷，就会得“骨痛病”。病人骨骼严重畸形、剧痛，身长缩短，骨脆易折。

（3）植物营养物质。

营养性污染物是指水体中含有的可被水体中微型藻类吸收利用并可能造成水体中藻类大量繁殖的植物营养元素，通常是指含有氮元素和磷元素的化合物。

（4）有毒有机物。

有毒有机污染物指酚、多环芳烃和各种人工合成的并具有积累性生物毒性的物质，如多氯农药、有机氯化物等持久性有机毒物，以及石油类污染物质等。

（5）酸碱及一般无机盐类。

这类污染物主要是使水体 pH 值发生变化，抑制细菌及微生物的生长，降低水体自净能力。同时，增加水中无机盐类和水的硬度，给工业和生活用水带来不利因素，也会引起土壤盐渍化。

酸性物质主要来自于酸雨和工厂酸洗水、硫酸、粘胶纤维、酸法造纸厂等产生的酸性工业废水。碱性物质主要来自造纸、化纤、炼油、皮革等工业废水。酸碱污染不仅可腐蚀船舶和水上构筑物，而且改变水生生物的生活条件，影响水的用途，增加工业用水处理费用等。含盐的水在公共用水及配水管内留下水垢，增加水流的阻力和降低水管的过水能力。硬水将影响纺织工业的染色、啤酒酿造及食品罐头产品的质量。碳酸盐硬度容易产生锅垢，因而降低锅炉效率。酸性和碱性物质会影响水处理过程中絮体的形成，降低水处理效果。长期灌溉 $pH>9$ 的水，会使蔬菜死亡。可见水体中的酸性、碱性以及盐类含量过高会给人类的生产和生活带来危害。但水体中盐类是人体不可缺少的成分，对于维持细胞的渗透压和调节人体的活动起到重要意义，同时，适量的盐类亦会改善水体的口感。

(6) 病原微生物污染物。

病原微生物污染物主要是指病毒、病菌、寄生虫等，主要来源于制革厂、生物制品厂、洗毛厂、屠宰厂、医疗单位及城市生活污水等。危害主要表现为传播疾病：病菌可引起痢疾、伤寒、霍乱等；病毒可引起病毒性肝炎、小儿麻痹等；寄生虫可引起血吸虫病、钩端旋体病等。

(7) 放射性污染物。

放射性污染物是指由于人类活动排放的放射性物质。随着核能、核素在诸多领域中的应用，放射性废物的排放量在不断增加，已对环境和人类构成严重威胁[7,8]。

自然界中本身就存在着微量的放射性物质。天然放射性核素分为两大类：一类由宇宙射线的粒子与大气中的物质相互作用产生，如14C（碳）、3H（氚）等；另一类是地球在形成过程中存在的核素及其衰变产物，如238U（铀）、40K（钾）、87Rb（铷）等。天然放射性物质在自然界中分布很广，存在于矿石、土壤、天然水、大气及动植物所有组织中。目前已经确定并已做出鉴定的天然放射性物质已超过40种。一般认为，天然放射性本底基本上不会影响人体和动物的健康[7,8]。

人为放射性物质主要来源于核试验、核爆炸的沉降物，核工业放射性核素废物的排放，医疗、机械、科研等单位在应用放射性同位素时排放的含放射性物质的粉尘、废水和废弃物，以及意外事故造成的环境污染等。人们对于放射性的危害既熟悉又陌生，它通常是与威力无比的原子弹、氢弹的爆炸联系在一起的，随着全世界和平利用核能呼声的高涨，核武器的禁止使用，核试验已大大减少，人们似乎已经远离放射性危害。然而近年来，随着放射性同位素及射线装置在工农业、医疗、科研等各个领域的广泛应用，放射线危害的可能性却在增大[7,8]。

环境放射性污染物通过牧草、饲草和饮水等途径进入家禽体内，并蓄积于组织器官中。放射性物质能够直接或者间接地破坏机体内某些大分子如脱氧核糖核酸、核糖核酸、蛋白质分子及一些重要的酶结构。结果使这些分子的共价键断裂，也可能将它们打成碎片。放射性物质辐射还能够产生远期的危害效应，包括辐射致癌、白血病、白内障、寿命缩短等方面的损害以及遗传效应等[7,8]。

(8) 热污染。

水体热污染主要来源于工矿企业向江河排放的冷却水，其中以电力工业为主，其次是冶金、化工、石油、造纸、建材和机械等工业。它主要的影响是：使水体中溶解氧减少，提高某些有毒物质的毒性，抑制鱼类的繁殖，破坏水生生态环境进而引起水质恶化。

二、水体自净

污染物随污水排入水体后，经过物理、化学与生物的作用，使污染物的浓度降低，受污染的水体部分地或完全地恢复到受污染前的状态，这种现象称为水体自净[6]。

1. 水体自净作用

水体自净过程非常复杂，按其机理可分为物理净化作用、化学及物理化学净化作用和生物净化作用。水体的自净过程是三种净化过程的综合，其中以生物净化过程为主。水体的地形和水文条件、水中微生物的种类和数量、水温和溶解氧的浓度、污染物的性质和浓度都会影响水体自净过程[6]。

（1）物理净化作用。

水体中的污染物质由于稀释、扩散、挥发、沉淀等物理作用而使水体污染物质浓度降低的过程，其中稀释作用是一项重要的物理净化过程。

（2）化学及物理化学作用。

水体中污染物通过氧化、还原、吸附、酸碱中和等反应而使其浓度降低的过程。

（3）生物净化作用。

由于水生生物的活动，特别是微生物对有机物的代谢作用，使得污染物的浓度降低的过程。

影响水体自净能力的主要因素有污染物的种类和浓度、溶解氧、水温、流速、流量、水生生物等。当排放至水体中的污染物浓度不高时，水体能够通过水体自净功能使水体的水质部分或者完全恢复到到受污染前的状态。但是当排入水体的污染物的量很大时，在没有外界干涉的情况下，有机物的分解会造成水体严重缺氧，形成厌氧条件，在有机物的厌氧分解过程中会产生硫化氢等有毒臭气。水中溶解氧是维持水生生物生存和净化能力的基本条件，往往也是衡量水体自净能力的主要指标。水温影响水中饱和溶解氧浓度和污染物的降解速率。水体的流量、流速等水文水力学条件，直接影响水体的稀释、扩散能力和水体复氧能力。水体中的生物种类和数量与水体自净能力关系密切，同时也反映了水体污染自净的程度和变化趋势。

2. 水环境容量

水环境容量指在不影响水的正常用途的情况下，水体所能容纳污染物的最大负荷量，因此又称为水体负荷量或纳污能力。水环境容量是制定地方性、专业性水域排放标准的依据之一，环境管理部门还利用它确定在固定水域到底允许排入多少污染物。水环境容量由两部分组成，一是稀释容量也称差值容量，二是自净容量也称同化容量。稀释容量是由于水的稀释作用所致，水量起决定作用。自净容量是水的各种自净作用综合的去污容量。对于水环境容量，水体的运动特性和污染物的排放方式起决定作用[9]。

第四节　水　质　模　型

一、水质模型的发展

水质模型（water quality model）是根据物质守恒原理，用数学的语言和方法描述参加水循环的水体中水质组分所发生的物理、化学、生物化学和生态学诸方面的变化、内在规律和相互关系的数学模型。它是水环境污染治理、规划决策分析的重要工具。对现有模型的研究是改良其功效、设计新型模型所必须的，为水环境规划治理提供更科学更有效决策的基础，是设计出更完善更能适应复杂水环境预测评价模型的依据[10,11]。

自 1925 年建立的第一个研究水体 BOD—DO 变化规律的 Streeter—Phelps 水质模型以来，水质模型的研究内容与方法不断改进与完善。在对水体的研究上，从河流、河口到湖泊水库、海湾；在数学模型空间分布特性上，从零维、一维发展到二维、三维；在水质模型的数学特性上，由确定性发展为随机模型；在水质指标上，从比较简单的生物需氧量和溶解氧两个指标发展到复杂多指标模型[10-12]。

其发展历程可以分为以下三个阶段。

第一阶段（20 世纪 20 年代中期～70 年代初期）：是地表水质模型发展的初级阶段，该阶段模型是简单的氧平衡模型，主要集中于对氧平衡的研究，也涉及一些非耗氧物质，属于一维稳态模型。

第二阶段（20 世纪 70 年代初期～80 年代中期）：是地表水质模型的迅速发展阶段。随着对污染物水环境行为的深入研究，传统的氧平衡模型已不能满足实际工作的需要，描述同一个污染物由于在水体中存在状态和化学行为的不同而表现出完全不同的环境行为和生态效应的形态模型出现。由于复杂的物理、化学和生物过程，释放到环境中的污染物在大气、水、土壤和植被等许多环境介质中进行分配，由污染物引起的可能的环境影响与他们在各种环境单元中的浓度水平和停留时间密切相关，为了综合描述它们之间的相互关系，产生了多介质环境综合生态模型，同时由一维稳态模型发展到多维动态模型，水质模型更接近于实际。

第三阶段（20 世纪 80 年代中期至今）：是水质模型研究的深化、完善与广泛应用阶段，科学家的注意力主要集中在改善模型的可靠性和评价能力的研究。该阶段模型的主要特点是考虑水质模型与面源模型的对接，并采用多种新技术方法，如随机数学、模糊数学、人工神经网络、专家系统等。

二、水质模型的分类

自第一个水质数学模型 Streeter—Phelps 模型应用于环境问题的研究以来，已经历了 70 多年。科学家已研究了各种类型的水体并提出了许多类型的水质模型，用于河流、河口、水库以及湖泊的水质预报和管理。根据其用途、性质以及系统工程的观点，大致有以下几种分类[10,13]。

1. 根据水体类型分类

以管理和规划为目的，水质模型可分为三类，即河流的、河口的（包括潮汐的和非潮汐的）和湖泊（水库）的水质模型。河流的水质模型比较成熟，研究得亦比较深，而且能较真实地描述水质行为，所以用得较普遍。

2. 根据水质组分分类

根据水质组分划分，水质模型可以分为单一组分的、耦合的和多重组分的三类。其中 BOD—DO 耦合水质模型是能够比较成功地描述受有机物污染的河流的水质变化。多重组分水质模型比较复杂，它考虑的水质因素比较多，如综合的水生生态模型。

3. 根据系统工程观点分类

从系统工程的观点，可以分为稳态和非稳态水质模型。这两类水质模型的不同之处在于水力学条件和排放条件是否随时间变化。不随时间变化的为稳态水质模型，反之为非稳态水质模型。对于这两类模型，科学研究工作者主要研究河流水质模型的边界条件，即在什么条件下水质处于较好的状态。稳态水质模型可用于模拟水质的物理、化学、生物和水力学的过程，而非稳态模型可用于计算径流、暴雨等过程，即描述水质的瞬时变化。

4. 根据所描述数学方程解分类

根据所描述的数学方程的解，水质模型有准理论模型和随机水质模型。以宏观的角度来看，准理论模型用于研究湖泊、河流以及河口的水质，这些模型考虑了系统内部的物理、化学、生物过程及流体边界的物质和能量的交换。随机模型来描述河流中物质的行为是非常困难的，因为河流水体中各种变量必须根据可能的分布，而不是它们的平均值或期望值来确定。

5. 根据反应动力学性质分类

根据反应动力学性质，水质模型分为纯化学反应模型、迁移和反应动力学模型、生态模型，其中生态模型是一个综合的模型，它不仅包括化学、生物的过程，而且亦包括水质迁移以及各种水质因素的变化过程。

6. 根据模型性质分类

根据模型的性质，可以分为黑箱模型、白箱模型和灰箱模型。黑箱模型由系统的输入直接计算出输出，对污染物在水体中的变化一无所知；白箱模型对系统的过程和变化机制有完全透彻的了解；灰箱模型界于黑箱与白箱之间，目前所建立的水质数学模型基本上都属于灰箱模型。

三、几种主要的地表水水质模型[10-12]

1. Streeter—Phelps 模型及修正形式[12]

（1）Streeter—Phelps 模型。

Streeter—Phelps 模型是最早的水质模型。美国学者 Streeter—Phelps 于 1925 年对耗氧过程动力学研究分析后得出：河流中溶解氧的变化只取决于 BOD 的生物分解消耗和大气的复氧作用，并且 BOD 的降解符合一级反应动力学，BOD 降解的速率与水中溶解氧的消耗速率相等。这就是 Streeter—Phelps 模型，简称 S—P 模型，其基本方程为

$$\frac{\partial L}{\partial t}+u\frac{\partial L}{\partial x}=D\frac{\partial^2 L}{\partial x^2}-k_1 L \tag{3-6}$$

$$\frac{\partial C}{\partial t}+u\frac{\partial C}{\partial x}=D\frac{\partial^2 C}{\partial x^2}-k_1 L+k_2(C_s-C) \tag{3-7}$$

式中：L 为河水中的 BOD 值，mg/L；C 为河水中的溶解氧浓度，mg/L；C_s 为河水中的饱和溶解氧浓度，mg/L；k_1 为河水中 BOD 降解（耗氧）速率常数，1/d；k_2 为河水中复氧速率常数，1/d；u 为河水的流速，km/d；x 为河水的沿程距离，km；D 为弥散系数，m^2/s。

（2）Streeter—Phelps 模型修正形式。

Thomas 修正形式：Streeter—Phelps 模型中假设 BOD 降解的速率与水中溶解氧的消耗速率相等，但是由于沉淀、悬浮等因素，两者的速率并不相等，这种假设存在不足之处。对一维河流，在 Streeter—Phelps 模型基础上增加了一项因其他因素（如沉淀、悬浮、吸附及再悬浮等过程）引起的 BOD 速率变化的系数 k_3。模型如下：

$$\frac{\partial L}{\partial t}+u\frac{\partial L}{\partial x}=D\frac{\partial^2 L}{\partial x^2}-(k_1+k_3)L \tag{3-8}$$

$$\frac{\partial C}{\partial t}+u\frac{\partial C}{\partial x}=D\frac{\partial^2 C}{\partial x^2}-(k_1+k_3)L+k_2(C_s-C) \tag{3-9}$$

Dobbins—Camp 修正形式：当进入河流的 BOD 不仅仅来自于点源，亦可以通过面源和局部径流进入到水体，如因底泥释放和地表径流所引起的 BOD 变化，以 S_L 表示，

S_L/A表示影响BOD变化的其他所有因素；同时考虑了藻类光合作用和呼吸作用引起的溶解氧变化，以（$P-R$）表示光合作用和呼吸作用的影响。模型如下：

$$\frac{\partial L}{\partial t}+u\frac{\partial L}{\partial x}=D\frac{\partial^2 L}{\partial x^2}-(k_1+k_3)L+\frac{S_L}{A} \tag{3-10}$$

$$\frac{\partial C}{\partial t}+u\frac{\partial C}{\partial x}=D\frac{\partial^2 C}{\partial x^2}-k_1L+k_2(C_s-C)+(P-R) \tag{3-11}$$

O'Connor修正形式：假定总的BOD是由含碳BOD和含氮BOD两项组成，即$L=L_C+L_N$，增加了含氮BOD的降解速率常数k_N。根模型修正式如下：

$$\frac{\partial L_C}{\partial t}+u\frac{\partial L_C}{\partial x}=D\frac{\partial^2 L_C}{\partial x^2}-(k_1+k_3)L_C+\frac{S_L}{A} \tag{3-12}$$

$$\frac{\partial L_N}{\partial t}+u\frac{\partial L_N}{\partial x}=D\frac{\partial^2 L_N}{\partial x^2}-k_NL_N \tag{3-13}$$

$$\frac{\partial C}{\partial t}+u\frac{\partial C}{\partial x}=D\frac{\partial^2 C}{\partial x^2}-k_1L_C-k_NL_N+k_2(C_s-C)+(P-R) \tag{3-14}$$

利用Streeter—Phelps模型可以分析受有机物污染的河水中溶解氧的变化动态，推求河流的自净过程及其环境容量，进而确定可排入河流的有机物最大限量；推算确定最大氧亏点位置及其到达时间，并依此制定河流水体的防护措施。因此Streeter—Phelps模型有着广泛的应用，对以后的河流水质模型的研究也有着重大的影响。Streeter—Phelps模型主要集中于对氧平衡的研究，也涉及一些非耗氧物质，属于一维稳态模型，因此在复杂水环境条件下的应用范围受到了限制。

2. QUAL模型

QUAL模型是由美国环保局研究开发的，最早在1970年推出QUAL—I水质综合模型，1973年开发出QUAL—Ⅱ模型，后经多次修订和增强，相继推出了QUAL2E、QUAL2E—UNCAS等版本，直到目前的最新版本QUAL2K。

QUAL模型建立在如下假定的基础之上：①将研究河段分成一系列等长的计算单元水体，在每一个单元水体中污染物是混合均匀的；②污染物沿水流轴向迁移，对流、扩散等作用在纵轴方向，流量和旁侧入流不随时间变化，可认为是一个常数；③各单元水体的水力几何特征，如坡底、断面面积、河床糙率、生化反应速率、污染物沉降和藻类沉淀速率等方面各小段均相同。在以上假定的基础上，导出QUAL模型的基本微分方程：

$$\frac{\partial C}{\partial t}=\frac{\partial\left(A_xE_x\dfrac{\partial C}{\partial x}\right)}{A_x\partial x}-\frac{\partial(A_xUC)}{A_x\partial x}+\frac{S_c}{A_x\Delta x} \tag{3-15}$$

式中：A_x为x位置的河流横截面积，m^2；U为断面平均流速，m/s；E_x为纵向分散系数，m^2/s；Δx为微小河段的间距，km；S_c为源和汇的物质负荷，mg/(L·d)。

QUAL模型可按用户希望的任意组合方式模拟15种水质组分，包括：BOD、DO、温度、藻类—叶绿素a、有机氮、氨氮、亚硝酸盐氮、硝酸盐氮、有机磷、溶解氧、大肠杆菌、任意一种非保守物质和3种保守物质。QUAL模型可研究入流污水负荷（包括数量、质量和位置）对受纳水体水质的影响，也可用它来研究非点源问题。它既可以用作为稳态模型，也可以用作为时变的动态模型。QUAL模型适用于枝状河流，它假设河流中的平流和弥散作用只在主流方向上是主要的，是一个一维的综合河流水质模型，它允许沿河有多个排污口、取水口、支流，也允许入流量有缓慢的变化，它可被用来计算靠增加河流流量来满足预定溶解氧水平时所需要的稀释流量。

3. QUASAR 模型

QUASAR（Quality Simulation Along River System）模型是由英国 Whitehead 建立的贝德福乌斯河水质模型发展起来的，是一维动态水质模型，包括 PC—QUASAR、HERMES 和 QUESTOR。QUASAR 模型用含参数的一维质量守恒微分方程来描述枝状河流动态传输过程。PC—QUASAR 和 QUESTOR（Quality Evaluation Simulation Tool for River System）可随机模拟大的枝状河流体系，这种河流受污水排放口、取水口和水工建筑物等多种因素影响。QUASAR 可同时模拟水质组分：BOD、DO、硝氮、氨氮、pH 值、温度和一种守恒物质的任意组合。QUASAR 模型首先将模拟河道划分为一系列非均匀流河段，再将河段划分为若干等长的完全混合计算单元。河道数据以河流段组织，统一河段内具有相同的水力、水质特性和参数，各河段的水力、水质特性则各不相同。QUASAR 模型忽略了弥散作用对水质的影响，并假定每个计算单元是理想的完全混合反应器，在此假定的基础之上，得到模型的基本方程为：

$$\frac{\partial C}{\partial t}=\frac{Q'(C'-C)}{V}+\Delta V \tag{3-16}$$

式中：C 为组分浓度；C' 为组分流入浓度；Q' 为组分流入量；V 为单元水的体积；ΔV 为组分的内部转化。

QUASAR 模型具有综合性、实用性和计算简便的特点，在河流水环境规划、水质评价、治理等方面具有较为广泛的应用前景，适合于大型河流的溶解氧模拟。

4. WASP 模型

WASP（Water Quality Analysis Simulation Program）是美国环境保护局提出的水质模型系统，可用于对河流、湖泊、河口、水库、海岸的水质进行模拟。WASP 包括两个独立的计算程序：水动力学程序 DYNHYD 和水质程序 WASP。WASP 在其基本程序中反映了对流、弥散、点杂质负荷与扩散杂质负荷以及边界的交换等随时间变化的过程。经简化 WASP 常用如下模型：

$$\frac{\partial}{\partial t}(AC)=\frac{\partial}{\partial x}\left(-U_xAC+E_xA\frac{\partial C}{\partial x}\right)+A(S_L+S_B)+AS_K \tag{3-17}$$

式中：C 为组分浓度，mg/L 或 g/m^3；t 为时间，d；U_x 为纵向速度，m/d；E_x 为纵向弥散系数，m^2/d；S_L 为点源和面源负荷，g/(m^3·d)；S_B 为边界负荷，g/(m^3·d)；S_K 为水质组分的总转化率，g/(m^3·d)。

目前，WASP 水质模型已广泛被用于对水质进行模拟。

5. MIKE 模型

这一模型体系由丹麦水动力研究所（DHI）开发，包括 MIKE11、MIKE21 和 MIKE3。MIKE11 是一维动态模型，能用于模拟河网、河口、滩涂等地区的情况，MIKE21 是二维动态模型，用来模拟在水质预测中垂向变化常被忽略的湖泊、河口、海岸地区。MIKE3 是与 MIKE21 类似，但它能处理三维空间。以一维 MIKE 模型为例：

$$\frac{\partial C}{\partial t}=E_x\frac{\partial^2 C}{\partial x^2}-u\frac{\partial C}{\partial x}-k_1L+k_2(C_s-C)-S_R \tag{3-18}$$

$$\frac{\partial L}{\partial t}=E_x\frac{\partial^2 L}{\partial x^2}-u\frac{\partial L}{\partial x}-(k_1+k_3)L+L_A \tag{3-19}$$

式中：C 为断面溶解氧的浓度，mg/L；E_x 为纵向扩散系数，m^2/d；u 为平均流速，m/d；k_1 为生化耗氧系数，1/d；k_2 为河水复氧系数，1/d；S_R 为由水生生物光合作用、呼吸作用和河床底泥耗氧等引起的溶解氧的变化率，$g/(m^3 \cdot d)$；L_A 为径流或吸附有机物的底泥重新悬浮引起的BOD的变化率，$g/(m^3 \cdot d)$。

6. 基于马尔可夫法的水质模型

马尔可夫法实际上是一种随机过程预测法，其状态和时间参数都是离散的，以用于描述某种复杂系统状态的转移。水质系统由于受物理、化学和生物等因素的影响而成为一种复杂的系统，因此采用马尔可夫法进行模拟预测是比较适合的。这种方法也已经开始应用于环境保护领域，取得了不错的效果。

7. 基于灰色模型法的水质模型

灰色模型法是由我国学者邓聚龙教授在研究系统控制的不确定元中首先提出的，众多学者将灰色系统思想与本学科研究内容结合进一步开拓其应用领域。所谓灰色系统即是指部分信息已知、部分信息未知或未确知的系统，是一种信息并不完全的系统。水环境系统的众多影响因素中既有已知参数，又有许多未知的和不确定的参数，从这一点看可以将水环境系统看作一个灰色系统，同时由于实际监测资料的限制，许多河流水质系统往往信息并不完整，因此将该系统作为灰色系统来研究也是比较合理的。

8. 基于时间序列法的水质模型

所谓时间序列是指按时间顺序排列的一组数据，时间序列分析方法属于统计学范畴，通过研究、分析和处理时间序列，提取出系统的相关信息，从而揭示时间序列本身的结构与规律，认识系统的固有特性，掌握系统与外界的联系，推断出系统在将来的变化和行为。因此，时间序列分析方法已经不仅仅是一种数据处理的方法，它已演变为一种系统分析研究的方法。

9. 基于人工神经网络法的水质模型

人工神经网络（Artificial Neural Networks，简记作ANNs），是对人类大脑系统的一种描述；它是一个并行、分布处理结构，它由处理单元及信号通道互连而成；它也是一个数学模型，可以用电子线路来实现，也可以用计算机程序来模拟。它具有通过学习获取知识解决问题的能力，是人工智能的一种重要研究方法。目前，利用人工神经网络对水质进行模拟已成为环境工作者的重要课题之一。

10. 基于地理信息系统（GIS）的水质模型

地理信息系统（GIS）以具有地理位置的空间数据为研究对象，以空间数据库为核心，采用空间分析和建模的方法，适时提供多种空间的和动态的资源与环境信息。它涉及人工智能、环境工程、规划理论、地学、数学等多种学科和专业。地理信息是有关地理实体的性质、特征和运动状态的表征，它是对表征地理特征与地理现象之间的地理数据的解释。而地理数据包括空间位置、属性特征及时域特征三部分。空间位置数据描述地物所在位置；属性数据是属于一定地物，且描述其特征的定性或定量指标；时域特征是指地理数据采集或地理现象发生的时段/时刻（在水污染控制规划中，如污染源相关指标、断面监测指标、突发事件等发生的时间等）。空间位置、属性及时间是地理空间分析的三个基本要素，GIS 的概念描述一般都包含这三层意思，由于地理信息系统（GIS）技术具有集水区空间特征分析，因此，学者认为它在城市水文中有相当大的作用。因为集水区的时空特征数据库的可获得性能够消除由于采用假设简化而引起的研究质量的减弱，这也从另一方面说明在城市集水区，土地用途的准确的时空解释的重要性。由于地理信息系统（GIS）的空间特性对水质管理者很有帮助，科研工作者在优化选取河网取样点时，首先就用地理信息系统和成形理论以矩阵形式形成河网的数学描述。随着计算机在大规模数据处理方面能力的提高，地理信息系统一定会在水环境科学中取得越来越多的应用，水质模型和地理信息系统的结合仍将是今后的研究重点之一。

四、水质模型的应用

水质模型之所以受到科学工作者的高度重视，除了其应用范围广外，还因为在某些情况下它起着重要作用。例如，新建一个工业区，为了评估它产生的污水对受纳水体所产生的影响，用水质模型来进行评价就至关重要，以下将对水质模型的应用进行简要评述[14]。

1. 污染物水环境行为的模拟和预测

污染物进入水环境后，由于物理、化学和生物作用的综合效应，其行为的变化是十分复杂的，很难直接认识它们。这就需要用水质模型（水环境数学模型）对污染物水环境的行为进行模拟和预测，以便给出全面而清晰的变化规律及发展趋势。用模型的方法进行模拟和预测，既经济又省时，是水环境质量管理科学决策的有效手段。但由于模型本身的局限性，以及对污染物水环境行为认识的不确定性，计算结果与实际测量之间往往有较大的误差，所以模型的模拟和预测只是给出了相对变化值及其趋势。对于这一点，水质管理决策者们应特别注意。

2. 水质管理规划

水质规划是环境工程与系统工程相结合的产物，它的核心部分是水环境数学模型。确定允许排放量等水质规划，常用的是氧平衡类型的数学模型。求解污染物去除率的最佳组合，关键是目标函数的线性化。而流域的水质规划是区域范围的水资源管理，是一个动态过程，必须考虑 3 个方面的问题：首先，水资源利用利益之间的矛盾；其次，水文随机现象使天然系统动态行为（生活、工业、灌溉、废水处置、自然保护）预测的复杂化；最后，技术、社会和经济的约束。为了解决这些问题，可将一般水环境数学模型与最优化模型相结合，形成所谓的水质管理模型。水质管理模型已有很成功的应用。

3. 水质评价

水质评价是水质规划的基本程序。根据不同的目标水质模型可用来对河流、湖泊（水库）、河口、海洋和地下水等水环境的质量进行评价。现在的水质评价不仅给出水体对各种不同使用功能的质量，而且还会给出水环境对污染物的同化能力以及污染物在水环境浓度和总量的时空分布。水污染评价已由传统的点源污染转向非点源污染，这就需要用农业非点源污染评价模型来评价水环境中营养物质和沉积物以及其他污染物。如利用贝叶斯概念（Bayesian Concepts）和组合神经网络来预测集水流域的径流量。研究的对象也由过去的污染物扩展到现在的有害物质在水环境的积累、迁移和归宿。

4. 污染物对水环境及人体的暴露分析

由于许多复杂的物理、化学和生物作用以及迁移过程，在多介质环境中运动的污染物会对人体或其他受体产生潜在的毒性暴露，因此出现了用水质模型进行污染物对水环境即人体的暴露分析（Exposure Analysis）。目前已有许多学者对此展开了研究，但许多研究都是在实验室条件下的模拟，研究对象也比较单一，并且范围也不广泛，如何才能够建立经济有效的针对多种生物体的综合的暴露分析模型，还有待于环境科学工作者们去探索。

5. 水质监测网络的设计

水质监测数据是进行水环境研究和科学管理的基础，对于一条河流或一个水系，准确的监测网站设置的原则应当是：在最低限量监测断面和采样点的前提下获得最大限量的具有代表性的水环境质量信息，既经济又合理、省时。对于河流或水系的取样点的最新研究，采用了地理信息系统和模拟的退火算法等来优化选择河流采样点。

第五节　水环境标准

一、水质指标

各种天然水体是工业、农业和生活用水的水源。作为一种资源来说，水质、水量和水能是度量水资源可利用价值的三个重要指标，其中与水环境污染密切相关的则是水质指标。在水的社会循环中，天然水体作为人类生产、生活用水的水源，需要经过一系列的净化处理，满足人类生产、生活用水的相应的水质标准；当水体作为人类社会产生的污水的受纳水体时，为降低对天然水体的污染，排放的污水都需要进行相应的处理，使水质指标达到排放标准。

水质指标是指水中除去水分子外所含杂质的种类和数量，它是描述水质状况的一系列指标，可分为物理指标、化学指标、生物指标和放射性指标。有些指标用某一物质的浓度来表示，如溶解氧、铁等；而有些指标则是根据某一类物质的共同特性来间接反映其含量，称为综合指标，如化学需氧量、总需氧量、硬度等[1,4,15]。

1. 物理指标

（1）水温。

水的物理化学性质与水温密切相关。水中的溶解性气体（如氧、二氧化碳等）的溶解度、水中生物和微生物的活动、非离子态氨、盐度、pH 值以及碳酸钙饱和度等都受水温变化的影响。

温度为现场监测项目之一，常用的测量仪器有水温计和颠倒温度计，前者用于地表水、污水等浅层水温的测量，后者用于湖泊、水库、海洋等深层水温的测量。此外，还有热敏电阻温度计等。

（2）臭。

臭是一种感官性指标，是检验原水和处理水质的必测指标之一，可借以判断某些杂质或者有害成分是否存在。水体产生臭的一些有机物和无机物，主要是由于生活污水和工业废水的污染物和天然物质的分解或细菌活动的结果。某些物质的浓度只要达到零点几微克

/升时即可察觉。然而，很难鉴定臭物质的组成。

臭一般是依靠检查人员的嗅觉进行检测，目前尚无标准单位。可以采用文字描述法和臭阈值法对臭的测定结果进行描述和分类。文字描述法的臭强度等级见表3-4。臭阈值是指用无臭水将水样稀释至可闻出最低可辨别臭气的浓度时的稀释倍数，如水样最低取25mL稀释至200mL时，可闻到臭气，其臭阈值为8。臭阈值与稀释倍数的关系见表3-5。

表3-4　臭强度等级[16]

等级	强度	说明
0	无	无任何气味
1	微弱	一般饮用者难于察觉，嗅觉敏感者可以察觉
2	弱	一般饮用者刚能察觉
3	明显	已能明显察觉，不加处理，不能饮用
4	强	很明显的臭味
5	很强	有强烈的恶臭

表3-5　水样不同臭强度的稀释情况[16]

在粗测中可定刚刚闻出臭气的最低水样毫升数							
200		50		12		2.8	
稀释至200mL试样系列，原水样体积（mL）和臭阈值							
水样（mL）	臭阈值	水样（mL）	臭阈值	水样（mL）	臭阈值	水样（mL）	臭阈值
200	1	50	4	12	17	2.8	7
140	1.4	35	6	8.3	24	2.0	100
100	2	25	8	5.7	35	1.4	140
70	3	17	12	4.0	50	1.0	200

(3) 色度。

色度是反映水体外观的指标。纯水为无色透明，天然水中存在腐殖酸、泥土、浮游植物、铁和锰等金属离子能够使水体呈现一定的颜色。纺织、印染、造纸、食品、有机合成等工业废水中，常含有大量的染料、生物色素和有色悬浮微粒等，通常是环境水体颜色的主要来源。有色废水排入环境水体后，使天然水体着色，降低水体的透光性，影响水生生物的生长。

水的颜色定义为改变透射可见光光谱组成的光学性质。水中呈色的物质可处于悬浮态、胶体和溶解态，水体的颜色可以真色和表色来描述。真色是指水体中悬浮物质完全移去后水体所呈现的颜色。水质分析中所表示的颜色是指水的真色，即水的色度是对水的真色进行测定的一项水质指标。表色是指没有去除悬浮物质时水体所呈现的颜色，包括悬浮态、胶体和溶解态物质所产生的颜色，只能用文字定性描述，如工业废水或受污染的地表水呈现黄色、灰色等，并以稀释倍数法测定颜色的强度。

我国生活饮用水的水质标准规定色度小于15度，工业用水对水的色度要求更严格，如染色用水色度小于5度，纺织用水色度小于10～12度等。水的颜色的测定方法有铂钴标准比色法、稀释倍数法、分光光度法。水的颜色受pH值的影响，因此测定时需要注明水样的pH值[15,17]。

(4) 浊度。

浊度是表现水中悬浮性物质和胶体对光线透过时所发生的阻碍程度，是天然水和饮用水的一个重要水质指标。浊度是由于水中含有泥土、粉砂、有机物、无机物、浮游生物和其他微生物等悬浮物和胶体物质所造成的。我国饮用水标准规定浊度不超过1度，特殊情况不超过3度。测定浊度的方法有分光光度法、目视比浊法、浊度计法。

(5) 残渣。

残渣分为总残渣（总固体）、可滤残渣（溶解性总固体）和不可滤残渣（悬浮物）3种。它们是表征水中溶解性物质、不溶性物质含量的指标[16]。

残渣在许多方面对水和排出水的水质有不利影响。残渣高的水不适于饮用，高矿化度的水对许多工业用水也不适用。我国饮用水中规定总可滤残渣不得大于1000mg/L。含有大量不可滤残渣的水，外观上也不能满足洗浴等使用。残渣采用重量法测定，适用于饮用水、地面水、盐水、生活污水和工业废水的测定。

总残渣是将混合均匀的水样，在称至恒重的蒸发皿中置于水浴上，蒸干并于103～105℃烘干至恒重的残留物质，它是可滤残渣和不可滤残渣的总和。可滤残渣（可溶性固体）指过滤后的滤液于蒸发皿中蒸发，并在103～105℃或180±2℃烘干至恒重的固体，包括103～105℃烘干的可滤残渣和180℃烘干的可滤残渣两种。不可滤残渣又称悬浮物，不可滤残渣含量一般可表示废水污染的程度。将充分混合均匀的水样过滤后，截留在标准玻璃纤维滤膜（0.45μm）上的物质，在103～105℃烘干至恒重。如果悬浮物堵塞滤膜并难于过滤，不可滤残渣可由总残渣与可滤残渣之差计算。

(6) 电导率。

电导率是表示水溶液传导电流的能力。因为电导率与溶液中离子含量大致呈比例地变化，电导率的测定可以间接地推测离解物质总浓度。电导率用电导率仪测定，通常用于检验蒸馏水、去离子水或高纯水的纯度、监测水质受污染情况以及用于锅炉水和纯水制备中的自动控制等。

2. 化学指标

(1) pH值。

pH值是水体中氢离子活度的负对数，$pH=-\lg a_{H^+}$。pH值是最常用的水质指标之一。由于pH值受水温影响而变化，测定时应在规定的温度下进行，或者校正温度。通常采用玻璃电极法和比色法测定pH值。天然水的pH值多在6～9范围内，这也是我国污水排放标准中的pH值控制范围。饮用水的pH值规定在6.5～8.5范围内，锅炉用水的pH值要求大于7。

(2) 酸度和碱度。

酸度和碱度是水质综合性特征指标之一，水中酸度和碱度的测定在评价水环境中污染物质的迁移转化规律和研究水体的缓冲容量等方面有重要的意义。

水体的酸度是水中给出质子物质的总量，水的碱度是水中接受质子物质的总量。只有当水样中的化学成分已知时，它才被解释为具体的物质。酸度和碱度均采用酸碱指示剂滴定法或电位滴定法测定。

地表水中由于溶入二氧化碳或由于机械、选矿、电镀、农药、印染、化工等行业排放的含酸废水的进入，致使水体的 pH 值降低。由于酸的腐蚀性，破坏了鱼类及其他水生生物和农作物的正常生存条件，造成鱼类及农作物等死亡。含酸废水可腐蚀管道，破坏建筑物。因此，酸度是衡量水体变化的一项重要指标。

水体碱度的来源较多，地表水的碱度主要由碳酸盐和重碳酸盐以及氢氧化物组成，所以总碱度被当作这些成分浓度的总和。当水中含有硼酸盐、磷酸盐或硅酸盐等时，则总碱度的测定值也包含它们所起的作用。废水及其他复杂体系的水体中，还含有有机碱类、金属水解性盐等，均为碱度组成部分。在这些情况下，碱度就成为一种水体的综合性指标，代表能被强酸滴定物质的总和。

(3) 硬度。

总硬度指水体中 Ca^{2+}、Mg^{2+} 离子的总量。水的硬度分为碳酸盐硬度和非碳酸盐硬度两类，总硬度即为二者之和。碳酸盐硬度也称暂时硬度。钙、镁以碳酸盐和重碳酸盐的形式存在，一般通过加热煮沸生成沉淀而除去。非碳酸盐硬度也称永久硬度。钙、镁以硫酸盐、氯化物或硝酸盐的形式存在时，该硬度不能用加热的方法除去，只能采用蒸馏、离子交换等方法处理，才能使其软化。

水中硬度的测定是一项重要的水质分析指标，与日常生活和工业生产的关系十分密切。如长期饮用硬度过大的水会影响人们的身体健康，甚至引发各种疾病；含有硬度的水洗衣服会造成肥皂浪费，锅炉若长期使用高硬度的水，会形成水垢，既浪费燃料还可能引起锅炉爆炸等。因此对各种用途的水的硬度做了规定，如饮用水的硬度规定不大于 450mg/L（以 $CaCO_3$ 计）。

硬度的单位除以 mg/L（以 $CaCO_3$ 计）表示以外，还常用 mmol/L、德国度、法国度表示。它们之间的关系是：

1mmol/L 硬度＝100.1mg $CaCO_3$/L＝5.61 德国度＝10 法国度

1 德国度＝10mg CaO/L

1 法国度＝10mg $CaCO_3$/L

我国和世界其他许多国家习惯采用的是德国度，简称度。

(4) 总含盐量。

总含量盐又称矿化度，表示水中全部阴阳离子总量，是农田灌溉用水适用性评价的主要指标之一。一般只用于天然水的测定，常用的测定方法为重量法。

(5) 有机污染物综合指标。

因为水中的有机物质种类繁多、组成复杂、分子量范围大、环境中的含量较低，所以分别测定比较困难。常用综合指标来间接测定水中的有机物总量。有机污染物综合指标主要有高锰酸盐指数、化学需氧量（COD）、生物化学需氧量（BOD）、总有机碳（TOC）、总需氧量（TOD）和氯仿萃取物等。这些综合指标可作为水中有机物总量的水质指标，在水质分析中有着重要意义。

3. 生物指标

水中微生物学指标主要有细菌总数、总大肠菌群、游离性余氯等。

(1) 细菌总数。

细菌总数是指 1mL 水样在营养琼脂培养基中，37℃培养 24h 后生长出来的细菌菌落总数。主要作为判断生活饮用水、水源水、地表水等的污染程度。我国规定生活饮用水中细菌总数≤100 CFU/mL。

(2) 总大肠菌群。

大肠菌群是指那些能在 37℃、48h 内发酵乳糖产酸产气的、兼性厌氧、无芽孢的革兰氏阴性菌。总大肠菌群的测定方法有多管发酵法和滤膜法。水中存在病原菌的可能性很小，其他各种细菌的种类却很多，要排除一切细菌而单独直接检出某种病原菌来，在培养技术上较为复杂，需要较多的人力和较长的时间。大肠菌群作为肠道正常菌的代表其在水中的存活时间和对氯的抵抗力与肠道致病菌相似，将其作为间接指标判断水体受粪便污染的程度。我国饮用水中规定大肠菌群不得检出。

(3) 游离性余氯。

游离性余氯是指饮用水氯消毒后剩余的游离性有效氯。饮用水消毒后为保证对水有持续消毒的效果，我国规定出厂水中的限值为 4mg/L，集中式给水厂出水游离性余氯不得低于 0.3mg/L，管网末梢水不低于 0.05mg/L。

4. 放射性指标

水中放射性物质主要来源于天然放射性核素和人工放射性核素。放射性物质在核衰变过程中会放射出 α、β 和 γ 射线，而这些放射线对人体都是有害的。放射性物质除引起体外照射外，还可以通过呼吸道吸入、消化道摄入、皮肤或黏膜侵入等不同途径进入人体并在体内蓄积，导致放射性损伤、病变甚至死亡。我国饮用水规定总 α 放射性强度不得大于 0.5Bq/L，总 β 放射性强度不得大于 1Bq/L。

二、水质标准

水质标准是由国家或地方政府对水中污染物或其他物质的最大容许浓度或最小容许浓度所作的规定，是对各种水质指标作出的定量规范。水质标准实际上是水的物理、化学和生物学的质量标准，为保障人类健康的最基本卫生分为水环境质量标准、污水排放标准、饮用水水质标准、工业用水水质标准。

1. 水环境质量标准

目前，我国颁布并正在执行的水环境质量标准有《地表水环境质量标准》(GB 3838—2002)、《海水水质标准》(GB 3097—1997)、《地下水质量标准》(GB/T 14848—93) 等。

《地表水环境质量标准》(GB 3838—2002) 将标准项目分为地表水环境质量标准项目、集中式生活饮用水地表水源地补充项目和集中式生活饮用水地表水源地特定项目。地表水环境质量标准基本项目适用于全国江河、湖泊、运河、渠道、水库等具有使用功能的地表水水域；集中式生活饮用水地表水源地补充项目和特定项目适用于集中式生活饮用水地表水源地一级保护区和二级保护区。《地表水环境质量标准》(GB 3838—2002) 依据地表水水域环境功能和保护目标，按功能高低依次划分为 5 类。

Ⅰ类：主要适用于源头水、国家自然保护区。

Ⅱ类：主要适用于集中式生活饮用水地表水源地一级保护区、珍稀水生生物栖息地、鱼虾类产场、仔稚幼鱼的索饵场等。

Ⅲ类：主要适用于集中式生活饮用水地表水源地二级保护区、鱼虾类越冬场、洄游通道、水产养殖区等渔业水域及游泳区。

Ⅳ类：主要适用于一般工业用水区及人体非直接接触的娱乐用水区。

Ⅴ类：主要适用于农业用水区及一般景观要求水域。

对应地表水上述5类水域功能，将地表水环境质量标准基本项目标准值分为5类，不同功能类别分别执行相应类别的标准值。水域功能类别高的标准值严于水域功能类别低的标准值。同一水域兼有多类使用功能的，执行最高功能类别对应的标准值。地表水质量分类指标见附录1。

《海水水质标准》（GB 3097—1997）规定了海域各类使用功能的水质要求。该标准按照海域的不同使用功能和保护目标，海水水质分为四类。

Ⅰ类：适用于海洋渔业水域，海上自然保护区和珍稀濒危海洋生物保护区。

Ⅱ类：适用于水产养殖区、海水浴场、人体直接接触海水的海上运动或娱乐区，以及与人类食用直接有关的工业用水区。

Ⅲ类：适用于一般工业用水、海滨风景旅游区。

Ⅳ类：适用于海洋港口水域、海洋开发作业区。

各类海水水质标准见附录2。

《地下水质量标准》（GB/T 14848—93）适用于一般地下水，不适用于地下热水、矿水、盐卤水。根据我国地下水水质现状、人体健康基准值及地下水质量保护目标，并参照了生活饮用水、工业用水水质要求，将地下水质量划分为五类。

Ⅰ类：主要反映地下水化学组分的天然低背景含量，适用于各种用途。

Ⅱ类：主要反映地下水化学组分的天然背景含量，适用于各种用途。

Ⅲ类：以人体健康基准值为依据，主要适用于集中式生活饮用水水源及工农业用水。

Ⅳ类：以农业和工业用水要求为依据，除适用于农业和部分工业用水外，适当处理后可作生活饮用水。

Ⅴ类：不宜饮用，其他用水可根据使用目的选用。

地下水质量分类指标见附录3。

2. 污水排放标准

为了控制水体污染，保护江河、湖泊、运河、渠道、水库和海洋等地面水以及地下水水质的良好状态，保障人体健康，维护生态环境平衡，国家颁布了《污水综合排放标准》（GB 8978—1996）和《城镇污水处理厂污染物排放标准》（GB 18918—2002）等。

《污水综合排放标准》（GB 8978—1996）根据受纳水体的不同划分为三级标准。排入GB 3838中Ⅲ类水域（划定的保护区和游泳区除外）和排入GB 3097中的Ⅱ类海域执行一类标准；排入GB 3838中Ⅳ、Ⅴ类水域和排入GB 3097中的Ⅲ类海域执行二级标准；排入设置二级污水处理厂的城镇排水系统的污水执行三级标准。排入未设置二级污水处理厂的城镇排水系统的污水，必须根据排水系统出水受纳水域的功能要求，执行上述相应的规定。GB 3838 中Ⅰ、Ⅱ类水域和Ⅲ类水域中划定的保护区，GB 3097 中Ⅰ类海域，禁止新建排污口，现有排污口应按水体功能要求，实行污染物总量控制，以保证受纳水体水质符合规定用途的水质标准。同时该标准将污染物按照其性质及控制方式分为两类，第一类污染物不分行业和污水排放方式，也不分受纳水体的功能类别，一律在车间或车间处理设施排放口采样，最高允许浓度必须达到该标准要求；第二类污染物在排污单位排放口采样，其最高允许排放浓度必须达到本标准要求。《污水综合排放标准》（GB 8978—1996）见附录 4。

《城镇污水处理厂污染物排放标准》（GB 18918—2002）规定了城镇污水处理厂出水、废气排放和污泥处置（控制）的污染物限值，适用于城镇污水处理厂出水、废气排放和污泥处置（控制）的管理。该标准根据污染物的来源及性质，将污染物控制项目分为基本控制项目和选择控制项目两类。根据城镇污水处理厂排入地表水域环境功能和保护目标，以及污水处理厂的处理工艺，将基本控制项目的常规污染物标准值分为一级标准、二级标准、三级标准。一级标准分为 A 标准和 B 标准。一类重金属污染物和选择控制项目不分级。城镇污水处理厂的污染物排放标准见附录 5。

3. 生活饮用水水质标准

《生活饮用水卫生标准》（GB 5749—2006）规定了生活饮用水水质卫生要求、生活饮用水水源水质卫生要求、集中式供水单位卫生要求、二次供水卫生要求、涉及生活饮用水卫生安全产品卫生要求、水质监测和水质检验方法。

该标准主要从以下几方面考虑保证饮用水的水质安全：生活饮用水中不得含有病原微生物；饮用水中化学物质不得危害人体健康；饮用水中放射性物质不得危害人体健康；饮用水的感官性状良好；饮用水应经消毒处理；水质应该符合生活饮用水水质常规指标及非常规指标的卫生要求（附录 6）。该标准项目共计 106 项，其中感官性状指标和一般化学指标 20 项，饮用水消毒剂 4 项，毒理学指标 74 项，微生物指标 6 项，放射性指标 2 项。

4. 农业用水与渔业用水

农业用水主要是灌溉用水，要求在农田灌溉后，水中各种盐类被植物吸收后，不会因食用中毒或引起其他影响，并且其含盐量不得过多，否则会导致土壤盐碱化。渔业用水除保证鱼类的正常生存、繁殖以外，还要防止有毒有害物质通过食物链在水体内积累、转化而导致食用者中毒。相应地，国家制定颁布了《农田灌溉水质标准》（GB 5084—2005）和《渔业水质标准》（GB 11607—1989）。

《农田灌溉水质标准》（GB 5084—2005）适用于以地表水、地下水和处理后的养殖业废水以及农产品为原料加工的工业废水作为水源的农田灌溉用水，水质要求见附录 7。

《渔业水质标准》（GB 11607—1989）适用于鱼虾类的产卵场、索饵场、越冬场、洄游通道和水产增养殖区等海、淡水的渔业水域，各项水质指标的限值见附录 8。

第六节　水质监测与评价

水质是指水与其中所含杂质共同表现出来的物理、化学和生物学的综合特性。水质是水环境要素之一，其物理指标主要包括：温度、色度、浊度、透明度、悬浮物、电导率、嗅和味等；化学指标主要包括 pH 值、溶解氧、溶解性固体、灼烧残渣、化学耗氧量、生化需氧量、游离氯、酸度、碱度、硬度、钾、钠、钙、镁、二价和三价铁、锰、铝、氯化物、硫酸根、磷酸根、氟、碘、氨、硝酸根、亚硝酸根、游离二氧化碳、碳酸根、重碳酸根、侵蚀性二氧化碳、二氧化硅、表面活性物质、硫化氢、重金属离子（如铜、铅、锌、镉、汞、铬）等；生物指标主要指浮游生物、底栖生物和微生物（如大肠杆菌和细菌）等。根据水的用途及科学管理的要求，可将水质指标进行分类。例如，饮用水的水质指标可分为微生物指标、毒理指标、感观性状和一般化学指标、放射性指标；为了进行水污染防治，可将水质指标分为易降解有机污染物、难降解有机污染物、悬浮固体及漂浮固体物、可溶性盐类、重金属污染物、病原微生物、热污染、放射性污染等指标。分析研究各类水质指标在水体中的数量、比例、相互作用、迁移、转化、地理分布、历年变化以及同社会经济、生态平衡等的关系，是开发、利用和保护水资源的基础[18]。

为了保护各类水体免受污染危害或治理已受污染的水体环境，首先必须了解需要研究的水体的各项物理、化学及生物特性，污染现状和污染来源。水体污染调查与监测就是采用一定的途径和方法，调查和量测水体中污染物的浓度和总量，研究其分布规律、研究对水体的污染过程及其变化规律。对各种来水（包括支流和排入水体的各类废水）进行监测，并调查各种污染物质的来源。及时、准确地掌握水体环境质量的现状和发展趋势，为开展水体环境的质量评价、预测预报、管理与规划等工作提供可靠的科学资料。这是我们进行水体污染调查与监测的基本目的。显然，这对于保障人民健康和促进我国现代化建设的发展具有重要意义[18]。

一、水质监测

水质监测是为了掌握水体质量动态，对水质参数进行的测定和分析。作为水源保护的一项重要内容是对各种水体的水质情况进行监测，定期采样分析有毒物质含量和动态，包括水温、pH 值、COD、溶解氧、氨氮、酚、砷、汞、铬、总硬度、氟化物、氯化物、细菌、大肠菌群等。依监测目的可分为常规监测和专门监测两类[18-20]。

常规监测是为了判别、评价水体环境质量，掌握水体质量变化规律，预测发展趋势和积累本底值资料等，需对水体水质进行定点、定时的监测。常规监测是水质监测的主体，具有长期性和连续性。专门监测：为某一特定研究服务的监测。通常，监测项目与影响水质因素同时观察，需要周密设计，合理安排，多学科协作。

水质监测的主要内容有水环境监测站网的布设、水样的采集与保存、确定监测项目、选用分析方法及水质分析、数据处理与资料整理等[18-20]。

（一）水环境监测站网的布设

建立水环境监测站网应具有代表性、完整性。站点密度要适宜，以能全面控制水系水质基本状况为原则，并应与投入的人力、财力相适应。

1. 水质监测站及分类

水质监测站是进行水环境监测采样和现场测定以及定期收集和提供水质、水量等水环境资料的基本单元，可由一个或者多个采样断面或采样点组成[19]。

水质监测站根据设置的目的和作用分为基本站和专用站。基本站是为水资源开发利用与保护提供水质、水量基本资料，并与水文站、雨量站、地下水水位观测井等统一规划设置的站。基本站长期掌握水系水质的历年变化，搜集和积累水质基本资料而设立的，其测定项目和次数均较多。专用站是为某种专门用途而设置的，其监测项目和次数根据站的用途和要求而确定[18,19]。

水质监测站根据运行方式可分为：固定监测站、流动监测站和自动监测站。固定监测站是利用桥、船、缆道或其他工具，在固定的位置上采样。流动监测站是利用装载检测仪器的车、船或飞行工具，进行移动式监测，搜集固定监测站以外的有关资料，以弥补固定监测站的不足。自动监测站主要设置在重要供水水源地或重要打破常规地点，依据管理标准，进行连续自动监测，以控制供水、用水或排污的水质[18]。

水质监测站根据水体类型可分为地表水水质监测站、地下水水质监测站和大气降水水质监测站。地表水水质监测站是以地表水为监测对象的水质监测站。地表水水质监测站可分为河流水质监测站和湖泊（水库）水质监测站。地下水水质监测站是以地下水为监测对象的水质监测站。大气降水水质监测站是以大气降水为监测对象的水质监测站[19]。

2. 水质监测站的布设

水质监测站的布设关系着水质监测工作的成败。水质在空间上和时间上的分布是不均匀的，具有时空性。水质监测站的布设是在区域的不同位置布设各种监测站，控制水质在区域的变化。在一定范围内布设的测站数量越多，则越能反映水体的质量状况，但需要较高的经济代价；测站数量越少，则经济上越节约，但不能正确地反映水体的质量状况。所以，布设的测站数量既要能正确地反映水体的质量状况，又要满足经济性[19]。

在设置水质监测站前，应调查并收集本地区有关基本资料，如水质、水量、地质、地理、工业、城市规划布局，主要污染源与入河排污口以及水利工程和水产等资料，用作设置具有代表性水质监测站的依据。

(1) 地表水水质监测站的布设。

1) 河流水质监测站的布设。背景水质站应该布设于河流的上游河段，受人类活动的影响较小。干支流的水质站一般设在下列水域、区域：干流控制河段，包括主要一、二级支流汇入处、重要水源地和主要退水区；大中城市河段或主要城市河段和工矿企业集中区；已建或即将兴建大型水利设施河段、大型灌区或引水工程渠首处；入海河口水域；不同水文地质或植被区、土壤盐碱化区、地方病发病区、地球化学异常区、总矿化度或总硬度变化率超过50%的地区。

2) 湖泊（水库）水质监测站的布设。湖泊（水库）水质监测站应设在下列水域：面积大于100km^{2}的湖泊；梯级水库和库容大于1亿m^{3}的水库；具有重要供水、水产养殖、旅游等功能或污染严重的湖泊（水库）；重要国际河流、湖泊，流入、流出行政区界的主要河流、湖泊（水库），以及水环境敏感水域，应布设界河（湖、库）水质站。

(2) 地下水水质监到站的布设。

地下水水质监测站的布设应根据本地区水文地质条件及污染源分布状况，与地下水水位观测井结合起来进行设置。

地下水类型不同的区域、地下水开采强度不同的区域应分别设置水质监测站。

(3) 降水水质监测站的布设。

应根据水文气象、风向、地形、地貌及城市大气污染源分布状况等，与现有雨量观测站相结合设置。下列区域应设置降水水质监测站：不同水文气象条件、不同地形与地貌区；大型城市区与工业集中区；大型水库、湖泊区。

3. 水环境监测站网

水环境监测站网是按一定的目的与要求，由适量的各类水质监测站组成的水环境监测网络。水环境监测站网可分为地表水、地下水和大气降水三种基本类型。根据监测目的或服务对象的不同，各类水质监测站可组成不同类型的专业监测网或专用监测网。我国水质监测站网见图3-2。

水环境监测站网规划应遵循以下原则：以流域为单元进行统一规划，与水文站网、地下水水位观测井网、雨量观测站网相结合；各行政区站网规划应与流域站网规划相结合。站网应不断进行优化调整，力求做到多用途、多功能，具有较强的代表性。目前，我国地表水的监测主要由水利和环保部门承担[19]。

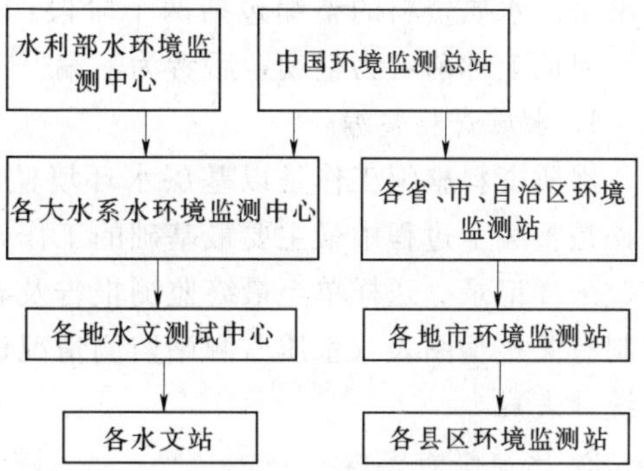

图3-2 水质监测站网图[19]

（二）水样的采集与保存

水样的代表性关系着水质监测结果的正确性。采样位置、时间、频率、方法及保存等都影响着水质监测的结果。我国水利部门规定：基本测站至少每月采样一次；湖泊（水库）一般每两个月采样一次；污染严重的水体，每年应采样8～12次；底泥和水生生物，每年在枯水期采样一次[18,19]。

水样采集后，由于环境的改变、微生物及化学作用，水样水质会受到不同程度的影响，所以，应尽快进行分析测定，以免在存放过程中引起较大的水质变化。有的监测项目要在采样现场采用相应方法立即测定，如水温、pH值、溶解氧、电导率、透明度、色、嗅及感官性状等。有的监测项目不能很快测定，需要保存一段时间。水样保存的期限取决于水样的性质、测定要求和保存条件。未采取任何保存措施的水样，允许存放的时间分别为：清洁水样72h；轻度污染的水样48h；严重污染的水样12h。为了最大限度地减少水样水质的变化，须采取正确有效的保存措施[18,19]。

（三）监测项目和分析方法

水质监测项目包括反映水质状况的各项物理指标、化学指标、微生物指标等。选测项目过多可造成人力、物力的浪费，过少则不能正确反映水体水质状况。所以，必须合理地确定监测项目，使之能正确地反映水质状况。确定监测项目时要根据被测水体和监测目的综合考虑。通常按以下原则确定监测项目[19]：

（1）国家与行业水环境与水资源质量标准或评价标准中已列入的监测项目。

（2）国家及行业正式颁布的标准分析方法中列入的监测项目。

（3）反映本地区水体中主要污染物的监测项目。

（4）专用站应依据监测目的选择监测项目。

水质分析的基本方法有化学分析法（滴定分析、重量分析等）、仪器分析法（光学分析法、色谱分析法、电化学分析法等），分析方法的选用应根据样品类型、污染物含量以及方法适用范围等确定。分析方法的选择应符合以下原则：

（1）国家或行业标准分析方法。

（2）等效或者参照适用ISO分析方法或其他国际公认的分析方法。

（3）经过验证的新方法，其精密度、灵敏度和准确度不得低于常规方法。

（四）数据处理与资料整理

水质监测所测得的化学、物理以及生物学的监测数据，是描述和评价水环境质量，进行环境管理的基本依据，必须进行科学的计算和处理，并按照要求的形式在监测报告中表达出来。水质资料的整编包括两个阶段：一是资料的初步整编；二是水质资料的复审汇编。习惯上称前者为整编，后者为汇编[19]。

1. 水质资料整编

水质资料整编工作是以基层水环境监测中心为单位进行的，是对水质资料的初步整理，是整编全过程中最主要最基础的工作，它的工作内容有搜集原始资料（包括监测任务书、采样记录、送样单至最终监测报告及有关说明等一切原始记录资料）、审核原始资料、编制有关整编图表（水质监测站监测情况说明表及位置图、监测成果表、监测成果特征值年统计表）。

2. 水质资料汇编

水质资料汇编工作一般以流域为单位进行，是流域水环境监测中心对所辖区内基层水环境监测中心已整编的水质资料的进一步复查审核。它的工作内容有抽样、资料合理性检查及审核、编制汇编图表。汇编成果一般包括的内容有资料索引表、编制说明、水质监测站及监测断面一览表、水质监测站及监测断面分布图、水质监测站监测情况说明表及位置图、监测成果表、监测成果特征值年统计表。

经过整编和汇编的水质资料可以用纸质、磁盘和光盘保存起来，如水质监测年鉴、水环境监测报告、水质监测数据库、水质监测档案库等，为工农业生产利环境保护工作服务。

二、水质评价

水质评价是水环境质量评价的简称，是根据水的不同用途，选定评价参数，按照一定的质量标准和评价方法，对水体质量定性或定量评定的过程。目的在于准确地反映水质的情况，指出发展趋势，为水资源的规划、管理、开发、利用和污染防治提供依据[19]。

水质评价是环境质量评价的重要组成部分，其内容很广泛，工作目的和研究角度的不同，分类的方法不同。

1. 水质评价分类

水质评价分类：水质评价按时间分，有回顾评价、预断评价；按水体用途分，有生活饮用水质评价、渔业水质评价、工业水质评价、农田灌溉水质评价、风景和游览水质评价；按水体类别分，有江河水质评价、湖泊（水库）水质评价、海洋水质评价、地下水水质评价；按评价参数分，有单要素评价和综合评价[18]。

2. 水质评价步骤

水质评价步骤一般包括：提出问题、污染源调查及评价、收集资料与水质监测、参数选择和取值、选择评价标准、确定评价内容和方法、编制评价图表和报告书等[18]。

(1) 提出问题。

这包括明确评价对象、评价目的、评价范围和评价精度等。

(2) 污染源调查及评价。

查明污染物排放地点、形式、数量、种类和排放规律，并在此基础上，结合污染物毒性，确定影响水体质量的主要污染物和主要污染源，作出相应的评价。

(3) 收集资料与水质监测。

水质评价要收集和监测足以代表研究水域水体质量的各种数据。将数据整理验证后，用适当方法进行统计计算，以获得各种必要的参数统计特征值。监测数据的准确性和精确度以及统计方法的合理性，是决定评价结果可靠程度的重要因素。

(4) 参数选择和取值。

水体污染的物质很多，一般可根据评价的目的和要求，选择对生物、人类及社会经济危害大的污染物作为主要评价参数。常选用的参数有水温、pH 值、化学耗氧量、生化需氧量、悬浮物、氨、氮、酚、氰、汞、砷、铬、铜、镉、铅、氟化物、硫化物、有机氯、有机磷、油类、大肠杆菌等。参数一般取算术平均值或几何平均值。水质参数受水文条件和污染源条件影响，具有随机性，故从统计学角度看，参数按概率取值较为合理。

(5) 选择评价标准。

水质评价标准是进行水质评价的主要依据。根据水体用途和评价目的，选择相应的评价标准。一般地表水评价可选用地表水环境质量标准；海洋评价可选用海洋水质标准；专业用途水体评价可分别选用生活饮用水卫生标准、渔业水质标准、农田灌溉水质标准、工业用水水质标准以及有关流域或地区制定的各类地方水质标准等。底质目前还缺乏统一评价标准，通常可参照清洁区土壤自然含量调查资料或地球化学背景值来拟定。

(6) 确定评价内容及方法。

评价内容一般包括感观性、氧平衡、化学指标、生物学指标等。评价方法的种类繁多，常用的有：生物学评价法、以化学指标为主的水质指数评价法、模糊数学评价法等。

(7) 编制评价图表及报告书。

评价图表可以直观反映水体质量好坏。图表的内容可根据评价目的确定，一般包括：评价范围图、水系图、污染源分布图、监测断面（或监测点）位置图、污染物含量等值线图、水质、底质、水生物质量评价图、水体质量综合评价图等。图表的绘制一般采用：符号法、定位图法、类型图法、等值线法、网格法等。评价报告书编制内容包括：评价对象、范围、目的和要求，评价程序，环境概况，污染源调查及评价，水体质量评价，评价结论及建议等。

3. 水质评价方法

虽然，从不同角度和目的出发提出的方法各异，但水质评价方法本身应具有科学性、正确性和可比性，满足实际使用要求，以利于查清影响水质的各种因素，以便于水环境的保护与水污染的治理。下面介绍在水质评价中应用比较广泛的几种方法[21]。

(1) 单要素污染指数法。

单要素污染指数计算公式如下：

$$I_i = c_i / c_0 \quad (3-20)$$

式中：I_t 为单要素污染指数；c_t 为水中某组分的实测浓度；c_0 为某组分的背景值或对照值（标准值）。

当背景值为一含量区间时：

$$I_i = |c_i - \bar{c}_0| / |c_{0\max} - \bar{c}_0| \text{ 或 } I_i = |c_i - \bar{c}_0| / |\bar{c}_0 - c_{0\min}| \tag{3-21}$$

式中：$\bar{c}_0$为背景（或对照）含量区间中值；$c_{0\max}$、$c_{0\min}$为背景（或对照）含量区间最大和最小值。

利用这种方法可对各种污染组分进行分别评价，是多要素污染指数评价的基础。当 $I_i \leqslant 1$ 时，为未污染；$I_i > 1$ 时为污染。其优点是直观、简便，缺点是不能反映水体整体污染情况。

(2) 内梅罗（N. L. Nemerow）指数。

内梅罗于 1974 年发表了一种计算河流水污染指数的方法，该方法与其他方法不同之处在于不仅考虑了影响水质的一般水质指标，还考虑了对水质污染影响最严重的水质指标状况。其计算公式为：

$$P_{ij} = \sqrt{\frac{(c_i/L_{ij})^2_{\max} + (c_i/L_{ij})^2_{\text{av}}}{2}} \tag{3-22}$$

当 $c_i/L_{ij} > 1$ 时

$$c_i/L_{ij} = 1 + P' \lg(c_i/L_{ij}) \tag{3-23}$$

当 $c_i/L_{ij} \leqslant 1$ 时，用 c_i/L_{ij} 的实际值。

$$P_i = \sum_{j=1}^{m} W_j P_{ij} \tag{3-24}$$

式中：i 为水质项目数（$i=1, 2, \cdots, n$）；j 为水质用途数（$j=1, 2, \cdots, m$）；P_{ij} 为 j 用途 i 项目的内梅罗指数；c_i 为水中 i 项目的检测浓度；L_{ij} 为 j 用途 i 项目的最大允许浓度；P'为常数，内梅罗采用 5；P_i 为几种用途的总指数，取不同用途的加权平均值；W_j 为不同用途的权重，$\sum_{j=1}^{m} W_j = 1$。

内梅罗指数法将水体用途分为三类。

第一类，人类直接接触（$j=1$）：饮用、游泳、饮料制造用水等。

第二类，间接接触（$j=2$）：养鱼、农业用水等。

第三类，不接触（$j=3$）：工业用水、冷却水、航运等。

内梅罗将第一类和第二类用途的权重各定为 0.4，第三类为 0.2，总和为 1。上述公式表明了一个函数关系：

$$P_{ij} = f\left[\left(\frac{c_i}{L_{ij}}\right)_{\max}, \left(\frac{c_i}{L_{ij}}\right)_{\text{av}}\right] \tag{3-25}$$

上式中用 max 下标表示最大值，av 表示平均值。$\left(\frac{c_i}{L_{ij}}\right)_{\max}$ 或$\left(\frac{c_i}{L_{ij}}\right)_{\text{av}}$ 值越大，水质质量状况越差。根据上述公式计算结果，将水质分为三类。

第一类，$P_{ij} > 1$，水质污染较重。

第二类，$0.5 \leqslant P_{ij} \leqslant 1$，水质已受到污染。

第三类，$P_{ij} < 0.5$，水质未受到污染。

内梅罗指数反映了水体中多项污染物的污染规律，兼顾了污染影响最高的一个水质参数，综合考虑了水体的多种用途，具有一定的使用价值。存在的主要问题是忽略了次高值，评价结果偏高。

（3）多项水质参数综合评价方法。

多项水质参数综合评价方法很多，根据《环境影响评价技术导则》（HJ/T 2.1—2.3—93），可采用下述几种方法进行水质综合评价。

1）幂指数法。

幂形水质指数 S 的表达式为：

$$S_j = \prod_{i=1}^{m} I_{ij}^{W_i} \quad 0 < I_{ij} \leqslant 1, \sum_{i=1}^{m} W_i = 1 \tag{3-26}$$

首先，根据实际情况和各类功能水质标准绘制 I_i 与 c_i 的关系曲线，然后由 c_{ij} 在曲线上找到相应的 I_{ij} 值。

2）加权平均法。

$$S_j = \sum_{i=1}^{m} W_i S_i, \ \sum_{i=1}^{m} W_i = 1 \tag{3-27}$$

3）向量模法。此法所有的 j 点综合评价指数 S_j 可表达为

$$S_j = \left[\sum_{i=1}^{m} S_{i,j}^2\right]^{1/2} \tag{3-28}$$

4）算数平均法。此法所有的 j 点综合评价指数 S_j 可表达为

$$S_j = \frac{1}{m}\sum_{i=1}^{m} S_{i,j} \tag{3-29}$$

（4）地下水水质综合评价法。

根据《地下水质量评价标准》（GB/T 14848—93），地下水质量综合评价采用加附注的评分法。具体步骤如下。

首先，参加评分的项目，应不少于《地下水质量评价标准》（GB/T 14848—93）中所列出的监测项目，但不包括细菌学指标。

其次，进行各单项组分评价，划分出组分所属质量类别。

再者，对各类别按表 3-6 规定分别确定单项组分评价分值 F_i。

表 3-6　各类别分值

类别	Ⅰ	Ⅱ	Ⅲ	Ⅳ	Ⅴ
F_i	0	1	3	5	10

求综合评价分值 F：

$$F = \sqrt{\frac{F_{\max}^2 + \overline{F}^2}{2}} \tag{3-30}$$

$$\overline{F} = \frac{1}{m}\sum_{i=1}^{m} F_i \tag{3-31}$$

式中：$\overline{F}$为各单项组分评分值 F_i 的平均值；$F_{\max}$ 为单项组分评分值 F_i 的最大值；n 为

项数。

最后，根据F值，按照表3-7所规定的区间划分地下水质量级别，再将细菌学指标评价类别注在级别名之后，如“优良（Ⅱ）类”、“较好（Ⅲ）类”。

表3-7　地下水质量级别标准区间

级别	优良	良好	较好	较差	极差
F	<0.8	0.8～2.5	2.5～4.25	4.25～7.2	≥7.2

当使用两组以上的水质分析资料进行评价时，可分别进行地下水质量评价，也可根据具体情况，使用全年平均值、多年平均值或分别使用多年的枯水期、丰水期平均值进行评价。

第七节 水资源保护措施

根据美国《科学》杂志日前公布的一份研究结果称，中国近2000万人生活在水源遭到砷污染的高危地区[22]。

早在上世纪60年代，就已知中国一些省份的地下水受到了砷污染。自那以后，受影响人口的数量连年增长。长期接触即便是少量的砷也可能引发人体机能严重失调，包括色素沉着、皮肤角化症、肝肾疾病和多种癌症。世界卫生组织指出，每升低于10μg的砷含量对人体是安全的，在中国某些地区，例如内蒙古，水中的砷含量高达1500μg/L。新疆、内蒙古、甘肃、河南和山东等省都有潜在的高危地区。中国砷含量可能超过10μg/L的地区总面积估计在58万km^2左右，近2000万人生活在砷污染高危地区。

砷中毒是国内一种“最严重的地方性疾病”，其慢性不良反应包括癌症、糖尿病和心血管病。我国一直在对水井进行耗时的检测，不过这个过程需要数十年时间才能完成。这也促使相关研究人员制作有效的电脑模型，以便能预测出哪些地区最有可能处于危险当中。

相关研究表明，1470万人所生活的地区水污染水平超出了世界卫生组织建议的10μg/L，还有大约600万人所生活的地区水污染水平是上述建议值的5倍以上。

根据《中华人民共和国水法》和《中华人民共和国水污染防治法》的相关规定，我国公民有义务按照以下措施对水资源进行保护。

一、加强节约用水管理

依据《中华人民共和国水法》和《中华人民共和国水污染防治法》有关节约用水的规定，从四个方面抓好落实。

（1）落实建设项目节水“三同时”制度。

即新建、扩建、改建的建设项目，应当制订节水措施方案并配套建设节水设施；节水设施与主体工程同时设计、同时施工、同时投产；今后新、改、扩建项目，先向水务部门报送节水措施方案，经审查同意后，项目主管部门才批准建设，项目完工后，对节水设施验收合格后才能投入使用，否则供水企业不予供水。

（2）大力推广节水工艺，节水设备和节水器具。

新建、改建、扩建的工业项目，项目主管部门在批准建设和水行政主管部门批准取水许可时，以生产工艺达到省规定的取水定额要求为标准；对新建居民生活用水、机关事业及商业服务业等用水强制推广使用节水型用水器具，凡不符合要求的，不得投入使用。通过多种方式促进现有非节水型器具改造，对现有居民住宅供水计量设施全部实行户表外移改造，所需资金由地方财政、供水企业和用户承担，对新建居民住宅要严格按照“供水计量设施户外设置”的要求进行建设。

(3) 调整农业结构，建设节水型高效农业。

推广抗旱、优质农作物品种，推广工程措施、管理措施、农艺措施和生物措施相结合的高效节水农业配套技术，农业用水逐步实行计量管理、总量控制，实行节奖超罚的制度，适时开征农业水资源费，由工程节水向制度节水转变。

(4) 启动节水型社会试点建设工作。

突出抓好水权分配、定额制定、结构调整、计量监测和制度建设，通过用水制度改革，建立与用水指标控制相适应的水资源管理体制，大力开展节水型社区和节水型企业创建活动。

二、合理开发利用水资源

(1) 严格限制自备井的开采和使用。

已被划定为深层地下水严重超采区的城市，今后除为解决农村饮水困难确需取水的，不再审批开凿新的自备井，市区供水管网覆盖范围内的自备井，限时全部关停；对于公共供水不能满足用户需求的自备井，安装监控设施，实行定额限量开采，适时关停。

(2) 贯彻水资源论证制度。

国民经济和社会发展规划以及城市总体规划的编制，重大建设项目的布局，应与当地水资源条件相适应，并进行科学论证。项目取水先期进行水资源论证，论证通过后方能由项目主管部门立项。调整产业结构、产品结构和空间布局，切实做到以水定产业，以水定规模，以水定发展，确保用水安全，以水资源可持续利用支撑经济可持续发展。

(3) 做好水资源优化配置。

鼓励使用再生水、微咸水、汛期雨水等非传统水资源；优先利用浅层地下水，控制开采深层地下水，综合采取行政和经济手段，实现水资源优化配置。

三、加大污水处理力度，改善水环境

(1) 根据《入河排污口监督管理办法》的规定，对现有入河排污口进行登记，建立入河排污口管理档案。此后设置入河排污口的，应当在向环境保护行政主管部门报送建设项目环境影响报告书之前，向水行政主管部门提出入河排污口设置申请，水行政主管部门审查同意后，合理设置。

(2) 积极推进城镇居民区、机关事业及商业服务业等再生水设施建设。建筑面积在万平方米以上的居民住宅小区及新建大型文化、教育、宾馆、饭店设施，都必须配套建设再生水利用设施；没有再生水利用设施的在用大型公建工程，也要完善再生水配套设施。

(3) 足额征收污水处理费。各省、市应当根据特定情况，制定并出台《污水处理费征收管理办法》。要加大污水处理费征收力度，为污水处理设施运行提供资金支持。

(4) 加快城市排水管网建设，要按照“先排水管网、后污水处理设施”的建设原则，加快城市排水管网建设。在新建设时，必须建设雨水管网和污水管网，推行雨污分流排水体系；要在城市道路建设改造的同时，对城市排水管网进行雨、污分流改造和完善，提高污水收水率。

四、深化水价改革，建立科学的水价体系

(1) 利用价格杠杆促进节约用水、保护水资源。逐步提高城市供水价格，不仅包括供水合理成本和利润，还要包括户表改造费用、居住区供水管网改造等费用。

(2) 合理确定非传统水源的供水价格。再生水价格以补偿成本和合理收益原则，结合水质、用途等情况，按城市供水价格的一定比例确定。要根据非传统水源的开发利用进展情况，及时制定合理的供水价格。

(3) 积极推行"阶梯式水价（含水资源费）"。电力、钢铁、石油、纺织、造纸、啤酒、酒精七个高耗水行业，应当实施"定额用水"和"阶梯式水价（水资源费）"。水价分三级，级差为1：2：10。工业用水的第一级含量，按《省用水定额》确定，第二、三级水量为超出基本水量10（含）和10以上的水量。

五、加强水资源费征管和使用

(1) 加大水资源费征收力度。征收水资源费是优化配置水资源、促进节约用水的重要措施。使用自备井（农村生活和农业用水除外）的单位和个人都应当按规定缴纳水资源费（含南水北调基金）。水资源费（含南水北调基金）主要用于水资源管理、节约、保护工作和南水北调工程建设，不得挪作他用。

(2) 加强取水的科学管理工作，全面推动水资源远程监控系统建设、智能水表等科技含量高的计量设施安装工作，所有自备井都要安装计量设施，实现水资源计量，收费和管理科学化、现代化、规范化。

六、加强领导，落实责任，保障各项制度落实到位

水资源管理、水价改革和节约用水涉及面广、政策性强、实施难度大，各部门要进一步提高认识，确保责任到位、政策到位。落实建设项目节水措施"三同时"和建设项目水资源论证制度，取水许可和入河排污口审批、污水处理费和水资源费征收、节水工艺和节水器具的推广都需要有法律、法规做保障。对违法、违规行为要依法查处，确保各项制度措施落实到位。要大力做好宣传工作，使人民群众充分认识我国水资源的严峻形势，增强水资源的忧患意识和节约意识，形成"节水光荣，浪费可耻"的良好社会风尚，形成共建节约型社会的合力。

第八节 实 例 分 析

一、实例一[6]

水体中有机物污染程度可用生化需氧量（BOD）作为主要指标进行定量描述，同时，水体中的溶解氧（DO）也是反映水体水质的一项综合指标。经典的Streeter—Phelps模型描述了水体中BOD和DO的变化规律，如式（3-6）和式（3-7）所示。Streeter—Phelps模型中假设河流中溶解氧的变化只取决于BOD的生物分解消耗和大气的复氧作用，并且BOD的降解符合一级反应动力学，BOD降解的速率与水中溶解氧的消耗速率相等[12,13]。

采用稳态方法分析时，在稳态条件下，$\frac{\partial L}{\partial t}\to 0$，$D\to 0$，$\frac{\partial C}{\partial t}\to 0$[13]，则

$$u\frac{\mathrm{d}L}{\mathrm{d}x}=-k_1 L \tag{3-32}$$

$$u\frac{\mathrm{d}C}{\mathrm{d}x}=-k_1 L+k_2(C_s-C) \tag{3-33}$$

式中：L 为河水中的 BOD 值，mg/L；C 为河水中的溶解氧浓度，mg/L；C_s 为河水中的饱和溶解氧浓度，mg/L；k_1 为河水中 BOD 降解（耗氧）速率常数，1/d；k_2 为河水中复氧速率常数，1/d；u 为河水的流速，km/d；x 为河水的沿程距离，km。

$$C_s=\frac{468}{31.6+T} \tag{3-34}$$

式中：T 为水温，℃。

对式（3-32）和式（3-33）求解得

$$L=L_0\exp\left(-k_1\frac{x}{u}\right) \tag{3-35}$$

$$C_s-C=\frac{k_1 L_0}{k_2-k_1}\left[\exp\left(-k_1\frac{x}{u}\right)-\exp\left(-k_2\frac{x}{u}\right)\right]+(C_s-C_0)\exp\left(-k_2\frac{x}{u}\right) \tag{3-36}$$

或

$$\mathrm{BOD}_x=\mathrm{BOD}_0\exp\left(-k_1\frac{x}{u}\right) \tag{3-37}$$

$$C_s-C_x=(C_s-C_0)\exp\left(-k_2\frac{x}{u}\right)+\frac{k_1\mathrm{BOD}_0}{k_2-k_1}\left[\exp\left(-k_1\frac{x}{u}\right)-\exp\left(-k_2\frac{x}{u}\right)\right] \tag{3-38}$$

将 $t=\frac{x}{u}$ 带入式（3-35）和式（3-36）得

$$L=L_0\exp(-k_1 t) \tag{3-39}$$

$$C_s-C=\frac{k_1 L_0}{k_2-k_1}[\exp(-k_1 t)-\exp(-k_2 t)]+(C_s-C_0)\exp(-k_2 t) \tag{3-40}$$

式中：C_0、C_x 分别为 $x=0$、$x=x$ 处的溶解氧浓度，mg/L；BOD_0、BOD_x 分别为 $x=0$、$x=x$ 处的 BOD 浓度，mg/L。

由 Streeter—Phelps 方程可以推求在排污点河水初始浓度为 L_0 和 C_0 时，沿水流方向各点的 DO 值和最小 DO 值以及最小 DO 值的位置。即由 $\frac{\mathrm{d}(C_s-C_x)}{\mathrm{d}x}=0$ 可求得最小溶解氧浓度，也即临界溶解氧浓度 DO_c，以及临界溶解氧的位置，临界距离 x_c。

$$x_c=\frac{u}{k_2-k_1}\ln\left\{\frac{k_2}{k_1}\left[1-\left(\frac{k_2}{k_1}-1\right)\left(\frac{C_s-C_0}{L_0}\right)\right]\right\} \tag{3-41}$$

$$C_s-C_c=\frac{L_0}{f}\left\{f\left[1-(f-1)\left(\frac{C_s-C_0}{L_0}\right)\right]\right\}^{\frac{1}{1-f}} \tag{3-42}$$

或

$$C_s - C_c = \frac{L_0}{f}\exp\left(-\frac{k_1 x_c}{u}\right) \tag{3-43}$$

式中：$f=k_2/k_1$ 为自净系数，反应自净过程的快慢。

【例 3-1】 一均匀河段，河水平均流速 $u=17.5$km/d，水温 21℃，其实断面河水 BOD_5 和 DO 分别为 25mg/L 和 8.5mg/L，$k_1=0.3$ 1/d，$k_2=0.4$ 1/d，求临界溶解氧 DO_c 浓度和临界距离 x_c。

解：

$$C_s=\frac{468}{31.6+T}=\frac{468}{31.6+21}=8.90\ (\text{mg/L})$$

$$x_c=\frac{u}{k_2-k_1}\ln\left\{\frac{k_2}{k_1}\left[1-\left(\frac{k_2}{k_1}-1\right)\frac{C_s-C_0}{L_0}\right]\right\}$$

$$=\frac{17.5}{0.4-0.3}\ln\left\{\frac{0.4}{0.3}\left[1-\left(\frac{0.4}{0.3}-1\right)\left(\frac{8.9-8.5}{25}\right)\right]\right\}$$

$$=50.3\ (\text{km})$$

$$C_c=C_s-\frac{k_1 L_0}{k_2}\exp\left(-k_1\ \frac{x_c}{u}\right)$$

$$=8.9-\frac{0.3\times 25}{0.4}\exp\left(-0.3\times\frac{50.3}{17.5}\right)$$

$$=0.99\ (\text{mg/L})$$

二、实例二[18]

日本是工业发达国家，工业废水和生活污水排放量大，20 世纪 70 年代以前由于忽视了污染治理，所有江河湖泊受到不同程度污染。70 年代初至 80 年代前期，开始加强江河湖泊治理，使水质得到全面改善。但是近年来由于排污量大而治理量有限，水污染仍不能完全控制，部分湖泊已出现富营养化，流经城市河流的水质继续恶化，因此，加强水资源保护，改善水质成为水资源开发利用的重要任务。

日本在防治水污染、保护公用水域方面的要求和主要措施有以下几方面。

(1) 对于工业污废水，要求根据排放标准，在工厂及企业内部进行污水处理。处理中根据污染物种类特性和各行业要求进行处理，有的采取了全封闭循环供水系统。经过处理的水可重复使用，如用于环境及对水质要求不高的生活用水（如卫生间用水、洗浴、洒水）。

(2) 建立下水道终端污水处理厂，一般用于生活污水处理。

(3) 在河川和水库等地区建设入流污水净化和供水净化设施，防治供水水域污染。利用河川和水库的调节，使坝下及河川下游维持一定环境用水流量，以保持鱼类、航运、旅游的需要。为了防止污水进入水域，在河流两岸的河漫滩地有的建设了排放污水渠道，使污水与河水分流。

(4) 建设水源涵养林与水土保持林，调节径流，控制泥沙淤积。重视河流及水库周围营造森林、涵养水源，防止土壤侵蚀工作，并加强全面规划管理。

思 考 题

1. 什么是水资源保护？

2. 天然水体的组成及分类？
3. 水体自净作用的方式有哪些？
4. 常用的水质评价方法包括哪几种？
5. 常用的地表水水质模型有哪些？
6. 水资源保护的主要措施有哪些？

参 考 文 献

[1] 吴吉春，张景飞，孙媛媛．水环境化学 [M]. 北京：中国水利水电出版社，2009.

[2] 王红云，赵连俊．环境化学（第2版）[M]. 北京：化学工业出版社，2011.

[3] 秦善．结构矿物学 [M]. 北京：北京大学出版社，2011.

[4] 汪晋三，黄新华，程国佩．水化学与水污染 [M]. 广州：中山大学出版社，1990.

[5] 肖艾兰．普通化学与水化学 [M]. 北京：中国水利水电出版社，1998.

[6] 曹万金，刘曼蓉．水体污染与水资源保护 [M]. 北京：中国科学技术出版社，1990.

[7] 吴文广．环境放射性污染的危害与防治 [J]. 广东化工，2010，37 (7)：194-195.

[8] 谈树成，薛传东，赵筱青，等．地球环境中的放射性污染 [J]. 云南环境科学，2001，20 (3)：7-9.

[9] 蒯圣龙，张思梅，张祥霖，等．水污染与水质检测 [M]. 合肥：合肥工业大学出版社，2010.

[10] 曹晓静，张航．地表水质模型研究综述 [J]. 水利与建筑工程学报，2006，4 (4)：18-21.

[11] 宋国浩，张云怀．水质模型研究进展及发展趋势 [J]. 装备环境工程，2008，5 (2)：32-36.

[12] 曹永中，周孝德，吴秋平，等．河流水质模型研究概述 [J]. 水利科技与经济，2008，14 (3)：197-199.

[13] 谢永明．环境水质模型概论 [M]. 北京：中国科学技术出版社，1996.

[14] 郭劲松，李胜海，龙腾锐．水质模型及其应用研究进展 [J]. 重庆建筑大学学报，2002，24 (2)：109-115.

[15] 宋吉娜．水分析化学 [M]. 北京：北京大学出版社，2013.

[16] 国家环境保护局．水和废水监测分析方法（第四版）[S]. 北京：中国环境科学出版社，2002.

[17] 夏淑梅．水分析化学 [M]. 北京：北京大学出版社，2012.

[18] 任树梅，杨培岭．水资源保护 [M]. 北京：中国水利水电出版社，2003.

[19] 张尧旺．水质监测与评价 [M]. 郑州：黄河水利出版社出版，2002.

[20] 侯宇光，杨凌真，黄川友．水环境保护 [M]. 成都：成都科技大学出版社，1989.

[21] 高健磊，吴泽宁，左其亭，等．水资源保护规划理论方法与实践 [M]. 郑州：黄河水利出版社，2002.

[22] Luis Rodríguez－Lado，Guifan Sun，Michael Berg，et. al. Groundwater arsenic contamination throughout China [J]. Science，2013，341 (6148)：866-868.

第四章 水资源优化配置

第一节 水资源优化配置内涵

我国土地、森林、煤炭、石油、水等资源相对丰富，其中粮食、能源、水资源并称为三大战略资源，在国家的发展、稳定中起着举足轻重的作用。

改革开放以来，水利、能源、交通、通讯等基础设施都是制约我国经济社会发展的“瓶颈”，经过三十多年的基础设施建设及社会经济发展，特别是近十几年，交通、能源、通讯等问题均得到了较好的解决。但水资源紧缺程度不但没有化解，反而呈蔓延之势，究其原因，主要有以下几点。

(1) 人口的不断增加，经济社会的快速发展，对水资源需求量急剧增加。用水量从1949年的1000亿m^3增加到2011年的6107亿m^3，人均综合用水量从1949年的不足200m^3增加到2011年的454m^3。[1]

(2) 我国水资源总量相对较多，但人均少，且时空分布不均。我国多年平均水资源量居世界第六位，总量相对丰富。但人均水资源量仅接近世界平均水平的1/3，居世界第88位，是缺水国家之一。在空间分布上，长江以北地区占我国总面积的63.5%，水资源量仅占19%；长江以南地区占我国总面积的36.5%，水资源量却占了81%，地区分布极其不均。在时间分配上，连续最大四个月降水量占年降水量70%以上地区在我国占到了一半以上地区；在年际变化上，部分地区多年水资源量呈减少趋势。

(3) 上述(1)、(2)原因造成部分地区严重的水资源短缺局面，进而出现各用水地区、用水行业、用水户间在时空上的用水竞争现象，而这种竞争必然导致不同的用水结构及产业结构的形成，从而出现不同水资源配置方案下的各类社会效益、环境效益和经济效益，综合效益不尽相同。

(4) 与此同时，随着对水资源的不断无序开发、利用及排污，伴随出现了很多相关问题。如部分地区、行业及用水户用水浪费严重，用水效率指标较高，高耗水低产出，我国2011年万元GDP用水量为129m^3，远低于发达国家的55m^3；农业灌溉用水有效利用系数为0.51，发达国家为0.7～0.8。另如，水生态恶化严重，2011年全国18.9万km的主要河流中，全年Ⅳ～劣Ⅴ类水河长比例为35.8%；全国103个主要湖泊的2.7万km^2水面中，Ⅳ～劣Ⅴ类水面积比例为41.2%；全国主要的4128个水功能区，按水功能区水质目标评价，全年水功能区水质达标率为46.4%，不足一半。再如，全国湖泊面积比20世纪50年代减少15%；地下水超采区超采面积从80年代8.7万km^2扩展到19万km^2；2011年污水排放总量807亿m^3，[1]造成部分可利用水资源受到不同程度污染，间接减少了水资源可利用量，进一步加剧水资源的短缺问题。

上述问题的解决，必须而迫切，这里的关键就是解决好水资源的分配与保护问题，即在有限的水资源支撑下，尽最大可能满足各行各业的需水要求，同时保护好水资源的量与质，实现水资源的可持续利用及综合效益最优。

水资源的优化配置问题由来已久，相关研究也很多。在过去经济欠发达的时期，用水户结构简单，水资源开发利用少，水资源相关问题不突出，水资源的优化配置相对简单。而随着经济社会的快速发展，用水户结构逐渐复杂，供水水源较多，水资源问题相对突出，水资源配置涉及诸如资源、环境、社会、经济等多方面，成为一个庞大的系统工程。如何让这个系统实现水资源的可持续利用及综合效益最优，生产实践中很多宝贵的经验及系统工程理论与技术的快速发展与应用为水资源优化配置提供了可靠的技术支撑。

关于水资源优化配置的内涵，国内有很多学者经过大量研究，对此作出了很好的总结，如：许新宜等[2]指出，水资源优化配置泛指通过工程与非工程措施，改变水资源的天然时空分布；开源与节流并重，兼顾当前和长远利益；利用系统科学方法、决策理论和先进计算机技术，统一调配水资源；注重兴利与除弊的结合，协调好各地区及各用水部门之间的利益与矛盾，尽可能地提高区域整体的用水效率，以促进水资源的可持续开发利用和区域的可持续发展。左其亭等[3]指出，水资源配置是指在流域或特定的区域内，遵循高效、公平与可持续利用的原则，通过各种工程与非工程措施，改变水资源的天然时空分布；遵循市场经济规律与资源配置准则，利用系统科学方法、决策理论与计算机模拟技术，通过合理抑制需求、有效增加供水与积极保护环境等手段和措施，对可利用水资源在区域间与各用水部门间进行时空调控和合理配置，不断提高区域水资源的利用效益和效率。

本书在上述学者给出的水资源优化配置内涵的基础上，结合目前水资源开发利用及优化配置中出现的问题及经验，给出水资源优化配置的内涵，即指在行政区域、流域或某指定区域，在各规划水平年，以人与环境为本，以可持续利用、高效、公平为首要原则，充分考虑水资源、环境、社会、经济的可持续及协调发展，根据不同时期不同的社会经济发展水平，通过适合地区的系列可行工程与非工程措施，局部调整水资源的天然时空分布，形成最大可持续水源系统；遵循市场经济规律，优化用水户及其用水结构，不断提高用水水平；利用系统科学与决策理论及现代计算机技术，结合合理增加供水和抑制需求等措施，在水源与各用水户间进行优化配置，使水资源得到可持续利用的同时，其利用效益和效率达到最优化。

通过水资源的优化配置及其方案的实施，对于水资源、环境、社会、经济的可持续及协调发展具有重要的作用和意义，具体体现如下。

（1）保障了人的用水及其生存环境的可持续和高质量。

（2）促进了水资源的高效利用与保护。

（3）实现了水资源、环境、社会、经济的协调、可持续发展。

（4）实现了水资源效益、环境效益、社会效益、经济效益的综合最优。

第二节 水资源优化配置基本原则

根据前述水资源优化配置的内涵可以看出，水资源优化配置的核心思想与最终目标是：以人与环境为核心，使得水资源、环境、社会、经济得到协调可持续发展。这里，保障人与环境对水资源的需求是根本，包括人的生活、人的生存所依赖的粮食基础、生存所需要的良好环境等。其次，可持续是很重要的原则，只有水资源得到可持续利用才能保障其他方面的可持续发展。但这些都是基本的、首要的原则，真正实现可持续利用与发展，还要附属其他易量化的原则。归结起来，水资源优化配置的基本原则如下。

(1) 人口用水优先保障的原则。

地球的一切生产活动都离不开人，可以说，人口的发展是推动社会发展的根本因素。人是社会的主体，是社会的根本。保障人的用水是根本。

(2) 满足人类生存的土地用水优先保障的原则。

人的生存离不开粮食，农业用水是保障农业生产及高产的基本因素，保障农业用水，就是从水的角度去保障人类生存所需基本口粮。

(3) 人类赖以生存的生态环境用水优先保障的原则。

众所周知，人类的生存离不开生态环境，这其中包括河道内生态环境和河道外生态环境。随着经济社会的快速发展，生态环境屡遭破坏的状况层出不穷，这些破坏包括挤占生态用水的量，也包括排污造成的生态环境的质变。审视这些状况，对于人类的生存带来了很大的威胁，恢复与保障人类赖以生存的生态环境用水显得尤为重要。

(4) 可承载与可持续原则。

任何资源的开发与利用都应该是有度的，过量的开发将破坏地球上生命支撑系统（如空气、水、土壤等），导致无法或难以恢复的局面。可承载就是要在水资源可利用量的范围内去满足各方面的用水需求，以供定需。这也就不仅考虑了当代人的用水，也考虑了后代人的需水，维持了水资源的自然更新，实现了水资源的可持续利用。

(5) 水资源开发与保护并举原则。

在水资源的开发过程中，要做到对水资源的保护，这里的保护包括量的保护和质的保护。量的保护就是前述可承载与可持续的原则，而质的保护就是要使污废水的排放在水功能区相应纳污能力与水质保护目标之内，在此基础上尽可能将废污水的排放减小到最低程度，实现水资源开发和保护相结合。

(6) 兴利和除弊相结合原则。

每个地区的水资源系统都有自己的特点，在进行水资源优化配置时，必须关注其历史水患情况，并考虑未来可能发生的情况，在未来水资源开发利用的同时，要消除水患的可能影响。

(7) 开源与节流并重原则。

在水资源开发利用中，实现供需平衡的重要途径就是“开源”和“节流”。“开源”的根本就是不断挖掘水资源的开发潜力，通过更新、改扩建已有水源及开辟新的水源等措施来实现。“节流”就是使各行业各用水户尽可能的节约用水，不断降低用水指标；很多行业，特别是工业企业，目前其上马的先决条件就是用水指标的先进性，是否符合国家规定的基本用水指标额度。在以往的发展中，“开源”是实现供需平衡的首要途径，但随着水资源开发潜力的不断降低，开发难度越来越大，有些地区实行“开源”效果不好或已不可能，这就只能靠“节流”了。但就当前而言，不论地区有无水资源开发潜力，节约用水并符合国家规定的基本用水指标额度，是必须遵循的原则。

（8）综合效益最优原则。

水资源开发利用所体现的效益，归结起来，包括社会效益、环境效益、经济效益三大方面，在前述各项原则的实行下，使得水资源、社会、环境、经济得到协调可持续发展的状况下，我们要追求社会、环境、经济的综合效益协调最优。

第三节　水资源优化配置内容与模型

一、水资源优化配置内容及流程

水资源优化配置是水资源规划与管理中的重要内容，涉及的供用水范围较广，涉及的内容很多，按照其流程归结起来，主要有以下几方面内容。

（1）水资源系统的组成分析。

（2）水资源供需初步分析。

（3）水资源开发利用中存在的问题。

（4）针对地区实际情况，选择水资源优化配置目标及原则。

（5）水资源优化配置初步方案的生成。

（6）水资源优化配置模型及其求解。

（7）水资源优化配置方案的比选。

（8）对于特殊干旱期的应急对策。

对于上述内容来说，其实现过程比较复杂，具体结构及流程如图 4-1 所示。

根据上述水资源优化配置结构与流程，对于水资源优化配置的主要内容分述如下。

1. 水资源系统的组成分析

水资源系统既复杂又庞大，在过去相当一段时间内，很多地区没有人类活动的涉及，当时的水资源系统是一个天然系统，水资源的形成、运动与转化均是按照自然规律进行的，是一个自然水循环过程。当进入人类活动的时代，随着人类活动的逐步触及并不断深入影响，水资源系统的结构、运转过程、响应机理等部分被人为改变了，这使得原本相对简单的水资源系统变得更加复杂化。水资源系统按照其结构和转化过程，可分为水资源循环系统和水资源配置系统。

这里，水资源循环系统包括水资源的形成、运动与转化等过程，以生态系统为主体，是水资源系统为人类提供可以更新、持续的水资源的基础。而水资源配置系统则是以人类水事活动为主体，由人类不断建设与完善的工程系统，是一个社会、自然等诸多过程相交织的统一体，实现了天然水资源系统与经济社会系统间的联系与沟通。水资源配置系统通常由以下五部分组成。

（1）管理系统：包括管理人员、管理软件系统、管理硬件系统等。

（2）水源与供水系统：包括地表水水源与供水系统、地下水源与供水系统、其他水源与供水系统。对研究区来说，要摸清现状各类型水源及供水系统的组成及数量、供水能力等，提出未来可能挖掘并实现的水源及供水系统。

（3）输水系统：包括输水所需的输水管道、输水渠道、输水河道等等，要分析其现状

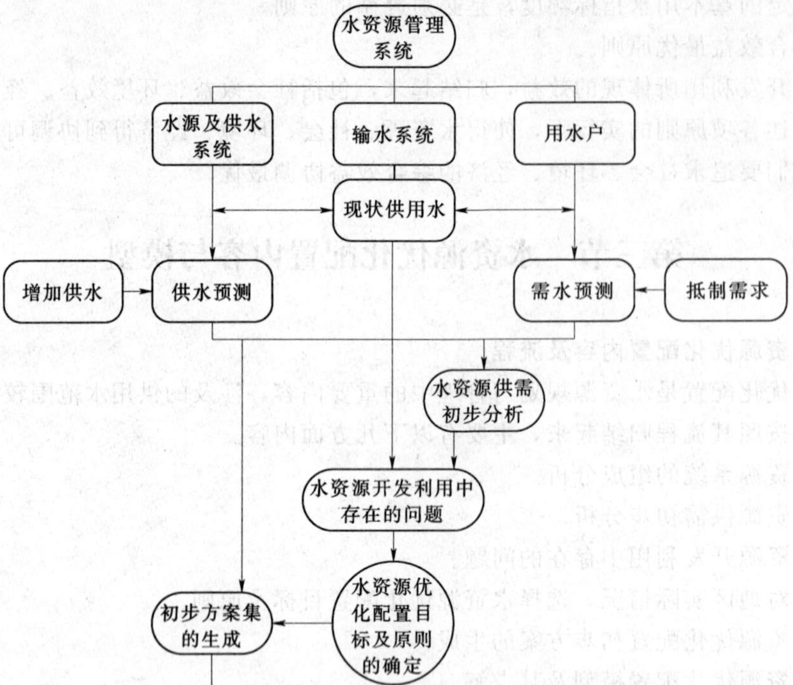

图 4-1 水资源优化配置结构与过程

输水能力。

(4) 用水系统：包括生活用水户、生产用水户和生态用水户。

(5) 排水系统：包括收集接纳各用水户排水的渠道、管网等等，分析其接纳能力等[3]。

2. 水资源供需初步分析

水资源的供需初步分析在第二章中已有叙述，通过对各规划水平年不同供用水模式下的水资源供需作初步分析，明确需水能否得到满足，有无余缺水量，综合判断地区的缺水性质，如其属于资源性缺水，或是工程性缺水，亦或环境性缺水，或者三者兼有，分析缺水原因。

3. 水资源开发利用中存在的问题

根据现状供用水情况及水资源供需初步分析，摸清在地区水资源开发利用中存在的一些主要问题，针对这些问题，全面考虑地区的今后发展方向及发展速度与达到的程度，明确各规划水平年解决这些问题所采取的措施，以及实施的先后次序，为水资源优化配置模型目标、约束及方案的建立提供参考基础。

4. 针对地区实际情况，选择水资源优化配置目标及原则

针对地区实际情况，如水资源及其开发利用状况、水资源开发利用中存在的问题等，确定各规划水平年水资源优化配置的目标及原则。目标要切合不同地区不同时期的实际情况，原则要合理、适用并实用，且具有易量化等可操作性。

5. 水资源优化配置初步方案的生成

(1) 设立方案可行域。

水资源优化配置的最终方案是通过水资源优化配置模型的计算，在众多方案的比选中确定的，而这些初始比较的众多方案如何确定，确定的数量是多少，都会影响水资源优化配置模型的计算效率和效果。初始方案数量多，且有些方案明显不合理，这样会增加计算工作量，增加没必要的工作时间。这里，可根据前述章节中地区各规划水平年的供水预测结果、需水预测结果，以及水资源开发利用中的水资源保护和节约用水措施等，设立水资源优化配置初步方案的可行域。该可行域以供水预测水量供给最高方案和需水预测的强化节水方案（最低需水量）相结合作为可行域上限，以供水预测的“零方案”（现状年供水工程下的供水量，未来各规划水平年不增加供水，如果地区已经超采，则取水资源可利用量）和需水预测的基本方案（各规划水平年用水水平以现状年为准）相结合作为可行域的下限。

(2) 形成水资源优化配置初步方案集。

水资源的优化配置方案均取自方案可行域内，但可行域内的方案成千上万，可多可少，选用的数量太多，将严重影响工作效率。所以，应根据前述水资源供需初步分析中、地区水资源开发利用中存在的主要问题、缺水性质（属于工程性缺水，还是资源性缺水，或是环境性缺水），结合各规划水平年地区发展状况，在水资源开发利用中可能投入的财力状况、各行业节水潜力及节水可能投入等，以方案可行域下限为基础，以低成本、效果好的供水和节水措施为优先投入点，在区域上合理、全面开展，逐渐增加投入，直至方案可行域的上限。由此，筛选出具有方向性和代表性的若干方案，形成水资源优化配置的初步方案集。

这里需要说明的是，在逐步增加投入，形成水资源优化配置的初步方案集的过程中，投入的方向与力度要综合地区各规划水平年人口、生态环境、社会、经济及水资源开发利用相应问题等各方面的情况，选择的增加供水措施和加强节水措施要有针对性和方向性，组合要恰当、合理，符合当期地区的供用水及经济条件实际情况。例如，对于资源性缺水地区，重点目标是要提高用水效率和效益，侧重采取加强节水及进一步挖掘水源开发潜力

的措施；对于水资源较丰富，且水源开发潜力尚存一定空间的工程性缺水地区，要偏重供水工程的扩建、改建及新建投入措施，对比投入性价比，必要的时候也可同时加强行业节水措施；对于环境性缺水地区，对比投入性价比，可采取行业节水与水处理利用相结合的措施。

对于上述过程中形成的水资源优化配置初步方案集中的方案，亦可进一步进行合理性检查，淘汰有明显缺陷或存在不合理因素的方案，或者可将某些不合理的方案进行适当修改，形成新的方案并置于方案集中。

6. 水资源优化配置模型及其求解

根据前述地区水资源系统组成、水资源优化配置目标及原则，建立适合地区的水资源优化配置模型，将上述形成的水资源优化配置初步方案集中的全部方案置于模型中，进行求解，最终选择最优方案系列，可根据地区实际情况、模型组成情况等选出几个优化方案，作为备选方案。

7. 水资源优化配置方案的比选

上述选择出的水资源优化配置方案有若干个，但我们在实际使用中要实施其中的一个，虽然这若干个方案已经给出了综合效益目标值，且其中必然有最大者，但在具体的实施过程中，最大者不一定是实施中的最可行者。因此，需要对这若干个优化配置方案进行比选，最终确定所要实施的方案。在确定过程中，主要考虑以下几个方面：

(1) 充分考虑地区经济条件，经济上要可行。

在各水资源优化配置方案中，水源改建、扩建和进一步开发潜力及各行业节水措施的实施，都需要经济上的投入与保障，才能得以按期实施。不同规划水平年，地区经济条件不同，相应于水资源开发利用的投入也不同，各行业自身节水投入也不同，都有上限值。如果某水资源优化配置方案中，这些项目投入太大，远远超过上限值，这将导致部分工程与措施无法实施，也就使得方案无法实施下去。因此，必须充分考虑地区经济条件，经济上要可行。对于经济上不可行的方案，要予以剔除。

(2) 充分考虑国家、地区的科学技术发展水平，技术上要可行。

任何工程与措施，它的实现是科学技术应用的结果。在各水资源优化配置方案中，有许多供水、排水工程措施和节水工程措施，他们的实现离不开科学技术。而不同规划水平年，我们国家、地区科学技术发展处于相应的水平。因此，我们的方案在不同时期对科学技术的要求要符合当期技术水平或可适度超前，但不能无法实现或实现困难，也即技术上要可行。

(3) 充分考虑水资源系统空间分布与水资源优化配置空间的协调性，空间上要协调。

地区水资源系统在空间上的分布有一定的差异，随着区域地形地貌、地质与水文地质及水文气象等条件的变化，水资源系统表现出区域上的差异。而我们的经济社会系统在空间上常与水资源系统分布不协调。按照经济的原则，在水资源的开发利用上，必然表现出开发的地区不均衡性，这样会导致部分地区的水资源开发过度，而部分地区开发潜力尚存的局面。为使地区水资源尽量得到均衡开发，这就要求水资源优化配置方案充分考虑水资源系统空间分布与水资源优化配置空间的协调性，尽量均衡开发，使得空间上尽量协调。

(4) 充分考虑不同阶段水资源开发利用中产生的问题，采取的措施要适应需要。

不同规划水平年，地区水资源开发利用中存在的问题可能不同，解决这些问题所要采取的措施也就不同。例如，在某时期，地区的缺水可能属于工程性缺水，那么这一阶段主要解决的是供水工程的建设问题；而另外某一时期，地区的缺水可能属于资源性缺水，那么这一阶段主要解决的是节水措施深入实施的问题，或者是实施跨流域调水问题。因此，水资源优化配置方案中各项措施应与不同阶段水资源开发利用中存在的问题相适应，也即措施实施方向要正确。

依照上述考虑的四个方面，对若干个水资源优化配置方案进行比选，最终选定更加符合实际的、可操作性强的方案作为最终要实施的水资源优化配置方案。

8. 对于特殊干旱期的应急对策

水资源的优化配置，针对的是水资源多年平均状态下的开发利用，而水资源量是随时间动态变化的，丰、平、枯交替出现，干旱及极端干旱年份也偶有出现。当出现这种情况时，在水资源优化配置方案的基础上，要有相应的应对特殊干旱期的对策。

（1）要进行历史干旱灾害分析。以历史资料分析区域来水保证率大于99%特大干旱年或连续枯水年发生的次数，分析其成因和特征。如缺少历史资料，可根据水文资料及类似地区历史资料对特大干旱年或连续干旱年进行模拟估计。

（2）特殊干旱基本要素的分析。分析实际可以供给的水量、用水要求、缺水量等。

（3）针对缺水情势，制定应急对策。这里，主要是制定在旱情紧急情况下的水量调度预案及应急对策，内容包括可行的、必要的应急工程措施和非工程措施。制定预案时，要根据用水户的重要程度，分次序保证用水，应优先保证生活用水，兼顾一些与生活息息相关的重要工矿企业，还有对人类生存环境起决定性影响和作用的生态环境用水等，其余用水应根据当地实际情况确定优先次序和相应对策。这里的应急对策，主要包括：

1）预防性措施。建立抗旱指挥体系，建立干旱监测和预报系统，分析拟定进入干旱期的判别指标，战略性资源储备等。

2）不同特殊干旱期和不同干旱等级应急对策的制定。针对特殊干旱期，开展水资源优化配置，确保生活、重要部门和重要地区的基本用水。在此基础上，尽量减少损失。所建立的措施，如对社会、经济、环境产生较大影响，则应对措施进行评估。

二、水资源优化配置模型

水资源优化配置的实质是运用有效的系统工程理论，将区域（或流域）可利用的水资源合理分配到各用水部门，这就需要建立一个具有完善的目标函数和约束条件的优化模型[3]。

水资源优化配置是对未来规划水平年的供用水提出的合理方案，所以，这里应首先确定规划水平年，确定时尽量与现有区域（或流域）各类规划的规划水平年相一致，便于已有成果的引用，同时考虑地区气候、水资源的特点，可适当增加规划水平年。

其次，由于水资源在地区空间分布有差异，且各用水部门的用水在地区上也有分布差异，因此，需要对区域（或流域）进行分区，这里，将区域（或流域）划分成 K 个子区，$k=1, 2, \cdots, K$。

然后，根据整个区域（或流域）的实际情况，将所有类型可用水源，按所属地区及其可用性，划分为两种类型，第一种为独立水源，即分属于某个子区的水源；第二种为公共水源，即可同时供给几个子区的水源，这里确定 k 子区有 $IN(k)$ 个独立水源，整个区域（或流域）有 P 个公共水源，$c=1, 2, \cdots, p$。分别统计各个子区的用水部门，这里确定 k 子区有 $U(k)$ 个用水部门。水资源优化配置的目的就是要将 $IN(k)+p$ 个水源的水量合理分配到 $U(k)$ 个用水户。

再次，合理确定水资源优化配置模型的目标和约束条件。目标分为多目标和单目标，通常使用多目标较多，按照前述水资源优化配置的原则，水资源优化配置追求的是社会、环境和经济效益的协调综合最优。因此，可根据地区的实际情况确立水资源优化配置模型目标。以下将建立基于大系统理论框架下的多目标水资源优化配置模型。约束条件是模型运行中最为重要条件之一，要根据地区的实际情况，合理、全面的确定约束条件，可分时段、分情况有所变化，列出不同时段的约束条件。

最后，进行模型的求解。

根据上述过程建立的水资源优化配置模型有两种形式，即一般形式和细化具体模式，一般形式如下：

$$\begin{gathered} Y=\max[F(X)] \\ G(X)\leqslant 0 \\ X\geqslant 0 \end{gathered} \tag{4-1}$$

式中：X 为决策向量；$F(X)$ 为效益函数；$G(X)$ 为约束条件。

细化具体模式如下。

1. 目标函数

水资源的优化配置要做到保证人的生活及生存用水、保证生态环境用水、保证其他生产用水，要实现人类社会、环境、水资源和经济的协调可持续发展，所以，综合考虑，可将水资源优化配置的目标首先分解为三个，即社会效益、环境效益和经济效益，最后再将三个目标合成为总的综合效益。

(1) 优化配置目标之一：社会效益目标。

社会效益体现出对人的生活和生存用水的保障程度，体现出对其他生态、生产用水的保障程度，保障程度越高，社会效益越好，社会的发展和安定性也越好，反之亦然。但是，从此角度出发，直接定量的去描述社会效益，不具可行性，也即其不易度量。而区域（或流域）缺水量大小是其一间接反映，所以此处可用区域（或流域）总缺水量大小来间接反映社会效益的好坏。

$$\max f_1(X)=-\min\left\{\sum_{k=1}^{K}\sum_{u=1}^{U(k)}\left[R_u^k-\left(\sum_{in=1}^{IN(k)}x_{in,u}^k+\sum_{c=1}^{P}x_{c,u}^k\right)\right]\right\} \tag{4-2}$$

式中：R_u^k 为第 k 个子区中第 u 个用水户的需水量，m^3 或 $10^4 m^3$；$x_{in,u}^k$、$x_{c,u}^k$ 分别为第 in 个独立水源和第 c 个公共水源向第 k 个子区第 u 个用水户实际供给的供水量，m^3 或 $10^4 m^3$。

(2) 优化配置目标之二：环境效益目标。

环境效益体现在生态环境水量和水质两方面，生态环境需水量得到的满足程度越大，生态环境越好；水环境越好，生态环境也越好；反之亦然。因此，这里的环境效益目标有两个，一个是水量满足目标，由于生态环境需水量的多少是个区间概念，所以可用供水量接近生态环境需水量区间最大来衡量；另一个是水质好坏目标，这里要在纳污能力的范围内，在水功能区水质目标范围内，接近或超过目标值来衡量。

$$\max f_{2,1}(X)=-\min\sum_{k=1}^{K}\left|E_{\max}^{k}-\sum_{u=1}^{U(k)}\left(\sum_{in=1}^{IN(k)}x_{in,ue}^{k}+\sum_{c=1}^{P}x_{c,ue}^{k}\right)\right| \quad (4-3)$$

$$\max f_{2,2}(X)=\max\sum_{k=1}^{K}\left\{T^{k}-\sum_{u=1}^{U(k)}0.01d_{u}^{k}D_{u}^{k}\left(\sum_{in=1}^{IN(k)}x_{in,u}^{k}+\sum_{c=1}^{P}x_{c,u}^{k}\right)\right\} \quad (4-4)$$

式中：$E_{\max}^{k}$为第k个子区生态环境高质量状况下需水量，m^3或10^4m^3；$x_{in,ue}^{k}$、$x_{c,ue}^{k}$分别为第k个子区第in个独立水源和第c个公共水源向第k个子区第ue个生态环境用水户实际供给的供水量，m^3或10^4m^3；T^k为第k个子区水功能区水质目标下的纳污能力，m^3或10^4m^3；d_u^k为第k子区第u个用水户单位废污水排放量中某种代表性污染物的含量，通常用生化需氧量（BOD）或化学需氧量（COD）等指标表示，mg/L；D_u^k为第k个子区第u个用水户在用水过程中的污水排放系数，无量纲；其他同上。

（3）优化配置目标之三：经济效益目标。

这里的经济效益主要体现在由供水带来的直接经济效益，以及由供水引发的间接经济效益，但间接经济效益难以估算，因此，这里由直接经济效益来表示。

$$\max f_{3}(X)=\max\left\{\sum_{k=1}^{K}\sum_{u=1}^{U(k)}\left[\sum_{in=1}^{IN(k)}(b_{in,u}^{k}-c_{in,u}^{k})x_{in,u}^{k}+\sum_{c=1}^{P}(b_{c,u}^{k}-c_{c,u}^{k})x_{c,u}^{k}\right]\right\} \quad (4-5)$$

式中：$b_{in,u}^{k}$、$b_{c,u}^{k}$分别为第in个独立水源、第c个公共水源分别向第k个子区第u个用水户供给水量的单位供水量效益，元/m^3；$c_{in,u}^{k}$、$c_{c,u}^{k}$分别为第in个独立水源、第c个公共水源分别向第k个子区第u个用水户供给水量的成本费用，元/m^3；其他同上。

2. 约束条件

水资源系统十分复杂，且与经济社会的发展紧密联系，对水资源的开发利用涉及各种水源和众多用水户，要想水资源优化配置方案合理、可行，进而使水资源开发利用达到合理、可持续，且有效支撑经济社会的发展，就必须深刻了解水资源开发利用的各个环节，全面考虑，逐层筛选，确定约束条件。由此建立的优化配置模型才合理，所得优化配置方案才可行。

（1）水资源可利用总量约束。

$$AAG^{k}+ASWA^{k}-ADC^{k}=WA^{k} \quad (4-6)$$

$$GWS^{k}\geqslant AAG^{k} \quad (4-7)$$

$$SWS^{k}\leqslant ASWA^{k} \quad (4-8)$$

$$OWS^{k}\leqslant OS^{k} \quad (4-9)$$

式中：WA^k、AAG^k、$ASWA^k$、ADC^k、OS^k分别为第k个子区多年平均水资源可利用总量、地下水资源可开采量、地表水资源可利用量、重复计算量、其他水源可利用量（包括雨水集蓄、污水回用、海水淡化、深层水利用等），m^3或万m^3；GWS^k为第k个子区地下水供水量，m^3或万m^3；SWS^k为第k个子区地表水供水量，m^3或万m^3；OWS^k为第k个子区其他水源供水量，m^3或万m^3。

（2）供水水源与用水户保证率取值与对应约束。

对于供水水源：

GW（地下水水源）保证率取值为≥97%；

SW（地表水水源）保证率取值可为20%、50%、75%、90%、95%、97%、98%等不同保证率；

OW（其他水源）保证率取值，深层地下水、海水淡化为≥97%，雨水集蓄与地表水源类似、污水回用为95%。

对于用水户的用水保证率、用水优先级及与水源供给的优先对应性，见表4-1，可根据地区水源及用水特点等情况调整优先顺序。

表4-1　用水户的用水保证率、用水优先级及与水源供给的优先对应性

一级	二级	三级	四级	供水优先级（按序号排序）	用水保证率	对应的水源（优先性按次序排序，划横线表示可按地区实际情况交换顺序）
生活	生活	城镇生活	城镇居民生活	1	$L_1 \geq 97\%$	GW、SW、OW（DG、D）
		农村生活	农村居民生活	1	$L_2 \geq 97\%$	
生产	第一产业	种植业	水田	1	$P_1 \geq 75\%$	GW、SW、OW（RH、WR（达到农业灌溉水质标准的污水回用）、DG）
			水浇地	1	$P_2 \geq 75\%$	
		林牧渔业	灌溉林果地	4	$P_3 \geq 75\%$	
			灌溉草场	4	$P_4 \geq 75\%$	
			牲畜	1	$P_5 \geq 97\%$	GW、SW、OW（RH、DG）
			鱼塘	4	$P_6 \geq 75\%$	SW、GW、OW（RH、DG）
	第二产业	工业	高用水工业	3	$P_7 \geq 97\%$	MDW、OW（RH、WR、D）、SW
			火（核）电工业	3	$P_8 \geq 97\%$	
			其他一般工业	4	$P_9 \geq 95\%$	MDW、OW（RH、WR、D）、SW
		建筑业	建筑业	4	$P_{10} \geq 95\%$	OW（RH、WR、D、DG）、GW、SW
	第三产业	商饮业	商饮业	4	$P_{11} \geq 95\%$	GW、SW、OW（D、DG）
		服务业	服务业	4	$P_{12} \geq 95\%$	
生态	河道内	生态功能	河道基本功能	2	$E_1 \geq 97\%$	SW、OW（RH）、GW
			通河湖泊与湿地	2	$E_2 \geq 97\%$	
			河口生态	2	$E_3 \geq 97\%$	
			其他河道内	2	$E_4 \geq 97\%$	
	河道外	生态功能	湖泊湿地	4	$E_5 \geq 97\%$	OW（RH、WR、DG）、SW、GW
		生态建设	生态建设	4	$E_6 \geq 97\%$	
			美化城市景观	4	$E_7 \geq 97\%$	

注　这里，OW（其他水源）中：DG代表深层地下水，RH代表雨水集蓄，D代表海水淡化，WR代表污水回用，MDW代表矿区疏干水。

（3）供水工程系统的供水量约束。

公共水源
$$\sum_{k=1}^{K} WS(c,k) \leqslant W_c \tag{4-10}$$

独立水源
$$WS_{in}^{k} \leqslant W_{in}^{k} \tag{4-11}$$

式中：$WS(c,\ k)$、WS_{in}^{k}分别为第c个公共水源、第in个独立水源供给第k个子区的水量，m^3或万m^3；W_c、W_{in}^{k}分别为第c个公共水源、第k个子区第in个独立水源的供水能力上限，m^3或万m^3。

（4）输水系统的输水量约束。

公共水源
$$\sum_{k=1}^{K} WS(c,k) \leqslant Q_c \tag{4-12}$$

独立水源
$$WS_{in}^{k} \leqslant Q_{in}^{k} \tag{4-13}$$

式中：Q_c、Q_{in}^{k}分别为第c个公共水源、第k个子区第in个独立水源的最大输水能力，m^3或$10^4 m^3$；其他同上。

（5）用水系统的用水量及需水变化约束。

$$\sum_{u=1}^{U(k)} \left(\sum_{in=1}^{IN(k)} x_{in,u}^{k} + \sum_{c=1}^{P} x_{c,u}^{k} \right) \leqslant \sum_{c=1}^{P} W_c + \sum_{in=1}^{IN(k)} W_{in}^{k} \tag{4-14}$$

$$L(k,u) \leqslant \sum_{in=1}^{IN(k)} x_{in,u}^{k} + \sum_{c=1}^{p} x_{c,u}^{k} \leqslant H(k,u) \tag{4-15}$$

式中：$L(k,\ u)$、$H(k,\ u)$ 分别为第k个子区中第u个用水户需水量的下限和上限，m^3或$10^4 m^3$；其他同上。

（6）排水系统约束

首先要做到达标排放
$$c_{u,r}^{k} \leqslant c_0 \tag{4-16}$$

总量控制
$$\sum_{u=1}^{U(k)} 0.01 d_u^k D_u^k \left(\sum_{in=1}^{IN(k)} x_{in,u}^{k} + \sum_{c=1}^{p} x_{c,u}^{k} \right) \leqslant T^k \tag{4-17}$$

式中：$c_{u,r}^{k}$为第k个子区第u个用水户排放污染物r的浓度，mg/L；c_0为污染物r达标排放相应规定的浓度值，mg/L；其他同上。

（7）非负约束。

$$x_{in,u}^{k},\ x_{c,u}^{k} \geqslant 0 \tag{4-18}$$

（8）其他约束条件。

不同的区域（或流域），自己的实际情况不同，所建立的水资源优化配置模型就有所区别，特别是约束条件，有一定差别。因此，需要全面分析区域（或流域）的实际情况，在上述约束条件的基础上，根据情况相应增加可行的约束条件，或者也可对上述约束条件做调整。如：在水环境破坏较为严重的地区，可严格限制排污，增加相应的环境约束；在地下水过度开采的地区，可增加地下水位下降程度约束，避免水位的进一步下降；另外还有诸如社会规模约束、投资约束、风险约束、湖泊与湿地最低水位和最小面积约束等。

将上述目标函数及所有约束条件组合在一起，就形成了一个区域（或流域）的多目标、多水源、多用户的水资源优化配置模型。在数据输入后，求解该模型。

模型的求解可采用大系统理论方法、遗传算法和计算机模拟技术等。通过计算，即可求出水资源优化配置方案，可根据地区实际情况、模型组成情况等选出几个优化方案，作为备选方案供方案比选使用。

第四节 面向可持续发展的水资源优化配置

面向可持续发展的水资源优化配置所建立的模型，其形式、目标、约束、计算求解等与前述水资源优化配置模型类似，实际上，我们前述建立的水资源优化配置模型，也是遵循可持续的原则来进行的，由所建模型获得的水资源优化配置方案，也具有很好的可持续性。区别在于面向可持续发展的水资源优化配置模型中使用了一些可持续发展量化研究的成果，以下我们以发展综合指标测度的方法为例简单介绍一下。

1. 模型的目标函数

这里的综合目标就是达到可持续发展，量化表示的话，就是使得发展的目标函数 BTI 值达到最大。也就是说，在区域（或流域），在各分区的基础上，在某个时段 T，在满足所列条件下，使得 N 个时段综合效益达到最大。

$$\max(BTI)=\max\left\{\sum_{k=1}^{K}\left[\sum_{T=1}^{N}DD_k(T)/N\right]\right\} \tag{4-19}$$

式中：$DD_k(T)$ 为第 k 个子区第 T 个时段的发展指标综合测度。

2. 模型的约束条件

该模型的约束条件主体与前述水资源优化配置模型的约束条件一致，只是依照可持续发展的理念和准则，在其中增加了可持续和可承载的约束条件。

（1）可承载约束。

这里要求整个系统的可承载程度超过设定的最低水平，以此保障整个系统的可持续发展。

$$LI_k(T)\geqslant LI_{k,0} \tag{4-20}$$

式中：$LI_{k,0}$ 为第 k 个子区第个 T 时段设定的可承载程度的最低水平；$LI_k(T)$ 为第 k 个子区第个 T 时段可承载隶属度。

（2）可持续约束

这里要求态势隶属度超过设定的最低水平，以此保障整个系统的可持续发展。

$$SDDT_k\geqslant SDDT_{k,0} \tag{4-21}$$

式中：$SDDT_{k,0}$ 为第 k 个子区设定的态势隶属度的最低水平；$SDDT_k$ 为第 k 个子区发展相对可持续性隶属度。

由上述目标函数和约束条件，结合前述水资源优化配置模型，最终形成了面向可持续发展的水资源优化配置模型。

第五节 实 例 分 析

这里以内蒙古自治区鄂尔多斯市达拉特旗为配置对象，建立水资源优化配置模型，以 2010 年为现状水平年，2015 年为近期规划水平年，2020 年为远期规划水平年，对各规划水平年进行水资源优化配置。

一、水资源系统的组成分析

达拉特旗水资源系统主要由十大孔兑流域和黄河内蒙古达拉特旗段流域内不同水源组成的供水系统、达拉特旗内不同用水单元为对象的需水系统构成。整个系统如图 4-2 所示。其中，供水系统包括地表水、地下水、雨水利用、可回用污水四类；需水系统主要有生活、生产和生态环境用水等多个用水单元。

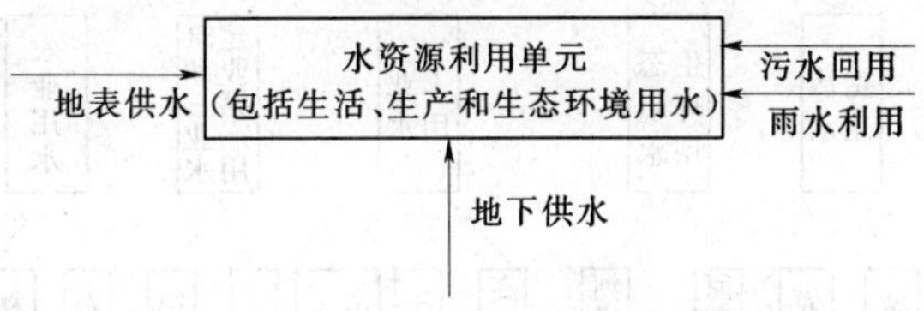

图 4-2　达拉特旗水资源系统简易概化图

(一) 供水系统

1. 地表水源工程

达拉特旗地表水源工程有引水水源工程、提水水源工程、蓄水水源工程和引蓄水水源工程四类。

(1) 引水水源工程。

引水水源工程大部分为塘坝引水工程，现有 136 处塘坝引水工程。

(2) 提水水源工程。

提水水源工程包括引黄灌区各小型提水灌溉工程、重要工业项目引黄供水工程，具体为黄河达拉特旗段 30 个扬水站、达拉特旗电厂和内蒙古亿利化学工业有限公司黄河提水工程。

(3) 蓄水水源工程。

蓄水水源工程包括傍河水库工程和黄河南岸滞洪分洪供水工程两类。水库工程现状为转龙湾水库，在 2015 年建成并投入使用乌兰水库、神海子水库。滞洪分洪供水工程引取的是黄河水，现状为打瓦壕滞洪分洪工程，在 2015 年建成并投入使用马莲壕滞洪分洪工程、昭君坟滞洪分洪工程和蒲圪卜滞洪分洪工程。

(4) 引蓄水水源工程。

引蓄水水源工程为大湾和碾坊湾引蓄水水源工程。

2. 地下水源工程

地下水水源地分为截伏流工程、集中供水水源地和分散供水水源地三类。

(1) 截伏流工程。

十大孔兑现有 57 个截伏流工程，其中有 5 处截伏流供东胜工业和生活用水。计划在 2015 年新建投入使用丁红湾、死人塔、龙头拐三处工程，在 2020 年新建并投入使用南营子、小王正壕、王滩圪卜三处工程。

(2) 集中供水水源地工程。

集中供水水源地有自来水公司水源地，2015 年拟建投入运行中和西镇、乌兰乡、昭君坟乡地下水集中供水水源地，2020 年拟建投入运行榆林子乡杨家营子、树林召乡官牛犋、树林召林原和德胜泰乡地下水集中供水水源地。

(3) 地下水分散供水水源地。

地下水分散供水水源地为十大孔兑和黄河达拉特旗段各流域地区除集中供水以外的各水资源计算分区的地下水分散供水井等。

3. 其他水源工程

达拉特旗的污水经过处理后可用于农业、对水质要求不高的工业和城市绿化等方面。

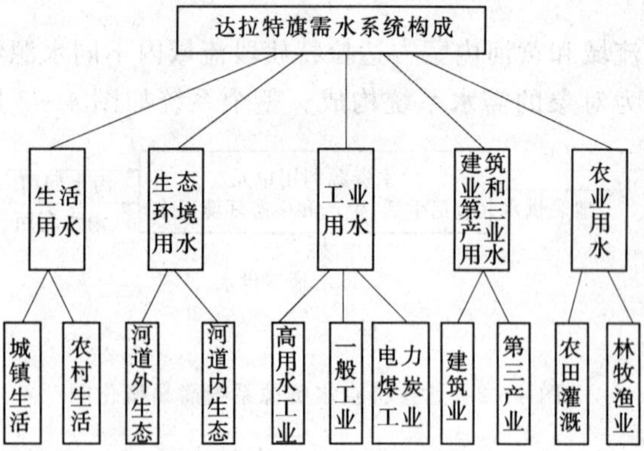

图 4-3　达拉特旗需水单元分类

达拉特旗的城市雨水经集蓄处理后，可用于工业、城市绿化等方面，该工程拟在 2015 年建成并投入使用。

(二) 需水系统

达拉特旗需水系统根据不同用水单元的性质，可分为生活、生产和生态环境等多个用水单元。各用水单元又可以根据情况分成多个子用水单元，具体见图 4-3。

二、水资源供需初步分析

(一) 现状用水

根据前期相关研究成果，达拉特旗多年平均水资源可利用量为 48052.89 万 m^3，其中地表水资源可利用量为 9201.70 万 m^3，地下水可开采量为 39201.55 万 m^3，重复利用水资源量为 350.36 万 m^3。

根据统计，达拉特旗 2010 年各行业用水量见表 4-2。

表 4-2　　达拉特旗现状用水量汇总　　单位：万 m^3

生活用水	农业用水	电力工业用水	煤炭工业用水	高用水工业用水	一般工业用水	建筑业和第三产业用水	生态环境用水	总计
458.80	59267.69	11010.00	800.00	10030.00	1719.70	204.14	592.10	84082.43

(二) 供水预测分析

在现状各类型供水工程的基础上，规划建设或压缩水资源的开采，现状工程在此不再叙述。

1. 地表水可供水量

各规划水平年地表供水水源工程供水量见表 4-3～表 4-7。地表水源在做供水水量计算时，已将河道内生态环境需水量扣除。

表 4-3　　达拉特旗塘坝引水工程各规划水平年不同保证率下可供水量　　单位：万 m^3

保证率	50%	75%	95%	97%
可供水量	2491.31	1591.57	1107.11	860.96

表 4-4　　黄河水利委员会分配给达拉特旗的黄河可用水指标　　单位：万 m^3

规划水平年	黄河水利委员会分配给各用水项目的水量			合计
	农业灌溉	达拉特旗发电厂	内蒙古亿利化学工业有限公司	
2015 年	16000	9700	3500	29200
2020 年	16000	9700	3500	29200

表 4-5　　达拉特旗蓄水水源工程不同保证率下可供水量　　单位：万 m^3

规划水平年	傍河水库工程或滞洪分洪供水工程	不同保证率下的可供水量			
		50%	75%	95%	97%
2015 年	乌兰水库	638.68	473.52	338.40	307.50
	神海子水库	288.87	260.50	224.60	200.20
	转龙湾水库	237.05	164.90	144.30	116.98
	打瓦壕滞洪分洪工程	3402.05	3329.90	3309.30	3281.98
	马莲壕滞洪分洪工程	5600.22	5396.89	5331.62	5210.30
	昭君坟滞洪分洪工程	5848.72	5615.38	5434.36	5335.70
	蒲圪卜滞洪分洪工程	2845.64	2787.92	2771.44	2749.59
	2015 年总计可供水量	22500.33	21523.81	21007.62	20601.21
2020 年与 2015 年一致，总计可供水量		22500.33	21523.81	21007.62	20601.21

表 4-6　　各引蓄水水源工程不同保证率下可利用水量　　单位：万 m^3

引蓄水工程	所在流域	多年平均引洪量	不同保证率下的可供水量			
			50%	75%	95%	97%
大湾	母花沟	451.75	378.20	306.45	250.60	222.50
碾坊湾	东柳沟	367.00	306.50	249.75	199.50	149.00
合计		818.75	684.70	556.20	450.10	371.50

表 4-7　　达拉特旗各规划水平年不同保证率下地表水源工程供水量汇总　　单位：万 m^3

规划水平年	不同保证率下的可供水量			
	50%	75%	95%	97%
2015 年	54876.34	52871.58	35764.83	35033.67
2020 年	54876.34	52871.58	35764.83	35033.67

2. 地下水可供水量

研究区地下水可开采量总计为 39201.55 万 m^3。主要分为地下水源集中供水、地下水源分散供水和截伏流供水三种开发利用方式。各类工程供水量见表 4-8 和表 4-9。这里需要说明的是，根据现场测试，该地区截伏流工程利用的水资源量中有 62.7%为地表水的补给，因此，该项工程水量也可用于工业。

表 4-8　　达拉特旗各规划水平年截伏流工程可供水量

规划水平年	规划截伏流工程	所在流域	日最小供水量（万 m^3/d）	年可供水量（万 m^3）
2015 年	丁红湾	卜尔色太沟	1.1	389.5
	死人塔	黑赖沟	0.8	305.0
	龙头拐	西柳沟	1.5	537.5
	小计		6.4	2324.7（含现状 1092.0）

续表

规划水平年	规划截伏流工程	所在流域	日最小供水量（万 m^3/d）	年可供水量（万 m^3）
2020 年	南营子	罕台川	1.0	352.1
	小王正壕	母花沟	1.1	390.8
	王滩圪卜	东柳沟	1.1	389.8
	小计		9.6	3457.4（含现状 1092.0）

表 4-9　各规划水平年地下水水源地供水量

供水类别	水源地名称	地下水可开采量（万 m^3）	可供水量（万 m^3）	
			2015 年	2020 年
集中供水	自来水公司水源地	812.00	700.52	786.93
	中和西镇水源地	259.19	252.45	257.91
	乌兰乡水源地	86.24	68.88	73.86
	昭君坟乡水源地	314.05	312.00	313.72
	榆林子乡杨家营子水源地	332.16		327.82
	树林召乡官牛犋水源地	112.13		86.37
	树林召林原水源地	56.41		39.84
	德胜泰乡水源地	197.15		168.55
	小计	2169.33	1333.85	2055.00
分散供水		35939.55	35500.00	33680.00
总计		38108.88	36833.85	35735.00

注　分散供水中，由于现状处于超采状态，供水井工程供水能力较大，此处的可供水量为合理供水量。

3. 其他水源

达拉特旗的污水经集中处理后，可作为工业用水，还可作为生态环境用水用于城市绿化、马路冲洗和河湖补水。其中，各规划水平年的污水处理量、可回用污水量见表 4-10。达拉特旗城区在 2015 年建成城市雨水集蓄利用工程，各规划水平年雨水集蓄可利用量见表 4-11。各类型供水水源各规划水平年供水量汇总见表 4-12。

表 4-10　达拉特旗可回用污水情况　　单位：万 m^3

规划水平年	污水处理量	可回用污水量
2015 年	10312.50	8486.55
2020 年	10210.90	8679.30

表 4-11　各规划水平年达拉特旗城区不同频率下的雨水集蓄可利用量　　单位：万 m^3

规划水平年	$i=50\%$	$i=75\%$	$i=95\%$	$i=97\%$
2015 年	811.00	691.64	464.95	429.91
2020 年	1085.50	925.74	622.32	575.42

表 4-12　　达拉特旗各规划水平年不同保证率下供水量预测成果　　单位：万 m^3

规划水平年	地表水源供水				地下水源供水		
					集中供水	分散供水	截伏流供水
	50%	75%	95%	97%	97%	97%	97%
2015 年	54876.34	52871.58	35764.83	35033.67	1333.85	35500.00	2324.67
2020 年	54876.34	52871.58	35764.83	35033.67	2055.00	33680.00	3457.37

规划水平年	雨水集蓄利用供水				污水处理回用水
	50%	75%	95%	97%	95%
2015 年	811.00	691.64	464.95	429.91	8486.55
2020 年	1085.50	925.74	622.32	575.42	8679.30

（三）需水分析

需水预测单元分为生活、生产和生态环境用水三大类。具体的需水情况见表 4-13～表 4-21。

表 4-13　　达拉特旗各规划水平年生活需水量　　单位：万 m^3

规划水平年	城镇居民	农村居民	总　计
2015 年	208.31	306.55	514.86
2020 年	226.10	342.19	568.30

表 4-14　　达拉特旗各规划水平年农业需水量　　单位：万 m^3

规划水平年	农田灌溉	林牧渔业	总　计
2015 年	48951.50	3511.20	52462.70
2020 年	46232.20	3790.30	50022.50

表 4-15　　达拉特旗各规划水平年煤炭工业需水量

煤炭项目	规模（万 t）	规划水平年（万 m^3）	
		2015	2020
新奥集团	1000	800	800

表 4-16　　达拉特旗各规划水平年电力工业需水量　　单位：万 m^3

电厂项目	规　模		规划水平年	
			2010 年	2020 年
达拉特旗发电厂	一、二期	4×330MW	3400	3400
	三期	2×330MW	1200	1200
	四期	4×600MW	2040	2040
	五期	6×600MW	3060	3060
	小计	7980MW	9700	9700

续表

电厂项目		规　　模	规划水平年	
			2010年	2020年
建滔化工集团有限公司		3×150MW	150	150
内蒙古埃玛能源化工有限公司	一期	2×150MW	255	255
	二期	2×150MW	255	255
	小计	600MW	510	510
香港海粤集团	一期	4×300MW	400	400
	二期	4×300MW	400	400
	三期	4×300MW		400
	小计	3600 MW	800	1200
华阳投资有限公司	一期	2×600MW	400	400
	二期	6×600MW	1200	1200
	三期	2×600MW		400
	小计	6000 MW	1600	2000
北京能源投资（集团）有限公司		4×600MW	2040	2040
内蒙古弘泽煤电开发有限公司		4×300MW	1020	1020
中国能源环保集团有限公司	一期	2×300MW	510	510
	二期	10×300MW		2550
	小计	3600MW	510	3060
合计		25830 MW	15130	19680

表4-17　　达拉特旗各规划水平年高用水工业需水量　　单位：万m^3

项　目　名　称	产品	规划水平年	
		2015年	2020年
新奥集团股份有限公司	甲醇、二甲醚	6050	6050
内蒙古亿利化学工业有限公司	PVC、烧碱	3500	3500
山东鲁能集团有限公司	甲醇	3200	5580
建滔化工集团有限公司	甲醇、尿素	7850	7850
内蒙古埃玛能源化工有限公司	PVC、烧碱	1880	2490
香港海粤集团	甲醇	700	700
华阳投资有限公司	运煤铁路	800	800
北京能源投资（集团）有限公司	甲醇	1960	1960
上海焦化有限公司	焦化产品	500	3400
内蒙古弘泽煤电开发有限公司	PVC	1980	1980
天津荣程联合钢铁集团有限公司	甲醇	1170	1170
中国能源环保集团有限公司	甲醇、二甲醚	1100	1940

续表

项 目 名 称	产品	规划水平年	
		2015 年	2020 年
包头华鼎铜业发展有限公司	铜	300	2000
河北威远生物化工股份有限公司	阿维菌素	1000	1000
内蒙古东达蒙古王集团（造纸）	纸	2400	2400
合计		34390	42820

表 4-18　　达拉特旗各规划水平年一般工业需水量

规划水平年	工业增加值（亿元）	需水量（万 m^3）
2015 年	28.00	2520.00
2020 年	42.84	2998.60

表 4-19　　达拉特旗各规划水平年建筑业和第三产业需水量　　单位：万 m^3

规划水平年	建筑业	第三产业	总　计
2015 年	91.33	147.65	238.98
2020 年	112.64	159.78	272.42

表 4-20　　达拉特旗各规划水平年生态环境需水量　　单位：万 m^3

规划水平年	河道外	河道内	总　计
2015 年	66.60	788.90	855.50
2020 年	72.99	1070.50	1143.50

表 4-21　　达拉特旗各规划水平年需水量汇总　　单位：万 m^3

规划水平年	生活需水	农业需水	电力工业需水	煤炭工业需水	高用水工业需水	一般工业需水	建筑业和第三产业需水	生态环境需水	需水总计
2015 年	514.86	52462.70	15130.00	800.00	34390.00	2520.00	238.98	855.50	106912.04
2020 年	568.30	50022.50	19680.00	800.00	42820.00	2998.60	272.42	1143.50	118305.32

（四）供需平衡初步分析

根据前述对达拉特旗各规划水平年的供水与需水预测结果，对其进行水资源供需平衡初步分析。这里，取生活用水、河道内生态环境用水、电厂、煤炭项目和高用水工业用水保证率为 97%，取第三产业、一般工业、建筑业及河道外生态环境的用水保证率为 95%，取农业用水的保证率为 75%，由此整理成不同保证率下的需水量和供水量成果，见表 4-22。

由表 4-22 可以看出，在现状供用水水平下，2015 年、2020 年各保证率下供水均不能满足需水。而在实施适度节水措施和规划水利工程建设投入使用的状况下，除 2020 年 75%保证率下的用水量不能得到满足外，其他均可满足。这里，从水资源供需的总量上来看，未来各规划水平年水资源的供需是基本平衡的，但是，这只是总量上宏观的比较，而

表 4-22　　达拉特旗各规划水平年不同保证率下的水资源供需状况　　单位：万 m^3

分类		规划水平年	不同用水保证率		
			75%	95%	97%
现状供用水水平下	需水量	2015 年	12100.13	79993.68	72698.06
		2020 年	13567.99	90115.32	83159.00
	可供水量	2015 年	83597.67	66007.67	57644.07
		2020 年	83597.67	66007.67	57644.07
实施节水、规划工程措施下	需水量	2015 年	106912.04	54449.34	50901.46
		2020 年	118305.31	68282.81	64938.80
	可供水量	2015 年	101208.29	83874.85	74622.10
		2020 年	101668.99	84258.82	74801.46

实际用水过程中，不同行业的用水，要求的水源不同，且区域可选择的水源也不同。因此，各行各业用水未必能够得到满足，这就需要在各供水水源和用水单元之间进行水资源优化配置，以期在充分满足用水需求的情况下，达到综合效益最大目标。

三、水资源开发利用中存在的问题

通过实地调查与计算分析，发现达拉特旗现状供用水主要存在以下几个问题：

(1) 地下水超采。

由于农业对地下水的开采量较大，总体造成区域地下水开采量超过可开采量，形成超采状态，部分地区出现漏斗。

(2) 地下水与地表水的联合利用。

经野外开采量实地调查，达拉特旗所有用水大部分取自黄河水和地下水。在达拉特旗工业不断发展的今天和将来，对水的需求量将越来越多，如果在超采地下水的状况下，仍不断增加地下水开采量，势必造成更严重的系列水环境、地质环境和生态环境问题，例如地下水位下降、草场退化等。因此，应充分考虑该地区的水资源状况，在有效控制、合理、可持续利用地下水的同时，逐步开发利用地表水资源，使地下水和地表水在保障生态、经济协调发展的情况下得到合理利用。

(3) 水源的使用。

由于某些高用水工业、一般工业建设投产较早，所以当时采用的地下水，形成了局部超采漏斗，且不符合目前水资源管理政策。

(4) 雨水资源利用。

城区面积较大，且在未来各规划水平年将扩展到更大范围，因此，应全面建设雨水集蓄系统，充分利用雨水资源，减少地下水的压力。

(5) 农业、工业用水的浪费。

在调查中，我们发现该地区农业用水大部分仍处于大水漫灌阶段，亩均用水定额较高，这是超采地下水的主要原因。在未来应逐步扩大节水灌溉面积，减少水资源的浪费。

工业浪费水现象也比较普遍，特别是电力、煤矿生产用水浪费严重。因此，建议较大企业进一步改善工艺流程，不断提高工业用水的重复利用率，尽量减少水资源的无效损耗。

四、水资源配置目标及原则

根据上面的初步分析，通过开源节流，从总数上来看，区域内水资源可以满足不同时期一定规划用水的要求。但是，为了实现区域资源、环境和社会经济的协调发展，应根据区域内供水水源和用水单元的特点，在水源地和各用水单元之间进行水资源优化配置，本次主要目标是解决超采问题，将对地下水的开采控制在可开采范围内；另外，逐渐将部分工业开采地下水退换出来；此外，加大地表水的开发，各行业充分节水，逐步转换部分分散供水为集中供水，并实现区域水资源利用综合效益最大化的目标。

根据达拉特旗的实际状况，水资源优化配置应优先满足生活和河道内生态环境用水，供水保证率为 97%；其次是农业用水，供水保证率为 75%，虽然其供水保证率要求不高，但需水应优先满足；再次是电厂、煤炭项目和高用水工业用水，供水保证率为 97%；最后是一般工业、建筑业和第三产业及河道外生态环境用水，供水保证率为 95%。

在优化过程中力求实现对区域内各种水源的统一调配和联合运用。区域规划的提水工程、傍河水库工程、滞洪引洪工程、引蓄水工程、截伏流工程和雨水集蓄利用工程能够充分利用水资源，应该优先引用；其次为了改善水环境和保护水资源，应该加大污水回用的比例。

五、水资源优化配置初步方案的生成

按照本章第三节水资源优化配置内容及流程中关于水资源优化配置初步方案生成的方式，结合前述预测过程，形成了达拉特旗水资源优化配置初步方案集。

六、水资源优化配置模型设计及其求解

1. 建模总体思路及基本结构

达拉特旗水资源系统是一个包括多水源和多用户，需要满足近期和远期不同用户不同供水保证率要求的水资源系统，结构比较复杂，影响因素和决策变量很多。

根据区域宏观经济发展要求，水资源的利用必须使区域社会、环境与经济协调发展。而社会、环境与经济用水之间既相互联系又相互制约，因此，区域水资源优化配置模型为一个多目标多层次的结构。

根据规划要求，本次采用大系统分解协调方法，按照本章第三节介绍的水资源优化配置模型形式，建立水资源优化配置模型。另外，在此模型的基础上，加入个别目标函数和约束条件，如下：

对于电力、煤炭工业和高用水工业用水，根据“达拉特旗国民经济和社会发展‘十二五’规划及远景目标测算”及当前达拉特旗经济的实际发展状况，规划了 1 个煤炭项目、8 个电厂项目和 15 个高用水工业项目。

由于电力、煤炭和高用水工业用水量很大，因此，确保电力、煤炭和高用水工业供水的输水费用最小是优先考虑的一个重要目标，因此在目标函数中加入如下目标函数：

$$\max f_4(X) = -\min\left(\sum_{in=1}^{IN(k)} \alpha_{in,u}^{k} x_{in,ue}^{k} + \sum_{c=1}^{P} \alpha_{c,u}^{k} x_{c,ue}^{k}\right) \tag{4-22}$$

式中：$\alpha_{in,u}^{k}$ 为第 k 个子区中第 in 个独立水源向 u 个用水户供水的输水成本，元/m^3 或

元/10^4m^3；$\alpha_{c,u}^k$为第 c 个公共水源向 k 个子区中第 u 个用水户供水的输水成本，元/m^3 或元/10^4m^3；其他同上。

此次水资源优化配置用水原则如下：生活用水全部由地下水提供；河道内生态环境用水为地表水，因此按各供水区及河道所在流域联合进行水资源优化配置，并且应该优先保证。其次，农业用水保证率虽然相对较低，但其是保障地区粮食安全的基础，其主要使用黄河水、十大流域地表水和区域地下水。再次是电力、煤炭工业和高用水工业用水，在黄河水、十大流域地表水、部分地下水、污水回用和雨水集蓄利用供水水源和各个用水单元之间进行优化配置。最后是河道外生态环境、一般工业、第三产业和建筑业，可使用的水源为地下水（工业中对水质要求较高的企业可使用部分地下水）、地表水、污水回用、雨水集蓄。

2. 模型计算流程

根据上面的计算原理，对达拉特旗水资源优化配置模型进行计算流程设计，见图 4-4。

3. 模型参数确定

(1) 生活、河道内生态环境用水需水比例。

根据调查统计分析，可以把达拉特旗的生活、河道内生态环境用水划分为 28 个单元，每个单元在各规划水平年的生活、河道内生态环境用水比例根据 2010 年用水比例相应确定。

(2) 电力、煤炭和高用水工业供水的输水成本。

由于现有资料的限制，模型中将各供水水源地与电厂、煤炭和高用水工业项目区的相对输水距离视为输水成本，同时兼顾项目的上马优先顺序。

(3) 供水权重系数确定。

在模型优化过程中，权重系数通过水源地开发的优先级和各水源地向不同用水单元供水的优先级的笛卡儿积得到。区域内各种水源开发的优先级如表 4-23 所示。

表 4-23　达拉特旗水资源开发优先顺序

供水水源	开发优先级	供水水源	开发优先级
地表水	*A*	地下水集中供水	*D*
污水回用	*B*	地下水分散供水	*E*
雨水集蓄	*C*		

表 4-23 中，*A*、*B*、*C*、*D*、*E* 依次为水资源开发的优先顺序，根据达拉特旗的实际情况，可以认为地表水的优先级系数为 1，其他水源分别为 0.8、0.6、0.4 和 0.2。

对于每个水源地，根据其具体情况对各个供水对象也有不同的供水优先顺序（图 4-4），其中地下水应优先满足城乡居民生活用水和农业用水，其次是建筑业、第三产业和河道外生态环境用水，另有部分对水质要求较高的一般工业和高用水工业。地表水工程应优先满足河道内生态环境用水，其次为农业、电力、煤炭和高用水工业用水，再次是一般工业用水、建筑业和第三产业及河道外生态环境用水。雨水集蓄应首先满足电力、煤炭和高用水工业用水，再次是一般工业用水、建筑业和第三产业及河道外生态环境用水，最后是农业

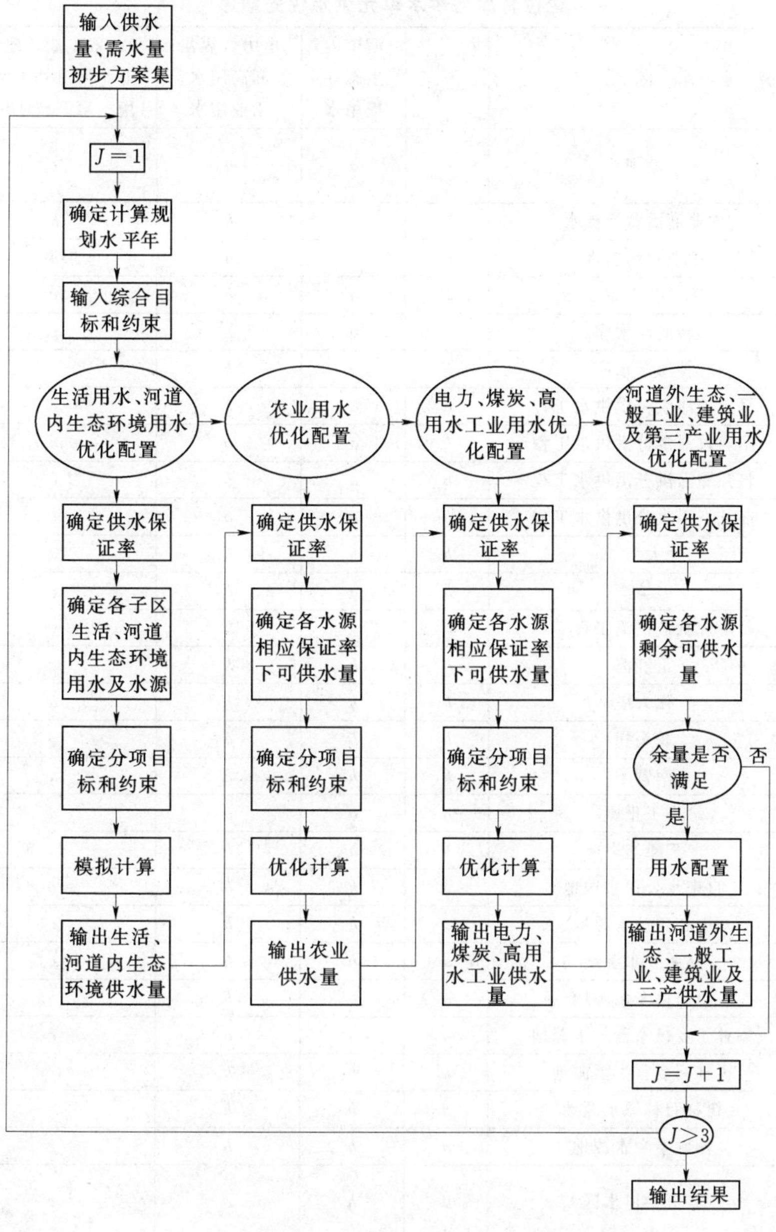

图 4-4　达拉特旗水资源系统优化配置计算流程

用水。污水回用应首先用于电力、煤炭和高用水工业用水，其次是一般工业用水、建筑业和河道外生态环境用水，最后是农业用水。

依据上面的原则得到的各供水水源供给用水单元的优先级顺序见表 4-24。

表 4-24 中，a、b、c、d 分别表示第一、第二、第三和第四优先级，h 表示最后的优先级。根据达拉特旗的实际情况，可以认为第一优先级取为 1，第二优先级取为 0.9，第三优先级取 0.8，第四优先级取 0.6，最后优先级取 0.1。

表 4-24 达拉特旗各供水单元供水优先顺序

供水水源			生活用水	河道内生态环境用水	电力、煤炭和高用水工业用水	一般工业、建筑业、河道外生态环境、第三产业用水	农业用水
地表水	引水工程	塘坝	h	a	h	c	b
	提水工程	农业灌溉黄河提水	h	h	h	h	a
		工业黄河提水	h	h	a	h	h
	蓄水工程	乌兰水库	h	a	b	c	d
		转龙湾水库	h	a	b	c	d
		神海子水库	h	a	b	c	d
		马莲壕滞洪分洪供水工程	h	a	b	c	d
		昭君坟滞洪分洪供水工程	h	a	b	c	d
		打瓦壕滞洪分洪供水工程	h	a	b	c	d
		蒲圪卜滞洪分洪供水工程	h	a	b	c	d
	引蓄水工程	大湾	h	a	b	c	h
		碾坊湾	h	a	b	c	h
地下水	截伏流工程	现状截伏流工程	a	h	h	c	b
		丁红湾	h	h	b	a	c
		死人塔	h	h	b	a	c
		龙头拐	h	h	b	a	c
		南营子	h	h	b	a	c
		小王正壕	h	h	b	a	c
		王滩圪卜	h	h	b	a	c
	集中供水工程	自来水公司水源地	a	h	h	b	h
		中和西镇水源地	a	h	h	c	b
		乌兰乡水源地	a	h	h	c	b
		昭君坟乡水源地	a	h	h	c	b
		榆林子乡杨家营子水源地	a	h	h	c	b
		树林召乡官牛犋源地	a	h	h	c	b
		树林召林原水源地	a	h	h	c	b
		德胜泰乡水源地	a	h	h	c	b
	分散供水工程	各分散供水区	a	h	d	c	b
污水回用			h	h	a	b	c
雨水集蓄利用			h	d	a	b	c

通过上面的水资源开发优先顺序和各水源地供水优先顺序，两者的笛卡儿积即可得到各水源地供给不同用水单元的供水权重系数。

七、水资源优化配置方案与结果分析

1. 水资源优化配置方案

对上面的水资源多目标优化配置问题，利用水资源优化配置模型编程进行计算，可得出区域两个规划水平年的水资源优化配置方案，见表 4-25 和表 4-26。

表 4-25　　达拉特旗 2015 规划水平年水资源优化配置方案　　单位：万 m^3

供水水源			生活用水	河道内生态环境用水	电力工业用水								煤炭用水	高用水工业用水															一般工业用水	建筑业和第三产业用水	河道外生态环境用水	农业用水	向邻近东胜区供水	合计
					达拉特旗发电厂	建滔化工集团有限公司	内蒙古埃玛能源化工有限公司	香港海粤集团	华阳投资有限公司	北京能源投资（集团）有限公司	内蒙古弘泽煤电开发有限公司	中国能源环保集团有限公司	新奥集团	新奥集团股份有限公司	内蒙古亿利化学工业有限公司	山东鲁能集团有限公司	建滔化工集团有限公司	内蒙古埃玛能源化工有限公司	香港海粤集团	华阳投资有限公司	北京能源投资（集团）有限公司	上海焦化有限公司	内蒙古弘泽煤电开发有限公司	天津荣程联合钢铁集团有限公司	中国能源环保集团有限公司	包头华鼎铜业发展有限公司	河北威远生物化工股份有限公司	内蒙古东达蒙古王集团（造纸）						
地表水	引水工程	塘坝		各地表水源工程（除黄河引水）联合调度供给 790																												1590		1590
	提水工程	农业灌溉黄河提水																														16000		16000
		达拉特旗发电厂黄河引水			9700																													9700
		内蒙古亿利化学工业有限公司黄河引水													3500																			3500
	蓄水工程	乌兰水库																				307												307
		转龙湾水库																										116						116
		神海子水库											200																					200
		马莲壕滞洪分洪供水工程					510	800										1880	700															3890
		昭君坟滞洪分洪供水工程				150											5180																	5330
		打瓦壕滞洪分洪供水工程							1600				480							800														2880
		蒲圪卜滞洪分洪供水工程															2670																	2670
	引蓄水工程	大湾																									200							200
		碾坊湾											120																					120

续表

供水水源		生活用水	河道内生态环境用水	电力工业用水								煤炭用水	高用水工业用水															一般工业用水	建筑业和第三产业用水	河道外生态环境用水	农业用水	向邻近东胜区供水	合计
				达拉特旗发电厂	建滔化工集团有限公司	内蒙古埃玛能源化工有限公司	香港海粤集团	华阳投资有限公司	北京能源投资（集团）有限公司	内蒙古弘泽煤电开发有限公司	中国能源环保集团有限公司	新奥集团	新奥集团股份有限公司	内蒙古亿利化学工业有限公司	山东鲁能集团有限公司	建滔化工集团有限公司	内蒙古埃玛能源化工有限公司	香港海粤集团	华阳投资有限公司	北京能源投资（集团）有限公司	上海焦化有限公司	内蒙古弘泽煤电开发有限公司	天津荣程联合钢铁集团有限公司	中国能源环保集团有限公司	包头华鼎铜业发展有限公司	河北威远生物化工股份有限公司	内蒙古东达蒙古王集团（造纸）						
地下水 截伏流工程	现状截伏流工程	22																													370	700	1092
地下水 截伏流工程	丁红湾																										389						389
地下水 截伏流工程	死人塔																											300					300
地下水 截伏流工程	龙头拐																											530					530
地下水 截伏流工程	南营子																																
地下水 截伏流工程	小王正壕																																
地下水 截伏流工程	王滩圪卜																																
地下水 集中供水工程	自来水公司水源地	227																											230	30			487
地下水 集中供水工程	中和西镇水源地	45																													205		250
地下水 集中供水工程	乌兰乡水源地	30																													40		70
地下水 集中供水工程	昭君坟乡水源地	35																													275		310
地下水 集中供水工程	榆林子乡杨家营子水源地																																
地下水 集中供水工程	树林召乡官牛犋水源地																																
地下水 集中供水工程	树林召林原水源地																																
地下水 集中供水工程	德胜泰乡水源地																																
地下水 分散供水工程	分散供水区	156																								800（部分工艺对水质要求高）	145	1655（对水质要求高的企业）	10	40	33990		36796
污水回用									2040	1020	510									1960				1100	100		1750						8480
雨水集蓄																					193				200			35					428
合计		515	790	9700	150	510	800	1600	2040	1020	510	800		3500		7850	1880	700	800	1960	500			1100	300	1000	2400	2520	240	70	52470	700	96425

表 4-26 达拉特旗 2020 规划水平年水资源优化配置方案

单位：万 m^3

供水水源			生活用水	河道内生态环境用水	电力工业用水								煤炭用水	高用水工业用水															一般工业用水	建筑业和第三产业用水	河道外生态环境用水	农业用水	向邻近东胜区供水	合计
					达拉特旗发电厂	建滔化工集团有限公司	内蒙古埃玛能源化工有限公司	香港海粤集团	华阳投资有限公司	北京能源投资（集团）有限公司	内蒙古弘泽煤电开发有限公司	中国能源环保集团有限公司	新奥集团	新奥集团股份有限公司	内蒙古亿利化学工业有限公司	山东鲁能集团有限公司	建滔化工集团有限公司	内蒙古埃玛能源化工有限公司	香港海粤集团	华阳投资有限公司	北京能源投资（集团）有限公司	上海焦化有限公司	内蒙古弘泽煤电开发有限公司	天津荣程联合钢铁集团有限公司	中国能源环保集团有限公司	包头华鼎铜业发展有限公司	河北威远生物化工股份有限公司	内蒙古东达蒙古王集团（造纸）						
地表水	引水工程	塘坝		各地表水源工程（除黄河引水）联合调度供给1075																												1590		1590
	提水工程	农业灌溉黄河提水																														16000		16000
		达拉特旗发电厂黄河引水			9700																													9700
		内蒙古亿利化学工业有限公司黄河引水													3500																			3500
	蓄水工程	乌兰水库																				307												307
		转龙湾水库																										116						116
		神海子水库											200																					200
		马莲壕滞洪分洪供水工程					510	1200										2490	700															4900
		昭君坟滞洪分洪供水工程				150											5180																	5330
		打瓦壕滞洪分洪供水工程							2000				480							800														3280
		蒲圪卜滞洪分洪供水工程															2670																	2670
	引蓄水工程	大湾																									200							200
		碾坊湾											120																					120

续表

供水水源			生活用水	河道内生态环境用水	电力工业用水								煤炭用水	高用水工业用水															一般工业用水	建筑业和第三产业用水	河道外生态环境用水	农业用水	向邻近东胜区供水	合计
					达拉特旗发电厂	建滔化工集团有限公司	内蒙古埃玛能源化工有限公司	香港海粤集团	华阳投资有限公司	北京能源投资（集团）有限公司	内蒙古弘泽煤电开发有限公司	中国能源环保集团有限公司	新奥集团	新奥集团股份有限公司	内蒙古亿利化学工业有限公司	山东鲁能集团有限公司	建滔化工集团有限公司	内蒙古埃玛能源化工有限公司	香港海粤集团	华阳投资有限公司	北京能源投资（集团）有限公司	上海焦化有限公司	内蒙古弘泽煤电开发有限公司	天津荣程联合钢铁集团有限公司	中国能源环保集团有限公司	包头华鼎铜业发展有限公司	河北威远生物化工股份有限公司	内蒙古东达蒙古王集团（造纸）						
地下水	截伏流工程	现状截伏流工程	22																													370	700	1092
地下水	截伏流工程	丁红湾																										389						389
地下水	截伏流工程	死人塔																											300					300
地下水	截伏流工程	龙头拐																											530					530
地下水	截伏流工程	南营子																											350					350
地下水	截伏流工程	小王正壕																											380					380
地下水	截伏流工程	王滩圪卜																											380					380
地下水	集中供水工程	自来水公司水源地	227																											230	30			487
地下水	集中供水工程	中和西镇水源地	45																													205		250
地下水	集中供水工程	乌兰乡水源地	30																													40		70
地下水	集中供水工程	昭君坟乡水源地	35																													275		310
地下水	集中供水工程	榆林子乡杨家营子水源地	50																													270		320
地下水	集中供水工程	树林召乡官牛犋水源地	35																													45		80
地下水	集中供水工程	树林召林原水源地	15																													24		39
地下水	集中供水工程	德胜泰乡水源地	25																													135		160
地下水	分散供水工程	分散供水区	86																									800（部分工艺对水质要求高）		835（对水质要求高的企业）	45	45	31070		32881
污水回用										2040	1020	510									1960				1100	100		1895	45					8670
雨水集蓄																						193				200			182					575
合计			570	1075	9700	150	510	1200	2000	2040	1020	510	800		3500		7850	2490	700	800	1960	500			1100	300	1000	2400	3002	275	75	50024	700	96251

2. 结果分析

由各规划水平年的水资源优化配置方案可以看出：

（1）通过进一步开发地表水、雨水、污水回用，各行业实施节水的措施下（特别是农业），压缩了地下水的开采量，逐步恢复地下水开采量在可开采量范围之内。但由于农业节水的投入及实现分阶段性，因此，在2015年仍有部分超采，但超采量已经很小。在2020年完全恢复地下水开采量在可开采量范围之内，保障了地下水的可持续利用。

（2）使得各用水户、供水水源实现了合理的对应性，符合水资源管理的要求。

（3）除部分工业企业对水质要求较高，仍采用地下供水外，其余工业企业逐步将地下水源退换出来。

（4）由于达拉特旗经济发展迅速，高用水工业上马较多，而国家对于高用水工业项目禁止使用地下水，所以在优化配置时，依照所上马项目的次序及对当地经济、社会和资源协调发展的贡献力度进行优化配置，在保障重点项目用水的同时，尽量保障其他项目的用水。通过开源节流措施，使得工业用水大部分得到了满足，部分企业完全不能满足，部分企业只能满足2015年的需求，而2020年规划需水得不到满足。

（5）将过去部分农村生活用水和生产用水实行分散取水的方式，部分规划为集中供水水源地供水方式，同样，也使部分分散供水的农田灌溉采用部分集中供水形式，实现了供水安全。

（6）未来需水量可能将进一步增大。因此，在今后经济发展过程中，应重点考虑进行黄河水的水权置换（该地区从外流域调水较难实现），即通过引黄干流和灌区渠道衬砌节约出一部分水量用于工业。经对黄灌区扬水站干流、支流渠道的渗漏试验，在实施渠道衬砌措施下，可节约出3200万m^3左右的黄河水量，这部分水量可用于工业使用；另外，可在黄灌区适宜打井的地方配套机电灌溉井，这样，一方面可降低沿滩地区土壤盐碱化程度，改良了土壤，另一方面又可节约一部分黄河水用于工业。

思 考 题

1. 根据你的理解，水资源优化配置内涵体现了什么思想？
2. 水资源优化配置基本原则有哪些？
3. 水资源优化配置内容有哪些？
4. 收集你所在地区的供用水资料，分析水资源开发利用中存在的问题，确定水资源优化配置的目标及原则。
5. 水资源优化配置方案的比选主要考虑哪几个方面？

参 考 文 献

[1] 水利部．2011年中国水资源公报［R］. 北京，2012.

[2] 许新宜，王浩，甘泓．华北地区宏观经济水资源规划理论与方法［M］. 郑州：黄河水利出版社，1997.

[3] 左其亭，王树谦，刘廷玺．水资源利用与管理［M］. 郑州：黄河水利出版社，2009.

第五章 水灾害及其防治

灾害是能够给人类和人类赖以生存的环境造成破坏性影响的事物的总称。

自然灾害是指由于某种不可控制或未能预料的破坏性因素的作用，对人类生存发展及其所依存的环境造成严重危害的非常事件和现象。

水灾害定义是世界上普遍和经常发生的一种自然灾害。广义地说水灾害应该指由于水的变化引起的灾害，包括水多——洪灾、水少——旱灾、水脏——水污染。

洪水灾害是指当洪水威胁到人类安全和影响社会经济活动并造成损失时才能成为洪水灾害。

内涝灾害是指地面积水不能及时排除而形成的灾害，简称涝灾。地下水位过高或耕作层含水过多而影响农作物生长称渍害。

干旱是指大气运动异常造成长时期、大范围无降水或降水偏少的自然现象。旱灾是指土壤水分不足，不能满足农作物和牧草生长的需要，造成较大的减产或绝产的灾害。

水灾害是影响我国最广泛的自然灾害，也是我国经济建设、社会稳定敏感度最大的自然灾害。历时阶段中，我国水灾害发生频繁，1950 年淮河上中游大水，干流鲁台子实测洪峰流量 12800m^3/s，豫东、皖北地区水灾严重。淮河流域成灾农田 313 万 hm^2，死亡近千人。海河流域北部和湘、鄂、陕、黔等省局地水灾较重。1951 年辽河中下游特大洪水，铁岭站洪峰流量 14200m^3/s，辽宁、吉林 2 省 33 个县市受灾，受灾农田 37.6 万 hm^2，死亡 3100 人。沈山、长大铁路停运 47 天。鲁北德州、惠民地区同时出现严重涝灾。渭河、第二松花江和拉林河大水，部分沿河地区受淹。1952 年七大江河水势平稳。鄂东地区、汉江下游、渭河中下游及桂北地区水灾。浙、闽沿海地区大水成灾，40 万 hm^2 农田受灾，死 800 余人。1953 年辽河中下游特大洪水，铁岭站实测洪峰流量 11800m^3/s，27 个县市受灾，死亡 167 人，沈山、长大铁路中断行车 59 天；松花江流域同时大水，哈尔滨站实测洪峰流量 9530m^3/s，哈尔滨市郊受淹。海河流域及黄河下游部分地区水灾。近期，1991 年本年全国气候异常，西太平洋副热带高压长时间滞留在长江以南，江淮流域入梅早，雨势猛，历时长，淮河发生了自 1949 年以来的第 2 位大洪水，3 个蓄洪区、14 个行洪区先后启用；太湖出现了有实测记录以来的最高水位 4.79m，苏、锡、常地区工矿和乡镇企业损失严重；长江支流滁河、澧水和乌江部分支流及鄂东地区中小河流等相继出现近 40 余年来最大洪水；松花江干流发生两次大洪水，哈尔滨站最大流量 10700m^3/s，佳木斯站最大流量 15300m^3/s，分别为 1949 年以来第 3 位和第 2 位。据统计，全国有 28 个省、市、自治区不同程度遭受水灾，农田受灾 2459.6 万 hm^2，成灾 1461.4 万 hm^2，倒房 497.9 万间，死亡 5113 人，直接经济损失 779.08 亿元。其中皖、苏 2 省灾情最重，合计农田受灾 966.5 万 hm^2，成灾 672.8 万 hm^2，死亡 1163 人，倒房 349.3 万间，直接经济损失 484 亿元，各占全国总数的 39%、46%、23%、70%和 62%。1992 年七大江河水势平稳。受 9216 号强热带风暴和天文大潮的作用，8 月末 9 月初，我国东部沿海发生了 1949 年以来影响范围最广，损失最严重的一次风暴潮灾。闽、浙、沪、苏、鲁、冀、津、辽等省市沿海地区出现了历史上罕见的高潮位。据统计，仅闽、浙、苏、鲁、冀、津 6 省市受灾人口 2000 多万，毁坏海塘 1170km，受灾农田 193.3 万 hm^2，死亡 193 人，直接经济损失 90 多亿元。闽江发生 50 年一遇的特大洪水，十里庵站洪峰流量 $27500m^3/s$，竹岐站洪峰流量 $30300m^3/s$。闽江流域遭受较严重水灾。钱塘江上游出现 1949 年以来第 2 位大洪水，兰溪站洪峰流量 $12100m^3/s$，沿江县市受灾较重。此外，大渡河、湘江、信江、漓江及黄河中上游部分地区也发生了较大洪水，造成了较严重的洪涝灾害。1998 年中国长江、松花江、西江均发生特大洪水[1]。

第一节 水灾害属性

灾害是一种自然与社会综合体，是自然系统与人类物质文化系统相互作用的产物，具有自然和社会的双重属性。

一、自然属性

地球表层由各种固体、液体和气体组成，形成了岩石圈（土壤圈）、水圈、气圈和生物圈在地球和天体的作用和影响下，时时刻刻都在不停地运动变化，发生物理、化学、生物变化，并且相互作用和影响，大部分灾害都在这些圈层的物理、化学、生物作用下造成的。水灾害是以气圈、水圈、土壤圈为主发生的灾害，如洪灾、涝灾、旱灾、泥石流等[2]。

水灾害产生的自然因素及其作用机制很复杂，不同的灾害由不同的因素，是多种因素综合作用的产物。

水灾害是相对人类而言的，在人类生存的地区，均有可能发生水灾害，这就是灾害的普遍性。

致灾原因：自然因素占主导地位，从宇宙系统看，太阳、月亮、地球的活动与水灾害都有关，与地球相关的因素包括地形、地势、地质、地理位置、大气运动、植被分布等。

西北太平洋是全球热带气旋发生次数最多的海域，我国不仅地处西北太平洋的西北方，而且地势向海洋倾斜，没有屏障，成为世界上台风袭击次数最多的国家之一。

我国国土辽阔，降水量时空分布极不均匀，在一个地区形成洪涝灾害的同时，在另一地区可能受旱灾的影响。

二、社会属性

人类是生物圈中的主宰，不仅要靠自身，而且还利用整个自然界壮大自身的能量，改变自然界，创造人为世界，人类可以改变自然界的面貌，却无法改变自然界的运行规律，如果人类改造和干预自然界的行为存在盲目性，违反了自然规律，激发了自然界内部的矛盾和自然界同人类的矛盾，反过来也会对人类自身产生危害。

盲目砍伐森林、不合理的筑坝拦水、跨流域调水、引水灌溉、开采地下水等都可能造成负面影响，如造成水土流失、生态环境恶化、河道淤积、地面沉降、海水入侵、河口生态环境恶化。

把国民经济增长、城市发展、人口控制与水土资源的利用协调起来，制定有利于区域水土资源可持续发展的最佳开发模式，无疑是防治水灾害的一项紧迫的任务。

第二节 水灾害类型及其成因

一、水灾害类型

水灾害危害最大、范围最广、持续时间较长。根据不同成因水灾害可以分为洪水、涝渍、风暴潮、灾害性海浪、泥石流、干旱、水生态环境灾害。

（1）洪水。

洪水是指暴雨、冰雪急剧融化等自然因素或水库垮坝等人为因素引起的江河湖库水量迅速增加或水位急剧上涨，对人民生命财产造成危害的现象。山洪也是洪水的一类，特指发生在山区溪沟中的快速、强大的地表径流现象，特点是流速快、历时短、暴涨暴落、冲刷力与破坏力强，往往携带大量泥沙的地表径流[3]。

（2）涝。

涝是指过多雨水受地形、地貌、土壤阻滞，造成大量积水和径流，淹没低洼地造成的水灾害。城市内涝是指由于强降水或连续性降水超过城市排水能力致使城市内产生积水灾害的现象。造成内涝的客观原因是降雨强度大，范围集中。降雨特别急的地方可能形成积水，降雨强度比较大、时间比较长也有可能形成积水。

（3）渍。

渍是指因地下水水位过高或连续阴雨致使土壤过湿而危害作物生长的灾害。涝渍是我国东部、南部湿润地带最常见的水灾害。涝渍分类：按涝渍灾害发生的季节可以分为春涝、夏涝、秋涝和连季涝。按地形地貌可划分为平原坡地、平原洼地、水网圩区、山区谷地、沼泽地、城市化地区。我国的实际情况划分为涝渍型、潜渍型、盐渍型、水质型 4 种渍害类型。

（4）风暴潮。

风暴潮是由台风和温带气旋在近海岸造成的严重海洋灾害。巨浪是指海上波高达 6m 以上引起灾害的海浪。对海洋工程、海岸工程、航海、渔业等造成危害。

（5）泥石流。

泥石流是山区特有的一种自然地质现象。它是由于降水（暴雨、冰雪融化水）产生在沟谷或山坡上的一种挟带大量泥沙、石块、巨砾等固体物质的特殊洪流，是高浓度的固体和液体的混合颗粒流，泥石流经常瞬间爆发、突发性强、来势凶猛、具有强大的能量、破坏性极大，是山区最严重的自然灾害[4-7]。

按物质成分分类：由大量黏性土和粒径不等的砂粒、石块组成的叫泥石流；以黏性土为主，含少量砂粒、石块、黏度大、呈稠泥状的叫泥流；由水和大小不等的砂粒、石块组成的称之水石流。泥石流按流域形态分类：标准型泥石流，为典型的泥石流，流域呈扇形，面积较大，能明显的划分出形成区、流通区和堆积区；河谷型泥石流，流域呈有狭长条形，其形成区多为河流上游的沟谷，固体物质来源较分散，沟谷中有时常年有水，故水源较丰富，流通区与堆积区往往不能明显分出；山坡型泥石流，流域呈斗状，其面积一般

小于 $1000m^2$，无明显流通区，形成区与堆积区直接相连。

泥石流按物质状态分成黏性泥石流和稀性泥石流。黏性泥石流含大量黏性土的泥石流或泥流，其特征是黏性大，固体物质占40%～60%，最高达80%，其中的水不是搬运介质，而是组成物质，稠度大，石块呈悬浮状态，暴发突然，持续时间亦短，破坏力大。稀性泥石流以水为主要成分，黏性土含量少，固体物质占10%～40%，有很大分散性，水为搬运介质，石块以滚动或跃移方式前进，具有强烈的下切作用。

（6）干旱。

大气运动异常造成长时期、大范围无降水或降水偏少的自然现象。造成天气干旱、土壤缺水、江河断流、禾苗干枯、供水短缺等。干旱可以分为：气象干旱、水文干旱、农业干旱、社会经济干旱。

气象干旱是指由降水与蒸散发收支不平衡造成的异常水分短缺现象。由于降水是主要的收入项，且降水资料最易获得，因此，气象干旱通常主要以降水的短缺程度作为指标的标准。

水文干旱是指由降水与地表水、地下水收支不平衡造成的异常水分短缺现象。因此，水文干旱主要指的是由地表径流和地下水位造成的异常水分短缺现象。

农业干旱是指由于外界环境因素造成作物体内水分失去平衡，发生水分亏缺，影响作物正常生长发育，进而导致减产或失收的一种农业气象灾害。

造成作物缺水的原因很多，按成因不同可将农业干旱分为土壤干旱、生理干旱、大气干旱、社会经济干旱。土壤干旱是指土壤中缺乏植物可吸收利用的水分，根系吸水不能满足植物正常蒸腾和生长发育的需要，严重时，土壤含水量降低至凋萎系数以下，造成植物永久凋萎而死亡；生理干旱是由于植物生理原因造成植物不能吸收土壤中水分而出现的干旱；大气干旱是指当气温高、相对湿度小、有时伴有干热风时，植物蒸腾急剧增加，吸水速度大大低于耗水速度，造成蒸腾失水和根系吸水的极不平衡而呈现植物萎蔫，严重影响植物的生长发育。社会经济干旱应当是水分总供给量少于总需求量的现象，应从自然界与人类社会系统的水分循环原理出发，用水分供需平衡模式来进行评价。[8]

（7）水生态环境。

水生态环境主要是指影响人类社会生存和发展并以水为核心的各种天然的和经过人工改造的自然因素所形成的有机统一体。当水生态环境体系受到破坏，水生态和水资源的社会、经济功能就会受到影响，从而造成灾害。

二、水灾害成因

（一）洪灾的成因

洪水现象是自然系统活动的结果，洪水灾害则是自然系统和社会经济系统共同作用形成的，是自然界的洪水作用于人类社会的产物，是自然与人之间关系的表现。产生洪水的自然因素是形成洪水灾害的主要根源，但洪水灾害不断加重却是社会经济发展的结果。因此应从自然因素和社会经济因素两个方面对我国洪水灾害的成因加以分析[9]。

1. 影响洪灾的自然因素

我国各地洪水情况千差万别，比如有些地区洪水发生频繁、有些地区洪水很少，有些季节洪水严重、有些季节不发生洪水。主要从气候和地貌两个方面分析我国洪水形成的自然地理背景。

(1) 气候。

我国气候的基本格局：东部广大地区属于季风气候；西北部深居内陆，属于干旱气候；青藏高原则属高寒气候[10]。

影响洪水形成及洪水特性的气候要素中，最重要、最直接的是降水；对于冰凌洪水、融雪洪水、冰川洪水及冻土区洪水来说，气温也是重要要素。其他气候要素，如蒸发、风等也有一定影响。降水和气温情况，都深受季风的进退活动的影响。

1) 季风气候的特点。我国处于中纬度和大陆东岸，受到青藏高原的影响，季风气候异常发达。季风气候的特征主要表现为冬夏盛行风向有显著变化，随着季风的进退，降雨有明显季节变化。在我国冬季盛行来自大陆的偏北气流，气候干冷，降水很少，形成旱季；夏季雨冬季相反，盛行来自海洋的偏南气流，气候湿润多雨，形成雨季。

随着季风进退，雨带出现和雨量的大小有明显季节变化。受季风控制的我国广大地区，当夏季风前缘到达某地时，这里的雨季也就开始，往往形成大的雨带，当夏季风南退，这一地区雨季也随之结束。

我国夏季风主要有东南季风和西南季风两类。大致以东经 105°～110°为界，其东主要受东南季风影响，以西主要受西南季风影响。

随着季风的进退，盛行的气团在不同季节中产生了各种天气现象，其中与洪水关系最密切的梅雨和台风。

梅雨是指长江中下游地区和淮河流域每年 6 月上中旬至 7 月上中旬的大范围降水天气。一般是间有暴雨的连续性降水，形成持久的阴雨天气。梅雨开始与结束的早晚，降水多少，直接影响当年洪水的大小。有的年份，江淮流域在 6～7 月间基本没有出现雨季，或者雨期过短，成为“空梅”，将造成严重干旱。

台风是热带气旋的一个类别。在气象学上，按世界气象组织定义，热带气旋中心持续风速达到 12 级称为飓风，飓风的名称使用在北大西洋及东太平洋；而北太平洋西部称为台风[11]。台风每年 6～10 月，由我国东南低纬度海洋形成的热带气旋北移，携带大量水汽途径太湖地区，造成台风型暴雨。

2) 降水。降水是影响洪水的重要气候要素，尤其是暴雨和连续性降水。我国是一个暴雨洪水问题严重的国家。暴雨对于灾害性洪水的形成具有特殊重要的意义。

a. 年降水量地区分布。形成大气降水的水汽主要来自海洋水面蒸发。我国境内降水的水汽主要来自印度洋和太平洋，夏季风（东南季风和西南季风）的强弱对我国降水量的地区分布和季节变化有着重要影响。

我国多年降水量地区分布的总趋势是从东南沿海向西北内陆递减。400mm 等雨量线由大兴安岭西侧向西南延伸至我国和尼泊尔的边境。以此线为界，东部明显受季风影响，降水量多，属于湿润地区；西部不受或受季风影响较小，降水稀少，属于干旱地区。

在东部，降水量又有随纬度的增高而递减的趋势。如东北和华北平原年降水量在 600mm 左右，长江中下游干流以南年降水量在 1000mm 以上[12]。

我国是一个多山的国家，各地降水量多少受地形的影响也很显著，这主要是因为山地对气流的抬升和阻障作用，使山地降水多于邻近平原、盆地，山岭多于谷底，迎风坡降水多于背风坡。如青藏高原的屏障作用尤为明显，它阻挡了西南季风从印度洋带来的湿润气流，造成高原北侧地区干旱少雨的气候。

b. 降水的年内分配。各地降水年内各季节分配不均，绝大部分地区降水主要集中在夏季风盛行的雨季。各地雨季长短，因夏季风活动持续时间长短而异。

我国降水年内分配高度集中，是造成防洪任务紧张的一个重要原因。

降水强度对洪水的形成和特性具有重要意义。我国各地大的降水一般发生在雨季，往往一个月的降水量可占全年降水量的1/3，甚至超过一半，而一个月的降水量又往往由几次或一次大的降水过程所决定。西北、华北等这种情况尤为显著。东南沿海一带，最大强度的降水一般与台风影响有关。江淮梅雨期间，也常常出现暴雨和大暴雨。

3）气温。气温对洪水的最明显的影响主要表现在融雪洪水、冰凌洪水和冰川洪水的形成、分布和特性方面。另外，气温对蒸发影响很大，间接影响着暴雨洪水的产流量。

我国气温分布总的特点是：在东半部，自南向北气温逐渐降低；在西半部，地形影响超过了纬度影响，地势愈高气温愈低。气温的季节变化则深受季风进退活动的影响。

一般说，1月我国各地气温下降到最低值，可以代表我国冬季气温。1月平均0℃等温线大致东起淮河下游，经秦岭沿四川盆地西缘向南至金沙江，折向西至西藏东南隅。此线以北以西气温基本在0℃以下。

1月份以后气温开始逐渐上升，4月平均气温除大兴安岭、阿尔泰山、天山和青藏高原部分地区外，由南到北都已先后上升到0℃以上，融冰、融雪相继发生。

（2）地貌。

我国地貌十分复杂，地势多起伏，高原和山地面积比重很大，平原辽阔，对我国的气候特点、河流发育和江河洪水形成过程有着深刻的影响。

我国的地势总轮廓是西高东低，东西高差悬殊。高山、高原和大型内陆盆地主要位于西部，丘陵、平原以及较低的山地多见于东部。因而向东流入太平洋的河流多，流路长且流量大。

自西向东逐层下降的趋势，表现为地形上的三个台阶，称作“三个阶梯”，最高一级是青藏高原；青藏高原的边缘至大兴安岭、太行山、巫山和雪峰山之间，为第二阶梯，主要是由内蒙古高原、黄土高原、云贵高原、四川盆地和以北的塔里木盆地、准格尔盆地等广阔的大高原和大盆地组成；最低的第三阶梯是我国东部宽广的平原和丘陵地区，由东北平原、华北平原、长江中下游平原、山东低山丘陵等组成，是我国洪水泛滥危害最大的地区。三个地形阶梯之间的隆起地带，是我国外流河的三个主要发源地带和著名的暴雨中心地带。

我国是一个多山的国家，山地面积约占全国面积的33%，高原26%，丘陵10%，山间盆地19%，平原12%，平原是全国防洪的重点所在。

除了上述宏观的地貌格局，影响我国洪水地区分布和形成过程的重要地貌特点还有黄土、岩溶、沙漠和冰川等。

黄土多而集中的地带，土层疏松、透水性强、抗蚀力差，植被缺乏，水流侵蚀严重，水土流失突出，洪水含沙量很高，甚至有些支流及沟道往往出现浓度很高的泥流，这是我国部分河流洪水的特点之一。

冰川是由积雪变质成冰并能缓慢运动的冰体。我国是世界上中纬度山岳冰川最发达的国家之一。冰川径流是我国西部干旱地区的一种宝贵水资源，但有时也会形成洪水灾害。

2. 影响洪灾的社会经济因素

洪水灾害的形成，自然条件是一个很重要的因素，但形成严重灾害则与社会经济条件密切相关。由于人口的急剧增长，水土资源过度的不合理开发，人类经济活动与洪水争夺空间的矛盾进一步突出，而管理工作相对薄弱，引起了许多新的问题，加剧了洪水灾害。

(1) 水土流失加剧，江河湖库淤积严重。

森林植被具有截留降水、涵养水源、保持水土等功能，森林盲目砍伐，一方面导致暴雨之后不能蓄水于山上，使洪水峰高量大，增加了水灾的频率；另一方面增加了水土流失，使水库淤积，库容减少，也使下游河道淤积抬升，降低了调洪和排洪的能力。

据统计，1957 年我国长江流域森林覆盖率为 22%，水土流失面积为 36.38 万 km^2，占流域面积的 20.2%，到 1986 年森林覆盖率减少了一半多，水土流失面积增加一倍。

(2) 围垦江湖滩地，湖泊天然蓄洪作用衰减。

我国东部平原人口密集，人多地少矛盾突出，河湖滩地的围垦在所难免，虽然江湖滩地的围垦增加了耕地面积，但是任意扩大围垦使湖泊面积和数量急剧减少，降低了湖泊的天然调蓄作用。

(3) 人为设障阻碍河道行洪。

随着人口增长和城乡经济发展，沿河城市、集镇、工矿企业不断增加和扩大，滥占行洪滩地，在行洪河道中修建码头、桥梁等各种阻水建筑物，一些工矿企业任意在河道内排灰排渣，严重阻碍河道正常行洪。目前，与河争地、人为设障等现象仍在继续。

(4) 城市集镇发展带来的问题。

城市范围不断扩大，不透水地面持续增加，降雨后地表径流汇流速度加快，径流系数增大，峰现时间提前，洪峰流量成倍增长。与此同时，城市的“热岛效应”使城区的暴雨频率与强度提高，加大了洪水成灾的可能。此外，城市集镇的发展使洪水环境发生变化，城镇周边原有的湖泊、洼地、池塘、河沟不断被填平，对洪水的调蓄功能随之消失；城市集镇的发展，不断侵占泄洪河道、滩地，给河道设置层层卡口，行洪能力大为减弱，加剧了城市洪水灾害。城市人口密集，经济发达，洪水灾害的损失十分显著。

(二) 山洪的成因

山洪按其成因可以分为暴雨山洪、冰雪山洪、溃水山洪[13]。

(1) 暴雨山洪：在强烈暴雨作用下，雨水迅速由坡面向沟谷汇集，形成强大的暴雨山洪冲出山谷。

(2) 冰雪山洪：由于迅速融雪或冰川迅速融化而成的雪水直接形成洪水向下游倾斜形成的山洪。

(3) 溃水山洪：拦洪、蓄水设施或天然坝体突然溃决，所蓄水体破坝而出形成山洪。

以上山洪的成因可能单独作用，也可能几种成因联合作用。在这三类山洪中，以暴雨山洪在我国分布最广，爆发频率最高，危害也最严重。主要阐述分析暴雨山洪。

1. 山洪的形成条件

山洪是一种地表径流水文现象，它同水文学相邻的地质学、地貌学、气象学、土壤学及植物学等均有密切的关系。但是山洪形成中最主要和最活跃的因素是水文因素[14]。

山洪的形成条件可以分为自然因素和人为因素。

(1) 自然因素。

1) 水源条件。山洪的形成必须有快速、强烈的水源供给。暴雨山洪的水源是由暴雨降水直接供给的。

暴雨是指降雨急骤而且量大的降雨。定义“暴雨”时，不仅要考虑降水强度，还要考虑降水历时，一般以24h雨量来定。我国暴雨天气系统不同，暴雨强度的地理分布不均，暴雨出现的气候特征以及各地抗御暴雨山洪的自然条件不同，因此，暴雨的定义亦因地区不同而有所不同。

2) 下垫面条件。

a. 地形。我国地形复杂，山区广大，山地占33%，高原26%，丘陵10%。因此，丘陵和高原构成的山区面积超过全国面积的2/3。在广大的山区，每年均有不同程度的山洪发生。

陡峭的山坡坡度和沟道纵坡为山洪发生提供了充分的流动条件。地形的起伏，对降雨的影响也极大，如降雨多发生迎风坡；地形有抬升气流，加快气流上升速度的作用，因而山区的暴雨大于平原，也为山洪提供了更加充分的水源。

b. 地质。影响主要表现在两个方面：一是为山洪提供固体物质，二是影响流域的产流与汇流。

山洪多发生在地质构造复杂，地表岩层破碎，滑坡、崩塌、错落发育地区，这些不良的地质现象为山洪提供了丰富的固体物质来源。此外，演示的物理、化学、生物作用的形成的松散碎屑物以及雨滴对表层土壤的冲蚀及地表水流对坡面和沟道的侵蚀，也极大的增加了山洪中的固体物质含量。

岩石的透水性影响了流域的产流与汇流速度。透水性好，渗透好，地表径流小，对山洪的洪峰流量起消减作用；透水性差，地表径流产流多，速度快，有利于山洪形成。

地质变化过程决定了流域的地形，构成流域的岩石性质，滑坡、崩塌等现象，为山洪提供物质来源，对于山洪破坏力的大小，起着极其重要的作用。但是山洪是否形成，或在什么时候形成，一般不取决于地质变化过程。换言之，地质变化过程只决定山洪中携带泥沙多少的可能性，并不决定山洪何时发生及其规模。因而尽管地质因素在山洪形成中起着十分重要的作用，但山洪仍是一种水文现象而不是一种地质现象。

3) 土壤。一般来说，厚度越大，越有利于雨水的渗透与蓄积，减小和减缓地表径流，对山洪的形成有一定的抑制作用；反之暴雨很快集中并产生面蚀或沟蚀，夹带泥沙而形成山洪，对山洪有促进作用。

4) 森林植被。一方面通过树冠截留降雨，枯枝落叶层吸收降雨，雨水在林区土壤中的入渗，消减和降低雨量和雨强。另一方面森林植被增大了地表糙度，减缓了地表径流流速，增加了下渗水量，延长了地表产流与汇流时间。此外，森林植被还阻挡了雨滴对地表的冲蚀，减少了流域的产沙量。森林植被对山洪有显著的抑制作用。

(2) 人为因素。

山洪就其自然属性来讲，是山区水文气象条件和地质地貌因素共同作用的结果，是客观存在的一种自然现象。但随着经济建设的发展，人类活动对自然环境影响越来越大。人类活动不当可增加形成山洪的松散固体物质，减弱流域的水文效应，促进山洪的形成，增大洪流量，使山洪的活动性增强，规模增大，危害加重。

1) 森林不合理采伐。缺乏森林植被的地区在暴雨作用下，山洪极易形成。

2) 山区采矿弃渣，将松散固体物质堆积于坡面和沟道中。在缺乏防护措施情况下，一遇到暴雨，不仅会促进山洪的形成，而且会导致山洪规模的增大。

3) 陡坡垦殖扩大耕地面积，破坏山坡植被；改沟造田侵占沟道，压缩过流断面，致使排洪不畅，增大了山洪规模和扩大了危害范围。

4) 山区建设施工中，忽视环境保护及山坡的稳定性，造成边坡失稳，引起滑坡与崩塌；施工弃土不当，堵塞排洪径流，降低排洪能力。

2. 山洪形成的过程

山洪的形成必须有足够大的暴雨强度和降雨量，而由暴雨到山洪则有一个复杂的产流、汇流和产沙过程。

(1) 产流过程。

影响山洪产流的因素有降雨、蒸发、下渗及地下水等。

1) 降雨。降雨是山洪形成的最基本条件，暴雨的强度、数量、过程及其分布，对山洪的产流过程影响极大。降雨量必须大于损失量才能产生径流，而一次山洪总量的大小，又取决于暴雨总量。

2) 下渗。山洪一般是在短历时、强暴雨作用下发生的，形成山洪的主体是地表径流。要产生径流，必须满足降雨强度大于下渗率的条件，在不同的地区需要的降雨强度不一样。

3) 蒸发。蒸发是影响径流的重要因素之一。每年由降雨产生的水量中，很大一部分被蒸发。据统计，我国湿润地区年降水量的30%～50%和干旱地区的80%～90%耗于蒸发。但山洪的暴雨产流过程历时很短，其蒸发作用仅对前期土壤含水量有影响，雨间蒸发可忽略。

4) 地下水。在山区高强度暴雨条件下，地表径流很大且汇流迅速，极易形成大的洪峰。而地下径流是由于重力下渗的水分经过地下渗流形成的，径流量小，出流慢，对山洪的形成作用不大。

(2) 汇流过程。

山洪的汇流过程是暴雨产生的水流由流域内坡面及沟道向出口处的汇集过程，该过程分为坡面汇流和沟道汇流。

1) 坡面汇流。水体在流域坡面上的运动，称为坡面汇流。坡面通常是由土壤、植被、岩石及松散风化层所构成。人类活动，如农业工作、水利工程、山区城镇建设主要是在坡面上进行。由于微地形的影响，坡面流一般是沟状流，降雨强度很大时，也可能是片状流。由于坡面表面粗糙度大，以致水流阻力很大，流速较小。坡面流程不长，仅100m左右，因此坡面汇流历时较短，一般在十几分钟到几十分钟内。

2）沟道汇流。经过坡面的水流进入沟道后的运动，称为沟道汇流或河网汇流。流域中的大小支沟组成及分布错综复杂，各支沟的出口相互之间具有不同程度的干扰作用，因此沟道汇流要比坡面汇流复杂。沟道汇流的流速比坡面汇流快。但由于沟道长度长于坡面，沟道汇流的时间比坡面汇流时间长。流域面积越大，沟道越长，越不利于山洪的形成。所以，山洪一般发生在较小的流域中，其汇流形式以坡面汇流为主。

3）影响流域水流运动的主要因素。

a. 降雨空间分布。降雨总量和降雨过程的空间分布不同，所形成的洪水过程也不相同。如暴雨中心在下游形成的洪水同中心在上游的洪水相比，其过程线形状尖瘦，洪峰出现时间早。

b. 降雨强度。不同的降雨强度对流域汇流的供水强度不同。对于同样的降水总量，雨强越大，洪峰流量越大，流量过程线也越显尖瘦。

c. 流域坡度和水系形状。流域的平均坡度越大，坡面汇流和沟道流速越快，降雨形成山洪的时间越短。流域形状和水系分布对山洪的影响也是明显的。扇形流域最有利于水流的汇集，各支沟径流几乎同时到达主沟，主沟一般较短，调蓄功能较弱，易形成大的径流量。平行水系（羽状水系）则由于各支沟洪水在主沟的不同区段分别汇入主沟，并且在向主沟流动时又经沟道较长距离的调蓄作用，形成的径流流量相对较小。树枝状水系对山洪的影响作用介于前述两者之间。

d. 水源比重。

降雨后形成的地表和地下径流比重上的差异主要与降雨强度和下垫面的土壤、植被以及地质条件有关。由下渗的物理过程可知，雨强越大，地表径流的比重越大，所形成的洪峰流量过程越尖瘦。

(3) 产沙过程。

山洪中所挟带的泥石物质是由剥蚀过程以及流域中所积累的历史山洪的携带物、冲积物和冰水沉积物所形成。剥蚀作用是指地球表面上岩石破坏过程及破坏产物从其形成地点往较低地点的搬运过程的总称。对于山洪而言，最重要的三种剥蚀过程或作用为：风化作用、破坏产物沿坡面的移动（崩塌、滑坡等）和侵蚀作用。这些不仅能直接为山洪提供丰富的物质来源，而且为壅塞溃决型山洪的形成准备了有利条件。

1）地质因素。地质构造复杂、断裂褶皱发育、新构造运动强烈、地震烈度大的地区，易导致地表岩层破碎、山崩、滑坡、崩塌等不良地质现象，为山洪提供丰富的物质来源。

山崩是山坡上的岩石、土壤快速、瞬间滑落的现象。泛指组成坡地的物质，受到重力吸引，而产生向下坡移动现象。暴雨、洪水或地震可以引起山崩。人为活动，例如伐木和破坏植被，路边陡峭的开凿，或漏水的管道也能够引起山崩。有些山崩现象不是地震引发的，而是由于山石剥落受重力作用产生的。在雨后山石受润滑的情况下，也能引发山崩；而由于山崩，大地也会震动起地震。

2）风化作用。风化作用是指矿物和岩石长期处在地球表面，在物理、化学等外力条件下所产生的物理状态与化学成分的变化。风化作用包括物理、化学、生物风化作用。三种作用相互交错，时间和地点不同，某个作用相强而已。

a. 物理风化作用。物理风化作用是指由于温度的变化，使岩石分散为形状与数量各不相同的许多碎块。在昼夜温差很大的地方，在大陆性气候地区，特别是干旱地区，这种现象非常显著。岩石矿物成分没有改变。

b. 化学风化作用。由于空气中的氧、水、二氧化碳和各种水溶液的作用，引起岩石中化学成分发生变化的作用称为化学风化作用。不仅使岩石破坏，还使岩石矿物成分显著改变。

c. 生物风化作用。生物风化作用是指生物在生长或活动过程中使岩石发生破坏的作用。

3）泥石沿坡面的移动。由风化作用而产生的松散物质沿地表运动，移动的基本动力是重力，并通过某种介质（水、气）间接起作用。移动的方式有崩解、滑坡、剥落、土流、覆盖层崩塌等。

按照崩塌体的规模、范围、大小可以分为剥落、坠石和崩落等类型。剥落的块度较小，块度大于0.5m者小于25%，产生剥落的岩石山坡一般在30°～40°；坠石的块度较大，块度大于0.5m者占50%～70%，山坡角在30°～40°范围内；崩落的块度更大，块度大于0.5m者占75%以上，山坡角多大于40°。

土流是一种松软岩土块体运移的现象。其特征是在一定的范围之内，土体或风化了的岩石顺着山坡运移，其底部大致为土流斜坡面，状似舌形。土体发生滑动运移时总体上没有旋转运动，但在附近的凹形崖上，常可看到在一系列崩滑块体中有小的原始转动。

松散物质在坡面上能停住不动的最大倾角（安息角或休止角），依物质的特性的不同而不同，在25°～50°范围内变化。比如石块越大，则其外形越不规则，棱角越多，其安息角越大。

4）侵蚀作用。侵蚀泛指在风和水的作用下，地表泥、沙、石块剥蚀并产生转运和沉积的整个过程。对于山洪，主要是水蚀的作用，水蚀是雨蚀、冰（雪）水蚀、面蚀、沟蚀、浪蚀等侵蚀的总称。

a. 雨蚀。一般谈及侵蚀作用时，重点常放在地表径流引起的侵蚀作用，不太注意雨滴的冲蚀作用。其实雨滴的冲蚀作用是十分巨大的，降雨侵蚀约有80%是雨滴剥离造成的，其余部分才是地表流水侵蚀造成的，所以侵蚀量很大程度上取决于暴雨的强度及冲击力。

雨滴冲击土壤的能量在这个坡地上大致是平均分布的，而径流冲刷土壤的能量则随着流速的增大自坡顶向坡脚增大。所以雨滴对土壤的侵蚀，以坡顶最为强烈，径流对土壤的冲刷则以坡脚最甚。

“土壤侵蚀”和“水土流失”在发生机理上有明显的差异，无土壤侵蚀，则无水土流失；反之，无水土流失，却仍有土壤侵蚀现象存在。

b. 面蚀。即表面侵蚀，是指分散的地表径流从地表冲走表层的土粒。面蚀是径流的开始阶段，即坡面径流引起的，多发生在没有植被覆盖的荒地上或坡耕地上。仅带走表层土粒，对农业生产和山洪形成都有很大影响。

c. 沟蚀。是指集中的水流侵蚀。沟蚀的影响面积不如面蚀大，但对土壤的破坏程度则远比面蚀严重。对耕地面积的完整、桥梁、渠道等建筑物有很大危害。

沟蚀按其发展程度分为三种：浅沟侵蚀（一般深达0.5～1m，宽约1m）、中沟侵蚀（沟宽达2～10m）、大沟侵蚀（沟宽在10m以上，沟床下切至少在1m以上，危害严重）。

5）其他侵蚀。主要有冰（雪）侵蚀、浪蚀和陷穴侵蚀。陷穴侵蚀多发生在我国黄土区，原因是黄土疏松多孔，有垂直节理，并含有很多的可溶性碳酸钙，降雨后雨水下渗，溶解并带走这些可溶性物质。日积月累，内部形成空洞，至下部不能负担上部重量时，即下陷形成陷穴。

（三）涝渍的成因

涝灾：因暴雨产生的地面径流不能及时排除，使得低洼区淹水，造成国家、集体和个人财产损失，或使农田积水超过作物耐淹能力，造成农业减产的灾害，叫做涝灾[15]。

渍害：也称为湿害，是由于连绵阴雨，地势低洼，排水不良，低温寡照，造成地下水位过高，土壤过湿，通气不良，植物根系活动层中土壤含水量较长期地超过植物能耐受的适宜含水量上限，致使植物的生态环境恶化，水、肥、气、热的关系失调，出现烂根死苗、花果霉烂、籽粒发霉发芽，甚至植株死亡，导致减产的现象。

1. 涝渍灾害的主要成因

（1）自然因素。

气象与天气条件降雨过量是发生涝灾的主要原因。灾害的严重程度往往与降雨强度、持续时间、一次降雨总量和分布范围有关。

（2）土壤条件。

农田渍害与土壤的质地、土层结构和水文地质条件有密切关系。

（3）地形地貌。

地势平缓，洼地积水，排水不畅，地下水位过高。

（4）人类活动。

盲目围垦和过度开发超采地下水，造成地面沉降；新建或规划排水系统不合理导致灌排失调；城市化的影响。

2. 城市内涝成因

（1）地形地貌。

地势比较高的地区不容易形成积水，例如苏州、无锡等老城虽然是水乡城市，但是因为老城都选择地势比较高的地区，所以不怎么容易形成积水。而城市范围内地势比较低洼的地区，就容易形成内涝，城市建设用地选择什么样的地形地貌非常重要，如果选择在低洼地或是滞洪区，那降雨积水的可能性就非常大。

（2）排水系统。

国内一些城市排水管网欠账比较多，管道老化，排水标准比较低。有的地方排水设施就不健全，不完善，排水系统建设滞后是造成内涝的一个重要原因。另外，城市大量的硬质铺装，如柏油路、水泥路面，降雨时水渗透性不好，不容易入渗，也容易形成这段路面的积水。

（3）城市环境。

由于城市中植被稀疏，水塘较少，无法储存雨水，导致出现“汇水”的现象形成积水。而且热岛效应的出现，导致暴雨出现的几率增加，降水集中。

（4）交通引起。

由于尾气排放过多，导致空气中粉尘、颗粒物较多，容易产生凝结核，产生降水。

（四）风暴潮与水灾害性海浪的成因

1. 天气系统

（1）台风。

台风是引起沿海地区风暴潮和灾害性海浪的最主要天气系统之一。

我国东临西北太平洋，受西北太平洋台风影响十分显著，西北太平洋的台风约35%在我国登陆，其中7～9月是登陆高峰，占全年登陆总数的80%。台风暴雨也随台风活动季节的变化及移动路径而变。

热带气旋采用4位数字编号，前2位数字表示年份，后2位数字表示当年热带气旋的顺序号。如某一台风破坏力巨大，世界气象组织将不再继续使用这个名字，使其成为该次台风的专属名词。

（2）温带气旋。

温带气旋又叫锋面气旋。温带气旋是造成我国近海风暴潮的另一种重要天气系统。温带气旋是出现在中高纬度地区而中心气压低于四周近似椭圆型的空气涡旋，是影响大范围天气变化的重要天气系统之一。

（3）寒潮。

寒潮是冬季的一种灾害性天气。寒潮主要出现在11月至翌年3月，随着寒潮中心的移动，各种灾害性天气相继出现。

2. 海洋系统

（1）海洋潮汐。

海洋潮汐是海水在天体（主要为月球和太阳）引潮力作用下产生的周期性涨落运动。风暴潮与天文大潮遭遇，最易形成较大的风暴潮灾害。

（2）河口潮汐。

海洋潮波传至河口引起河口水位的升降运动叫河口潮汐。河口潮汐除具有海洋潮汐的一般特性外，受河口形态、河床变化、河道上游下泄流量等因素的影响。

（3）海平面上升。

近50年来，我国沿海海平面平均上升速率为2.5mm/a，略高于全球海平面上升速率。加剧风暴潮灾害，引发海水入侵、土壤盐渍化、海岸侵蚀等。

3. 地理因素

（1）沿海平原和三角洲。

在国际上，一般认为海拔5m以下的海岸区域为易受气候变化、海平面上升和风暴潮危害的危险区域。我国沿海这类低洼地区有14.39万km^2。

（2）海岸带地质环境。

大致分为基岩海岸带和泥砂质海岸带。基岩海岸带是坚硬的石质，能够抵挡住风暴潮，泥砂质海岸则比较松软，风暴潮及灾害性海浪袭来时就会致灾。

4. 人类活动

（1）防潮工程。

海堤没有达标，标准低。

（2）地面沉降。

（3）经济发展。

沿海地区和海洋经济的发展，沿海基础设施的增加，造成承灾体日趋庞大，使列入潮灾的次数增多。

（4）过度开发。

人类活动经常成为海岸侵蚀灾害的主要因素。沿岸采砂、不合理的海岸工程建设、过度开采地下水、采伐海岸红树林，是人类活动直接导致的海岸侵蚀的常见原因，造成沿海防潮减灾的脆弱性。

（五）泥石流的成因

泥石流的形成需要三个基本条件：有陡峭便于集水集物的适当地形；上游堆积有丰富的松散固体物质；短期内有突然性的大量流水来源[16]。

（1）泥石流形成地形地貌条件。

在地形上具备山高沟深，地形陡峻，沟床纵度降大，流域形状便于水流汇集。在地貌上，泥石流的地貌一般可分为形成区、流通区和堆积区三部分。上游形成区的地形多为三面环山，一面出口为瓢状或漏斗状，地形比较开阔、周围山高坡陡、山体破碎、植被生长不良，这样的地形有利于水和碎屑物质的集中；中游流通区的地形多为狭窄陡深的峡谷，谷床纵坡降大，使泥石流能迅猛直泻；下游堆积区的地形为开阔平坦的山前平原或河谷阶地，使堆积物有堆积场所。

（2）松散物质来源条件。

泥石流常发生于地质构造复杂、断裂褶皱发育、新构造活动强烈、地震烈度较高的地区。地表岩石破碎、崩塌、错落、滑坡等不良地质现象发育，为泥石流的形成提供了丰富的固体物质来源；另外，岩层结构松散、软弱、易于风化、节理发育或软硬相间成层的地区，因易受破坏，也能为泥石流提供丰富的碎屑物来源；一些人类工程活动，如滥伐森林造成水土流失，开山采矿、采石弃渣等，往往也为泥石流提供大量的物质来源。

（3）水源条件。

水既是泥石流的重要组成部分，又是泥石流的激发条件和搬运介质（动力来源），泥石流的水源，有暴雨、水雪融水和水库溃决水体等形式。我国泥石流的水源主要是暴雨、长时间的连续降雨等。

（六）干旱成因

（1）气象干旱成因。

气象干旱也称大气干旱，根据气象干旱等级的中华人民共和国国家标准，气象干旱是指某时段内，由于蒸发量和降水量的收支不平衡，水分支出大于水分收入而造成的水分短缺现象。气象干旱通常主要以降水的短缺作为指标。主要为长期少雨而空气干燥、土壤缺水引起的气候现象[17]。

（2）水文干旱成因[18]。

水文干旱侧重地表或地下水水量的短缺，Linsley 等在 1975 年把水文干旱定义为："某一给定的水资源管理系统下，河川径流在一定时期内满足不了供水需要"。如果在一段时期内，流量持续低于某一特定的阀值，则认为发生了水文干旱，阀值的选择可以依据流量的变化特征，或者根据水需求量来确定。

(3) 农业干旱成因。

农业干旱是指在农作物生长发育过程中，因降水不足、土壤含水量过低和作物得不到适时适量的灌溉，致使供水不能满足农作物的正常需水，而造成农作物减产。体现干旱程度的主要因子有：降水、土壤含水量、土壤质地、气温、作物品种和产量，以及干旱发生的季节等。

(4) 社会经济干旱成因。

指由于经济、社会的发展需水量日益增加，以水分影响生产、消费活动等来描述的干旱。其指标常与一些经济商品的供需联系在一起，如建立降水、径流和粮食生产、发电量、航运、旅游效益以及生命财产损失等有关。

社会经济干旱指标：社会经济干旱指标主要评估由于干旱所造成的经济损失。通常拟用损失系数法，即认为航运、旅游、发电等损失系数与受旱时间、受旱天数、受旱强度等诸因素存在一种函数关系。虽然各类干旱指标可以相互借鉴引用，但其结果并非能全面反映各学科干旱问题，要根据研究的对象选择适当的指标。

(七) 水生态环境恶化的成因

(1) 水生态系统。

水生态系统是以水体作为主体的生态系统，水生态系统不仅包括水，还包括水中的悬浮物、溶解物质、底泥及水生生物等完整的生态系统。

河流最显著的特点是具有流动性，这对河流生态系统十分重要。湖泊水库面临的主要污染问题包括氮、磷等营养盐过量输入引起的水体富营养化。

(2) 水环境承载力。

水环境承载力是指在一定水域，其水体能够被继续使用并仍保持良好生态系统的条件下，所能容纳污水及污染物的最大能力。

(3) 水污染类型。

水体污染分为自然污染和人为污染两大类。污染物种类：耗氧污染物、致病性污染物、富营养性污染物、合成的有机化合物、无机有害物、放射性污染物、油污然、热污染。

(4) 水污染的生态效应。

污染物进入水生生态系统后，污染物与环境之间、污染物之间的相互作用，以及污染物在食物链间的流动，会产生错综复杂的生态效应。由于污染物种类的不同以及不同物种个体的差异，使生态系统产生的机理具有多样性。

物理机制：物理性质发生改变。

化学机制：污染物与水体生态系统的环境各要素之间发生化学作用，同时污染物之间也能相互作用，导致污染物的存在的形式不断发生变化，污染物的毒性及生态效应也随之改变。

生物学机制：污染物进入生物体后，对生物体的生长、新陈代谢、生化过程产生各种影响。根据污染物的机理，可分为生物体累积与富集机理，以及生物吸收、代谢、降解与转化机理。

综合机制：污染物进入生态系统产生污染生态效应，往往综合了物理、化学、生物学过程，并且是多种污染物共同作用，形成复合污染效应。复合污染效应的发生形式与作用机制具有多样性，包括协同效应、加和效应、拮抗效应、保护效应、抑制效应等。

第三节　水 灾 害 危 害

一、江河洪水

只有当洪水威胁到人类安全和影响社会经济活动并造成损失时才能成为洪水灾害，洪水灾害是自然因素和社会因素综合作用的结果。

（一）洪水灾情概述

1. 世界洪灾情况

在世界陆地总面积中，河流流域面积占86.4%，河流与人类的生存和发展关系非常密切，她哺育了人类，为人类文明作出了贡献，但是江河洪水也常常带给人类巨大的灾难和痛苦。

美国国土面积为936万km^2，百年一遇洪水位以下洪泛区面积为54万km^2，占全国国土面积的5.8%。日本洪泛区面积为3.8万km^2，占国土面积的10%。印度面积326万km^2，其中1/8面积经常受洪水威胁。在欧洲中部及东部地区，2002年夏天发生的特大暴雨和洪水，德国受灾人口超过400万，几十万人被迫转移。

2. 我国的洪灾情况

洪水灾害历来是我国最严重的自然灾害之一，据统计自春秋到建国，黄河决口泛滥1590次，重大改道26次。建国后，经过治理，“大雨大灾，小雨小灾”已经得到很大的改变，主要江河常遇洪水基本得到控制，洪水发生频次显著下降。但由于人口剧增、水土资源的不合理开发、经济发展和江河自然演变，又产生了许多新的问题，遇到特大洪水，灾害依然十分严重。

(1) 1954年长江流域特大洪灾。

长江出现百年罕见的流域性特大洪水，长江中下游有123个县市受灾，受灾人口1888万，死亡3.3万人，淹没农田317万hm^2，损失房屋427.6万间，京广铁路近百日不能正常运行。

(2) 1975年淮河流域特大洪灾。

河南省29个县市、110万hm^2农田被淹，受灾人口1100万，8.56万人死亡。

(3) 1991年江淮特大洪灾。

造成淮河及太湖流域受灾耕地590万hm^2，损失粮食74.2亿kg，2万多个工矿企业停产。

(4) 1998年长江流域特大洪灾。

1998年长江大洪水，仅次于1954年，为20世纪第2位全流域性洪水。

(二) 洪水灾害的影响

1. 洪灾对国民经济各部门的影响

(1) 对农业的影响。

洪水灾害常常造成大面积农田受淹，作物减产甚至绝收。在1950～2000年的51年中，全国平均每年农田受灾面积937万hm^2，成灾523万hm^2。农业是国民经济的基础，粮食产量增长率制约着国民生产总值增长率，洪水灾害对农业的影响主要在当年，而农业对国民经济其他部门的影响，不仅在当年，还可能之后一年甚至几年。

(2) 对交通运输业的影响。

铁路是国民经济的动脉，随着国民经济的不断发展，铁路所担负的运输任务越来越繁重，但是每年洪水灾害对铁路正常运输和行车安全构成了很大威胁，我国七大江河中下游地区的许多铁路干线，如京广、京沪、京九、陇海等重要干线，每年汛期常处于洪水的威胁之下。

我国公路网络里程长，洪水对公路的破坏更加严重，1981年四川洪灾造成全省80条公路干线和48条县级以上交通线中断。

(3) 对城市和工业的影响。

我国大中城市基本上是沿江河分布、地势平坦、又多位于季风区域，极易遭受洪水的侵袭。城市是地区政治、经济和文化中心，人口集中，资产密度大，目前我国工业产值中约有80%集中在城市，一旦遭受洪水袭击，损失较为严重。1998年长江大洪水，九江城区因长江干堤决口而部分被淹，全市直接经济损失114亿元。

2. 洪灾对社会的影响

(1) 人口死亡。

洪水灾害对社会生活的影响，首先表现为人口的大量死亡，我国历史上每发生一次大的洪水，都有严重的人口死亡的情况发生，如1954年长江特大洪水死亡3万余人。

(2) 灾民的流徙。

洪灾对社会生活影响的另一个方面是人口的流徙，造成了社会的动荡不安。

(3) 疫病。

水灾和疫病常有因果的关系，水灾之后瘟疫流行是常有的事，水灾具有伴生性的特点，水灾发生后会导致一连串的次生灾害，疫病即是其中的一方面。水灾造成瘟疫的爆发和蔓延，给社会带来的冲击和影响，更甚于水灾本身。随着社会的发展，科学技术的进步，防洪水平的不断提高，疫病等灾情已可以得到有效控制，但是洪水造成的铁路、交通、运输、输电、通信等线路设施的破坏，直接影响社会的正常生产和生活秩序。

3. 洪灾对环境的影响

(1) 对生态环境的破坏。

洪水对生态环境的破坏，最主要的是水土流失问题。水土流失不仅严重制约着山丘区农业生产的发展，而且给国土整治、江河治理及保持良好生态环境带来困难。

(2) 对耕地的破坏。

从水利的角度看，一是水冲沙压、毁坏农田。每次黄河泛滥决口，大量泥沙覆盖沿河两岸富饶土地，导致大片农田被毁。二是洪涝灾害加剧盐碱地的发展。洪水泛滥以后，土壤经大水浸渍，地下水抬高，随着强烈蒸发，大量盐分被带到地表，使土壤盐碱化，对农业生产和生活环境带来严重危害。

(3) 对河流水系的破坏。

我国河流普遍多沙，洪水决口泛滥，泥沙淤塞，对河道功能的破坏极其严重，尤其是黄河泛滥改道，对水系的破坏范围极广，影响深远，黄河决口流经的河道都将过去的湖泊洼地淤成高于附近的沙岗、沙岭，使黄淮海平原水系紊乱，出路不畅，成为洪水灾害频发的根源。

(4) 对水环境的污染。

包括病菌蔓延、有毒物质扩散，直接危及人们的健康。洪水泛滥使垃圾、污水、动物尸体漂流满溢。河流、池塘、井水都会受到污染，工矿企业被淹后，有毒重金属和其他化学污染物对水质产生污染。

二、山洪的危害

我国是一个多山国家，山区面积约占国土总面积的2/3，我国山洪发生的频次、强度、规模及造成的经济损失、人员伤亡等方面均居世界前列。据统计，1950～1990年，我国因山洪导致农田年均受灾面积近300万hm^2，年均倒塌房屋80万间，死亡15.2万人，占同期洪涝灾害死亡人数的67%。

山洪的危害表现为以下几个方面。

(1) 对道路通信设施的危害。

山洪对在山区经济建设中占有重要地位的公路、铁路、通信等设施危害极大。由于这些工程设施不可避免地要跨沟越岭，若在设计施工中，对山洪的防范缺乏认识，措施不力，山洪暴发时，将会造成重大损失。

(2) 对城镇的危害。

山区城镇常修建在洪积扇上，以利于城镇的规划与布局。但它也是山洪必经之路，一旦山洪暴发，将直冲城镇建筑，危害人民生命财产的安全。

(3) 对农田的危害。

山区农田大都分布于河坝与冲积扇上或沟道两侧，无防洪设施。一旦山洪暴发，山洪裹携的大量泥沙冲向下游，会冲毁或淤埋沟口以下的农田。

(4) 对资源的危害。

山区具有丰富的自然资源，若不能充分认识山洪的危害，进行有效的防治，山区的资源难以开发利用，阻碍山区的经济发展。

(5) 对生态环境的危害。

山洪的频发暴发，破坏了山体的表层结构，增加了土壤侵蚀量，加剧了水土流失，使山区生态环境恶化，加剧了山地灾害的发生和活动。

一般把山洪、泥石流、滑坡等灾害统称为山地灾害。

(6) 对社会环境的危害。

有山洪的地区，人们难于从事正常的生活与生产，一到雨季人心不安。有的山区城镇，迫于山洪等山地危害的威胁，不得不部分或全部搬迁。

三、涝渍的危害

(1) 涝水对作物的危害。

水分过多对植物的伤害称涝害。广义的涝害包括两层含义：其一，旱田作物在土壤水分过多达到饱和时，所受的影响称为湿害；其二，积水淹没作物的局部或全部，影响植物的生长发育就称为涝害。

农业生产中，植物涝害发生并不普遍，但在某些地区或某个时期，涝害产生的危害很大，如在某些排水不良或地下水位过高的土壤和低洼、沼泽地带，发生洪水或暴雨之后，常会出现水分过多造成对作物的危害，轻则减产，重则颗粒无收。

(2) 渍害对作物的危害。

南方多雨地区麦类等作物在连续降雨或低洼，土壤水分过多，地下水位很高，土壤水饱和区侵及根系密集层，使根系长期缺氧，造成植株生长发育不良而减产，这种现象可称为渍害。

渍害是指在地表长期滞水或地下水位长期偏高的区域，由于土壤长时间处于水分过饱和状态而引起的土壤中水、热、气及养分状况失调，致使土壤理化特征灾变、肥力下降，从而影响作物生长，甚至危及作物存活的一种灾害现象。渍害和涝灾都是大江沿岸低洼的负地形区中常见的灾害现象，由于具有突发性，并直接威胁人类生命财产安全，因而引起了人们的极大关注；渍害则是一种慢性灾害现象，且传统观念认为它仅影响作物的生长，因而研究较少。地下水位的深度是农作物是否发生渍害的主要指标。

四、风暴潮与水灾害性海浪的危害

风暴潮定义，也称为风暴海啸，气象海啸，指由强烈的大气扰动，如热带气旋、温带气旋、寒潮过境等引起的海面异常升高或降低，使受其影响的潮位大大地超过平常潮位的现象。

在受到风暴潮影响的近海海区，当暴风从海洋吹向河口时，可使沿岸及河口区水位剧增；当风从陆地吹向海洋时，则使沿岸及河口区水位降低。这种现象称为风暴增水和减水。

国际上通常以引起风暴潮的天气系统来命名，如 0509 台风风暴潮。

风暴潮能否成灾，在很大程度上取决于其最大风暴潮位是否与天文潮高潮相叠，尤其是与天文大潮期的高潮相叠。当然也决定于受灾地区的地理位置、海岸形状、岸上及海底地形，尤其是滨海地区的社会经济情况。

由天文因素影响所产生潮汐称天文潮。天文潮是地球上海洋受月球和太阳引潮力作用所产生的潮汐现象。它的高潮和低潮潮位和出现时间具有规律性，可以根据月球、太阳和地球在天体中相互运行的规律进行推算和预报。

由月球引力产生的称为“太阴潮”；由太阳引力产生的称为“太阳潮”。因月球与地球的距离较近，月球引潮力为太阳引潮力的数倍。故海洋潮汐现象以太阴潮为主。

风暴潮灾害位居海洋灾害之首，世界上绝大多数特大海岸灾害都是由风暴潮造成的。我国是风暴潮灾害最严重的国家之一。

灾害性海浪：由强烈大气扰动，如热带气旋、温带气旋和强冷空气大风等引起的海浪，在海上常能掀翻船只，摧毁海岸工程，给海上的航行、施工、军事活动及渔业捕捞等活动带来危害，这种海浪成为灾害性海浪。台风型灾害性海浪是导致灾害的主要成因。

五、泥石流的危害

泥石流是暴雨、洪水将含有沙石且松软的土质山体经饱和稀释后形成的洪流，它的面积、体积和流量都较大，而滑坡是经稀释土质山体小面积的区域，典型的泥石流由悬浮着粗大固体碎屑物并富含粉砂及黏土的黏稠泥浆组成。在适当的地形条件下，大量的水体浸透流水、山坡或沟床中的固体堆积物质，使其稳定性降低，饱含水分的固体堆积物质在自身重力作用下发生运动，就形成了泥石流。泥石流是一种灾害性的地质现象。通常泥石流爆发突然、来势凶猛，可携带巨大的石块。因其高速前进，具有强大的能量，因而破坏性极大。

泥石流流动的全过程一般只有几个小时，短的只有几分钟。泥石流是一种广泛分布于世界各国一些具有特殊地形、地貌状况地区的自然灾害，是山区沟谷或山地坡面上，由暴雨、冰雪融化等水源激发的、含有大量泥沙石块的介于挟沙水流和滑坡之间的土、水、气混合流。泥石流大多伴随山区洪水而发生。它与一般洪水的区别是洪流中含有足够数量的泥沙石等固体碎屑物，其体积含量最少为 15%，最高可达 80%左右，因此比洪水更具有破坏力。

泥石流的主要危害是冲毁城镇、企事业单位、工厂、矿山、乡村，造成人畜伤亡，破坏房屋及其他工程设施，破坏农作物、林木及耕地。此外，泥石流有时也会淤塞河道，不但阻断航运，还可能引起水灾。影响泥石流强度的因素较多，如泥石流容量、流速、流量等，其中泥石流流量对泥石流成灾程度的影响最为主要。此外，多种人为活动也在多方面加剧着上述因素的作用，促进泥石流的形成。

泥石流经常发生在峡谷地区和地震火山多发区，在暴雨期具有群发性。它是一股泥石洪流，瞬间爆发，是山区最严重的自然灾害。

泥石流常常具有暴发突然、来势凶猛、迅速之特点。并兼有崩塌、滑坡和洪水破坏的双重作用，其危害程度比单一的崩塌、滑坡和洪水的危害更为广泛和严重。它对人类的危害具体表现在四个方面。

(1) 对居民点的危害。

泥石流最常见的危害之一，是冲进乡村、城镇，摧毁房屋、工厂、企事业单位及其他场所设施。淹没人畜、毁坏土地，甚至造成村毁人亡的灾难。

(2) 对公路和铁路的危害。

泥石流可直接埋没车站、铁路、公路，摧毁路基、桥涵等设施，致使交通中断，还可引起正在运行的火车、汽车颠覆，造成重大的人身伤亡事故。有时泥石流汇入河道，引起河道大幅度变迁，间接毁坏公路、铁路及其他构筑物，甚至迫使道路改线，造成巨大的经济损失。如甘川公路 394km 处对岸的石门沟，1978 年 7 月暴发泥石流，堵塞白龙江，公路因此被淹 1km，白龙江改道使长约两公里的路基变成了主河道，公路、护岸及渡槽全部被毁。该段线路自 1962 年以来，由于受对岸泥石流的影响已 3 次被迫改线。建国以来，泥石流给我国铁路和公路造成了无法估计的巨大损失。

(3) 对水利水电工程的危害。

主要是冲毁水电站、引水渠道及过沟建筑物，淤埋水电站尾水渠，并淤积水库、磨蚀坝面等。

（4）对矿山的危害。

主要是摧毁矿山及其设施，淤埋矿山坑道、伤害矿山人员、造成停工停产，甚至使矿山报废。

六、干旱的危害

干旱通常指淡水总量少，不足以满足人的生存和经济发展的气候现象，一般是长期的现象，干旱从古至今都是人类面临的主要自然灾害。即使在科学技术如此发达的今天，它造成的灾难性后果仍然比比皆是。尤其值得注意的是，随着人类的经济发展和人口膨胀，水资源短缺现象日趋严重，这也直接导致了干旱地区的扩大与干旱化程度的加重，干旱化趋势已成为全球关注的问题。

干旱的直接危害是造成农牧业减产，人畜饮水发生困难，农牧民群众陷于贫困之中。干旱的间接危害是引发其他自然灾害的发生。

（1）干旱是危害农牧业生产的第一灾害。

气象条件影响作物的分布、生长发育、产量及品质的形成，而水分条件是决定农业发展类型的主要条件。干旱由于其发生频率高、持续时间长、影响范围广、后延影响大，成为影响我国农业生产最严重的气象灾害；干旱是我国主要畜牧气象灾害，主要表现在影响牧草、畜产品、加剧草场退化和沙漠化。

（2）干旱促使生态环境进一步恶化。

气候暖干化造成湖泊、河流水位下降，部分干涸和断流。由于干旱缺水造成地表水源补给不足，只能依靠大量超采地下水来维持居民生活和工农业发展，然而超采地下水又导致了地下水位下降、漏斗区面积扩大、地面沉降、海水入侵等一系列的生态环境问题。

干旱导致草场植被退化。我国大部分地区处于干旱半干旱和亚湿润的生态脆弱地带，气候特点为夏季盛行东南季风，雨热同季，降水主要发生在每年的4～9月。北方地区雨季虽然也是每年的4～9月，但存在着很大的空间异质性，有十年九旱的特点。由于气候环境的变迁和不合理的人为干扰活动，导致了植被严重退化，进入21世纪以后，连续几年，干旱有加重的趋势，而且是春夏秋连旱，对脆弱生态系统非常不利。

（3）气候暖干化引发其他自然灾害发生。

冬春季的干旱易引发森林火灾和草原火灾。自2000年以来，由于全球气温的不断升高，导致北方地区气候偏旱，林地地温偏高，草地枯草期长，森林地下火和草原火灾有增长的趋势。

七、水生态环境灾害的危害

水圈中最大的问题是淡水资源不足，地理分布又不均，成为一些国家和地区持续发展的障碍，而水圈被污染更已威胁着人类的生存。1999年举办"世界水日"之际，联合国的专家发布，在当今的世界上，还有14亿人在饮用不安全的水，每年因此致病死亡的超过500万人。在我国，经济建设大发展后，大部分河流已受到不同程度的污染。别的国家也是工业越发达，水的污染越严重。被污染的大气经过流动扩散，可以很快稀释冲淡；被污染的水虽也可以流动，但常存在相对稳定的水体中。对以水为生的人和生物，影响长远深刻。

造成水和水体污染，固然有自然的因素。但工业的发展，化肥、农药以及生活中大量化学制品的使用，才使水圈中的污染发展到现今的危害程度。

工业生产排出的废水、生活污水和农业退水，常成为今天的主要污染源。水中污染物包含金属、非金属物质和有机物，种类繁多，其中许多对人体有害甚至是剧毒，虽然经过人工处理可以将它净化，但现在多是仅稍作处理，甚至是未经处理就直接排入天然水体中。

20 世纪 50～60 年代日本的水俣市和新潟县发生的水俣病，其原因是工厂排放的废水中的汞经过生物食物链（硅藻—飞蛄—石斑鱼—鳝鱼）的逐渐富集，使鳝鱼体内含汞量达 10～20mg/L（最高达 50～60mg/L），比原废水中汞浓度高出 1 万～10 万倍。当地居民捕食鳝鱼等之后，汞在人体内积聚，以致造成中枢神经的严重损伤。水体污染对人体和水生生物有很大的危害，尤其是有毒和有害物质的污染会造成人的慢性中毒、急性中毒以至死亡。被病菌污染的水体是传染疾病的渊薮。水体污染对人体和水生生物有很大的危害，尤其是有毒和有害物质的污染会造成人的慢性中毒、急性中毒以至死亡。被病菌污染的水体更是传染疾病的渊薮。

绝大多数河流最终都是流入海洋的，不管是有害的还是无害的物质，都随河流向海洋集中；油轮破裂或沉没，更在把能严重污染海洋的石油带进海里。在一些地方，人们还向海里倾倒垃圾。海洋本是自然界的聚宝盆和自净池，有些人却在把它当成污水池和垃圾桶。靠近工业发达地区的地中海，早已无渔业可言，很多物种已在此绝灭。我国的渤海由于周围城市的扩大和工业的兴起，也出现了这种发展趋势。据监测部门在 1998 年报告，1995 年时，渤海已有 56％的面积被污染，比十年前扩大了一倍，而且还在扩大。河流、湖泊、海洋这些水体本来都有自净化作用，所以大自然中的水总是那样晶莹清澈，现在受到污染而且还在发展，完全是人类行为不慎造成的后果。水圈是一个系统，污染物随着水的运动在其中传播，所以在南极企鹅的组织中也发现了杀虫剂；而波及广大海域的红潮（赤潮），其源来自城市的污水。这些污水富含生物营养所需的磷、氮等元素和有机物。红潮是因一些红色或褐红色藻类得到丰富营养，迅速生长、数量激增的现象。由于它们过量的繁殖，并在死亡后腐败、消耗大量氧气，影响到别的生物，特别使鱼类不能在此生存。因此水生态环境直接关系到生态的良好发展，直接影响人类的生产生活。

第四节　水灾害防治措施

一、防洪抢险规划

（一）防洪规划概念

防洪规划是开发利用和保护水资源，防治水灾害所进行的各类水利规划中的一项专业规划。它是指在江河流域或区域内，着重就防治洪水灾害所专门制定的总体战略安排。

防洪规划除了应该重点提出全局性工程措施方案外，还应提出包括管理、政策、立法等方面在内的非工程措施方案，必要时还应该提出农业耕作、林业、种植等非水利措施，作为编制工程的各阶段技术文件、安排建设计划和进行防洪管理、防洪调度等各项水事活动的基本依据[19-21]。

（二）防洪规划的指导思想和作用

1. 防洪规划的指导思想

防洪规划必须以江河流域综合治理开发、国土整治以及国家社会经济发展需要为规划依据，从技术、经济、社会、环境等方面进行综合研究。

结合中国洪水灾害的特点，体现在规划的指导思想上，可以概括为正确处理八方面的关系。如正确处理改造自然与适应自然的关系，随着社会、经济的发展，防治洪水的要求越来越高，科技水平和经济实力的提高使我们有能力防御更恶劣的洪水灾害。但另一方面洪水的发生和变化是一种自然现象，有其自身的客观规律。如果违背自然界的必然规律，人类活动有时会成为加重洪水灾害的新因素。所以，防洪建设既要为各方面建设创造条件，也要考虑防治洪水的实际条件和可能。

2. 防洪规划的作用

(1) 江河流域综合规划的重要组成部分。防洪规划一般都和江河流域综合规划同时进行，使单项防洪规划成为拟定流域综合治理方案的依据，而拟定后的综合治理方案又对防洪规划进行必要调整。

(2) 国土整治规划的重要组成部分。我国是一个洪水灾害比较严重的国家，防治洪水是国土整治规划中治理环境的一项重要的专项规划。它既以国土整治规划提出的任务要求为依据，又在一定程度上对国土整治规划的安排，如拟定区域经济发展方向、城镇布局和一些重大设施安排，起到约束作用。

(3) 国家和地区安排水利建设的重要依据。为使规划能更好地为不同建设时期的计划服务，通常需要在规划中确定近期和远景水平年。一般以编制规划后 10～15 年为近期水平，以编制规划后 20～30 年为远景水平，水平年的划分应尽可能与国家发展计划的分期一致。

(4) 防洪工程可行性研究和初步设计工作的基础。在规划过程中，一般要对近期可能实施的主要工程兴建的可行性，包括工程在江河治理中的地位和作用、工程建设条件、大体规模、主要参数、基本运行方式和环境影响评价等进行初步论证，使以后阶段的工程可行性研究和初步设计有所遵循。

(5) 进行水事活动的基本依据。江河河道及水域的管理、工程运行、防洪调度、非常时期特大洪水处理以及有关防洪水事纠纷等往往涉及不同地区、部门的权益和义务，只有通过规划，才能协调好各方面的关系。

（三）防洪标准

防洪标准是指通过采取各种措施后使防护对象达到的防洪能力，一般以防洪对象所能防御的一定重现期的洪水表示。

防洪标准的高低要考虑防护对象在国民经济中地位的重要性，如人口财富集中的特大城市。防洪标准的选定还取决于人们控制自然的可能性，包括工程技术的难易、所需投入的多少。防洪标准越高，投入越多，承担风险越小。

（四）防洪规划的内容

(1) 确定规划研究范围，一般以整个流域为规划单元。一个流域洪水组成有其内部联系和规律，只有把整个流域作为研究对象，才能全面治理洪水灾害。

(2) 分析研究江河流域的洪水灾害成因、特性和规律，调查掌握主要河道及现有防洪工程的状况和防洪、泄洪能力。

(3) 根据洪水灾害严重程度，不同地区的地理条件、社会经济发展的重要性，确定不同的防护对象及相应的防洪标准。

(4) 根据流域上中下游的具体条件，统筹研究可能采取的蓄、滞、泄等各种措施；结合水资源的综合开发，选定防洪整体规划方案，特别是拟定起控制作用的骨干工程的重大部署。对重要防护地区、河段还应制定防御超标准洪水的对策措施。

(5) 综合评价规划方案实施后的可能影响，包括对经济、社会、环境等的有利与不利的影响。

(6) 研究主要措施的实施程序，根据需要与可能，分轻重缓急，提出分期实施建议。提出不同实施阶段的工程管理、防洪调度和非工程措施的方案。

(五) 防洪规划的编制方法和步骤

防洪规划的编制工作一般都分阶段进行。一般的编制程序包括问题识别、方案制定、影响评价和方案论证四个步骤。

1. 问题识别

(1) 确定规划范围和分析存在问题。在收集整理以往的水利调查、水利区划和有关防护林及其他水利规划成果的基础上，有针对性的进行广泛的调查研究，确定规划范围。收集整理有关自然地理、自然灾害、社会经济以及以往水利建设和防治洪水、水资源利用现状的资料，明确规划范围内存在的问题和各方面对规划的要求。

(2) 做好预测。规划水平年，即实现规划特定目标的年份，水平年的划分一般要与国家发展计划的分期尽量一致。规划目标，具体的规划目标必须要满足：一是具体的衡量标准即评价指标，以评价规划方案对规划目标的满足程度；二是结合规划地区的具体情况，以某些约束条件作为附加条件。如规划地区的特殊政策或有关社会习俗规定等。

2. 方案制定

在规划目标的基础上，主要进行的工作有：

(1) 根据不同地区洪水灾害的严重程度、地理条件和社会经济发展的重要性，进行防护对象分区，并根据国家规定的各类防护对象的防洪标准幅度范围，结合规划的具体条件，通过技术论证，选定相应的防洪标准。

(2) 拟定现状情况与延伸到不同水平年的可能情况，即无规划措施下的比较方案。

(3) 研究各种可能采取的措施。

(4) 拟定实现不同规划目标的措施组合。

(5) 进行规划方案的初步筛选。

3. 影响评价

对初步筛选出的几个可比方案要进行影响评估分析，预期各方案实施后可能产生的经济、社会、环境等方面的影响，进行鉴别、描述和衡量。

在影响评价中，传统的经济效果评价仍是研究防洪规划方案是否可行的一项依据。

社会和环境影响是规划中社会、环境目标的体现，这两类大多难以采用货币衡量，只能针对特定问题的性质以某些方面的得失作为衡量标准。

4. 方案论证

在各方案影响评价的基础上，对各个比较方案进行综合评价论证，提出规划意见，供决策参考。主要工作包括：

（1）评价规划方案对不同规划目标的实现程度。

（2）拟定评价准则，进行不同方案的综合评价。

（3）推荐规划方案和近期主要工程项目实施安排。近期工程选择原则上应能满足防护对象迫切的要求，较好地解决流域内生存的主要问题，同时工程所需资金、劳力与现实国民经济水平相适应。

二、山洪治理措施[22-27]

防治山洪，减轻山洪灾害，主要是通过改变产流、汇流条件，采取调洪、滞洪和排洪相结合的措施来实现。

1. 山洪防治工程措施

（1）排洪道。

控制山洪的一种有效方式是使沟槽断面有足够大的排洪能力，可以安全地排泄山洪洪峰流量，设计这样的沟槽的标准是山洪极大值。如加宽现有沟床、清理沟道内障碍物和淤积物、修建分洪道等措施都可增大沟槽宣泄能力。

（2）排洪道的护砌。

排洪道在弯道、凹岸、跌水、急流槽和排洪道内水流流速超过土壤最大容许流速的沟段上，或经过房屋周围和公路侧边的沟段及需要避免渗漏的沟段时，需要考虑护砌。

（3）截洪沟。

暴雨时，雨水挟带大量泥沙冲至山脚下，使山脚下或山坡上的建筑物受到危害。为此设置截洪沟以拦截山坡上的雨水径流，并引至安全地带的排洪道内。截洪沟可在山坡上地形平缓、地质条件好的地带设置，也可在坡脚修建。

（4）跌水。

图 5-1 跌水

在地形比较陡的地方，当跌差在1m以上时，为避免冲刷和减少排洪渠道的挖方量，在排洪道下游常修建跌水。科技名词定义，连接两段高程不同的渠道的阶梯式跌落建筑物，见图5-1。

（5）谷坊。

谷坊是在山谷沟道上游设置的梯级拦截低坝，高度一般为1～5m，见图5-2。作用是：抬高沟底侵蚀基点，防止沟底下切和沟岸扩张，并使沟道坡度变缓；拦蓄泥沙，减少输入河川的固体径流量；减缓沟道水流速度，减轻下游山洪危害；坚固的永久性谷坊群有防治泥石流的作用；使沟道逐段淤平，形成可利用的坝阶地。

(6) 防护堤。

位于沟道两岸，可以增加两岸高度，提高沟道的泄流能力，保护沟道两岸不受山洪危害，同时也起到约束洪水、加大输沙能力和防止横向侵蚀、稳定沟床的作用。城镇、工矿企业、村庄等防护建筑物位于山区沟岸上，背山面水，常采用防护堤工程措施来防止山洪危害。

图 5-2　谷坊

(7) 丁坝。

丁坝是一种不与岸连接、从水流冲击的沟岸向水流中心伸出的一种建筑物，见图5-3。

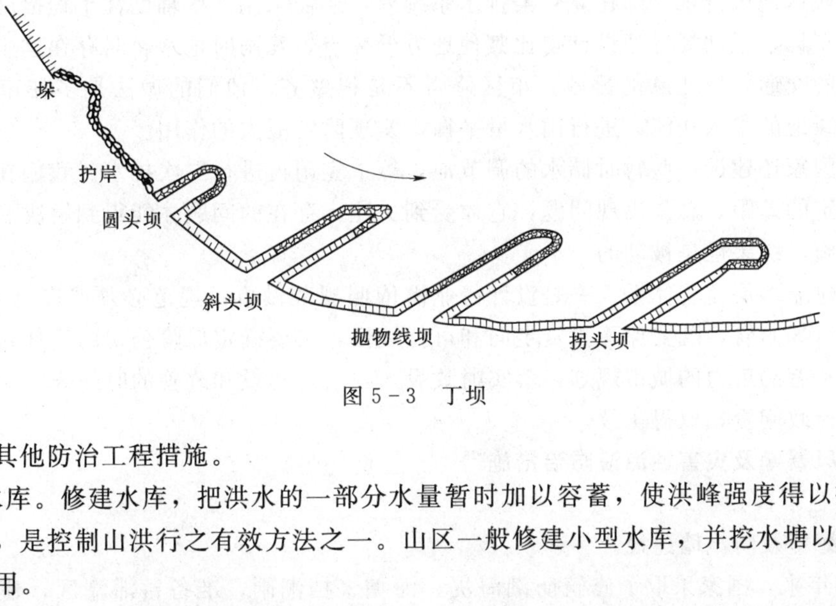

图 5-3　丁坝

(8) 其他防治工程措施。

1) 水库。修建水库，把洪水的一部分水量暂时加以容蓄，使洪峰强度得以控制在某一程度内，是控制山洪行之有效方法之一。山区一般修建小型水库，并挖水塘以起到防治山洪的作用。

2) 田间工程。田间工程措施是山洪防治、水土保持的重要措施之一，也是发展山区农业生产的根本措施之一。田间工程措施多样，主要有梯田、培地埂、水簸箕、截水坑、停垦等。修梯田是广泛使用的基本措施。

2. 山洪防治非工程措施

防御山洪灾害的非工程措施是在充分发挥工程防洪作用的前提下，通过法令、政策、行政管理、经济手段和其他非工程技术手段，达到减少山洪灾害损失的措施。

三、涝灾的防治

1. 农业除涝系统

农田排水系统是除涝的主要工程措施，其作用是根据各类农作物的耐淹能力，以及排除农田中过多的地面水和地下水，减少淹水时间和淹水深度，控制土壤含水量，为农作物的正常生长创造一个良好的环境。

按排水系统的功能可分为田间排水系统和主干排水系统。

(1) 田间排水系统。

田间排水系统的功能是排除平原洼地的积水以防止内涝，或截留并排除坡面多余径流以避免冲刷，也可用于降低农田的地下水位以减少渍害。

1) 平地田间排水系统：地面坡度不超过 2%，其排水能力相对较弱，在暴雨发生时易受涝成灾。平地的田间排水系统可采用明沟排水系统和暗沟排水系统。

2) 坡地排水系统：当地面坡度不超过 2%可作为坡地处理。从坡面上下泄的流量有可能造成下游农田的洪涝灾害。为了防止坡地的径流对下游平地的洪涝灾害，应在坡地的下部区域修建引水渠道或截洪沟，把水引入主干排水系统。

(2) 主干排水系统。

主干排水系统的主要功能是收集来自田间排水系统的出流，迅速排至出口。

2. 城市内涝治理

对于城镇地区排水，除建立管渠排水系统外，还需采用一些辅助性工程措施，包括把公园、停车场、运动场等地设计得比其他地方低一点，暴雨时把水暂时存在这里，就不会影响正常的交通，像北欧的挪威，市区修得不是很整齐，他们的做法是多在市区建设绿地，发挥绿地的渗水功能，进行雨水量平衡，实现防灾减灾的作用。

一些国家还建设一些暂时储水的调节池，等下完雨再进行二次排水。我们在实践方面还是有一定的差距，总是出现问题，它才受到关注，存在的问题才能得到解决。这是被动的应对措施，结果也是被动的。

需要建立多层监管体系：一是设计行业需依照规范做事，规范必须严谨且有前瞻性；二是加强市场监管，既要保障投资走向和可持续性，又要确定保险公司的责任；三是制定配套法律和有约束力的城市规划，落实财政投入，设定建设和改善的时间表，如此可以依法依规划行政问责，取得实效。

四、风暴潮及灾害性海浪防治措施[28]

1. 加强沿海防护工程

(1) 海堤及防汛墙建设。

50 多年来，国家采取了修筑防潮海堤、海塘、挡潮闸，准备蓄滞潮区，建立沿海防护林，加强海上工程及船舶的防浪设计等措施。

(2) 建立海岸防护网。

在适宜海岸地区建立海岸带生态防护网，在海滩种植红树林、水杉、水草等消浪植物。实行退耕还海政策，建立海岸带缓冲区，减缓风暴潮和灾害性海浪向沿海陆地推进的速度。利用洼地、河网等调蓄库容纳潮，降低沿海高潮位，保护城市及重点保护区安全。减少人为破坏，限制沿岸地下水开采，调控河流入海泥沙等。

2. 加强海洋减灾科学研究，保持人与自然的和谐相处

海岸带和近岸海域是各种动力因素最复杂的地区，同时又是经济活动最为发达的地区，随着人类对海洋资源的不断开发和利用，海上工程建设如果考虑不当，将会在一定程

度上引发海洋灾害。从目前看，人类对海洋资源的无节制索取和不正确利用，是造成海洋灾害日益增加的重要因素。因此，约束人类的行为，保护自然环境，科学合理地开发利用海洋，是当务之急。

3. 加强和完善海洋灾害的防御系统

（1）加强对海洋灾害的立体监测。

由于海洋灾害多数带有突发性特点，不可能把预报的时效提的很高，而只能靠快速的电信手段取得某些地区灾害警报的时效。必须采用各种先进技术，对各类海洋灾害，尤其是风暴潮和灾害性海浪的发生、发展、运移和消亡，以及影响它们的各种因素进行连续的观测和监视。

（2）建立海洋灾害防治指挥系统。

（3）建立和完善海上及海岸紧急救助组织。

建立一支装备精良、训练有素的现代化海上救助专业队伍，以实现快速、机动、灵活的紧急救助，同时发展行业部门的自救能力，最大限度地减少人员伤亡和财产损失。

4. 减轻海洋灾害的行政性及法律性措施

总体来讲，现行法律、法规中的海洋减灾观念仍相当薄弱，更未能把减轻海洋灾害作为海洋、海岸带管理的出发点和归宿。今后，需把减灾观念纳入海洋管理的基本点，并借鉴国际上的经验，制定专门的海洋减灾法律、法规和制度等，以适应我国海洋减灾工作的发展。

5. 加强海洋减灾的教育和训练

五、泥石流防治措施

（一）泥石流的预报

根据泥石流形成条件和动态变化，预测、报告、发布泥石流灾害的地区、时间、强度，为防治泥石流灾害提供依据。泥石流预报通常是对一条泥石流沟进行的预报，有时是对一个地区或流域的预报。根据预报时间分为中长期预报、短期预报、临近预报（有时称为泥石流警报）。随着泥石流研究水平的不断提高，泥石流预报方法和手段越来越丰富和先进。常用的有：遥感技术，统计分析模型，仪器动态监测等[29-31]。

（二）泥石流的治理

1. 如何减轻泥石流灾害

（1）利用泥石流普查成果，在城镇、公路、铁路及其他大型基础设施规划阶段，避开泥石流高发区。

（2）对已经选定的建设区和线性工程地段开展地质环境评价工作，在工程设计建设阶段，采取必要的措施，避免现有的泥石流灾害，预防新的泥石流灾害的产生。

（3）对现有的泥石流沟开展泥石流监测、预警报和“群测、群防”工作，减少泥石流发生造成的人员伤亡。

（4）对危害性较大，有治理条件和治理经费的泥石流沟进行治理，或为处于泥石流危害区内的重要建筑物建设防护工程。

（5）将处于泥石流规模大，又难以治理的泥石流危险区的人员和设施搬迁至安全的地方。

(6) 保护生态环境，预防新的泥石流灾害的发生。

2. 如何治理泥石流沟

泥石流沟治理一般采取综合治理方案，常用的治理措施包括生物措施和工程措施。

(1) 工程措施。

泥石流治理的工程措施可简单概括为“稳、拦、排”。

稳：在主沟上游及支沟上建谷防群，防止沟道下切，稳定沟岸，减少固体物质来源。拦：在主沟中游建泥石流拦沙坝，拦截泥沙和漂木，削减泥石流规模和容重。堆积在拦沙坝上游的泥沙还可以反压坡脚，起到稳定坡岸作用。排：在沟道下游或堆积扇上建泥石流排导槽，将泥石流排泄到指定地点，防止保护对象遭受泥石流破坏。

在泥石流沟治理中，根据治理目标，可采取一种措施或多种措施综合运用。工程措施见效快，但投资大，并有一定的运行年限限制。

(2) 生物措施。

泥石流治理的生物措施主要指保护、恢复森林植被和科学地利用土地资源，减少水土流失，恢复流域内生态环境，改善地表汇流条件，进而抑制泥石流活动。大多数泥石流沟生态环境极度恶化，单纯采用生物措施难以见效，必须采取生物措施与工程措施相结合，方能取得较好的治理效果。

对泥石流沟实行严格的封禁，禁止在流域内开荒种地、放牧、采石、采矿等一切有可能引起水土流失和山体失稳的各种人类活动。

因地制宜，植树种草，迅速恢复植被。如在流域上游营造水源涵养林，中游营造水土保持林，下游营造各种防护林。

调整农业生产结构，增加农民收入，解决农村能源问题。如陡坡退耕还林，坡改梯，不稳定的山体上水田改为旱地，大力发展经济林和薪炭林。

六、抗旱措施

旱灾是我国主要的自然灾害之一，旱灾较其他灾害遍及的范围广，持续的时间长，对农业生产影响最大。严重的旱灾还影响工业生产、城乡生活和生态环境，给国民经济造成重大损失[32,33]。

不论是解决农业缺水问题还是解决城市缺水问题，最根本的途径不外乎开源和节流两种。由于农业用水与城市用水在用水性质上存在较大差异，分别讨论农业抗旱措施和城市抗旱措施。

1. 农业抗旱措施

(1) 开辟新水源措施。

在水资源不足的地区，应千方百计开辟新的水源，以满足灌溉抗旱用水。这方面的途径有：修建蓄水工程，跨流域调水工程，人工增雨，咸水资源的利用，污水利用，雨水利用。

(2) 节水灌溉技术。

节约用水和科学用水，可以提高水资源的利用率，使有限的水资源发挥最大的经济效益。农田供水从水源到形成作物产量要经过三个环节：一是由水源输入农田转化为土壤水分；二是作物吸收土壤内的水分，将土壤水转化为作物水；三是通过作物复杂的生理生化过程，使作物水参与经济产量的形成。在农田水的三次转化中，每一环节都有水的损失，都存在节水潜力。

1）渠道防渗和管道输水技术。

2）地面灌溉改进技术。

3）喷灌和微喷技术。

涌流灌溉：时断时续地向灌水沟或畦田进行间歇放水的一种灌溉方法[34]。

（3）节水抗旱栽培措施。

1）深耕深松。

2）选用抗旱品种。

3）增施有机肥。

4）覆盖保墒。

（4）化学调控抗旱措施。

1）保水剂。

2）抗旱剂。

2. 城市抗旱措施

上述修建蓄水工程、跨流域调水、人工增雨、咸水利用、污水回用、雨水利用等措施同样适用于城市抗旱。对沿海城市，海水也是一种很好的替代品（如冷却用水、洗涤用水、消防用水等，也可淡化处理后再使用）。我国城市应致力于节约用水、城市工业节水和生活节水，加大管理制度，提高民众思想意识，从根源上降低城市旱灾发生的可能性。

七、水生态环境灾害防治措施

水域生态系统的退化与损害的主要原因是人类活动干扰的结果，水域生态系统具有一定抵御和调节自然和人类活动干扰的能力，只要干扰因素能得到控制并采取相应的改善措施，退化或受损的水域生态系统的正常结构与功能就会得到恢复[35-39]。

1. 河流生态修复

（1）缓冲区域的生态修复。

河流缓冲区域指河水—陆地边界处的两边，直至河水影响消失为止的地带，包括湿地、湖泊、草地、灌木、森林等不同类型景观，呈现出明显的演替规律。

人为活动对河流缓冲区的干扰以及大中型水库的修建，使得河床刷深、改变了河道的自然形态等；河道内的浅滩和深塘组合的消失，使河流连续的能量储存和消能平衡失调，从而破坏了大型无脊椎动物、鱼类的栖息地以及产卵场所。河岸两岸植被的破坏，使得水土流失严重，改变当地气候，增加了泥沙的入河量和入海量，同时，大量的水土流失以及水流对河岸的冲刷，使边坡和堤岸的稳定性和保护性变差。因此，河流缓冲区域的主要恢复措施包括稳定堤岸、恢复植被、改变河床形态，通过改变河流的水力学和生物学特征，实现河流生态系统的恢复。

（2）河流水生生物群落恢复。

河流生态系统的生物群落恢复包括水生植物、底栖动物、浮游生物、鱼类等的恢复。在河流水体污染得到有效控制以及水质得到改善后，河流生物群落的恢复就变得相对容易，可通过自然恢复或进行简单的人工强化，必要时采用人工重建措施。

(3) 河流曝气复氧。

溶解氧在河水自净过程中起着非常重要的作用，并且水体的自净能力与曝气能力有关。河水中的溶解氧主要来源于大气复氧和水生植物的光合作用，其中大气复氧是水体溶解氧的主要来源。

曝气生态净化系统以水生生物为主体，辅以适当的人工曝气，建立人工模拟生态处理系统，降低水体中的污染负荷、改善水质，是人工净化与天然生态净化相结合的工艺。曝气生态系统中的氧气主要来源有人工曝气复氧、大气复氧和水生生物通过光合作用传输部分氧气等三种途径。

2. 污染湖泊的修复技术

(1) 湖滨带生态修复。

湖滨带是湖泊水域与流域陆地生态系统间生态过渡带，其特征由相邻生态系统间之间相互作用的空间、时间及强度所决定。湖滨带是湖泊重要的天然屏障，不仅可以有效滞留陆源输入的污染物，同时还具有净化湖水水质的功能。湖滨带生态修复是湖泊修复的重要内容，其目的是恢复湖泊的完整性。湖滨带生态恢复是运用生态学的基本理论，通过生境物理条件改造、先锋植物培育、种群置换等手段，使受损退化湖滨带重新获得健康，并使之成为有益于人类生存的生态系统。

(2) 污染湖泊的水生生态修复。

湖库水生植物系统一般由沉水植物群落、浮叶植物群落、漂浮植物群落、挺水植物群落及湿生植物群落共同组成。

沉水植物群落：生长于河川、湖泊等底部且不露出水面的水生植物。

浮叶植物：根附着在底泥或其他基质上、叶片漂浮在水面的植物。繁殖器官有在空中、水中或漂浮水面的，如睡莲等。

漂浮植物又称完全漂浮植物，是根不着生在底泥中，整个植物体漂浮在水面上的一类浮水植物。这类植物的根通常不发达，体内具有发达的通气组织，或具有膨大的叶柄（气囊），以保证与大气进行气体交换，如槐叶萍、浮萍、凤眼莲等。

挺水植物：即植物的根、根茎生长在水的底泥之中，茎、叶挺出水面。常分布于0～1.5m的浅水处，其中有的种类生长于潮湿的岸边。这类植物在空气中的部分，具有陆生植物的特征；生长在水中的部分（根或地下茎），具有水生植物的特征。常见的有芦、蒲草、荸荠、莲、水芹、茭白荀、荷花、香蒲。

湿生植物：在潮湿环境中生长，不能忍受较长时间水分亏缺的植物。

水生植物具有重要的生态功能，水生植物所组成的完整、生长茂盛的湖泊通常水质清澈、生态稳定，而水生植物受损的湖泊则水质浑浊、湖泊生态脆弱。

污染负荷超过湖泊环境自净能力时，剩余营养盐导致湖泊生态系统变化为“藻型浊水状态”。通过大型水生植物的生态修复，就是要在“藻型浊水状态”的基础上，建立草型、清水型的湖泊生态系统。由湖泊多态理论可知，实现这一过程的前提是要先削减外源营养盐负荷量，同时还要采取多种措施降低湖泊水体的营养水平。

(3) 生物操纵技术。

生物操纵技术包括经典生物操纵法和非经典生物操纵法。“非经典”生物操纵与“经典”生物操纵不同之处在于，“非经典”方法的放养鱼类是食浮游植物的滤食性鱼类（鲢、鳙），通过鱼类的直接牧食减少藻类生物量，从而达到控制湖泊富营养化（藻花大面积爆发）的目的。其核心是控制过量繁殖的藻类，特别是控制蓝藻水花。该方法成功运用于武汉东湖。“经典的”生物操纵是依靠浮游植物（主要是大型枝角类）的牧食压力控制藻类生物量，某种意义上，营养盐只是从湖泊一个营养库暂时地转移到另一个营养库，而这些营养盐的一部分肯定将再循环而被光合作用利用。“非经典”生物操作中用于控制藻类的主要是营养层次低的鲢、鳙，这些鱼类生长周期短并且易于捕捞，通过捕捞可以从湖泊系统中移出营养盐。

3. 水生生态环境修复的生态指导原则

生态修复是把已经退化的生态系统恢复到与其原来的系统功能和结构相一致或近似一致的状态。因此，对于水域生态系统的恢复，需要从生态学的角度考虑以下问题。

（1）现有湿地与湖泊生态系统的保存与保持。现有相对尚未遭到破坏的生态系统对于保存生物多样性至关重要，它可以为受损生态系统的恢复提供必要生物群和自然物质。

（2）恢复生态完整性。生态恢复应该尽可能把已经退化的水生生物生态系统的生态完整性重新建立起来。生态完整性是指生态系统的状态，特别是其结构、组合和生物共性及环境的自然状态。

（3）恢复或修复原有的结构和功能。适度地重新建立原有结构，在生态修复过程中，应优先考虑那些已不复存在或消耗了的生态功能。

（4）兼顾流域内生态景观。生态恢复与生态工程应该有一个全流域的计划，而不能仅仅局限于水体退化最严重的部分。通常局部的生态修复工程无法改变全流域的退化问题。生态工程是指应用生态系统中物质循环原理，结合系统工程的最优化方法设计的分层多级利用物质的生产工艺系统，其目的是将生物群落内不同物种共生、物质与能量多级利用、环境自净和物质循环再生等原理与系统工程的优化方法相结合，达到资源多层次和循环利用的目的。如利用多层结构的森林生态系统增大吸收光能的面积、利用植物吸附和富集某些微量重金属以及利用余热繁殖水生生物等。

（5）生态恢复要制定明确、可行的目标。从生态学与效益角度看，应该是可能达到的，发挥区域自然潜能和公众支持。从经济学角度看，对于技术问题、资金来源、社会效益等各种因素必须加以综合考虑。

（6）自然调整与生物工程技术相结合。水域生态的自然调整与恢复也是非常关键的一个环节，在对一个恢复区进行主动性改造之前，应首先确定采用被动修复的方法。例如减少或限制退化源的发生扩展并让其有时间恢复。生物工程，是20世纪70年代初开始兴起的一门新兴的综合性应用学科。所谓生物工程，一般认为是以生物学（特别是其中的微生物学、遗传学、生物化学和细胞学）的理论和技术为基础，结合化工、机械、电子计算机等现代工程技术，充分运用分子生物学的最新成就，自觉地操纵遗传物质，定向地改造生物或其功能，短期内创造出具有超远缘性状的新物种，再通过合适的生物反应器对这类“工程菌”或“工程细胞株”进行大规模的培养，以生产大量有用代谢产物或发挥它们独特生理功能一门新兴技术。

第五节 实 例 分 析

徐霞等学者以中国 1998 年洪水灾害案例数据库为例，研究了自然灾害案例数据库的建立与应用[63]。本节以徐霞等学者构建的中国 1998 年洪水灾害案例数据库为例，阐述自然灾害案例数据库的建立与应用。

中国 1998 年洪水灾害案例数据库是在 WINDOWS 平台和 FOXPRO6.0 的支持下建成的，共有 2320 条记录，约 7.6 万个数据。其中，长江流域大洪水案例约 1400 多条记录，含 4.6 万多个数据；松嫩流域大洪水案例含约 380 多条记录，约 1.4 万个数据；其他各流域的洪水记录 500 多条，1.6 万多个数据。

一、数据来源

中国 1998 年洪水灾害案例库的数据可分为两种，即属性数据和空间数据。洪水灾害属性数据采集是依据自然灾害系统原理设置的，其中洪水灾害孕灾环境的雨情数据来源于 1998 年的气象观测和分析数据；致灾因子的水情数据主要来源于水文站监测数据；承灾体的人口经济数据主要来源于人口统计和经济统计，以及土地测量等部门；灾情数据来源于民政部门等的有关报告。同时还参考了遥感监测部门对洪水的实时监测，以及各种专业性报刊对洪水的报道和描述。空间数据以县域为基本单元，流域为第 1 级区域单元，考虑到行政上的统一管理，同时在灾害形成过程中，某一处的灾害将影响到整个行政管理区域的经济。因此，1998 年洪水灾害案例数据库中的基本单元采用面和点的叠加，即经济单元县域和自然单元流域叠加，这里的流域数据以水文站点存储，做到点和面的结合，经济系统和自然系统的结合。

二、数据库的结构

依据自然灾害系统原理，考虑到洪水灾害案例数据库的要求和数据的特点，中国 1998 年洪水灾害案例数据库分成六大部分，即承灾体数据库、孕灾环境雨情数据库、致灾因子水情数据库、灾情数据库、人类响应数据库等五大属性数据库以及空间数据库。属性数据库的主要内容见表 5-1。

表 5-1　洪水灾害案例数据库内容结构

公共字段名	承灾体库	孕灾环境雨情库	致灾因子水情库	灾情库	人类响应库
县名，县代码，开始时间，结束时间，资料来源	人口，国民生产总值，耕地面积，城镇用地面积，林地面积，草地面积，水域用地面积，其他用地面积	持续时间，雨量	水文站名，流域名，流量，水位，历史最高水位，超警戒水位	受灾面积，成灾面积，受灾人口，伤亡人口，损坏房屋，倒塌房屋，直接经济损失，工矿企业，交通、通信，基础设施	国家救济，抗洪物资投入，抗洪人数

三、数据库的精度处理

由于测量技术的进步和多种媒体的引入，灾害案例数据库的数据精度有了很大提高。数据库中数据误差主要来源于两个方面：一是媒体报道对内容进行取舍，造成信息的缺失；二是收集报刊资料时的人为作用，造成信息的重复或不真实。对于观测性数据，采用权威化处理。由于多种媒体对水情等数据的报道不一致。我们以水利部门的数据和资料为准。利用报刊资料建立的洪水灾害案例数据库作出的水位过程曲线和水利部门所作出的水位过程曲线相比较（图 5-4），发现二者基本一致。这就说明了 1998 年洪水灾害案例数据库对洪水的整个过程有很强的表现力。对于灾情地点和范围的确认采用最大化处理，即只要报道某地有灾害发生，或者对某个区域进行过致灾描述，我们则认为该区域有灾害发生。对于灾情等方面的统计性数据采用平均化处理。自然灾害案例数据库的时间精度可以精确到时或分，表达一次灾害发生的连续过程。

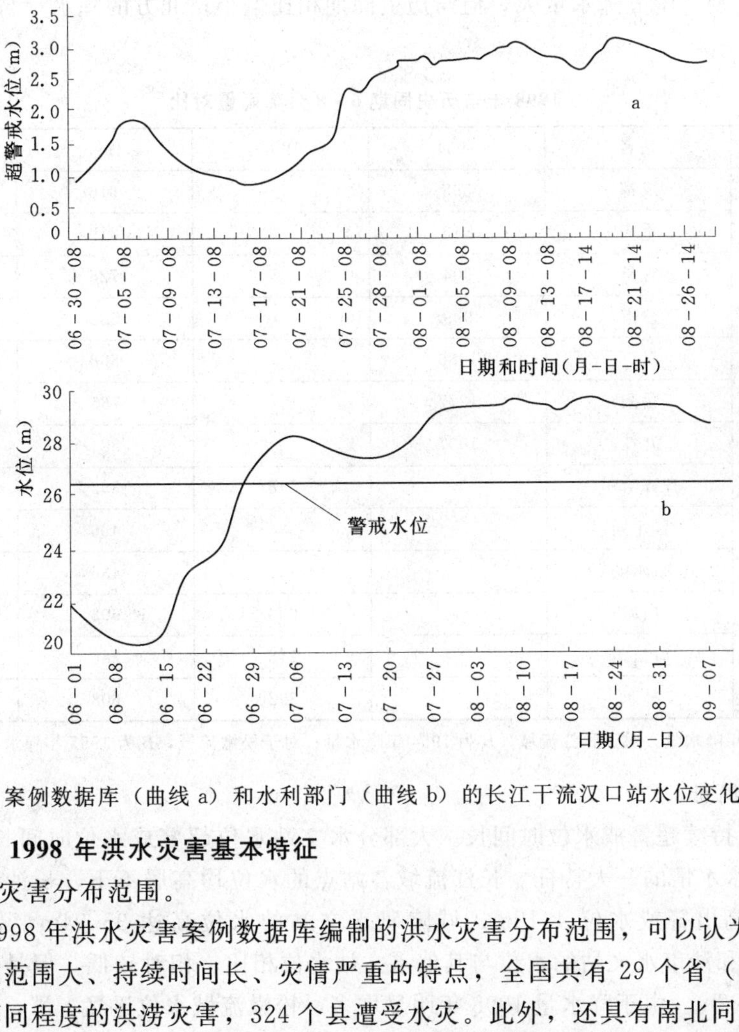

图 5-4　案例数据库（曲线 a）和水利部门（曲线 b）的长江干流汉口站水位变化趋势对比

四、中国 1998 年洪水灾害基本特征

(1) 洪水灾害分布范围。

由中国 1998 年洪水灾害案例数据库编制的洪水灾害分布范围，可以认为 1998 年洪水灾害具有影响范围大、持续时间长、灾情严重的特点，全国共有 29 个省（自治区、直辖市）遭受了不同程度的洪涝灾害，324 个县遭受水灾。此外，还具有南北同时发生特大洪水的特点：南部主要集中于长江流域的干流两岸，以及洞庭湖和鄱阳湖两大湖泊的周边地区；北方主要集中于松嫩流域，值得注意的是与长江流域历史大洪水相比，1998 年洪水淹没的范围要小得多。1931 年长江下游几乎全部受淹，1954 年洪水淹没面积 317 万 hm^2，1998 年长江中下游淹没总面积为 32.1 万 hm^2，是 1954 年的 10.1%。

(2) 雨情特征。

利用雨情数据库可以分析一次洪水灾害发生的气候背景孕灾环境，1998 年的雨情特征为降水量大、持续时间长、降水强度大（表5-2）。总的来看，长江流域1998年降水较大，一般都在600mm以上，但与1954年相比，除了重庆和成都的降水量偏大一些，其他的几个站点均小于1954年的降水量，说明1998年长江流域的降水主要集中于上游地区。1998年松嫩流域的降水量较历史时期要大，除齐齐哈尔和哈尔滨水文站测得的降水量比历史上的1957年低外，其他水文站均高于1957年的6～8月总降水量，林东水文站1998年测得的降水量达到1957年的2.08倍。因此，在1998年的洪水灾害中，降水量偏多、降水比较集中是引起大型洪涝灾害的直接原因。同时，南方和北方的6～8月的降水量有一定的差别，南方降水量大，但与历史同期相比偏小；北方的降水量与历史同期相比则要大。

表5-2　1998年与历史同期6～8月降雨量对比　单位：mm

流域	站名	1954	1957	1998	A/B
长江流域	成都	598		616	1.03
	重庆	515		819	1.59
	宜昌	904		725	0.80
	沙市	999		582	0.58
	汉口	1086		868	0.80
	岳阳	1277		765	0.60
	九江	1007		884	0.88
嫩江流域	齐齐哈尔		548	392	0.72
	佳木斯		385	486	1.26
	哈尔滨		481	436	0.91
	白城		603	603	1.00
	海拉尔		218	286	1.31
	林东		292	608	2.08

注　A为1998年降水量。对于长江流域，B为1954年降水量；对于松嫩流域，B为1957年降水量。

（3）水情特征。

水位高且持续超警戒水位时间长。大部分水文站水位超警戒水位时间长达2个多月，是1998年洪水水情的一大特征。长江流域各站点的水位均高居不下，长沙水文站水位高达39.18m，高出警戒水位4.18m；城陵矶水文站的水位高达35.94m，高出警戒水位3.94m，益阳和沙市水文站的水位与其他水文站水位相比，相对较低，但是也超出警戒水位1.91和2.22m。由于降水量1998年明显增多，松嫩流域水位迅猛上涨，均超过警戒水位，同盟、齐齐哈尔、江桥和大赉水文站的水位分别达到170.69m、149.30m、142.37m和131.47m，分别超过警戒水位0.84m、2.30m、1.93m和3.29m，超过历史实测最高水位0.25m、0.69m、1.61m和1.27m。

（4）灾情特征。

1998年洪水灾情严重，但死亡人口少（表5-3），全国受灾面积2.6万hm^2，成灾面积1.6万hm^2，受灾人口2.3亿人，死亡人口4150人，倒塌房屋685万间，直接经济损失 2551 亿元，其中长江流域的江西、湖南、湖北，松嫩流域的黑龙江、内蒙古和吉林等省区受灾最重。表 5-3 表明 20 世纪 90 年代的各次洪水灾害的损失具有逐次增大、人口死亡逐次减少的趋势，1998 年的洪水所造成的损失除了死亡人口相对较少外，其他的各类损失均达到 20 世纪 90 年代以来的最大值。

表 5-3　20 世纪 90 年代洪涝灾情表

项目 \ 年份	1991	1994	1995	1996	1998
受灾人口（亿人）		2.23	2.38	2.66	2.3
受灾面积（万 hm^2）	2460	1882	1437	2053	2578
成灾面积（万 hm^2）	1461	1149	800	1220	1585
倒塌房屋（万间）	498	349	229	542	685
死亡人口（人）	5113	5340	3852	4827	4150
直接经济损失（亿元）	779	1798	1653	2200	2551

（5）人类响应特征。

1998 年洪水灾害中，人类表现出很强的防灾、减灾意识，这次灾害牵动着全国上下从中央到地方、从国家领导人到老百姓所有人的心，投入的抢险物资种类多、数量大，总价值达到 130 多亿元。各地人民纷纷捐款捐物、捐款总额达到 35 亿多元，捐物折款达到 37 亿多元（表 5-4）。

表 5-4　1998 年抗洪抢险过程中物资及资金投入

类　别	数量	类　别	数量
参与抗洪抢险人数（万）	800	铅丝（t）	455
编织袋（亿条）	1	砂石料（万 m^3）	6.79
布类（万 m^2）	1886	抢险机械（台）	182
救生用品（万个）	67.98	中央拨款（亿元）	83.3
帐篷（顶）	4650	地方政府拨款（亿元）	27.9
照明灯（台）	3082	社会捐助款（亿元）	72.59

思 考 题

1. 水灾害的属性？
2. 水灾害类型？
3. 水灾害的成因？
4. 水灾害的危害？
5. 水灾害的防治措施？

参 考 文 献

［1］ 国家防汛抗旱总指挥部办公室，水利部南京水文水资源研究室．中国水灾害［M］．北京：中国水

利水电出版社，1997.
[2] 罗元华．论自然灾害的基本属性与减灾基本原则 [J]．中国地质灾害与防治学报，1997，8 (1)：1 - 6.
[3] 徐在庸．山洪及其防治 [M]．北京：水利出版社，1981.
[4] 唐邦兴．山洪泥石流滑坡灾害及防治 [M]．北京：科学出版社，1994.
[5] 王礼先，于志民．山洪及泥石流灾害预报 [M]．北京：中国林业出版社，2001.
[6] 费祥俊，舒安平．泥石流防治运动机理与灾害防治 [M]．北京：清华大学出版社，2004.
[7] 陈光曦，王继康，王林海．泥石流防治 [M]．北京：中国铁道出版社，1983.
[8] 李克让．中国干旱灾害研究及减灾对策 [M]．郑州：河南科学技术出版社，1999.
[9] 陈秀万．中国洪水灾害分析 [J]．海洋地质与第四纪地质，1995，15 (3)：161 - 168.
[10] 郑斯中，黄朝迎，冯大丽，等．气候影响评价 [M]．北京：气象出版社，1989.
[11] 徐良炎，高歌．近50年台风变化特征及灾害年景评估 [J]．气象，2005，31 (3)：41 - 45.
[12] 张家诚，周魁一，杨华庭，等．中国气象洪涝海洋灾害 [M]．长沙：湖南人民出版社，1998.
[13] 聂芳容．山洪灾害防治 [M]．长沙：湖南人民出版社，2002.
[14] 李建生．中国江河防洪丛书总论卷 [M]．北京：中国水利水电出版社，1999.
[15] 许自达，关业祥．洪涝灾害对策及其效益评估 [M]．南京：河海大学出版社，1997.
[16] 刘希林，唐川．泥石流危险性评价 [M]．北京：科学出版社，1995.
[17] 欧阳惠．水旱灾害学 [M]．北京：气象出版社，2001.
[18] 马秀峰．西北内陆河区水旱灾害 [M]．郑州：黄河水利出版社，1999.
[19] 王俊，王善序，水利部长江水利委员会．长江流域水旱灾害 [M]．北京：中国水利水电出版社，2002.
[20] 张英，李宪文．防汛手册 [M]．北京：中国科学技术出版社，2002.
[21] 朱尔明．中国水旱灾害防治 [J]．科学对社会的影响，1999，2：29 - 32.
[22] 赵绍华．防洪抢险技术 [M]．北京：中央广播电视大学出版社，2003.
[23] 程晓陶，尚全民．中国防洪与管理 [M]．北京：中国水利水电出版社，2005.
[24] 洪庆余．长江防洪与98大洪水 [M]．北京：中国水利水电出版社，1999.
[25] 王威，何志芸．长江流域防御山洪灾害对策浅探 [J]．人民长江，2003，34 (10)：14 - 15，18.
[26] 徐宪彪．以人为本抓好山洪灾害防灾形势及防治对策 [J]．中国水利，2004，13：43 - 45.
[27] 马建华，胡维忠．我国山洪灾害防灾形势及防治对策 [J]．水利水电快报，2005，26 (10)：5 - 8.
[28] 钱志春．海洋及其预报 [M]．气象出版社，1991.
[29] 周必凡，李德基，罗德富，等．泥石流防治指南 [M]．北京：科学出版社，1991.
[30] 周金星，王礼先，谢宝元，等．山洪泥石流灾害预报预警技术评述 [J]．山地学报，2001，19 (6)：527 - 532.
[31] 吴积善，田连权，康志成，等．泥石流及其综合治理 [M]．北京：科学出版社，1993.
[32] 王宏．作物水分亏缺诊断的研究 [M]．北京：中国科学技术出版社，1992.
[33] 河南省水利厅．河南省水旱灾害 [M]．郑州：黄河水利出版社，1998.
[34] 罗金耀．节水灌溉理论与技术 [M]．武汉：武汉大学出版社，1999.
[35] 杨京平，卢剑波．生态恢复工程技术 [M]．北京：化学工业出版社，2002.
[36] 张合平，刘云国．环境生态学 [M]．北京：中国林业出版社，2002 .
[37] 张锡辉．水环境修复工程学原理与应用 [M]．北京：化学工业出版社，2004.
[38] 刘健康．高级水生生物学 [M]．北京：科学出版社，2002.
[39] 王焕笑．污染生态学 [M]．北京：高等教育出版社，2002.

[40] 唐邦兴．中国泥石流 [M]．北京：商务印书馆，2000.
[41] 赵春明，刘雅鸣，张金良，等．20世纪中国水旱灾害警示录 [M]．郑州：黄河水利出版社，1997.
[42] 曲达良．农田水利学 [M]．北京：水利电力出版社，1985.
[43] 施成熙，粟宗嵩．农业水文学 [M]．北京：农业出版社，1984.
[44] 崔玉川．城市与工业节约用水手册 [M]．北京：化学工业出版社，1999.
[45] 林三益．水文预报 [M]．北京：中国水利水电出版社，2001.
[46] 冯士筰，李凤岐，李少菁，等．海洋科学导论 [M]．北京：高等教育出版社，1999.
[47] 孙湘平．中国的海洋 [M]．北京：商务印书馆，1995.
[48] 杨达源，闾国年．自然灾害学 [M]．北京：测绘出版社，1992.
[49] 中国科学院成都山地灾害与环境研究所．泥石流研究与防治 [M]．成都：四川科学出版社，1989.
[50] 周怀东，彭文启．水污染与水环境修复 [M]．北京：化学工业出版社，2005.
[51] 徐祖信．河流污染治理技术与实践 [M]．北京：科学出版社，2003.
[52] 叶常明，黄玉瑶，张景镛．水体有机污染的原理研究方法及运用 [M]．北京：海洋出版社，1990.
[53] 谢平．鲢、鳙与藻类水化控制 [M]．北京：科学出版社，2003.
[54] Edward A. L（著），余刚，张祖麟（译）．水污染导论 [M]．北京：科学出版社，2004.
[55] 水利电力部东北勘测设计院．洪水调查 [M]．北京：水利电力出版社，1978.
[56] 杨华庭，田素珍，叶琳，等．中国海洋灾害四十年资料汇编 [M]．北京：海洋出版社，1994.
[57] 李学举．中国的自然灾害与灾害管理 [J]．中国行政管理，2004，8：23-26.
[58] 王润，姜彤，Lorenz King，等．20世纪重大自然灾害评析 [J]．自然灾害学报，2000，9（4）：9-15.
[59] 刘慧敏，张业成，高庆华．21世纪初自然灾害态势预测和综合研究 [J]．国土资源科技管理，2002，4：29-32.
[60] 冯佩之，李翠金，李小泉．中国主要气象灾害分析（1951－1980） [M]．北京：气象出版社，1985.
[61] 姜付仁，程晓陶，向立云．美国20世纪洪水损失分析及中美90年代比较研究 [C]．中国水利水电科学研究院第七届青年学术交流会论文集，2002.
[62] 赵士鹏．中国山洪灾害系统的整体特征及其危险度区划的初步研究 [J]．自然灾害学报，1996，5（3）：93-99.
[63] 徐霞，王静爱，王文宇．自然灾害案例数据库的建立与应用——以中国1998年洪水灾害案例数据库为例 [J]．北京师范大学学报（自然科学版），2000，36（2）：274-280.

第六章　节水理论与技术

第一节　节　水　内　涵

2011年中央一号文件《中共中央国务院关于加快水利改革发展的决定》[1]中指出，"水是生命之源，生产之要，生态之基。我国水利面临的形势更趋严峻，强化水资源节约保护工作越来越繁重，不断深化水利改革，加快建设节水型社会，促进水利可持续发展。"可见，节约用水已受到社会范围内的广泛重视。节水的含义深广，不仅仅局限于用水的节约，还包括水资源（地表水和地下水）的保护、控制和开发，并保证其可获得的最大水量进行合理经济利用，也有精心管理和文明使用水资源之意[2]。

传统意义上的节水主要是指采取现实可行的综合措施，减少水资源的损失和浪费，提高用水效率与效益，合理高效地利用水资源。随着社会和技术的进步，节水的内涵也在不断扩展，至今仍未有公认的定论。沈振荣等[3]（2000年）提出真实节水、资源型节水和效率型节水的概念，认为节水就是最大限度地提高水的利用率和水分生产效率，最大限度地减少淡水资源的净消耗量和各种无效流失量。陈家琦等[4]（2002年）认为，节约用水不仅是减少用水量和简单的限制用水，而且是高效的、合理的充分发挥水的多功能和一水多用，重复利用，即在用水最节省的条件下达到最优的经济、社会和环境效益。

我国《节水型城市目标导则》对城市节水作了如下定义[5]："节约用水，指通过行政、技术、经济等管理手段加强用水管理，调整用水结构，改进用水工艺，实行计划用水，杜绝用水浪费，运用先进的科学技术建立科学的用水体系，有效地使用水资源，保护水资源，适应城市经济和城市建设持续发展的需要"。该定义更接近英文中的"Water Conservation"。在这里，节约用水的涵义已经超脱了节省用水量的意义，内容更广泛，还包括有关水资源立法、水价、管理体制等一系列行政管理措施，意义上更趋近于"合理用水"或"有效用水"。"节约用水"重要的是要强调如何有效利用有限的水资源，实现区域水资源的平衡。其前提是基于地域性经济、技术和社会的发展状况。毫无疑问，如果不考虑地域性的经济与生产力的发展程度，脱离技术发展水平，很难采取经济有效的措施，以保证"节约用水"的实施。"节约用水"的关键在于根据有关的水资源保护法律法规，通过广泛的宣传教育，提高全民的节水意识；引入多种节水技术与措施、采用有效的节水器具与设备，降低生产或生活过程中水资源的利用量，达到环境、生态、经济效益的一致性与可持续发展的目标[2]。

综合起来，"节约用水"可定义为：基于经济、社会、环境与技术发展水平，通过法律法规、管理、技术与教育手段，以及改善供水系统，减少需水量，提高用水效率，降低水的损失与浪费，合理增加水可利用量，实现水资源的有效利用，达到环境、生态、经济效益的一致性与可持续发展。

节水不同于简单的消极的少用水，是依赖科学技术进步，通过降低单位目标的耗水量实施水资源的高效利用。随着人口的急剧增长和城市化、工业化及农业灌溉对水资源需求的日益增长，水资源供需矛盾日益尖锐。为解决这一矛盾，达到水资源的可持续利用，需要节水政策、节水意识和节水技术三个环节密切配合；农业节水、工业节水、城市节水和污水回用等多管齐下，以便达到逐步走向节水型社会的前景目标。

节水型社会注重使有限的水资源发挥更大的社会经济效益，创造更良好的物质财富和良好的生态效益，即以最小的人力、物力、财力以及最少水量来满足人类的生活、社会经济的发展和生态环境的保护。节水政策包括多个方面，其中制定科学合理的水价和建立水资源价格体系是节水政策的核心内容。合理的水资源价格，是对水资源进行经济管理的重要手段之一，也是水利工程单位实行商品化经营管理，将水利工程单位办成企业的基本条件。目前，我国水资源价格的定价太低是突出的问题，价格不能反映成本和供求的关系，也不能反映水资源的价值，供水水价核定不含水资源本身的价值。尽管正在探索合理有效的办法，如新水新价、季节差价、行业差价、基本水价与计量水价等，但要使价格真正起到经济管理的杠杆作用仍然很艰难。此外，由于水资源功用繁多，完整的水资源价格体系还没有形成。正是由于定价太低，价格杠杆动力作用低效或无效，节约用水成为一句空话。建立合理的、有利于节水的收费制度，引导居民节约用水、科学用水。提倡生活用水一水多用，积极采用分质供水，改进用水设备。不断推进工业节水技术改造，改革落后的工艺与设备，采用循环用水与污水再生回用技术措施，建立节水型工业，提高工业用水重复利用率。推广现代化的农业灌溉方法，建立完善的节水灌溉制度。逐步走向节水型社会，是解决21世纪水资源短缺的一项长期战略措施。特别是当人类花费了大量的人力、物力、财力而只能获得少量的可利用水量的时候，节水就变得越来越现实、迫切和有效益。

第二节 生 活 节 水

一、生活用水的概念

生活用水是人类日常生活及其相关活动用水的总称。生活用水包括城镇生活用水和农村生活用水。城镇生活用水包括居民住宅用水、市政公共用水、环境卫生用水等，常称为城镇大生活用水。城镇居民生活用水是指用来维持居民日常生活的家庭和个人用水，包括饮用、洗涤、卫生、养花等室内用水和洗车、绿化等室外环境用水。农村生活用水包括农村居民用水、牲畜用水。生活用水量一般按人均日用水量计，单位为L/(人·d)[6]。

生活用水涉及千家用户，与人民的生活关系最为密切。《中华人民共和国水法》规定，“开发、利用水资源，应当首先满足城乡居民生活用水。”因此，要把保障人民生活用水放在优先位置[7]。这是生活用水的一个显著特征，即生活用水保证率高，放在所有供水先后顺序中的第一位。也就是说，在供水紧张的情况下优先保证生活用水。

同时，由于生活饮用水直接关系到人们的身体健康，对水质要求也较高，这是生活用水的另一个显著特征。随着经济与城市化进程的不断加快，用水人口不断增加，城市居民生活水平不断提高，公共市政设施范围不断扩大与完善，预计在今后一段时期内城市生活用水量仍将呈增长趋势。因此城市生活节水的核心是在满足人们对水的合理需求的基础上，控制公共建筑、市政和居民住宅用水量的持续增长，使水资源得到有效利用。大力推行生活节水，对于建设节水型社会具有重要意义。

二、生活节水途径[8]

生活节水的主要途径有：实行计划用水和定额管理；进行节水宣传教育，提高节水意识；推广应用节水器具与设备；以及发展城市再生水利用技术等。

1. 实行计划用水和定额管理

我国《城市供水价格管理办法》明确规定："制定城市供水价格应遵循补偿成本、合理收益、节约用水、公平负担的原则。"通过水平衡测试，分类分地区制定科学合理的用水定额，逐步扩大计划用水和定额管理制度的实施范围，对城市居民用水推行计划用水和定额管理制度。

科学合理的水价改革是节水的核心内容。要改变缺水又不惜水、用水浪费无节度的状况，必须用经济手段管水、治水、用水。针对不同类型的用水，实行不同的水价，以价格杠杆促进节约用水和水资源的优化配置，适时、适地、适度调整水价，强化计划用水和定额的管理力度。

所谓分类水价，是根据使用性质将水分为生活用水、工业用水、行政事业用水、经营服务用水、特殊用水五类。各类水价之间的比价关系由所在城市人民政府价格主管部门会同同级城市供水行政主管部门结合当地实际情况确定。以 2004 年北京市为例：居民生活用水 3.7 元/m^3，工商用水 5.6 元/m^3，行政事业用水 5.4 元/m^3，旅游饭店和临时施工用水 6.1 元/m^3；特殊行业，如以自来水为主要原料的饮用水生产单位 41.5 元/m^3，洗车业 4～5 元/m^3，高档洗浴业 61.5 元/m^3。

居民住宅用水取消"包费制"，是建立合理的水费体制、实行计量收费的基础。凡是取消"用水包费制"进行计量收费的地方都取得了明显效果。合理地调整水价不仅可强化居民的生活节水意识，而且有助于抑制不必要和不合理的用水，从而有效地控制用水总量的增长。全面实行分户装表，计量收费，逐步采用阶梯式计量水价。2011 年中央一号文件提出"积极推进水价改革。充分发挥水价的调节作用，兼顾效率和公平，大力促进节约用水和产业结构的调整"，"合理调整城市居民生活用水价格，稳定推行阶梯式水价制度"。

若阶梯式水价分为三级，则阶梯式计量水价的计算公式为：

$$P=V_1P_1+V_2P_2+V_3P_3 \tag{6-1}$$

式中：P 为阶梯式计量水价；V_1 为第一级水量基数；P_1 为第一级水价；V_2 为第二级水量基数；P_2 为第二级水价；V_3 为第三级水量基数；P_3 为第三级水价。

居民生活用水第一级水量基数等于每户平均人口乘以每人每月计划平均消费量。第一级水量基数是根据确保居民基本生活用水的原则制定的；第二级水量基数是根据改善和提高居民生活质量的原则制定的；第三级水量基数是按市场价格满足特殊需要的原则制定的。具体各级水量基数由所在城市人民政府价格主管部门结合本地实际情况确定。

据不完全统计，截至 2011 年 8 月，全国 36 个大中城市中，有部分城市已推行了阶梯式水价制度或进行了阶梯式水价制度的试点。其中，大部分城市实行的阶梯式水价分为三级，少数城市实行两级或四级阶梯水价。但由于阶梯式水价制度实施的时间较短，且没有现成的经验供借鉴，因此，运行中也暴露出了一些问题。鉴于此，需要科学制定水价级数和级差，合理确定第一级水数量基数和水价，针对水价构成各部分的特点提出阶梯式价格政策，逐步推行城市居民生活用水阶梯式水价制度[9]。

2. 进行节水宣传教育，提高节水意识

在给定的建筑给排水设备条件下，人们在生活中的用水时间、用水次数、用水强度、用水方式等直接取决于其用水行为和习惯。通常用水行为和习惯是比较稳定的，这就说明为什么在日常生活中一些人或家庭用水较少，而另一些人或家庭用水较多。但是人们的生活行为和习惯往往受某种潜意识的影响。如欲改变某些不良行为或习惯，就必须从加强正确观念入手，克服潜意识的影响，将改变不良行为或习惯成为一种自觉行动。显然，正确观念的形成要依靠宣传和教育，由此可见宣传教育在节约用水中的特殊作用。应该指出，宣传和教育均属对人们思想认识的正确引导，教育主要依靠潜移默化的影响，而宣传则是对教育的强化。

据水资源评价的资料显示，全国淡水资源量的80%集中分布在长江流域及其以南地区，这些地区由于水源充足，公民节水意识淡薄，水资源浪费严重。通过宣传教育，增强人们的节水观念，提高人们的节水意识，改变其不良的用水习惯。宣传方式可采用报刊、广播、电视等新闻媒体及节水宣传资料、张贴节水宣传画、举办节水知识竞赛等，另外还可在全国范围内树立节水先进典型，评选节水先进城市和节水先进单位等。

因此，通过宣传教育去节约用水，是一种长期行为，不能指望获得“立竿见影”的效果，除非同某些行政手段相结合，并且坚持不懈。如日本的水资源较贫乏，故十分重视节约用水的宣传教育。日本把每年的“六·一”定为全国“节水日”，而且注意从儿童开始。联合国在1993年作出决定，将每年的3月22日定为“世界水日”。中国水利部将3月22日至28日定为“中国水周”。

3. 推广应用节水器具与设备

推广应用节水器具和设备是城市生活用水的主要节水途径之一。实际上，大部分节水器具和设备是针对生活用水的使用情况和特点而开发生产的。节水器具和设备，对于有意节水的用户而言有助于提高节水效果；对于不注意节水的用户而言，至少可以限制水的浪费。

(1) 推广节水型水龙头。

为了减少水的不必要浪费，选择节水型的产品也很重要。所谓节水龙头产品，应该是有使用针对性的，能够保障最基本流量（例如洗手盆用0.05L/s，洗涤盆用0.1 L/s，淋浴用0.15 L/s）、自动减少无用水的消耗（例如加装充气口防飞溅；洗手用喷雾方式，提高水的利用率；经常发生停水的地方选用停水自闭龙头；公用洗手盆安装延时、定量自闭龙头）、耐用且不易损坏（有的产品已经能做到60万次开关无故障）的产品。当管网的给水压力静压超过0.4MPa或动压超过0.3MPa时，应该考虑在水龙头前面的干管线上采取减压措施，加装减压阀或孔板等，在水龙头前安装自动限流器也比较理想。

当前除了注意选用节水龙头，还应大力提倡选用绿色环保材料制造的水龙头。绿色环保水龙头除了在一些密封的零件材料表面涂装选用无害的材料（曾经使用的石棉、有害的橡胶、含铅的油漆、镀层等都应该淘汰）外，还要注意控制水龙头阀体材料中的含铅量。

制造水龙头阀体，应该选择低铅黄铜、不锈钢等材料，也可以采用在水的流经部位洗铅的方法，达到除铅的目的。

为了防止铁管或镀锌管中的铅对水的二次污染以及接头容易腐蚀的问题，现在不断推广使用新型管材，一类是塑料的，另一类是薄壁不锈钢的。这些管材的刚性远不如钢铁管(镀锌管)，因此给非自身固定式水龙头的安装带来一些不便。在选用水龙头时，除了注意尺寸及安装方向可用以外，还应该在固定水龙头的方法上给予足够重视，否则会因为经常搬动水龙头手柄，造成水龙头和接口的松动。

(2) 推广节水型便器系统。

卫生间的水主要用于冲洗便器。除利用中水外，采用节水器具仍是当前节水的主要努力方向。节水器具的节水目标是保证冲洗质量，减少用水量。现研究产品有低位冲洗水箱、高位冲洗水箱、延时自闭冲洗阀、自动冲洗装置等。

常见的低位冲洗水箱多用直落上导向球型排水阀。这种排水阀仍有封闭不严漏水、易损坏和开启不便等缺点，导致水的浪费。近些年来逐渐改用翻板式排水阀。这种翻板阀开启方便、复位准确、斜面密封性好。此外，以水压杠杆原理自动进水装置代替普通浮球阀，克服了浮球阀关闭不严导致长期溢水之弊。

高位冲洗水箱提拉虹吸式冲洗水箱的出现，解决了旧式提拉活塞式水箱漏水问题。一般做法是改一次性定量冲洗为“两挡”冲洗或“无级”非定量冲洗，其节水率在50%以上。

为了避免普通闸阀使用不便、易损坏、水量浪费大以及逆行污染等问题，延时自闭冲洗阀应具备延时、自闭、冲洗水量在一定范围内可调、防污染（加空气隔断）等功能，并应便于安装使用、经久耐用和价格合理等。

自动冲洗装置多用于公共卫生间，可以克服手拉冲洗阀、冲洗水箱、延时自闭冲洗水箱等只能依靠人工操作而引起的弊端。例如，频繁使用或乱加操作造成装置损坏与水的大量浪费，或疏于操作而造成的卫生问题、医院的交叉感染等。

(3) 推广节水型淋浴设施。

淋浴时因调节水温和不需水擦拭身体的时间较长，若不及时调节水量会浪费很多水。这种情况在公共浴室尤甚，不关闭阀门或因设备损坏造成“长流水”现象也屡见不鲜。集中浴室应普及使用冷热水混合淋浴装置，推广使用卡式智能、非接触自动控制、延时自闭、脚踏式等淋浴装置；宾馆、饭店、医院等用水量较大的公共建筑推广采用淋浴器的限流装置。

(4) 研究生产新型节水器具。

研究开发高智能化的用水器具、具有最佳用水量的用水器具和按家庭使用功能分类的水龙头。

4. 发展城市再生水利用技术

再生水是指污水经适当的再生处理后供作回用的水。再生处理一般指二级处理和深度处理。再生水用于建筑物内杂用时，也称为中水。建筑物内洗脸、洗澡、洗衣服等洗涤水、冲洗水等集中后，经过预处理（去污物、油等）、生物处理、过滤处理、消毒灭菌处理甚至活性炭处理，而后流入再生水的蓄水池，作为冲洗厕所、绿化等用水。这种生活污水经处理后，回用于建筑物内部冲洗厕所和其他杂用水的方式，称为中水回用。

建筑中水利用是目前实现生活用水重复利用最主要的生活节水措施，该措施包含水处理过程，不仅可以减少生活废水的排放量，还能够在一定程度上减少生活废水中污染物的排放。在缺水城市住宅小区设立雨水收集、处理后重复利用的中水系统，利用屋面、路面汇集雨水至蓄水池，经净化消毒后用水泵提升用于绿化浇灌、水景水系补水、洗车等，剩余的水可再收集于池中进行再循环。在符合条件的小区实行中水回用可实现污水资源化，达到保护环境、防治水污染、缓解水资源不足的目的。

第三节 工 业 节 水

一、工业用水的概念及分类

工业用水是指工、矿企业的各部门，在工业生产过程（或期间）中，制造、加工、冷却、空调、洗涤、锅炉等处使用的水及厂内职工生活用水的总称[10]。目前我国工业增长速度较快，工业生产过程中的用水量也很大。工业生产取用大量的洁净水，排放的工业废水又成为水体污染的主要污染源，增大了城市用水压力，也增加了城市污水处理的负担。与农业用水相比，工业用水一般对水质有较高要求，对供水的保证率也有较高要求。因此，在供水方面，需要有较高保证率的、固定的水源和水厂。

在我国，工业用水占整个城市用水的 1/4 左右，因此需不断推行工业节水，减小取水量，降低排放量。我国对工业废水的排放有一定的水质标准要求，要求工业厂矿按照水质标准排放废水，即达标排放[11]。

根据工业用水的不同用途，企业内工业用水的分类及定义见表 6－1[12]。

表 6－1　　工业用水分类及定义

名　称	定　义
A. 生产用水	直接用于工业生产的水，包括间接冷却水、工艺用水和锅炉用水
a. 间接冷却水	为保证生产设备能在正常温度下工作，用来吸收或转移生产设备的多余热量所使用的冷却水，此水与被冷介质之间由换热器壁或设备隔开
b. 工艺用水	用来制造、加工产品以及与制造、加工工艺过程有关的用水
产品用水	作为产品生产原料的用水
洗涤用水	对原材料、物料、半成品进行洗涤处理的用水
直接冷却水	为满足工艺过程需要，使产品或半成品冷却所用与之直接接触的冷却水，包括调温、调湿使用的直流喷雾水
其他工艺用水	产品用水、洗涤用水、直接冷却水之外的其他工艺用水
c. 锅炉用水	为工艺或采暖、发电需要产汽的锅炉用水及锅炉水处理用水
锅炉给水	直接用于产生工业蒸汽进入锅炉的水成为锅炉给水。由两部分组成：回收由蒸汽冷却得到的冷凝水、补充的软化水
锅炉水处理用水	为锅炉制备软化水时，所需要的再生、冲洗等项目用水
B. 生活用水	厂区和车间内职工生活用水及其他用途的杂用水

二、工业用水的特点[8]

我国工业用水的特点主要表现为：

(1) 工业用水量大。

目前，我国工业取水量占总取水量的 1/4 左右，其中高用水行业取水量占工业总取水量 60%左右。随着工业化、城镇化进程的加快，工业用水量还将继续增长，水资源供需矛盾将更加突出。

(2) 工业废水排放是导致水体污染的主要原因。

工业废水经一定处理虽可去除大量污染物，但仍有不少有毒有害物质进入水体造成水体污染，既影响重复利用水平，又威胁一些城镇集中饮用水水源的水质。

(3) 工业用水效率总体水平较低。

“十一五”以来，我国工业用水效率不断提升，但总体水平较发达国家仍有较大差距。2009 年，我国万元工业增加值用水量为 116m^3，远高于发达国家平均水平。

(4) 工业用水相对集中。

我国工业用水主要集中在电力、纺织、石油化工、造纸、冶金等高耗水行业。

工业节水潜力巨大。加强工业节水，对加快转变工业发展方式，建设资源节约型、环境友好型社会，增强可持续发展能力具有十分重要的意义。加强工业节水不仅可以缓解我国水资源的供需矛盾，而且还可以减少废水及其污染物的排放，改善水环境，因此也是我国实现水污染减排的重要举措[13]。

三、工业用水量计算[14]

工业用水的相关水量可用工业用水量、工业取水量、万元工业产值取水量、单位产品取水量、万元工业增加值取水量等来描述。

1. 工业用水量

工业用水量是指工业企业完成全部生产过程所需要的各种水量的总和，包括主要生产用水量、辅助生产用水量和附属生产用水量，如图 6-1 所示。主要生产用水量是指直接用于工业生产的总水量；辅助生产用水量是指为主要生产装置服务的辅助生产装置所用的自用水量；附属生产用水量是指企业厂区内为生产服务的各种生活用水和杂用水的总用水量。

- 工业用水量
  - 主要生产用水量
    - 工艺用水量
      - 产品用水量
      - 洗涤用水量
      - 直接冷却用水量
    - 间接冷却水用水量
  - 辅助生产用水量
    - 锅炉自用水量
    - 化学水处理站自用水量
    - 机修用水量
    - 电修工艺用水量
    - 空压站用水量
    - 鼓风机站用水量
    - 氧气站用水量
    - 检验化验用水量
    - 储运用水量
    - 污水处理场用水量
    - 其他辅助生产装置用水量
  - 附属生产用水量
    - 厂部、车间、工段办公用水量
    - 食堂用水量
    - 保健站用水量
    - 厕所用水量
    - 浴室用水量
    - 环境绿化用水量
    - 环境清洁用水量
    - 厂内倒班、临时休息室用水量
    - 其他杂用水量

图 6-1 工业用水量分类图

从另外一个角度讲，工业用水量可以定义为工业取水量和重复利用水量之和，如图 6-2所示。只有在没有重复利用水量时，工业用水量才等于工业取水量。

工业生产的重复利用水量是指工业企业内部，循环利用的水量和直接或经处理后回收再利用的水量，也即各企业所有未经处理或处理后重复使用的水量总和，包括循环用水量、串联用水量和回用水量。应特别注意的是，经处理后回收再利用的水量应指企业通过自建污水处理设施，对达标外排污（废）水进行资源化后，回收利用的水量，所以这部分数量仍属于企业的重复利用水量。

2. 工业取水量

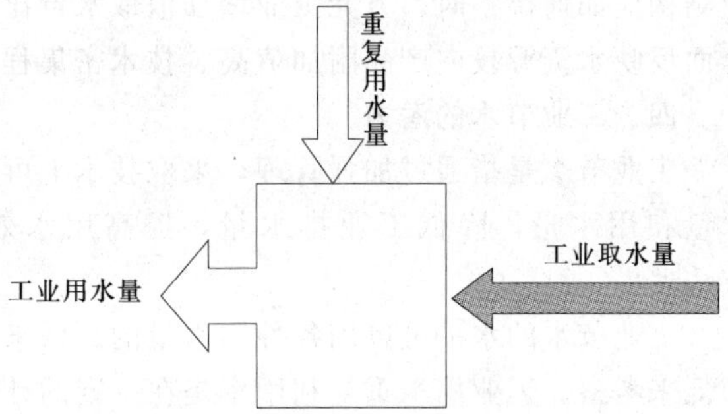

图 6－2　工业用水量计算示意图

工业取水量，即为使工业生产正常进行，保证生产过程对水的需要，实际从各种水源（不包括海水、苦咸水、再生水）提取的水量。取水量的范围包括取自地表水（以净水厂供水计量）、地下水和城镇供水工程的水，以及企业从市场购得的其他水或水的产品（如蒸汽、热水、地热水等），不包括企业自取的海水和苦咸水等，以及企业为外供给市场的水的产品（如蒸汽、热水、地热等）而取得的用水量，是主要生产取水量、辅助生产取水量和附属生产取水量之和。

3. 万元工业产值取水量

万元工业产值取水量，即在一定计量时间（年）内，工业生产中每生产一万元的产品需要的取水量。万元工业产值取水量是一项决定综合经济效果的水量指标，它反映了工业用水的宏观水平，可以纵向评价工业用水水平的变化程度（城市、行业、单位当年与上年或历年的对比），从中可看出节约用水水平的提高或降低，在生产工艺相近的同类工业企业范畴内能反映实际节水效率。但由于万元工业产值取水量受产品结构、产业结构、产品价格、工业产值计算方法等因素的影响很大，所以该指标的横向可比性较差，有时难以真实地反映用水效率，不利于科学地评价合理用水程度。

工业行业的万元产值用水量按火电工业和一般工业分别进行统计。火电工业用水指标用单位装机容量用水量（不包括重复利用水量，下同）表示；一般工业用水指标以单位工业总产值用水量或单位工业产值增加值的用水量表示，产值采用 2000 年可比价。资料条件好的地区，还应分析主要行业用水的重复利用率、万元产值用水量和单位产品用水量[15]。

4. 单位产品取水量

单位产品取水量是企业生产单位产品需要从各种水源（不包括海水、苦咸水、再生水）提取的水量。单位产品取水量是评价一个工业企业乃至一个行业节水水平高低的最准确指标，它比万元工业产值取水量更能全面地反映企业的节水水平，是一种资源类指标而非经济类指标，能够用于同行业企业的横向对比，客观地综合反映企业的技术、生产工艺和管理水平的先进程度。

5. 万元工业增加值取水量

万元工业增加值取水量，即在工业生产中每生产一万元工业增加值需要的取水量。工业增加值已成为考核国民经济各部门生产成果的代表性指标，并作为分析产业结构和计算经济效益指标的重要依据。因此，万元工业增加值取水量可以反映行业用水效率的高低，也能反映出产业结构调整对工业用水和节水的影响。在确定城市应发展什么样的工业，产业结构应如何调整时，万元工业增加值取水量比万元工业产值取水量更有参考价值，更能全面反映水资源投向产品附加值高、技术密集程度高产业的优化配置水平。

四、工业节水的潜力

工业节水是指通过加强管理，采取技术上可行、经济上合理的节水措施，减少工业取水量和用水量，降低工业排水量，提高用水效率和效益，合理利用水资源的工程和方法[16]。

工业节水的水平可以用各种用水量的高低来评价，也可以结合工业用水重复利用率的高低来考察。工业用水重复利用率是在一定的计量时间内、生产过程中使用的重复利用水量与总水量之比。它能够综合地反映工业用水的重复利用程度，是评价工业企业用水水平的重要指标。

“十五”期间，我国万元 GDP 用水量从 562m^3 下降到 371m^3，万元工业增加值用水量从 291m^3 下降到 169m^3[17]。尽管我国的万元工业增加值取水量已有较大降低，但 2005 年全国万元工业增加值用水量约为发达国家的 5～10 倍，因此要达到制定的万元工业增加值用水量的建设目标，还需更多的努力。

以北京市为例，其节水工作较有成就，工业用水的重复利用率逐年提高，万元产值取水量逐年降低。北京市很多行业的工业用水重复利用率已大于 90%，接近发达国家水平，但也有很多行业的重复利用率尚需进一步提高。

我国很多城市的工业用水重复利用率尚较低，工业节水工作还有很多潜力可挖。提高工业用水重复利用率，降低万元产值取水量，可以从多方面采取措施，主要包括进行生产用水的节水技术改造、开发节水型生产工艺以及将再生水广泛用于生产工艺等。

五、工业节水途径[8,12]

工业节水途径主要指在工业用水中采用节水型的工艺、技术和设备设施。要求对新建和改建的企业实行采用先进合理的用水设备和工艺，并与主体工程同时设计、同时施工、同时投产的基本原则，严禁采用耗水量大、用水效率低的设备和工艺流程；对其他企业中的高耗水型设备、工艺通过技术改造，实现合理节约用水的目的。主要的节水技术包括如下几个方面。

1. 冷却水的重复利用

工业生产用水中以冷却用水量最多，占工业用水总量的 70%左右。从理论和实践中可知，重复循环利用水量越多，冷却用水冷却效率越高，需要补充的新水量就越少，外排废污水量也相应地减少。所以，冷却水重复循环利用，提高其循环利用率，是工业生产用水中一条节水减污的重要途径。

在工厂推行冷却塔和其他制冷技术，可使大量的冷却水得到重复利用，并且投资少、见效快。冷却塔和冷却池的作用是将带有大量工业生产过程中多余热量的冷却水，迅速降温，并循环重复利用，减少冷却水系统补充低温新水的要求，从而获得既满足设备和工艺对温度条件的控制，又减少了新水的用量。

2. 洗涤节水技术

在工业生产用水中，洗涤用水仅次于冷却水的用量，居工业用水量的第 2 位，约占工业用水总量的 10%～20%。尤其在印染、造纸、电镀等行业中洗涤用水有时占总用水量的一半以上，是工艺节水的重点。主要的节水高效洗涤方法与工艺的描述如下。

（1）逆流洗涤工艺。

逆流洗涤节水工艺是最为简便的洗涤方法。在洗涤过程中，新水仅从最后一个水洗槽加入，然后使水依次向前一水洗槽流动，最后从第一水洗槽排出。被加工的产品则从第一水洗槽依次由前向后逆水流方向行进。在逆流洗涤工艺中，除在最后一个水洗槽加入新水外，其余各水洗槽均使用后一级水洗槽用过的洗涤水。水实际上被多次回用，提高了水的重复利用率。

（2）喷淋洗涤法。

喷淋洗涤法是指被洗涤物件以一定移动速度通过喷洗槽，同时用按一定速度喷出的射流水喷射洗涤被洗涤物件。一般多采取二、三级喷淋洗涤工艺，用过的水被收集到储水槽中并可以逆流洗涤方式回用。这种喷淋洗涤工艺的节水率可达95%。目前这种洗涤方法已用于电镀件和车辆的洗涤。

（3）气雾喷洗法。

气雾喷洗主要由特制的喷射器产生的气雾喷洗待清洗的物件。其原理是：压缩空气通过喷射器气嘴时产生的高速气流在喉管处形成负压，同时吸入清洗水，混合后的雾状气水流——气雾，以高速洗刷待清洗物件。

用气雾喷洗的工艺流程与喷淋洗涤工艺相似，但洗涤效率高于喷淋洗涤工艺，更节省洗涤用水。

3. 物料换热节水技术

在石油化工、化工、制药及某些轻工业产品生产过程中，有许多反应过程是在温度较高的反应器中进行的。进入反应器的原料（进料）通常需要预热到一定温度后再进入反应器参加反应。反应生成物（出料）的温度较高，在离开反应器后需用水冷却到一定温度方可进入下一生产工序。这样，往往用以冷却出料的水量较大并有大量余热未予利用，造成水与热能的浪费。如果用温度较低的进料与温度较高的出料进行热交换，即可达到加热进料与冷却出料的双重目的。这种方式或类似热交换方式称为物料换热节水技术。

采用物料换热技术，可以完全或部分地解决进、出料之间的加热、冷却问题，可以相应地减少用以加热的能源消耗量、锅炉补给水量及冷却水量。

4. 串级联合用水措施

不同行业和生产企业，以及企业内各道生产工序，对用水水质、水温常常有不同的要求，可根据实际生产情况，实行分质供水、串级联合用水等一水多用的循环用水技术。即两个或两个不同的用水环节用直流系统连接起来，有的可用中间的提升或处理工序分开，一般是下一个环节的用水不如上一个环节用水对水质、水温的要求高，从而达到一水多用，节约用水的目的。

串级联合用水的形成，可以是厂内实行循环分质用水，也可以是厂际间实行分质联合用水。厂际间实行分质联合用水，主要是指甲工厂或其某些工序的排水，若符合乙工厂的用水水质要求，可实行串级联合用水，以达到节约用水和降低生产成本的目的。

六、工业用水的科学管理[14]

1. 工业取水定额

工业企业产品取水定额是以生产工业产品的单位产量为核算单元的合理取水的标准取水量，是指在一定的生产技术和管理条件下，工业企业生产单位产品或创造单位产值所规定的合理用水的标准取水量。

加强定额管理，目的在于将政府对企业节水的监督管理工作重点从对企业生产过程的用水管理转移到取水这一源头的管理上来，即通过取水定额的宏观管理，来推动企业生产这一微观过程中的合理用水，最终实现全社会水资源的统一管理，可持续使用。

工业取水定额是依据相应标准规范制定过程而制定的，以促进工业节水和技术进步为原则，考虑定额指标的可操作性并使企业能够因地制宜，达到持续改进的节水效果。如按照国家标准，造纸产品中，1998 年 1 月 1 日起建成（新建、改建、扩建）投产的企业或生产线，其取水定额执行 A 级定额指标，如每吨“印刷书写纸”为 $35m^3$，这样就限定了企业的取水指标，为新、改、扩建企业的合理用水确定了目标。

2. 清洁生产

清洁生产又称废物最小化、无废工艺、污染预防等。在不同国家不同经济发展阶段，有着不同的名称，但其内涵基本一致，即指在产品生产过程通过采用预防污染的策略来减少污染物的产生。1996 年，联合国环境规划署这样定义：清洁生产是一种新的创新性的思想，该思想将整体预防的环境战略持续应用于生产过程、产品和服务中，以增加生态效益和减少人类及环境的风险。这体现了人们思想观念的转变，是环境保护战略由被动反应到主动行动的转变。

（1）清洁生产促进工业节水。

清洁生产是一个完整的方法，需要生产工艺各个层面的协调合作，从而保证以经济可行和环境友好的方式进行生产。清洁生产虽然并不是单纯为节水而进行的工艺改革，但节水是这一改革中必须要抓好的重要项目之一。为了提高环境效益，清洁生产可以通过产品设计、原材料选择、工艺改革、设备革新、生产过程产物内部循环利用等环境的科学化、合理化，大幅度地降低单位产品取水量和提高工业用水重复率，并可减少用水设备，节省工程投资和运行费用与能源，以提高经济效益，而且其节水水平的提高与高新技术的发展是一致的，可见清洁生产与工业节水在水的利用角度上目的是一致的，可谓异曲同工。

（2）清洁生产促进排水量的减少。

由于节水与减污之间的密切联系，取水量的减少就意味着排污量的减少，这正是推行清洁生产的目的。清洁生产包含了废物最小化的概念，废物最小化强调的是循环和再利用，实行非污染工艺和有效的出流处理，在节水的同时，达到节能和减少废物的产生，因此节水与节能减排是工业共生关系，而且，清洁生产要求对生产过程采取整体预防性环境战略，强调革新生产工艺，恰符合工艺节水的要求。

推行清洁生产是社会经济实行可持续发展的必由之路，其实现的工业节水效果与工业节水工作追求的目标是一致的。因此，推进工业节水工作的同时，应关注各行业的清洁生产进程，引导工业企业主动地在推行清洁生产的革新中节水，从而使工业节水融入不同行业的清洁生产过程中。

3. 加强企业用水管理，逐步实现节水的法制化

用水管理包括行政管理措施和经济管理措施。采取的主要措施有：制定工业用水节水行政法规，健全节水管理机构，进行节水宣传教育，实行装表计量、计划供水，调整工业用水水价，控制地下水开采，对计划供水单位实行节奖超罚以及贷款或补助节水工程等。用水管理对节水的影响非常大，它能调动人们的节水积极性，通过主观努力，使节水设施充分发挥作用；同时可以约束人的行为，减少或避免人为的用水浪费。完善的用水管理制度是节水工作正常开展的保证。

第四节　农　业　节　水

一、农业节水的概念[18]

农业节水是指农业生产过程中在保证生产效益的前提下尽可能节约用水。农业是用水大户，但是在相当一部分发展中国家，农业生产投入低，技术落后，农田灌溉不合理，水量浪费惊人。因此，农业节水以总量多和潜力大成为节水的首要课题。

目前，我国农业用水约占全国总用水量的60%～70%，农业用水量的90%用于种植业灌溉，其余用于林业、牧业、渔业以及农村人畜饮水等。尽管农业用水所占比重近年来明显下降，但农业仍是我国第一用水大户，发展高效节水农业是国家的基本战略。

在谈到农业节水时，人们往往只想到节水灌溉，这一方面是由于灌溉用水在农业用水中占有相当大的比例（90%以上）；另一方面也反映了人们认识上的片面性。实际上，节水灌溉是农业节水中最主要的部分，但不是全部。著名水利专家钱正英指出，农业节水的内容不仅仅是节水灌溉，它主要包括三个层次。第一层次是农业结构的调整，就是农、林、牧业结构的配置；第二层次是农业技术的提高，主要是提高植物本身光合作用的效率；第三个层次才是通过节水灌溉，减少输水灌溉中的水量损失。因此应研究各个层次的节约用水，不应当仅限于节水灌溉。

相比于节水灌溉，农业节水的范围更广、更深。它以水为核心，研究如何高效利用农业水资源，保障农业可持续发展。农业节水的最终目标是建设节水高效农业。

除了“农业节水”，还有“节水农业”，两者互有联系，但却是两个概念，内涵和研究重点有差异，不能混淆。节水农业应理解为在农业生产过程中的全面节水，包括充分利用自然降水和节约灌溉两个方面。结合我国实际情况，节水农业包括节水灌溉农业、有限灌溉农业和旱作农业三种。而农业节水，不仅要研究农业生产过程中的节水，还要研究与农业用水有关的水资源开发、优化调配、输水配水过程的节约等。

二、农业节水技术[8,18]

从水源到形成作物产量要经过以下4个环节：通过渠道或管道将水从水源输送到田间，通过灌溉将引至田间的水分配到指定面积上转化为土壤水，经作物吸收将土壤水转化为作物水，通过作物复杂的生理生化过程，使作物水参与经济产量的形成。在农田水的4次转化过程中，每一环节都有水的损失，都存在节水潜力。前两个环节不与农作物吸收和消耗水分的过程直接发生联系。但前两个环节中的节水潜力比较大，措施比较明确，是当前节水灌溉的重点。工程技术节水措施通常指能提高前两个环节中灌溉水利用率的工程性

措施，包括渠道防渗技术、管道输水技术、节水型地面灌溉技术、喷灌技术和微灌技术等。

（一）渠道防渗技术

1. 渠道防渗技术的重要性与作用

渠道防渗技术是减少输水渠道透水性或建立不透水防护层的各种技术措施，是灌溉各环节中节水效益最大的一环。目前我国已建渠道防渗工程约55万km，仅占渠道总长的18%，有80%以上的渠道没有防渗，仍是土渠输水，渠系水利用系数平均不到0.5，也就是说，从渠首到田间的引水有一半以上是在输水过程中损失掉的。因此采取渠道防渗技术对渠床土壤处理或建立不易透水的防护层，如混凝土护面、浆砌块石衬砌、塑料薄膜防渗和混合材料防渗等工程技术措施，可减少输水渗漏损失，加快输水速度，提高灌水效率。与土渠相比，浆砌块石防渗可减少渗漏损失50%～60%，混凝土护面可减少渗漏损失60%～70%，塑料薄膜防渗可减少渗漏损失70%～80%。

渠道防渗可提高渠系水利用系数，其原因在于：一是渠道防渗可提高渠道的抗冲能力；二是减少渠道粗糙程度，加大水流速度，增加输水能力，一般输水的时间可缩短30%～50%；三是减少渗漏对地下水的补给，有利于对地下水位的控制，防治盐碱化发生；四是减少渠道淤积，防止渠道生长杂草，节省维修费用和清淤劳力，降低灌水成本。

2. 渠道防渗主要技术类别

(1) 土料防渗技术。

土料防渗的技术原理是在渠床表面铺上一层适当厚度的黏性土、黏砂混合土、灰土、三合土和四合土等材料，经夯实或碾压形成一层紧密的土料防渗层，以减少渠道在输水过程中的渗漏损失。适用于气候温暖无冻害、经济条件较差地区，流速较低的小型渠道及农、毛渠等田间渠道。

采取土料防渗一般可减少渗漏量的60%～90%，并且能就地取材，技术简单，农民易掌握，投资少。因此在今后较长一段时间内，仍将是我国中、小型渠道的一种较简便可行的防渗措施。但目前由于我国经济实力增强、防渗新材料和新技术不断问世，应用传统的土料防渗技术正在逐年减少。但是，随着大型碾压机械的应用、土的电化学密实和防渗技术的发展以及新化学材料的研制，也可能会给土料防渗带来生机。

(2) 水泥土防渗。

水泥土防渗的技术原理是将土料、水泥和水按一定比例配合拌匀后，铺设在渠床表面，经碾压形成一层致密的水泥土防渗层，以减少渠道在输水过程中的渗漏损失。适用于气候温和的无冻害地区。

采取水泥土防渗一般可减少渗漏量的80%～90%，并且能够就地取材，技术简单，易于推广，在国内外得到广泛应用。但因其早期强度和抗冻性较差，随着效果更优的防渗新材料和新技术不断涌现，水泥土防渗大面积推广应用的前景较差。

(3) 砌石防渗。

砌石防渗的技术原理是将石料浆砌或干砌勾缝铺设在渠床表面，形成一层不易透水的石料防渗层，以减少渠道在输水过程中的渗漏损失。适用于沿山渠道和石料丰富、劳动力资源丰富的山丘地区。

砌石防渗具有较好的防渗效果，可减少渗漏量50%左右。而且具有抗冲流速大、耐磨能力强、抗冻和防冻害能力强和造价低等优点。我国山丘地区所占国土面积很大，石料资源十分丰富，农民群众又有丰富的砌石经验，因此砌石防渗仍有广阔的推广应用前景。但随着劳动力价格的提高，同时浆砌石防渗难以实现机械化施工，且质量不易保证，在劳动力紧缺的地区其应用会受到制约。

(4) 混凝土防渗。

混凝土防渗的技术原理是将混凝土铺设在渠床表面，形成一层不易透水的混凝土防渗层，以减少渠道在输水过程中的渗漏损失。混凝土防渗对大小渠道、不同工程环境条件都可采用，但缺乏砂、石料地区造价较高。

采取混凝土防渗一般能减少渗漏损失90%～95%以上，且耐久性好寿命长（一般混凝土衬砌渠道可运用50年以上）；糙率小，可加大渠道流速，缩小断面，节省渠道占地；强度高，防破坏能力强，便于管理。混凝土防渗是我国最主要的一种渠道防渗技术措施。

(5) 膜料防渗。

膜料防渗的技术原理是用不透水的土工织物（即土工膜）铺设在渠床表面，形成一层不易透水的防渗层，以减少渠道在输水过程中的渗漏损失。适用于交通不便运输困难、当地缺乏其他建筑材料的地区，有侵蚀性水文地质条件及盐碱化的地区以及北方冻胀变形较大的地区。

膜料防渗的防渗效果好，一般能减少渗漏损失90%～95%以上。具有适应变形能力强；质轻、用量少、方便运输；施工简便、工期短；耐腐蚀性强；造价低（塑膜防渗造价仅为混凝土防渗的1/15～1/10）等优点。随着高分子化学工业的发展，新型防渗膜料的不断开发，其抗穿刺能力、摩擦系数及抗老化能力得到提高，膜料防渗推广应用前景十分广阔。

(6) 沥青混凝土防渗。

沥青混凝土防渗的技术原理是将以沥青为胶结剂，与矿物骨料经过加热、拌和、压实而成的沥青混凝土铺设在渠床表面，形成一层不易透水的防渗层，以减少渠道在输水过程中的渗漏损失。适用于有冻害和沥青资源比较丰富的地区。

采取沥青混凝土防渗一般能减少渗漏损失90%～95%，并且适应变形能力强、不易老化，对裂缝有自愈能力、容易缝补、造价仅为混凝土防渗的70%。随着石油化学工业的发展，沥青资源逐渐丰富，效果较好的热拌沥青混凝土防渗的推广应用前景十分广阔。

（二）管道输水灌溉技术

1. 管道输水灌溉的重要性与作用

管道输水灌溉是以管道代替明渠输水，将灌溉水直接送到田间灌溉作物，以减少水在输送过程中渗漏和蒸发损失的一种工程技术措施。管道输水灌溉比明渠输水灌溉有明显优点，主要表现在四方面：一是节水，井灌区管道系统水分利用系数在0.95以上，比土渠输水节水30%左右；二是节能，与土渠输水相比，能耗减少25%以上，与喷、微灌技术相比，能耗减少50%以上；三是减少土渠占地，提高土地利用率，一般在井灌区可减少占地2%左右，在扬水灌区减少占地3%左右；四是管理方便，有利于适时适量灌溉。

2. 管道输水灌溉的类型

管道输水灌溉按照输配水方式可分为水泵提水输水系统和自压输水系统。水泵提水又分为水泵直送式和蓄水池式，其中水泵直送式多在井灌区，在渠道较高区采用自压输水方式。

按管网形式可分为树状网和环状网。树状网的管网为树枝状，水流从“树干”流向“树枝”，即在干、支和分支管中从上游流向末端，只有分流而无汇流。环状网是通过各节点将管道连成闭合环状。目前国内多采用树状网。

按固定方式分为移动式、半固定式和固定式。移动式的管道和分水设施都可移动，因简便和投资低，多在井灌区临时抗旱用，但劳动强度大，管道易破损；半固定式一般是干管或干、支管固定，由移动软管输水于田间；固定式的各级管道及分水设施均埋在地下，给水栓或分水口直接供水进入田间，其一次投资较大，但管理方便，灌水均匀。

按管道输水压力可分低压管道系统和非低压管道系统。低压管道系统的最大工作压力一般不超过 0.2MPa，为井灌区多采用；非低压管道系统的工作压力超过 0.2 MPa，多在输水量较大或地形高差较大地区应用。

（三）田间灌溉节水技术

田间灌溉节水技术，是指灌溉水（包括降水）进入农田后，通过采用良好的灌溉方法，最大限度地提高灌溉水利用效率的灌水技术。良好的灌水方法，不仅能灌水均匀，而且可以节水、节能、省工，保持土壤良好的物理化学性状，提高土壤肥力，获得最佳效益。

田间灌溉节水技术，一般包括改进地面灌水技术，喷灌、微灌等新灌水技术，以及抗旱补灌技术。地面改进灌水技术，包括小畦“三改”灌水技术、长畦分段灌溉、涌流沟灌、膜上沟灌等。新灌水技术包括喷灌、微灌（滴灌、微喷灌、小管出流灌和渗灌等），因为喷、微灌技术大多通过管道输水，并需一定压力而进行的，故也称为压力灌。

1. 改进地面灌水技术

传统的地面灌有畦灌、沟灌、格田淹灌和漫灌四种形式。地面灌水方法是世界上最古老的，也是目前应用最广泛的灌水技术。据统计，全世界地面灌占总灌溉面积的 90%左右，我国 98%灌溉面积也是采用地面灌。由于传统地面灌溉技术存在灌溉水损失大，需要劳力多，生产效率低，灌水质量差等问题。因此，改进地面灌水技术已引起人们的重视。这里主要介绍几种改进的地面灌水技术。

（1）小畦灌溉技术。

在自流灌区运用小畦灌溉技术的时候，畦田宽度应该控制在 2～3m，畦田长度不超过 75m。机井和高扬程提水灌区的畦田宽度应该控制在 1～2m，畦田长度控制在 30～50m。

（2）长畦短灌技术。

长畦短灌又称长畦分段灌水技术，是将长畦划分成一个一个的小段，采用地面纵向输水沟或软管分别对这些小段进行灌溉。采用长畦短灌技术的畦田，畦宽应控制在 5～10m 之间，畦长可以控制在 200m 以上，一般在 100～400m 左右。

（3）水平畦灌技术。

水平畦灌是将田块整理成方形（或长方形），以较大的流量入畦，使水流迅速灌满全部田间（田块）的一种灌水技术。该技术要求田面比较平整，田面各个方向无坡度，在我国现阶段的水平畦田一般多为0.3亩左右，如果与激光控制平地技术结合进行高精度的土地平整，还可以增大灌溉田块的面积。

（4）节水型沟灌。

节水型沟灌有短沟灌、细流沟灌、隔沟灌等形式。短沟灌的沟长要求，自流灌区一般不超过100m，提水灌区和井灌区一般不超过50m。细流沟灌的灌水沟规格与一般的沟灌相同，只是用小管控制入沟流量，一般流量不大于0.3L/s，水深不超过沟深的一半。隔沟灌是头一次灌水时，相邻的沟不同时灌水，而是间隔一条沟通水，下一次灌水时再间隔灌上一次没有灌水的沟。

（5）间歇灌溉技术。

间歇灌溉是通过间歇向田块供水，逐段湿润土壤，直到水流推进到灌水末端为止的一种节水型地面灌溉新技术。间歇灌溉的设备，由波涌阀、控制器、田间输配水管道等组成。与传统的地面灌水不同，采用间歇灌溉技术向田面供水时，不是一次灌水就推进到末端，而是灌溉水在第一次供水输入田面，达一定距离后，暂停供水，当田面水自然落干后，再继续供水，如此分几次间歇反复地向田面供水直至供水到田面末端。这样降低了灌溉过程中灌溉水的渗漏损失，提高了地面灌水的质量。

（6）改进格田灌。

格田的长度宜采取60～120m，宽度宜取20～40m；山区和丘陵区可根据地形、土地平整及耕作条件等适当调整。格田与格田之间不允许串灌。

2. 喷灌技术

喷灌技术是利用专门的设备（动力机、水泵、管道等）将水加压，或利用水的自然落差将有压水通过压力管道送到田间，再经喷洒器（喷头）喷射到空中形成细小的水滴，均匀地散布在农田上，达到灌溉目的。

喷灌系统可分为固定管道式、半固定管道式和移动机组式喷灌3种。固定式喷灌系统各组成部分在整个灌溉季节中（甚至长年）都是固定不动的，或除喷头外，其他部分固定不动；半固定式喷灌系统除喷头和装有许多喷头的支管可在地面移动外，其余部分均固定不动，支管与干管常用给水栓快速连接；移动机组式喷灌系统除水源工程固定外，装在机组上的动力、水泵、管道喷头都可移动。

喷灌几乎适用于灌溉所有的旱作物，如谷物、蔬菜、果树等。既适用于平原区也适用于山丘区；既可用来灌溉农作物又可用于喷洒肥料、农药、防霜冻和防干热风等。但在多风情况下，喷洒会不均匀，蒸发损失增大。为充分发挥喷灌的节水增产作用，应优先应用于经济价值较高、且连片种植集中管理的作物；地形起伏大、土壤透水性强、采用地面灌溉困难的地方；水源有足够自然落差适合修建自压喷灌的地方；灌溉季节风小的地区。

3. 微灌技术

微灌技术是一种新型的最节水的灌溉工程技术，包括滴灌、微喷灌、涌泉灌和地下渗灌。微灌可根据作物需水要求，通过低压管道系统与安装在末级管道上的灌水器，将水和作物生长所需的养分以很小的流量均匀、准确、适时、适量地直接输送到作物根部附近的土壤表面或土层中进行灌溉，从而使灌溉水的深层渗漏和地表蒸发减少到最低限度。微灌常以少量的水湿润作物根区附近的部分土壤，因此主要用于局部灌溉。

(1) 滴灌。

是通过安装在毛管上的滴头、孔口或滴灌带等灌水器，将水一滴滴、均匀而又缓慢地滴入作物根区土壤中的灌水方式。灌水时仅滴头下的土壤得到水分，灌后沿作物种植行形成一个一个的湿润圈，其余部分是干燥的。由于滴水流量小，水滴缓慢入渗，仅滴头下的土壤水分处于饱和状态外，其他部位的土壤水分处于非饱和状态。土壤水分主要借助毛管张力作用湿润土壤。

(2) 微喷灌。

采用低压管道将水送到作物根部附近，通过流量为 50～200L/h、工作压力为 100～150kPa 的微喷头将水喷洒在土壤表面进行灌溉。微喷灌一般只湿润作物周围的土地，一般也用于局部灌溉。微喷灌不仅可以湿润土壤，而且可以调节田间小气候。此外，由于微喷头的出水孔径较大，因此比滴灌抗堵塞能力强。

(3) 涌泉灌。

也称小管出流灌。是通过安装在毛管上的涌水器或微管形成的小股水流，以涌泉方式涌出地面进行灌溉。其灌溉流量比滴灌和微喷灌大，一般都超过土壤渗吸速度。为了防止产生地面径流，需要在涌水器附近的地表外挖小穴坑或绕树环沟暂时储水。由于出水孔径较大，不易堵塞。

(4) 地下渗灌。

地下渗灌是通过埋在地表下的全部管网和灌水器进行灌水，水在土壤中缓慢地浸润和扩散湿润部分土体，故仍属于局部灌溉。

要实施微灌，必须建设微灌系统。微灌系统由水源、首部枢纽、输配水管网和灌水器以及流量、压力控制部件和量测仪表等组成。

选用适宜的水源，江河、渠道、湖泊、水库、井、泉等均可作为微灌水源，但其水质需符合微灌要求。

建立首部枢纽，包括水泵、动力机、肥料和化学药品注入设备、过滤设备、控制阀、进排气阀、压力及流量量测仪等。如果有足够自然水头的地方，可不设置水泵和动力机。

铺设输水管网，包括干管、支管和毛管三级管网，通常采用聚乙烯或聚氯乙烯管材，一般干、支管埋入地面以下一定深度，毛管可埋入地下，也可铺设在地面。

选用安装适合的灌水器，包括滴头、微喷头、滴灌带、涌水器和渗水头，应根据使用条件选用。

根据作物的需水规律和微灌系统的运行要求，开启微灌系统进行灌溉。

微灌适用于所有的地形和土壤，特别适用于干旱缺水地区，我国北方和西北地区是微灌最有发展前途的地区，南方丘陵区的经济作物因常受季节性干旱影响也很适宜采用微灌。微灌系统可分为固定式和半固定式两种，固定式常用于宽行作物，半固定式可用于密植的大田作物及宽行瓜类等。

微灌特别适合灌溉干旱缺水地区的经济作物，如新疆地区的棉花滴灌。微灌也很适宜经济林果灌溉，如北方和西北地区的葡萄、瓜果等适用滴灌；南方的柑橘、茶叶、胡椒等适用微喷灌；食用菌、苗木、花卉、蔬菜等适用微喷灌。因此，微灌在我国有着广阔的应用前景。

三、农业节水管理[8]

农业节水管理是指根据作物的需水、耗水规律，来控制、调配水源，以最大限度地满足作物对水分的需求，实现区域效益最佳的农田水分调控管理。包括节水高效灌溉制度，土壤墒情监测预报技术、灌区量水与输配水调控及水资源政策管理等方面。

（一）节水高效灌溉制度

作物灌溉制度是为了促使农作物获得高产和节约用水而制定的适时、适量地灌水方案。它既是指导农田灌溉的重要依据，也是制定灌溉规划、设计灌溉工程以及编制灌区用水计划的基本依据。作物灌溉制度包括：农作物播种前及全生育期内的灌水次数、灌水时间、灌水定额和灌溉定额等。灌溉次数是指作物生育期内所需灌水的次数。灌溉时期是指每次灌水较适宜的时期。灌水定额是指单位耕地面积上的一次灌水量，而灌溉定额是指单位耕地面积上农作物播种前和全生育期内的总灌水量。灌溉制度的制定，要依赖于灌区内农作物的组成情况和各种农作物的需水量，以及灌区内水源供应情况和农作物生长期内的有效降雨量等因素，通过实验和进行水量平衡计算确定。

节水高效灌溉制度指根据作物需水规律，结合气候、土壤和农业技术条件，把有限的灌溉水在灌区和作物生育期进行优化分配，达到高产高效节水的目的。对旱作物可采用非充分灌溉、调亏灌溉、低定额灌溉、储水灌溉等；对水稻可采用浅湿灌溉、控制灌溉等，限制对作物的水分供应，一般可节水30%～40%，而对产量无明显影响。制定节水高效灌溉制度一般不需要增加投入，只是根据作物生长发育的规律，对灌溉水进行时间上的优化分配，农民易于掌握，是一种投入少、效果显著的管理节水措施。

1. 充分供水条件下的节水高效灌溉制度

充分灌溉是指水源供水充足，能够全部满足作物的需水要求，此时的节水高效灌溉制度应是根据作物需水规律及气象、作物生长发育状况和土壤墒情等对农作物进行适时、适量的灌溉，使其在生长期内不产生水分胁迫情况下获得作物高产的灌水量与灌水时间的合理分配，并且不产生地面径流和深层渗漏，既要确保获得最高产量，又应具有较高的水分生产率。

2. 供水不足条件下的非充分灌溉制度

非充分灌溉的优化灌溉制度是在水源不足或水量有限条件下，把有限的水量在作物间或作物生育期内进行最优分配，确保各种作物水分敏感期的用水，减少对水分非敏感期的供水，此时所寻求的不是单产最高，而是全灌区总产值最大。

（1）非充分灌溉的经济用水灌溉制度。

以经济效益最大或水分生产率最高为目标，确定作物的耗水量与灌溉水量。对华北地区主要农作物非充分灌溉的经济需水量试验研究表明，与充分灌溉相比，每公顷可节水30～40m^3，而对产量基本没有影响。

（2）调亏灌溉制度。

根据作物的遗传和生物学特性，在生育期内的某些阶段，人为地施加一定程度的水分胁迫（亏缺），调整光合产物向不同组织器官的分配，调控作物生长状态，促进生殖生长，控制营养生长的灌溉制度。在山西洪洞试验研究表明，冬小麦采用调亏灌溉，湿润年份灌

1次水，平水年份灌2次水，干旱年份灌3次水，灌水定额60mm，产量提高7%～10%，水分利用效率提高11%～24%。商丘试验区进行的玉米调亏灌溉试验结果表明，玉米拔节前中度亏水和拔节、抽雄阶段的轻度亏水，光合作用降低不明显，而蒸腾作用降低显著，且复水后，光合作用有超补偿效应，及抽雄前的水分调亏，具有节水、增产、提高水分利用效率的生理基础。

(3) 根系分区交替隔沟灌溉。

每条灌水沟在两次灌水之间对作物根系实行干湿交替，且顺序间隔一条灌水沟供水的灌溉措施。在甘肃武威地区进行了根系分区交替隔沟灌溉的示范推广工作。1998年在甘肃省民勤大坝乡文二村、田斌村选择了两个示范点，每个示范点面积2hm^2，连片种植、单井控制，并建立重点示范户6户。1999年分别在民勤小坝口、大坝乡田斌村、文二村进行了试验与示范，面积近6.67 hm^2，玉米次灌水定额300m^3/ hm^2，灌溉定额2100m^3/ hm^2，比常规沟灌节水33%，籽粒产量11355kg/ hm^2，保持常规沟灌的高产水平，单方水效益2.93kg，比常规增加32%。

(4) 水稻“浅、薄、湿、晒”灌溉制度。

在我国南方及北方的一些水稻灌区推广了水稻节水灌溉技术，包括广西推广的水稻“浅、薄、湿、晒”灌溉技术、北方地区推广的“浅、湿”灌溉技术和浙江等地推广的水稻“薄、露”灌溉技术等。其技术要点为：在水稻全生育期需要灌溉的大部分时间内，田面不设水层或只设浅水层，采取湿润灌溉或薄水灌溉，由于田面不设水层或只设薄水层，可大幅度降低稻田的渗漏量和水面蒸发量，从而使稻田用水量降低20%～50%，而对产量没有影响。

(二) 土壤墒情监测预报技术

土壤墒情监测预报技术是指用张力计、中子仪、电阻等监测土壤墒情，数据经分析处理后，配合天气预报，对适宜灌水时间、灌水量进行预报，可以做到适时适量灌溉，有效地控制土壤含水量，达到节水又增产的目的。土壤墒情监测与灌溉预报技术只需购置必要的仪器设备，对基层农民技术员经技术培训后，即可操作运用，也是一种投入较低，效果比较显著的管理节水技术。

(1) 烘干法。

用取土管插入土中取样，称其重量，置于烘箱中，在105℃～110℃的温度下，烘干至其重量不再变更时，计算所失去的水分与土样干重量的百分比。此法需有烘箱、取土钻及一定精度的天平，烘干时间最少需8～10h。

(2) 张力计法。

先用负压计测定土壤水分的能量，然后通过土壤水分特征曲线间接求出土壤含水量。负压计由陶土头、连通管和压力计三部分组成。压力计可采用机械式真空表、压力传感器、水银或水的U形管压力计。陶土头安装在被测土壤中之后，负压计中的水分通过陶土头与周围土壤水分达到平衡，这样就可以通过压力计将土壤水分的势能显示出来。负压计的实际测定范围一般为0～8kPa。

(3) 中子仪法。

通过测定土壤中氢原子的数量而间接求得土壤含水量，它主要由快中子源、慢中子探测器和读数控制系统三部分组成。目前中子仪主要有两种类型，一种用于测定深层（地表30cm以下）土壤含水量，另一种用于测定表层（小于30cm）土壤含水量。

（4）时域反射仪（TDR）法。

在测定土壤含水量时，主要依赖电缆测试器。时域反射仪通过与土壤中平行电极连接的电缆，传播高频电磁波，信号从波导棒的末端反射到电缆测试器，从而在示波器上显示出信号往返的时间。只要知道传输线和波导棒的长度，就能计算出信号在土壤中传播速度。介电常数与传播速度成反比，而与土壤含水量成正比，即可通过预先率定的土壤——水介质的介电常数，求出土壤的体积含水量。

（5）遥感法。

采用遥感技术测定土壤含水量，主要依据于测定从土壤表面反射或散出的电磁能。随着土壤含水量大小而变化的辐射强度主要受土壤介电特性（折射率）或土壤温度的影响。遥感技术根据使用放射波的波长不同而有两种方法：一种是热力法或红外热辐射遥测法，其波长是10～12m；另一种是微波法，其波长为1～50m。微波法一般分为无源微波法和有源微波法，前者是利用放射技术，而后者是利用雷达技术区测定与土壤含水量密切相关的土壤表层介电特性。

（三）灌区量水与输配水调控技术

灌区量水是指采用量水设备对灌区用水量进行量测，实行按量收费，促进节约用水。常用的量水设备有量水堰、量水槽、灌区特种量水器和复合断面量水堰等。随着电子技术、计算机技术的发展，半自动或全自动式量水装置，可大大提高灌区的量水效率和量水精度。灌区量水技术主要有以下几种。

1. 利用渠道建筑物量水

利用渠道建筑物量水较为经济简便，但需要事前对不同种类的渠系建筑物逐个进行率定，工作量很大。可用于量水的渠系建筑物一般有渠槽、闸、涵、倒虹吸及跌水。

（1）利用渠槽量水。

这是一种最简单的量水技术，但精度较差，即选用一般断面尺寸稳定的渠槽，安装水尺，并预先率定水位与渠槽断面积的关系，然后用流速仪测定渠道中的稳定流速，即可用断面积乘以流速得出渠道的流量。

（2）利用闸、涵量水。

对于具有平面治理启闭式闸门的明渠，可采用其放水的单孔闸、涵量水。根据闸、涵结构及过闸水流状态选用相应公式求得过水流量。

（3）利用渡槽量水。

渡槽下游不应有引起槽中壅水或降水的建筑物。测流断面面积及湿周应为渡槽中部、进口、出口断面的平均值。水尺应固定在渡槽中部侧壁上，水尺零点应与槽底齐平。过槽流量可利用流量经验公式计算；当渡槽的槽身总长度大于进口前渠道水深的20倍时，槽中流量可按均匀流公式计算流量。

（4）利用跌水（或陡坡）量水。

跌水分单口跌水与多口跌水，跌水口的形式有矩形、梯形与台堰式。当进口底与上游渠底齐平或台堰顺水流方向宽度为0.67～2倍堰上水头时，按实用堰公式计算。梯形跌水口、多缺口跌水可采用相应公式计算流量。

2. 利用量水堰量水

量水堰量水一般有以下几种形式。

(1) 三角形薄壁堰。

过水断面为三角形缺口，角顶向下。常用的薄壁三角堰堰顶夹角为45°、90°，适用于小流量（L/s）。堰口与两侧渠坡的距离 T 及角顶与渠底的高度 P，不应小于最大堰水头 H。根据其出流方式是自由式或是淹没出流选用不同公式计算流量。

(2) 矩形薄壁堰。

矩形薄壁堰分为无侧收缩和有侧收缩两类。当堰顶宽度（b）与行近渠槽（B）等宽时称为无侧收缩矩形薄壁堰，堰顶宽度小于行近渠槽宽度时为有侧收缩的矩形薄壁堰。堰口宽度 $b \geqslant 0.15$m。根据有无收缩情况选用不同的公式计算流量。

(3) 梯形薄壁堰。

梯形薄壁堰结构为上宽下窄的梯形缺口，堰口侧边比应为1∶4（横∶竖）。根据其出流方式是自由流或是淹没流选用不同公式计算流量。

3. 利用量水槽量水

量水槽应设置于顺直渠段，上游行进渠段壅水高度不应影响进水口的正常引水，长度一般应大于渠宽的5～15倍；行近渠内水流佛汝德数 Fr 应小于或等于0.5。槽体应坚固，不渗漏，槽体表面平滑光洁。槽体轴线应与渠道轴线一致。量水槽上游不应淤积，下游不应冲刷。水尺零点应用水准仪确定。常用的量水槽有长喉道量水槽（量水槛）、标准巴歇尔量水槽、矩形无喉段量水槽、抛物线形量水槽等。

4. 利用量水仪表量水

量水仪器仪表主要有以下几种形式。

(1) 水位计。

水位计可用于标准断面、堰槽、渠系建筑物等量水设备与设施的水位测量。水位计有浮子式、压力式、超声波式和遥测水位计等，选用水位计应满足有关标准规定的技术指标与精度要求。

(2) 水表。

水表用于管道量水。水表分为固定式和移动式两种。移动式水表可用于田间测流，水表的周围空气温度在0～40℃。用于灌溉的水表主要有旋翼式和螺翼式两类。最大流量时，水表压力损失应不超过0.1MPa，水平螺翼式水表不应超过0.03MPa。水表流量与水头损失关系曲线由厂家提供。水表口径应按照管道设计流量、水头损失要求及产品水表流量—水头损失曲线选择。在渠道或管道上安装固定水表，宜选用湿式水表，并应设水表井等保护设施。螺翼式水表前应保证有8～10倍公称直径的直管段，旋翼式水表前后，应有不小于0.3m的直管段。水表前应设过滤网，滤水网过水面积应大于水表公称直径对应的截面积。

(3) 差压式流量计。

差压式流量计由节流件、取压装置和节流件前后直管段等组成。根据节流件的不同，推荐用于灌溉系统的差压式流量计有：孔板式流量计、文丘里管流量计及圆缺孔板流量计。可选用相应公式计算流量。

(4) 电磁流量计。

电磁流量计主要由变送器和转换器及流量显示仪表三部分组成。输出电信号可以模拟电流或电压，以及频率信号或数字信号输给显示仪表、记录仪表进行流量显示、记录和计算。

(5) 超声波流量计。

超声波流量计由超声波换能器、转换器及流量、水量显示三部分构成。

(6) 分流水量计。

分流水量计以文丘里管作为节流件和过水主管，在喉管处连接一支管，支管上安装水表，支管进口与上游水体连接，出口与喉管连接。分流水量计分为管道式和渠用式两种。管道式分流水量计用于有压管道量水；渠用式分流水量计用于明渠量水，可安置在渠首或渠中。渠道流量大时，可选用并联分流水量计。

(7) 旋杯式水量计。

旋杯式水量计的构造由量水涵洞和量水仪表两部分组成。量水仪表由旋杯式转子、轮轴和计数表三部分组成。计数表分机械型和电子智能型。旋杯式转子安装在涵洞内，计数表安装在量水涵洞的盖板上。

(四) 水资源政策管理[8]

水资源政策管理的核心是水费价格。国内外实践证明，合理的水价不仅是发展节水灌溉的动力，也是水资源管理实现良性循环的关键。

目前，我国的水价改革存在的问题有如下几个方面。

(1) 价格形成机制的改革成效有待提高，目前还存在重调（价）轻改（革）甚至以调代改的现象。具体表现为水资源费征收不到位，供水成本不合理的问题仍未解决。

(2) 水价总体上仍然偏低，工程供水价格低于供水成本。

(3) 水价体系不合理。一方面，原水与成品水差价不合理；另一方面，季节差价不明显。

(4) 计量收费方式没有得到普及。截止到2004年6月，全国只有14个省（自治区、直辖市）的50多个城市对居民用水实施了阶梯式水价，两部制水价只在极少数灌区农业供水中试行。加快水价改革，构建多类型水价体系，促进节约用水和水资源可持续利用已经成为一项紧迫任务。

针对上述问题，提出如下改革措施。

(1) 实行高峰负荷定价。

由于用水需求存在季节性波动，为了保证高峰用水，所有供水企业都要在日均供水量的基础上再加上一定的备用能力，而备用设备在非高峰时间是基本闲置的。所以，高峰季节供水的边际成本较高，因为所有的设备都投入紧张的运行；而非高峰季节的边际成本较低，因为只有最高效的设备在运转。负荷高峰的额外供水费用（主要是折旧等固定成本）应集中在高峰用水期的三四个月内，这样就形成了季节差价。季节性水价的使用使水资源的价格和水商品的价值更加接近。在高峰时段提高水价，而在低谷时段降低水价，通过价格杠杆引导用户转移需求，使需求曲线平稳。

(2) 论质水价。

不同质量的商品有不同的价格，对一般商品而言，这是人人皆知的规律。水作为一种商品，应按质论价，实行优质优价、劣质低价。在现实生活中，各类用水需求对水质的要求不同，农业灌溉用水、工业用水和居民生活用水对水质的要求依次变高，而现实存在着原水、上水（自来水）、中水（经处理过的废水）和下水（即污水），它们各有用途，并存在一定的替代性。上水、中水、下水三者的用途依次变少，三者的价格弹性也依次变小，如果不同水质的水价构成合理，拉开档次，市场条件成熟，目前以用上水为主的情况必然会有所改变，水资源供求矛盾也会缓解。

(3) 阶梯式计量水价。

阶梯式计量水价是根据某一标准，如在城镇按家庭人口，在农村按耕地面积，在工业企业按万元产值等核定基本用水量，在基本用量内实行基本水价，以保证用户最起码的生存和基本发展用水的需要，又不使其负担过重。当实际用水超过定额后，对超过定额用水部分加价，并使水价随着用水量的变化而分级加价。

在阶梯式水价下，如果用户消耗水量超过一定的数量，就必须支付高额的边际成本，这属于愿意支付的范围，是消费者选择的结果。如果用户不愿意支付高价，就必将节约用水，杜绝浪费。采用这种分段定价结构，将在一定程度上遏制水资源浪费及水资源低效利用现象，有利于水资源的充分利用和保护，同时还可促进节水技术的开发和应用，从而实现高效用水的目标。

(4) 两部制水价。

两部制水价是指把水价划分为容量水价和计量水价两部分。其中，容量水价是指用水户无论用水与否都要交纳的水费，以保障供水工程所需人工费用和维修养护费用，实现供水生产的连续性。计量水价是指按实际用水水量计算的收费，以促进用水户节约用水。

第五节 城市污水回用

城市污水回用是指城市污水经处理后再用于农业、工业、景观娱乐、补充地表水与地下水，或工业废水经处理后再用于工厂内部，以及工业用水的循环使用等。

一、污水回用的意义[8]

1. *污水回用可缓解水资源的供需矛盾*

中国水资源总量为28000亿m^3，按1997年人口统计，人均水资源量为2220m^3，预测2030年人口增至16亿时，人均水资源量将降到1760m^3。按国际一般标准，人均水资源量少于1700m^3为用水紧张国家。因此，我国未来水资源形势是非常严峻的。水已成为制约国民经济发展和人民生活水平提高的重要因素。

一方面城市缺水十分严重，一方面大量的城市污水白白流失，既浪费了资源，又污染了环境，与城市供水量几乎相等的城市污水中，仅有0.1%的污染物质，比海水3.5%的污染物少得多，其余绝大部分是可再利用的清水。当今世界各国解决缺水问题时，城市污水被选为可靠的第二水源，在未被充分利用之前，禁止随意排到自然水体中去。

将城市污水经处理后回用于水质要求较低的场合，体现了水的“优质优用，低质低用”原则，增加了城市的可用水资源量。

2. 污水回用可提高城市水资源利用的综合经济效益

城市污水和工业废水水质相对稳定，不受气候等自然条件的影响，且可就近获得，易于收集，其处理利用成本比海水淡化成本低廉，处理技术也比较成熟，基建投资比跨流域调水经济得多。

除实行排污收费外，污水回用所收取的水费可以使污水处理获得有力的财政支持，使水污染防治得到可靠的经济保证。同时，污水回用减少了污水排放量，减轻了对水体的污染，相应降低取自该水源的水处理费用。

除上述增加可用水量、减少投资和运行费用、回用水水费收入、减少给水处理费用外，污水回用至少还有下列间接效益。

因减少污水（废水）排放而节省的排水工程投资和相应的运行管理费用；因改善环境而产生的社会经济和生态效益，如发展旅游业、水产养殖业、农林牧业所增加的效益；因改善环境，增进人体健康，减少疾病特别是致癌、致畸、致基因突变危害所产生的种种近远期效益；因回收废水中的“废物”取得的效益和因增进供水量而避免的经济损失或分摊的各种生产经济效益。

二、污水回用的途径

1. 城市污水再生利用分类[19]

城市污水再生利用分类见表 6－2。

表 6－2　　城市污水再生利用分类表

序号	分类	范围	示例
1	农、林、牧、渔业用水	农田灌溉	种籽与育种、粮食与饲料作用、经济作物
		造林育苗	种籽、苗木、苗圃、观赏植物
		畜牧养殖	畜牧、家畜、家禽
		水产养殖	淡养殖
2	城市杂用水	城市绿化	公共绿地、住宅小区绿化
		冲厕	厕所便器冲洗
		道路清扫	城市道路的冲洗及喷洒
		车辆冲洗	各种车辆冲洗
3	工业用水	建筑施工	施工场地清扫、浇洒、灰尘抑制、混凝土制备与养护、施工中的混凝土构件和建筑物冲洗
		消防	消火栓、消防水炮
		冷却用水	直流式、循环式
		洗涤用水	冲渣、冲灰、消烟除液压泵、清洗
		锅炉用水	中压、低压锅炉
		工艺用水	熔料、水浴、蒸煮、漂洗、水力开采、力水输送
			增湿、稀释、搅拌、选矿、油田回注
		产品用水	浆料、化工制剂、涂料

续表

序号	分类	范围	示 例
4	环境用水	娱乐性景观环境用水	娱乐性景观河道、景观湖泊及水景
		观赏性景观环境用水	观赏性景观河道、景观湖泊及水景
		湿地环境用水	恢复自然湿地、营造人工湿地
5	补充水源水	补充地表水	河流、湖泊
		补充地下水	水源补给、防止海水入侵、防止地面沉降

2. 污水再生利用的途径[20]

污水再生利用的途径主要有以下几个方面。

(1) 工业用水。

在工业生产过程中，首先要循环利用生产过程产生的废水，如造纸厂排出的白水，所受污染较轻，可作洗涤水回用。如煤气发生站排出的含酚废水，虽有少量污染，但如果适当处理即能供闭路循环使用。各种设备的冷却水都可以循环使用，因此应充分加以利用并减少补充水量。在某些情况下，根据工艺对供水水质的需求关系，作一水多用的适当安排，顺序使用废水，就可以大量减少废水排出。

(2) 城市杂用水。

城市杂用水是指用于冲厕、道路清扫、消防、城市绿化、车辆冲洗、建筑施工等的非饮用水。不同的原水特性、不同的使用目的对处理工艺提出了不同的要求。如果再生利用的原水是城市污水处理厂的二级出水时，只要经过较为简单的混凝、沉淀、过滤、消毒就能达到绝大多数城市杂用的要求。但是当原水为建筑物排水或生活小区排水，尤其包含粪便污水时，必须考虑生物处理，还应注意消毒工艺的选择。

(3) 景观水体。

随着城市用水量的逐步增大，原有的城市河流湖泊常出现缺水、断流现象，大大影响城市景观及居民生活。污水再生利用于景观水体可弥补水源的不足。回用过程应特别注意再生水的氮磷含量，在氮磷含量较高时应通过控制水体的停留时间和投加化学药剂保证其景观功能的实现。同时应关注再生水中的病原微生物和持久性有机污染物对人体健康和生态环境的危害。

(4) 农业灌溉。

污水再生利用于农业灌溉已在世界范围内被广泛重视。目前世界上约有 1/10 的人口食用利用污水（或再生水）灌溉的农产品。美国建有 200 多个污水再生利用工程，其利用率已达 70%，其中约 2/3 用于灌溉，灌溉用污水水量占总灌溉水量的 1/5。突尼斯 2000 年再生水灌溉量达 1.25 亿 m^3。约旦大多数城市处理后污水再生利用于农业，灌溉面积近 1.07 万 hm^2。

我国目前的污水再生回用于农业灌溉面积已超过 2000 万亩（133.3 万 hm^2）。污水中含有大量氮、磷等营养物，再生水灌溉农田可充分利用这些营养物。据推算，全国每年排放污水中含有氮、磷相当于24亿kg硫铵和8亿kg过磷酸钙。

(5) 地下回灌。

再生水经过土壤的渗滤作用回注至地下含水层称为地下回灌。其主要目的是补充地下水，防止海水入侵，防止因过量开采地下水造成的地面沉降。污水再生利用于地下回灌后可重新提取用于灌溉或生活饮用水。

污水再生利用于地下回灌具有许多优点，例如能增加地下水蓄水量，改善地下水水质，恢复被海水污染的地下水蓄水层，节约优质地表水。同时地下水库还可减少蒸发，把生物污染减少至最小。

三、城市污水回用的水处理流程[8]

城市污水回用是以污水进行一、二级处理为基础的。当污水的一、二级出水水质不符合某种回用水水质标准要求时，应按实际情况采取相应的附加处理措施。这种以污水回收、再用为目的，在常规处理之外所增加的处理工艺流程称为污水深度处理。下面首先介绍污水一级处理与二级处理，然后在此基础上，列举部分污水深度处理的工艺流程。

1. 一级处理

主要应用格栅、沉砂池和一级沉淀池，分离截留较大的悬浮物。污水经一级处理后，悬浮固体的去除率为70%～80%，而BOD_5只去除30%左右，一般达不到排放标准，还必须进行二级处理。被分离截留的污泥应进行污泥消化或其他处置。

2. 二级处理（生物处理）

在一级处理的基础上应用生物曝气池（或其他生物处理装置）和二次沉淀池去除废水、污水中呈胶体和溶解状态的有机污染物，去除率可达90%以上，水中的BOD_5含量可降至20～30mg/L，其出水水质一般已具备排放水体的标准。二级处理通常采用生物法作为主体工艺。

在进行二级处理前，一级处理经常是必要的，故一级处理又被称为预处理。一级和二级处理法，是城市污水经常采用的处理方法，所以又叫常规处理法。

3. 深度处理

污水深度处理的目的是除去常规二级处理过程中未被去除和去除不够的污染物，以使出水在排放时符合受纳水体的水质标准，而在再用时符合具体用途的水质标准。深度处理要达到的处理程度和出水水质，取决于出水的具体用途。其处理流程可根据不同的用水对象和地方条件在下列流程中选用。

(1) 混凝、澄清、过滤法（图6-3）。

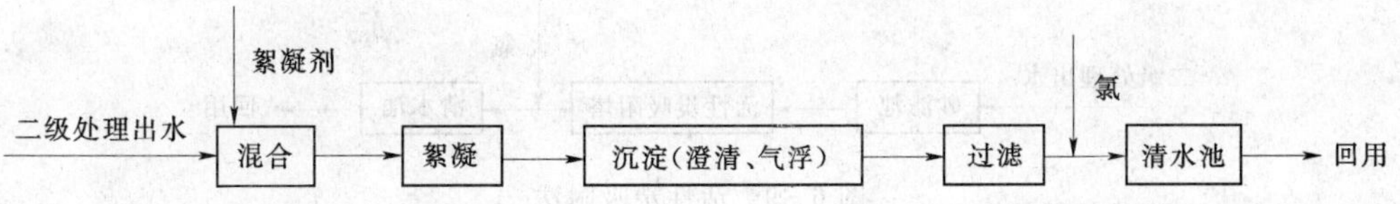

图6-3　混凝、澄清、过滤法

（2）直接过滤法（图 6-4）。

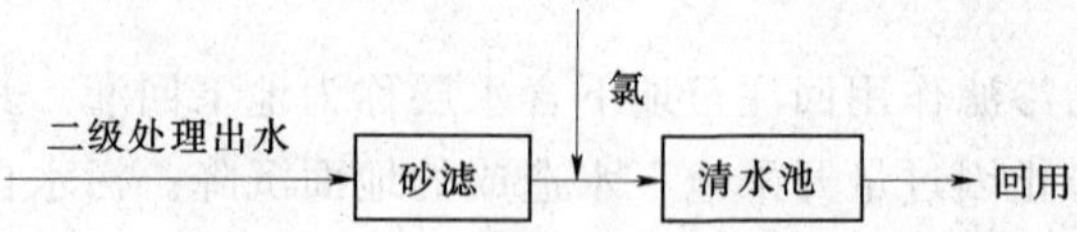

图 6-4 直接过滤法

（3）微絮凝过滤法（图 6-5）。

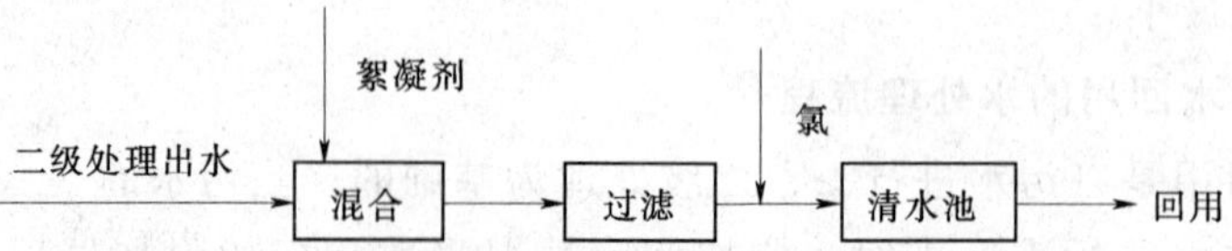

图 6-5 微絮凝过滤法

（4）接触氧化法（图 6-6）。

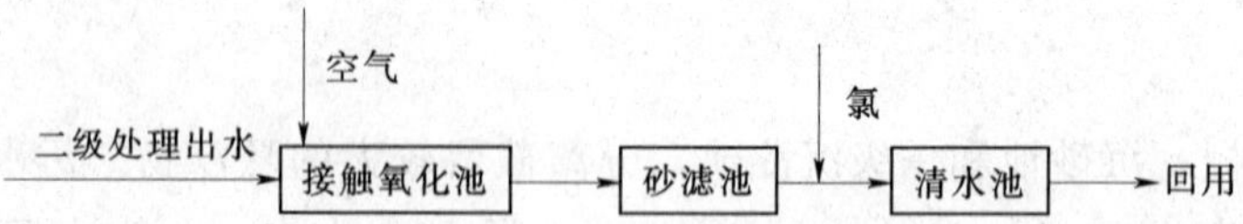

图 6-6 接触氧化法

（5）生物快滤池法（图 6-7）。

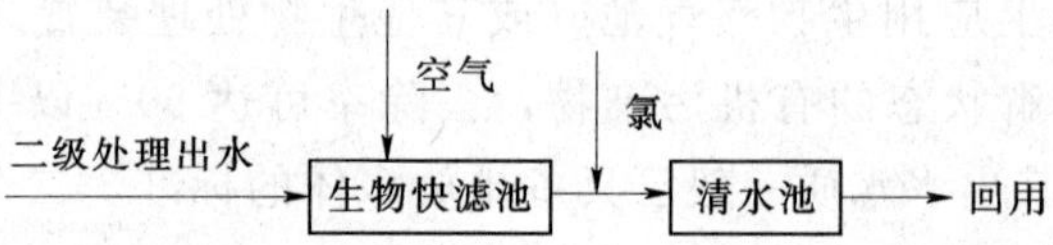

图 6-7 生物快滤池法

（6）流动床生物氧化硝化法（图 6-8）。

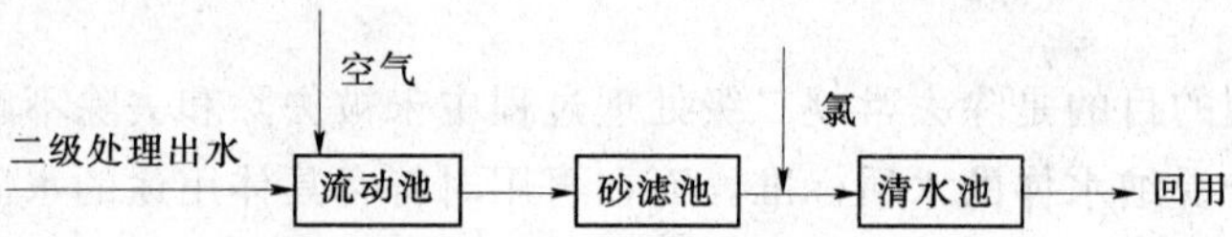

图 6-8 流动床生物氧化硝化法

（7）活性炭吸附法（图 6-9）。

图 6-9 活性炭吸附法

（8）超滤膜法（图 6-10）。

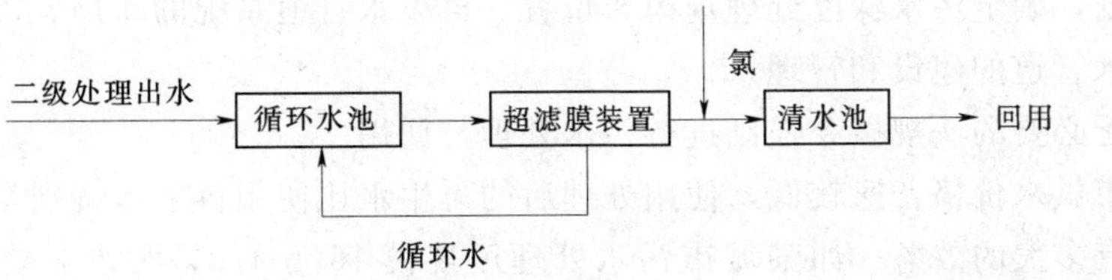

图 6-10 超滤膜法

(9) 半透膜法（图 6-11）。

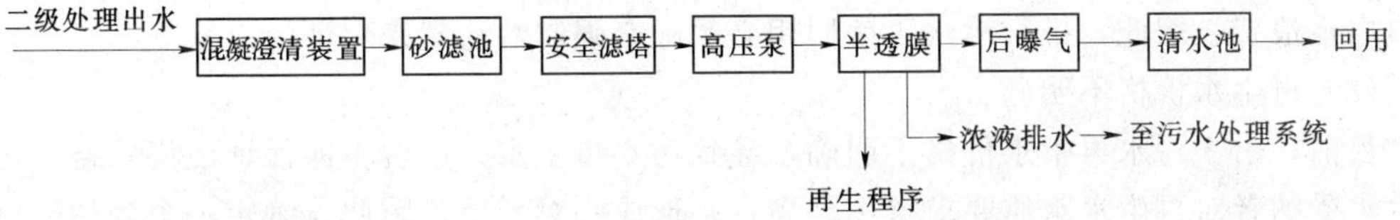

图 6-11 半透膜法

以上各深度处理流程的处理效果及适用对象见表 6-3。

表 6-3 各种深度处理技术可去除的污染物

流程编号	处理流程 \ 污染物	SS	浊度	BOD_5	COD	TN	TP	色度	嗅味	细菌	适用对象
1	混凝、澄清、过滤法	√	√	√	√		√	√		√	工业冷却与市政杂用
2	直接过滤法	√	√	√							
3	微絮凝过滤法		√	√			√	√			
4	接触氧化法	√	√	√		硝化					
5	生物快滤池法	√	√	√	√			√	√		
6	流动床生物氧化硝化法	√	√	√		硝化					适于要求高质量的再生水者
7	活性炭吸附法			√	√			√	√		
8	超滤膜法			√							
9	半透膜法			√	√			√	√	√	

四、阻碍城市污水回用的因素[8]

城市污水量稳定集中，不受季节和干旱的影响，经过处理后再生回用既能减少水环境污染，又可以缓解水资源紧缺矛盾，是贯彻可持续发展战略的重要措施。但是目前污水在普通范围上的应用还是不容乐观的，除了污水灌溉外，在城市回用方面还未广泛应用。其原因主要有以下几个方面。

(1) 再生水系统未列入城市总体规划。

城市污水处理后作为工业冷却、农田灌溉和河湖景观、绿化、冲厕等用水在水处理技术上已不成问题，但是由于可使用再生污水的用户比较分散，用水量都不大，处理的再生水输送管道系统是当前需重点解决的问题。没有输送再生水的管道，任何再生水回用的研究、规划都无法真正落实。为了保证将处理后的再生水能输送到各用户，必须尽快编制再生水专业规划，确定污水深度处理规模、位置、再生水管道系统的布局，以指导再生水处理厂和再生水管道的建设和管理。

(2) 缺乏必要的法规条令强制进行污水处理与回用。

目前城市供水价格普遍较低，使用处理后的再生水比使用自来水特别是工业自备井水在经济上没有多大的效益。如某城市污水处理厂规模16万t/d，污水主要来自附近几家大型国有企业，这些企业生活杂用水和循环冷却水均采用地下自备水源井供水，造成水资源的极大浪费，利用污水资源应该说是非常适合的。但是由于没有必要的法规强制推行，而且污水再生回用处理费用又略高于自备井水资源费，导致多次协商均告失败，污水资源被白白地浪费。因此，推行污水再生回用必须配套强制性法规来保证。

(3) 再生水价格不明确。

目前，由于污水再生水价格不明确，导致污水再生水生产者不能保证经济效益，污水再生水受纳者对再生水水质要求得不到满足，形成一对矛盾。因此，确定一个合理的污水回用价格，明确再生水应达到的水质标准，保证污水再生水生产者与受纳者的责、权、利，是促进污水回用的重要前提。

五、推进城市污水回用的对策[8]

1. 城市污水处理统一规划，为城市污水资源化提供前提

世界各大中城市保护水资源环境的近百年经验归结一点，就是建设系统的污水收集系统和成规模的污水处理厂。

城市污水处理厂的建设必须合理规划，国内外对城市污水是集中处理还是分散处理的问题已经形成共识，即污水的集中处理（大型化）应是城市污水处理厂建设的长期规划目标。结合不同的城市布局、发展规划、地理水文等具体情况，对城市污水厂的建设进行合理规划、集中处理，不仅能保证建设资金的有效使用率、降低处理消耗，而且有利于区域和流域水污染的协调管理及水体自净容量的充分利用。

城市生活污水、工业废水要统一规划，工厂废水要进入城市污水处理厂统一处理。因为各工厂工业废水的水质水量差别大，技术水平参差不齐，千百家工厂都自建污水处理厂会造成巨大的人力、物力、财力的浪费。统一规划和处理，做到专业管理，可以免除各大小厂家管理上的麻烦，保障处理程度，各工厂只要交纳水费就可以了。政府环保部门的任务是制定水体的排放标准并对污水处理企业进行监督。

城市污水处理系统是容纳生活污水与城市区域内绝大多数工业废水的大系统（特殊水质如放射性废水除外）。但各企业排入城市下水道的废水应满足排放标准，不符合标准的个别企业和车间须经局部除害处理后方能排入下水道。局部除害废水的水量有限，技术上也很成熟，只要管理跟上是没有问题的。这样才能保证污水处理统一规划和实施，使之有序健康地发展，并走上产业化、专业化的道路。

2. 尽快出台污水再生回用的强制性政策，以确保水资源可持续利用

城市污水经深度处理后可回用于工业作为间接冷却水、景观河道补充水以及居住区内的生活杂用水。

对于集中的居民居住小区和具备使用再生水条件的单位，采取强制措施，要求必须建设并使用中水和再生水。对于按照规定应该建设中水或污水处理装置的单位，如果因特殊

原因不能建设的，必须交纳一定的费用和建设相应的管道设施，保证使用城市污水处理厂的再生水。

对于可以使用再生水而不使用的，要按其用水量核减新水指标，超计划用水加价。对使用再生水的单位，其新水量的使用权在一定程度上予以保留，鼓励其发展生产不增加新水。

对于积极建设工业废水和生活杂用水处理回用设施并进行回用的，要酌情减、免征收污水排放费。

3. 多方面利用资金，加快污水处理和再生回用工程建设

城市污水处理厂普遍采用由政府出资建设（或由政府出面借款或贷款），隶属于政府的事业性单位负责运行的模式。这种模式具有以下缺点：财政负担过重，筹资困难，建设周期长，不利于环境保护等。如果将污水处理厂的建设与运行委托给具有相应资金和技术实力的环保市政企业，由企业独立或与业主合作筹资建设与运行，企业通过运行收费回收投资。通过这种模式，市政污水处理和回用率有望在今后几年得到大幅度地提高。政府投资、企业贷款，完善排污收费的制度，逐步实现污水处理厂和再生水厂企业化生产。

4. 城市自来水厂与污水处理厂统一经营，建立给排水公司

世界现代经济发展的200多年历程和我国50年经济发展的教训表明，偏废污水处理，就要伤害自然水的大循环，危害子循环、断了人类用水的可持续发展之路。给水排水发展到当今，建立给水排水统筹管理的水工业体系，按工业企业来运行是必由之路。

既然由给水排水公司从水体中取水供给城市，就应将城市排水处理到水体自净能力可接纳的程度后排入水体，全面完成人类向大自然"借用"和"归还"可再生水的循环过程。使其构成良性循环，保证良好水环境和水资源的可持续利用。

5. 调整水价体系，制定再生水的价格

长期以来执行的低水价政策，提供了错误的用水导向，节水投资大大超过水费，严重影响了节水积极性。因此，在制定水价时，除合理调整自来水、自备井的水价外，还应制定再生水或工业水的水价，逐步做到取消政府补贴，利用水价这一经济杠杆，促进再生水的有效利用。

第六节 实 例 分 析

一、生活节水实例[21]

怎样在日常生活中将节水"进行到底"？下面介绍一些节约家庭生活用水的小妙招。

(1) 洗衣节水。

手洗比机洗省水。手洗衣服时，如果用洗衣盆洗、清衣服，则每次洗、清衣服比开着水龙头洗要节水200L；机洗衣服时最好满桶再洗，若分开两次洗，则多耗水40L。配合衣料种类适当调整洗涤时间：毛、化学纤维物约5min；木棉、麻类约10min；较脏污衣物约12min。洗少量衣服时，水位不要定得太高。

(2) 洗澡节水。

淋浴时如果关掉水龙头擦香皂，洗一次澡可以节水30L；洗澡改盆浴为淋浴，安装低

流量莲蓬头，将全转式水龙头改换新式 1/4 转、陶瓷阀芯水龙头。

(3) 厕所节水。

房屋装修时最好采用节水型马桶。抽水量大的马桶可以放入装满水的矿泉水瓶或加装二段式冲水配件；收集洗衣、洗漱后的水用于冲洗厕所；将卫生间里水箱的浮球向下调整 2cm，可根据水箱大小，放 2～4 个 1L 容量的水瓶子，每次冲洗可节省水 1L；水箱漏水问题最多，要及时更换进出水口橡胶。

(4) 洗菜节水。

一盆一盆地洗，不要开着水龙头冲，一餐饭可节水 5L；淘米水可用于洗菜；刷碗时可先用纸将油污擦去，再用水刷洗。

(5) 洗车节水。

用水桶盛水洗车，尽量使用洗涤水、洗衣水洗车，不要用水管直接冲洗，洗车时使用海绵与水桶取代水管，可节省 1/2 的用水量；使用节水喷雾水枪冲洗。利用机械自动洗车，洗车水处理循环使用。

(6) 生活习惯。

刷牙、取洗手液、抹肥皂时要及时关掉水龙头；不要用抽水马桶冲掉烟头和碎细废物；在水压较高的地区，居民可调整自来水阀门控制水压；家中应预备一个收集废水的大桶，收集洗衣、洗菜后的家庭废水冲厕所。

(7) 使用节水器具。

饭前便后要洗手，洗手的过程也是节水的过程。节水器具种类繁多，有节水型水箱、节水龙头、节水马桶等。用新型感应式水龙头可节水。当手离开时，水阀会自动关闭。现在家居用的水龙头，一般都是陶瓷阀芯代替以前的铸铁阀，这样的水龙头在短期内不会因阀门磨损而产生跑冒滴漏现象，防止了因漏水而带来的浪费。新型感应式水龙头能做到用水自如，与常规水龙头相比，可节水 35%～50%。

与浪费水有关的习惯很多。比如：用抽水马桶冲掉烟头和零碎废物；为了接一杯凉水，而白白放掉许多水；先洗土豆、胡萝卜后削皮，或冲洗之后再摘蔬菜；用水时的间断（开门接客人、接电话、改变电视机频道时），未关水龙头；停水期间，忘记关水龙头；洗手、洗脸、刷牙时，让水总是流着；睡觉之前、出门之前，不检查水龙头；设备漏水，不及时修好。据分析，家庭只要注意改掉不良的习惯，就能节水 70%左右。

二、工业节水实例[22]

这里以郑州宇通客车股份有限公司为例进行阐述。

1. 宇通公司概况

郑州宇通客车股份有限公司是我国客车行业重点规划的 14 家客车骨干企业之一，也是交通部、河南省、郑州市重点扶持企业，全国大客车生产第一家股票上市公司。该公司在完成“七五”规划、“八五”规划及“九五”规划技术改造以后，规模迅速扩大，制造技术及工艺装备达到国内领先水平，形成年产客车近万辆、底盘 4000 辆的生产能力。

2. 宇通公司用水情况

宇通公司新厂区位于郑州市十八里河镇，因市内自来水没有输送到该公司，故自备深水井3眼供厂区生产和生活使用。

宇通公司2000年使用循环水和新鲜水总用水量为575万m^3，其中新鲜水取水量为74万m^3。生产用水最集中是涂装车间喷漆用水，每年达420万m^3，其他，如空压站每年需水43万m^3，车身喷淋每年需用水19.9万m^3，仅上述3项共计需每年用水482.9万m^3。另外，还有其他一些生产工序用水和职工生活用水，以及场地绿化用水。

为了搞好节约用水，该公司根据实际情况，投资配套建设了车身喷淋循环用水系统、涂装喷漆循环用水系统、空压站冷却用水循环系统等节水用水设施，为该厂开展节约用水工作奠定了很好的基础。为了进一步搞好节水工作，该公司又投资50万元建造了公司二次用水系统，使涂装车间打磨车用水、维修车间锅炉房冲渣用水、制件车间酸洗间用水改用经处理达标的废水，此项每年节水18万m^3。

该厂通过上述各循环用水系统，1999年全厂生产回用水量406万m^3，年取新鲜水量为62万m^3，当年水的重复利用率达86.7%；2000年全厂生产回用水量484.8万m^3，年取新鲜水量为74万m^3，水的重复利用率达86.0%。该厂万元产值新水量1999年仅为8.7m^3，2000年为4.7m^3。从上述数值可见，该公司目前水的重复利用率和单位产值耗水量的指标，在同行业中均处在先进行列。当然，工业上各行业用水情况比较复杂，就是同一汽车行业由于生产产品不同，用水差别也很大。宇通公司之所以节水效果好，一是搬新地址后，设备较完善和先进，而该公司在工序上，仅仅以零部件组装为主，本身工序上单位耗水量就较小。

3. 主要节水工程情况

(1) 涂装车间喷漆。

该车间在喷漆过程中容易形成漆雾，为了消除漆雾，该公司采用了封闭喷漆工艺，在喷涂时上面送风，下面抽风，地下有水循环池，漆雾融于水中，通过沉淀，澄清的水循环再利用，沉淀的污泥清除运走。该公司仅此一项，年循环水就高达420万m^3左右。

(2) 车身喷淋系统。

该公司生产的成品车需进行淋雨试验。每台车淋雨时间在15～30min，平均每台车用水22.4m^3。2000年公司产成品车9000多辆，仅此一项洗车水循环利用一年节水近20万m^3。

(3) 空压站水冷却系统。

空压机在运行过程中必须用水冷却。循环水经空压机后，流向冷却塔进行冷却，然后进入蓄水池，再由冷却泵送到空压机，对空压机进行冷却。每年可节约用水40万m^3左右。

(4) 二次用水系统。

该公司设置有一座100m^3/h处理能力的污水处理站，配置100m^3和200m^3蓄水池各一座，架设管道1500m，购置变频供水设施一套，将经处理达标的废水重复利用，此项每年可节约用水18万m^3。

4. 企业节水规划

第一，要在生产用水方面进一步挖潜增效，降低单车耗水量，充分利用二次用水，控制新鲜水用量；第二，严格控制生活用水，有计划地改造一些厕所设施，把用水量大的洁具改为节水洁具；第三，充分利用好经处理达标的废水，如铺设管道到各绿化带，用喷灌的形式对绿化带进行浇灌；第四，计划把冲厕所用水由新鲜水改造为用经处理达标的废水等。

三、农业节水实例[23]

以大型喷灌系统在农田开发旱田治理中的应用为例进行阐述。

黑龙江省兰荣农业开发区，旱田治理项目是以喷灌形式解决治旱问题，借以改造中低产田。1998年5月1日开始建设，用时两个月完成了总投资201万元的大型喷灌系统设计与建设。开发区自1998年7月运行以来发挥出巨大的生产潜能，经济、社会和生态效益都显著提高。在充分调整种植结构的基础上，使开发区增产增收。应用喷灌技术与开发前相对比，粮食作物年均亩增产188kg，蔬菜年均亩增产1580kg，瓜果年均亩增产1330kg。

1. 喷灌系统的设置

开发区喷灌系统的建设是以水库为水源，设计灌溉面积400hm^2。系统由加压泵站、固定干管、田间移动支管3部分组成。加压泵站从水库提水输入干管中并加压；干管铺设在地表固定不动；支管可以移动，为半固定式喷灌系统。干管输水至田间，干管连接人工可移动的支管，支管配置喷头进行喷水作业。

2. 喷灌系统设备与技术指标确定

在水库岸边建抽水泵站一座，安装双吸单级离心泵2台，出水量2×270m^3/h，配备功率110kw，电机（Y315S－2型）2台，每台机组连接一条干管。干管为258×4薄壁钢管，采取地面铺设方式，总长为4750m；支管为102×1.2×6000铝合金管，采取人工移动方式，总长4032m；喷头型号ZY_2－6.5/3.1，喷头流量为3.2m^3/h，射程为20m，工作压力为350kPa，喷洒方式为全圆喷洒，共计安装168个喷头，同时进行喷灌作业。

单干管流量270m^3/h，日工作16h，根据当地的降雨量与土质条件，制定灌溉定额为300m^3/hm^2，相当30mm降雨，两条干管每天可控制喷灌面积40hm^2，因此制定轮灌周期为10d。组合支管长度为504m，每条干管都可以同时启动4条组合支管进行喷灌作业；支管最大间距为35m，喷头间距为24m。每条组合支管有84节单支管，每条单支管安装21只喷头。8条组合支管有168只喷头同时工作。

示范区土壤为重壤土，许可入渗能力I＝6.02mm/h，大于设计喷灌强度3.7mm/h，地表不会积水和深层渗漏，设计雾化指标p_d＝5385，满足蔬菜4000～6000和粮食作物3000～4000喷灌要求。

3. 喷灌工程运行效益情况

开发区喷灌系统自1998年应用以来取得了巨大效益。1998年粮食总产达到270×10^{4}kg，比开发前增长42%；瓜菜总产达到610×10^{4}kg，比开发前增长74.8%。1999年利用喷灌，瓜菜种植面积达到133.33hm^2，效益显著，粮食总产243×10^{4}kg，平均亩产达到607.5kg；瓜菜总产820×10^{4}kg，平均亩产4100kg。仅种植业人均收入就达到了2850元。2000～2002年总体效益也达到了预期效果，人均收入年均超过3000元。现以2000年开发区实际增产指标为例说明喷灌效果（表6－4和表6－5）。

表 6-4　　开发区 2000 年经济效益对照

喷灌作物	作物面积（亩）	喷灌次数（次）	喷灌亩产（kg）	不喷灌亩产（kg）	亩增产（kg）	单价（元）	亩增收（元）	总收入（万元）
小麦	800	2	249.7	165	84.7	1.46	123.66	9.89
大豆	950	2	250	105	145	2.05	362.5	34.44
玉米	1600	2	795	580	215	0.86	184.9	29.58
复种白菜	800	2	5560	3890	1670	0.20	334	26.72
露地蔬菜	1600	3	3960	2950	1010	0.89	898.9	143.8
西瓜	600	3	4980	3500	1480	0.40	592	35.52
香瓜	450	3	2510	1460	1050	0.60	630	28.35
合计	6800							308.3

表 6-5　　工 程 经 济 指 标

序号	指标意义	计算结果	计算公式
1	增产比例（%）	63	（喷灌亩产－不喷灌亩产）/不灌亩产
2	土地利用率（%）	100	（喷灌面积－机行道占地面积）/喷灌面积
3	材料消耗（m/亩）	Φ250 管 0.80	管道长度/喷灌面积
		Φ102 管 0.67	
4	喷灌亩投资（元/亩）	335	工程总投资/喷灌面积
5	年运行及维护费用（元/亩）	28.9	（动力费＋维修费＋工资＋管理费＋设备折旧费）/喷灌面积

4. 喷灌系统工程技术特点

喷灌系统是独立系统，连片喷灌面积达到 400hm^2，目前在国内属大型喷灌工程。大型喷灌系统节水省时，对地形适应性强，节省耕地提高土地利用率。

开发区喷灌系统采用半固定管道式设计，实现了工程投资和年运行费用之和为最低值，亩投资为 335 元，符合当前经济发展水平。

管材选择合理，运行安全可靠，输水干管使用地面铺设，采用了经济管径计算方案及多支管轮灌，利用现有水库水资源，减少了水源工程建设费用，这些技术措施在降低工程造价方面起到了一定的作用。

对支管、竖管的设计考虑机耕要求。

大型半固定喷灌系统控制面积大，特别适合土地面积较大、临近水源，作物种植结构统一的地区。

四、再生水利用实例[14]

北京市清河再生水厂回用工程占地面积 2.86hm^2，总投资在 11 亿元人民币左右。再生水厂处理规模为 80000m^3/d，其中 60000m^3 主要作为奥林匹克公园人工湖，奥林匹克公园射箭场、曲棍球场等场馆景观水体的补充水，为绿色奥运创造良好的环境氛围。20000m^3 则向海淀区及朝阳区部分区域提供市政杂用水。工程共铺设 4 条主要干线，全长 38km。

清河再生水厂是迄今为止全国最大的膜处理再生水厂，具有自动化程度高、工艺先进的特点。清河再生水厂以清河污水处理厂的二级出水为水源，经过深度处理使水质达到回用要求。主体工艺采用先进的超滤膜过滤、活性炭吸附、臭氧脱色消毒等，出水清澈透明，无色无味，为实现绿色奥运作出了重要贡献。图 6－12 为清河再生水厂处理工艺流程。

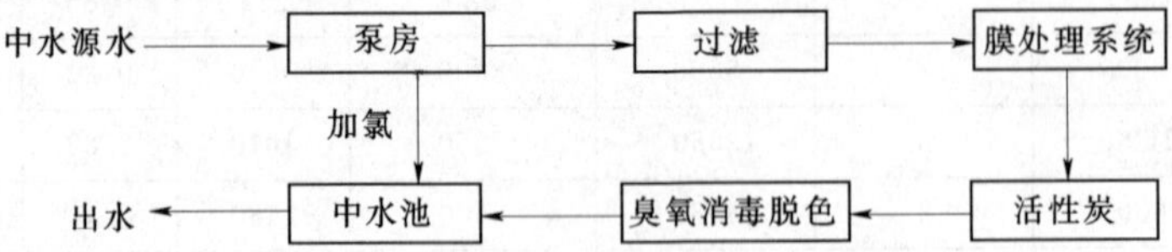

图 6－12　清河再生水厂处理工艺流程

思　考　题

1. 节约用水的涵义是什么？简述目前节约用水的现状。

2. 试结合日常生活中生活用水的浪费现象，分析城市生活节水的主要途径。

3. 工业用水的水量可分为哪几类？其含义各是什么？并说明它们之间的关系。

4. 农业作为我国用水结构中的用水大户，其节水具有最大的潜力，试说明农业节水的主要途径。

5. 污水回用的途径有哪些？分析城市污水再生回用的可行性。

参　考　文　献

［1］ 2011 年中央一号文件（全文）中共中央国务院关于加快水利改革发展的决定［R］. http://www.gov.cn/gongbao/content/2011/content_1803158.htm.

［2］ 王晓昌，张荔，袁宏林．水资源利用与保护［M］．北京：高等教育出版社，2008.

［3］ 沈振荣，汪林，于福亮．节水新概念——真实节水的研究与应用［M］．北京：中国水利水电出版社，2000.

［4］ 陈家琦，王浩，杨小柳．水资源学［M］．北京：科学出版社，2002.

［5］ 建设部，国家经贸委，国家计委．节水型城市目标导则［S］．1996，http://vip.chinalawinfo.com/NewLaw2002/Slc/slc.asp? db=chl&gid=22458.

［6］ 陕西省水文水资源勘测局．陕西省工业及居民城市生活用水定额修订（咨询稿）［S］．2010，http://wenku.baidu.com/view/9dafce26482fb4daa58d4bff.html .

［7］ 陈志恺．中国水利百科全书·水文与水资源分册［M］．北京：中国水利水电出版社，2004.

［8］ 李国芳，夏自强．节水技术及管理［M］．北京：中国水利水电出版社，2011.

［9］ 付健，李培蕾，刘洪先．关于稳步推行城市居民生活用水阶梯式水价制度的思考［J］．水利发展研究，2012，3：6－10.

［10］ 建设部给水排水产品标准化技术委员会．中华人民共和国城镇建设行业标准《工业用水分类及定义》(CJ 40—1999)［S］．北京：中国标准化出版社，1999.

［11］ 左其亭，窦明，马军霞．水资源学教程［M］．北京：中国水利水电出版社，2008.

[12] 任伯帜，熊正为．水资源利用与保护 [M]．北京：机械工业出版社，2007.
[13] 工信部．工业和信息化部关于进一步加强工业节水工作的意见 [R]．2010，http://wenku.baidu.com/view/3bf2e16e58fafab069dc02e9.html.
[14] 刘红，何建平．城市节水 [M]．北京：中国建筑工业出版社，2009.
[15] 水利部．全国水资源综合规划技术大纲 [R]．2002，http://wenku.baidu.com/view/9bc4afff910ef12d2af9e74d.html? qq－pf－to＝pcqq.c2c.
[16] 中国标准化研究院．工业用水节水术语 GBT 21534—2008 [S]．2008，http://www.doc88.com/p－95629667184.html.
[17] 建设节约型社会“十一五”规划 [S]．2005，http://www.china.com.cn/chinese/zhuanti/5zqh/1002849.html.
[18] 山仑，黄占斌，张岁岐．节水农业 [M]．广州：暨南大学出版社，北京：清华大学出版社，2011.
[19] 中华人民共和国建设部．污水再生利用工程设计规范 GB/T 50335—2002 [S]．2003，http://jpkc.sdau.edu.cn/psgc/bysj/wszs.pdf.
[20] 全国勘察设计注册工程师环保专业管理委员会，中国环境保护产业协会编写．注册环保工程师专业考试复习教材（第 1 分册）[M]．北京：中国环境科学出版社，2011.
[21] 沈建华，黄正福．浙江特色水教育社会实践典型实例 [M]．杭州：浙江大学出版社，2012.
[22] 刘爱荣，任长江，阎官法，等．郑州节水型社会建设与科学管理 [M]．北京：中国水利水电出版社，2010.
[23] 崔毅．农业节水灌溉技术及应用实例 [M]．北京：化学工业出版社，2005.

第七章 水资源管理

水资源是生命之源，是实现经济社会可持续发展的重要保证，现在世界各国在经济社会发展中都面临着水资源短缺、水污染和洪涝灾害等各种水问题，水问题对人类生存发展的威胁越来越大，因此，必须加强对水资源的管理，进行水资源的合理分配和优化调度，提高水资源开发利用水平和保护水资源的能力，保障经济社会的可持续发展。

第一节 水资源管理概述

一、水资源管理的涵义

对水资源管理的涵义，国内外专家学者有着不同理解和定义，还没有统一的认识，目前关于水资源管理的定义有：

(1)《中国大百科全书·大气科学·海洋科学·水文科学》[1]：水资源管理是水资源开发利用的组织、协调、监督和调度。运用行政、法律、经济、技术和教育等手段，组织各种社会力量开发水利和防治水害；协调社会经济发展与水资源开发利用之间的关系，处理各地区、各部门之间的用水矛盾；监督、限制不合理的开发水资源和危害水源的行为；制定供水系统和水库工程的优化调度方案，科学分配水量。(陈家琦等)

(2)《中国大百科全书·环境科学》[2]：水资源管理是防止水资源危机，保证人类生活和经济发展的需要，运用行政、技术、立法等手段对淡水资源进行管理的措施。水资源管理工作的内容包括调查水量，分析水质，进行合理规划、开发和利用，保护水源，防止水资源衰竭和污染等。同时也涉及水资源密切相关的工作，如保护森林、草原、水生生物、植树造林、涵养水源、防止水土流失、防止土地盐渍化、沼泽化、砂化等。(李宪法等)

(3) 董增川[3]：水资源管理是水行政主管部门综合运用法律、行政、经济、技术等手段，对水资源的分配、开发、利用、调度和保护进行管理，以求可持续地满足社会经济发展和生态环境改善对水的需求的各种活动的总称。

(4) 王双银等[4]：水资源管理就是为保证特定区域内可以得到一定质和量的水资源，使之能够持久开发和永续利用，以最大限度地促进经济社会的可持续发展和改善环境而进行的各项活动（包括行政、法律、经济、技术等方面）。

(5) 冯尚友[5]：水资源管理是为支持实现可持续发展战略目标，在水资源及水环境的开发、治理、保护、利用过程中，所进行的统筹规划、政策指导、组织实施、协调控制、监督检查等一系列规范性活动的总称。统筹规划是合理利用有限水资源的整体布局、全面策划的关键；政策指导是进行水事活动决策的规则与指南；组织实施是通过立法、行政、经济、技术和教育等形式组织社会力量，实施水资源开发利用的一系列活动实践；协调控制是处理好资源、环境与经济、社会发展之间的协同关系和水事活动之间的矛盾关系、控制好社会用水与供水的平衡和减轻水旱灾害损失的各种措施；监督检查则是不断提高水的利用率和执行正确方针政策的必需手段。

(6) 孙金华[6]：水资源管理就是协调人水关系，是为了人类满足生命、生活、生产和生态等方面的水资源需求所采取的一系列工程和非工程措施之总和。

(7) 于万春等[7]：依据水资源环境承载能力，遵循水资源系统自然循环功能，按照经济社会规律和生态环境规律，运用法规、行政、经济、技术、教育等手段，通过全面系统的规划优化配置水资源，对人们的涉水行为进行调整与控制，保障水资源开发利用与经济社会和谐持续发展。

(8) 联合国教科文组织国际水文计划工作组将可持续水资源管理定义为：支撑从现在到未来社会及其福利而不破坏他们赖以生存的水文循环及生态系统的稳定性的水的管理与使用。

二、水资源管理的目标

水资源管理的最终目标是使有限的水资源创造最大的社会经济效益和生态环境效益，实现水资源的可持续利用和促进经济社会的可持续发展。《中国21世纪议程》中对水资源管理的总要求是：水量与水质并重，资源和环境管理一体化。水资源管理的基本目标如下[3,8]。

(1) 形成能够高效利用水的节水型社会。

在对水资源的需求有新发展的形势下，必须把水资源作为关系到社会兴衰的重要因素来对待，并根据中国水资源的特点，厉行计划用水和节约用水，大力保护并改善天然水质。

(2) 建设稳定、可靠的城乡供水体系。

在节水战略指导下，预测社会需水量的增长率将保持或略高于人口的增长率。在人口达到高峰以后，随着科学技术的进步，需水增长率将相对也有所降低。并按照这个趋势，制定相应计划以求解决各个时期的水供需平衡，提高枯水期的供水安全度，及对于特殊干旱的相应对策等，并定期修正计划。

(3) 建立综合性防洪安全的社会保障制度。

由于人口的增长和经济的发展，如遇同样洪水给社会经济造成的损失将比过去加重很多。在中国的自然条件下江河洪水的威胁将长期存在。因此，要建立综合性防洪安全的社会保障体制，以有效地保护社会安全、经济繁荣和人民生命财产安全，以求在发生特大洪水情况下，不致影响社会经济发展的全局。

(4) 加强水环境系统的建设和管理，建成国家水环境监测网。

水是维系经济和生态系统的最大关键性要素。通过建设国家和地方水环境监测网和信息网，掌握水环境质量状况，努力控制水污染发展的趋势，加强水资源保护，实行水量与水质并重、资源与环境一体化管理，以应付缺水与水污染的挑战。

三、水资源管理的原则

水资源管理要遵循以下原则[3,9-10]。

(1) 维护生态环境，实施可持续发展战略。

生态环境是人类生存、生产与生活的基本条件，而水是生态环境中不可缺少的组成要素之一，在对水资源进行开发利用与管理保护时，应把维护生态环境的良性循环放到突出位置，才可能为实施水资源可持续利用，保障人类和经济社会的可持续发展战略奠定坚实的基础。

(2) 地表水与地下水、水量与水质实行统一规划调度。

地球上的水资源分为地表水资源与地下水资源，而且地表水资源与地下水资源之间存在一定关系，联合调度，统一配置和管理地表水资源和地下水资源，可以提高水资源的利用效率。水资源的水量与水质既是一组不同的概念，又是一组相辅相成的概念，水质的好坏会影响水资源量的多少，人们谈及水资源量的多少时，往往是指能够满足不同用水要求的水资源量，水污染的发生会减少水资源的可利用量；水资源的水量多少会影响水资源的水质，将同样量的污染物排入不同水量的水体，由于水体的自净作用，水体的水质会产生的不同程度的变化，在制定水资源开发利用规划时，水资源的水量与水质也需统一考虑。

(3) 加强水资源统一管理。

水资源的统一管理包括：水资源应当按流域与区域相结合，实行统一规划、统一调度，建立权威、高效、协调的水资源管理体制；调蓄径流和分配水量，应当兼顾上下游和左右岸用水、航运、竹木流放、渔业和保护生态环境的需要；统一发放取水许可证与统一征收水资源费，取水许可证和水资源费体现了国家对水资源的权属管理，水资源配置规划和水资源有偿使用制度的管理；实施水务纵向一体化管理是水资源管理的改革方向，建立城乡水源统筹规划调配，从供水、用水、排水，到节约用水、污水处理及再利用、水源保护的全过程管理体制，以把水源开发、利用、治理、配置、节约、保护有机地结合起来，实现水资源管理在空间与时间的统一、水质与水量的统一、开发与治理的统一、节约与保护的统一，达到开发利用和管理保护水资源的最佳经济、社会、环境效益的结合。

(4) 保障人民生活和生态环境基本用水，统筹兼顾其他用水。

水资源的用途主要有农业用水、工业用水、生活用水、生态环境用水、发电用水、航运用水、旅游用水、养殖用水等。《中华人民共和国水法》规定，开发、利用水资源，应当首先满足城乡居民生活用水，并兼顾农业、工业、生态环境用水以及航运等需要。在干旱和半干旱地区开发、利用水资源，应当充分考虑生态环境用水需要。

(5) 坚持开源节流并重，节流优先治污为本的原则。

我国水资源总量虽然相对丰富，但人均拥有量少，而在水资源的开发利用过程中，又面临着水污染和水资源浪费等水问题，严重影响水资源的可持续利用，因此，进行水资源管理时，坚持开源节流并重，以及节流优先治污为本的原则，才能实现水资源的可持续利用。

(6) 坚持按市场经济规律办事，发挥市场机制对促进水资源管理的重要作用。

水资源管理中的水资源费和水费经济制度，以及谁耗费水量谁补偿、谁污染水质谁补偿、谁破坏生态环境谁补偿的补偿机制，确立全成本水价体系的定价机制和运行机制，水资源使用权和排水权的市场交易运作机制和规则等，都应在政府宏观监督管理下，运用市场机制和社会机制的规则，管理水资源，发挥市场调节在配置水资源和促进合理用水、节约用水中的作用。

（7）坚持依法治水的原则。

进行水资源管理时，必须严格遵守相关的法律法规和规章制度，如《中华人民共和国水法》、《中华人民共和国水污染防治法》、《中华人民共和国水土保持法》和《中华人民共和国环境法》等。

（8）坚持水资源属于国家所有的原则。

《中华人民共和国水法》规定水资源属于国家所有，水资源的所有权由国务院代表国家行使，这从根本上确立了我国的水资源所有权原则。坚持水资源属于国家所有，是进行水资源管理的基本点。

（9）坚持公众参与和民主决策的原则。

水资源的所有权属于国家所有，任何单位和个人引水、截（蓄）水、排水，不得损害公共利益和他人的合法权益，这使得水资源具有公共性的特点，成为社会的共同财富，任何单位和个人都有享受水资源的权利，因此，公共参与和民主决策是实施水资源管理工作时需要坚持的一个原则。

四、水资源管理的内容

水资源管理是一项复杂的水事行为，涉及的内容很多，综合国内外学者的研究，水资源管理主要包括水资源水量与质量管理、水资源法律管理、水资源水权管理、水资源行政管理、水资源规划管理、水资源合理配置管理、水资源经济管理、水资源投资管理、水资源统一管理、水资源管理的信息化、水灾害防治管理、水资源宣传教育、水资源安全管理等[5,7,11-13]。

（1）水资源水量与质量管理。

水资源水量与质量管理是水资源管理的基本组成内容之一，水资源水量与质量管理包括水资源水量管理、水资源质量管理，以及水资源水量与水资源质量的综合管理。

（2）水资源法律管理。

法律是国家制定或认可的，由国家强制力保证实施的行为规范，以规定当事人权利和义务为内容的具有普遍约束力的社会规范。法律是国家和人民利益的体现和保障。水资源法律管理是通过法律手段强制性管理水资源行为。水资源的法律管理是实现水资源价值和可持续利用的有效手段。

（3）水资源水权管理。

水资源水权是指水的所有权、开发权、使用权以及与水开发利用有关的各种用水权利的总称。水资源水权是调节个人之间、地区与部门之间以及个人、集体与国家之间使用水资源及相邻资源的一种权益界定的规则。《中华人民共和国水法》规定水资源属于国家所有，水资源的所有权由国务院代表国家行使。

（4）水资源行政管理。

水资源行政管理是指与水资源相关的各类行政管理部门及其派出机构，在宪法和其他相关法律、法规的规定范围内，对与水资源有关的各种社会公共事务进行的管理活动，不包括水资源行政组织对内部事务的管理。

（5）水资源规划管理。

开发、利用、节约、保护水资源和防治水害，应当按照流域、区域统一制定规划。规划分为流域规划和区域规划，流域规划包括流域综合规划和流域专业规划，区域规划包括区域综合规划和区域专业规划。综合规划是指根据经济社会发展需要和水资源开发利用现状编制的开发、利用、节约、保护水资源和防治水害的总体部署。专业规划是指防洪、治涝、灌溉、航运、供水、水力发电、竹木流放、渔业、水资源保护、水土保持、防沙治沙、节约用水等规划。

(6) 水资源合理配置管理。

水资源合理配置方式是水资源持续利用的具体体现。水资源配置如何，关系到水资源开发利用的效益、公平原则和资源、环境可持续利用能力的强弱。《中华人民共和国水法》规定全国水资源的宏观调配由国务院发展计划主管部门和国务院水行政主管部门负责。

(7) 水资源经济管理。

水资源是有价值的，水资源经济管理是通过经济手段对水资源利用进行调节和干预。水资源经济管理是水资源管理的重要组成部分，有助于提高社会和民众的节水意识和环境意识，对于遏止水环境恶化和缓解水资源危机具有重要作用，是实现水资源可持续利用的重要经济手段。

(8) 水资源投资管理。

为维护水资源的可持续利用，必须要保证水资源的投资。此外，在水资源投资面临短缺时，如何提高水资源的投资效益也是非常重要的。

(9) 水资源统一管理。

对水资源进行统一管理，实现水资源管理在空间与时间的统一、质与量的统一、开发与治理的统一、节约与保护的统一，为实施水资源的可持续利用提供基本支撑条件。

(10) 水资源管理的信息化。

水资源管理是一项复杂的水事行为，需要收集和处理大量的信息，在复杂的信息中又需要及时得到处理结果，提出合理的管理方案，使用传统的方法很难达到这一要求。基于现代信息技术，建立水资源管理信息系统，能显著提高水资源的管理水平。

(11) 水灾害防治管理。

水灾害是影响我国最广泛的自然灾害，也是我国经济建设、社会稳定敏感度最大的自然灾害。危害最大、范围最广、持续时间较长的水灾害有干旱、洪水、涝渍、风暴潮、灾害性海浪、泥石流、水生态环境灾害。

(12) 水资源宣传教育。

通过书刊、报纸、电视、讲座等多种形式与途径，向公众宣传有关水资源信息和业务准则，提高公众对水资源的认识。同时，搭建不同形式的公众参与平台，提高公众对水资源管理的参与意识。为实施水资源的可持续利用奠定广泛与坚实的群众基础。

(13) 水资源安全管理。

水资源安全是水资源管理的最终目标。水资源是人类赖以生存和发展的不可缺少的一种宝贵资源，也是自然环境的重要组成部分，因此，水资源安全是人类生存与社会可持续发展的基础条件。

第二节 国内外水资源管理概况

水资源是生态环境中不可缺少的最活跃的要素，是人民生活和经济社会建设发展的基础性自然资源和战略性经济资源，面对不断加剧的水资源危机，世界各国都必须不断加强水资源管理，构建适应可持续发展要求的水资源管理体系。

一、国外水资源管理概况

世界上不同国家的水资源管理都有自己的特点，其中美国、法国、澳大利亚和以色列的水资源管理概况如下[9,14]。

1. 美国水资源管理

(1) 水资源概况。

美国水资源比较丰富，在936.3万km^2的国土面积上，多年平均年降水量为760mm，东部多雨，年降雨量为800～2000mm，部分地区达到2500mm；西部干旱少雨，年降雨量一般在500mm以下，部分地区仅50～100mm。全国河川年径流总量为29702亿m^3，径流总量居世界第4位。

(2) 水资源管理概况。

美国水资源管理机构，分为联邦政府机构、州政府机构和地方（县、市）三级机构，在州政府一级强调流域与区域相结合，突出流域机构对水土资源开发利用与保护的管理与协调职能。1965年根据《水资源规划法》成立了直属总统领导、内政部长为首的水资源理事会，水资源理事会系部一级的权力机构，负责制定统一的水政策，全面协调联邦政府、州政府、地方政权、私人企业和组织的涉水工作，促进水资源和土地资源的保护管理及开发利用。

经过多年的发展，美国的水资源管理形成了如下特点：由重治理转为重预防，强调政府和企业及民众合作，研究开发对环境无害的新产品、新技术；重视水资源数据和情报的利用及分享；利用正规和非正规教育两种途径进行水资源教育。

2. 法国水资源管理

(1) 水资源概况。

法国境内有塞纳河、莱茵河、罗纳河和卢瓦尔河等6大河。法国每年可更新的淡水约为1850亿m^3，每人的可用水约为3190m^3/a。法国水资源时空分布具有一定差异，部分地区干旱现象时有出现，但是，即使在干旱年份，干旱地区的年降雨量也没有低于600mm。

(2) 水资源管理概况。

法国水管理体制包括国家级、流域级、地区级和地方级四个层面。法国水资源管理具有四项原则：水的管理应是总体的（或统筹的），既要管理地表水，又要管理地下水，既管水量又管水质，并要着眼于开发利用水资源的长远利益，考虑生态系统的物理、化学及生物学等的平衡；管理水资源最适宜的范围是以流域为区域；水政策的成功实施要求各个层次的用户共同协商和积极参与；作为管理水的规章和计划的补充，应积极采用经济手段，具体讲就是谁污染谁付费、谁用水谁付费的原则。

法国水资源管理总结起来，主要有以下六个特点：注重水资源的权属管理；注重以法治手段来规范水资源管理；注重以流域为单元的水质水量综合管理；通过市场调节手段优化水资源配置；水资源管理决策的民主化；公司企业进行水资源项目经营管理。

3. 澳大利亚水资源管理

(1) 水资源概况。

澳大利亚国土面积768.23万km^2，是一块最平坦、最干旱又是四面环水的大陆，年平均降雨量约460mm，雨量分布在地理上、季节上和年份上都差别很大。澳大利亚水资源总量为3430亿m^3，目前已开发利用量175亿m^3，人均水资源量18743m^3。人均水资源量居世界各国前50名，属水资源相对丰富的国家，但从国土范围平均看，水资源又很不富裕。

(2) 水资源管理概况。

澳大利亚的水资源管理大体上分为联邦、州和地方三级，但基本上以州为主。澳大利亚各州对水资源管理都是自治的，各州都有自己的水法及水资源委员会或类似机构，负责水资源评价、规划、分配、监督、开发和利用；建设州内所有与水有关的工程，如供水、灌溉、排水和河道整治等。

澳大利亚水资源管理具有如下三个特点：在联邦政府，水管理职能属农林渔业部和环境部，联邦政府对于跨行政区域（州）的河流，实行流域综合管理；由各州负责自然资源的管理，州政府是所有水资源的拥有者，负责管理；州政府以下，各地设立水管理局，水管理局是水资源配额的授权管理者，包括城市和乡村水资源的管理。

4. 以色列水资源管理

(1) 水资源概况。

以色列位于干旱缺水的中东地区，全国多年平均年水资源总量约为20亿m^3，人均水资源量不足340m^3/a，属于水资源严重缺乏的国家。

(2) 水资源管理概况。

以色列人均水资源占有量只有世界平均水平的1/32，为了缓解水资源供需矛盾，以色列非常重视水资源管理。以色列对地表水和地下水实行联合调度、统一使用，地表水和地下水的开发利用均实行取水许可证制度，打井和开发地下水必须经过批准。以色列对不同的用水实行不同的水价，农业、工业、生活用水的价格不同，水价由全国水利委员会统一制定，实行超量加价管理办法。以色列在全国范围开展对所有可利用废水的开发、处理和回用工作。以色列是世界上废水处理利用率最高的国家，城市的废水回收处理率在40%以上。以色列水利委员会签署了一系列法规以降低水的消耗，推进节水设备的开发和利用。

二、国外水资源管理的经验借鉴

不同国家的水资源管理各有自己的特色，不同国家的水资源管理经验能够为我国水资源管理提供以下几个方面的借鉴意义[15]。

(1) 实行水资源公有制，增强政府控制能力。

水资源的特点之一是具有公共性。目前，国际上普遍重视水资源的这一特点，提倡所有的水资源都应为社会所公有，为社会公共所用，并强化国家对水资源的控制和管理。

(2) 完善水资源统一管理体制。

水资源管理的一个原则就是加强水资源统一管理，完善水资源统一管理体制，统一管理和调配水资源，有利于保护和节约水资源，大大提高水资源的利用效益与利用效率。

(3) 实行以用水许可制度或水权登记制度为核心的水权管理制度。

实行以用水许可制度或水权登记制度为核心的水权管理制度，改变了长期以来任意取水和用水的历史习惯，实现国家水管理机关统一管理水权，合理统筹资源配置。

(4) 重视立法工作。

水资源法律管理是水资源管理的基础，在进行水资源管理的过程中，必须坚持依法治水的原则，重视立法工作，正确制定水资源相关法律法规，是有效实施水资源管理的根本手段。

(5) 引导和改变大众用水观念。

水资源短缺是许多国家和地区面临的水问题之一，造成水资源短缺的其中一个原因就是水资源利用效率不高，水资源浪费严重，因此，必须采取各种措施，实行高效节约用水，改变大众用水观念。

(6) 强调水环境的保护。

水资源的不合理开发利用会对水环境造成破坏，应借鉴其他国家水环境管理的先进经验，避免走"先污染、后治理"的道路，保护水环境不被破坏。

三、我国水资源管理概况

我国是世界上开发水利、防治水患最早的国家之一。中华人民共和国成立后，水利建设有了很大发展。我国水资源管理概况如下[5,9]。

国家对水资源实行流域管理与行政区域管理相结合的体制。国务院水行政主管部门负责全国水资源的统一管理和监督管理工作，水利部为国务院水行政主管部门。国务院水行政主管部门在国家确定的重要河流、湖泊设立的流域管理机构，在所管辖的范围内行使法律、行政法规规定的国务院水行政主管部门授予的水资源管理和监督管理职责。县级以上地方人民政府水行政主管部门按照规定的权限，负责本行政区域内水资源的统一管理和监督管理。国务院有关部门按照职责分工，负责水资源开发、利用、节约和保护的有关工作。县级以上地方人民政府有关部门按照职责分工，负责本行政区域内水资源开发、利用、节约和保护的有关工作。

全国水资源与水土保持工作领导小组负责审核大江大河的流域综合规划；审核全国水土保持工作的重要方针、政策和重点防治的重大问题；处理部门之间有关水资源综合利用方面的重大问题；处理协调省际间的重大水事矛盾。

七大江河流域机构是水利部的派出机构，被授权对所在的流域行使《水法》赋予水行政主管部门的部分职责。按照统一管理和分级管理的原则，统一管理本流域的水资源和河道。负责流域的综合治理，开发管理具有控制性的重要水利工程，搞好规划、管理、协调、监督、服务，促进江河治理和水资源的综合开发、利用和保护。

我国水资源管理主要实行以下九个基本制度：水资源优化配置制度；取水许可制度；水资源有偿使用制度；计划用水、超定额用水累进加价制度；节约用水制度；水质管理制度；水事纠纷调理制度；监督检查制度；水资源公报制度。

第三节　水资源法律管理

水资源法律管理是水资源管理的基础，在进行水资源管理的过程中，必须通过依法治水才能实现水资源开发、利用和保护的目的，满足社会经济和环境协调发展的需要。

一、水资源法律管理的概念

水资源法律管理是以立法的形式，通过水资源法规体系的建立，为水资源的开发、利用、治理、配置、节约和保护提供制度安排，调整与水资源有关的人与人的关系，并间接调整人与自然的关系[11]。

水法有广义和狭义之分，狭义的水法是指《中华人民共和国水法》。广义的水法是指调整在水的管理、保护、开发、利用和防治水害过程中所发生的各种社会关系的法律规范的总称[16]。

二、水资源法律管理的作用

水资源法律管理的作用是借助国家强制力，对水资源开发、利用、保护、管理等各种行为进行规范，解决与水资源有关的各种矛盾和问题，实现国家的管理目标。具体表现在以下几个方面：规范、引导用水部门的行为，促进水资源可持续利用；加强政府对水资源的管理和控制，同时对行政管理行为产生约束；明确的水事法律责任规定，为解决各种水事冲突提供了依据；有助于提高人们保护水资源和生态环境的意识[11]。

三、我国水资源管理的法规体系构成

我国在水资源方面颁布了大量具有行政法规效力的规范性文件，如《中华人民共和国水法》、《中华人民共和国水污染防治法》、《中华人民共和国水土保持法》、《中华人民共和国防洪法》、《中华人民共和国环境保护法》、《中华人民共和国河道管理条例》和《取水许可证制度实施办法》等一系列法律法规，初步形成了一个由中央到地方、由基本法到专项法再到法规条例的多层次的水资源管理的法规体系。按照立法体制、效力等级的不同，我国水资源管理的法规体系构成如下[7,10-11]。

1. 宪法中有关水的规定

宪法是一个国家的根本大法，具有最高法律效力，是制定其他法律法规的依据。《中华人民共和国宪法》中有关水的规定也是制定水资源管理相关的法律法规的基础。《中华人民共和国宪法》第 9 条第 1、2 款分别规定，“水流属于国家所有，即全民所有”，“国家保障自然资源的合理利用”。这是关于水权的基本规定以及合理开发利用、有效保护水资源的基本准则。对于国家在环境保护方面的基本职责和总政策，第 26 条做了原则性的规定，“国家保护和改善生活环境和生态环境，防治污染和其他公害”。

2. 全国人大制定的有关水的法律

由全国人大制定的有关水的法律主要包括与（水）资源环境有关的综合性法律和有关水资源方面的单项法律。目前，我国还没有一部综合性资源环境法律，《中华人民共和国环境保护法》可以认为是我国在环境保护方面的综合性法律；《中华人民共和国水法》是我国第一部有关水的综合性法律，是水资源管理的基本大法。针对我国水资源洪涝灾害频繁、水资源短缺和水污染现象严重等问题，我国专门制定了《中华人民共和国水污染防治

法》、《中华人民共和国水土保持法》和《中华人民共和国防洪法》等有关水资源方面的单项法律，为我国水资源保护、水土保持、洪水灾害防治等工作的顺利开展提供法律依据。

(1)《中华人民共和国水法》。

《中华人民共和国水法》于1988年1月21日第六届全国人民代表大会常务委员会第24次会议审议通过，于2002年8月29日第九届全国人民代表大会常务委员会第二十九次会议修订通过，修订后的《中华人民共和国水法》自2002年10月1日起施行。《中华人民共和国水法》(附录9)包括八章：总则（第一章)、水资源规划（第二章)、水资源开发利用（第三章)、水资源、水域和水工程的保护（第四章)、水资源配置和节约使用（第五章)、水事纠纷处理与执法监督检查（第六章)、法律责任（第七章)、附则（第八章)。

(2)《中华人民共和国环境保护法》。

《中华人民共和国环境保护法》于1989年12月26日第七届全国人民代表大会常务委员会第十一次会议通过，从1989年12月26日起施行。

《中华人民共和国环境保护法》(附录10)包括六章：总则（第一章)、环境监督管理（第二章)、保护和改善环境（第三章)、防治环境污染和其他公害（第四章)、法律责任（第五章)、附则（第六章)。《中华人民共和国环境保护法》是为保护和改善生活环境与生态环境，防治污染和其他公害，保障人体健康，促进社会主义现代化建设的发展而制定的。《中华人民共和国环境保护法》中的环境，是指影响人类生存和发展的各种天然的和经过人工改造的自然因素的总体，包括大气、水、海洋、土地、矿藏、森林、草原、野生生物、自然遗迹、人文遗迹、自然保护区、风景名胜区、城市和乡村等。《中华人民共和国环境保护法》适用于中华人民共和国领域和中华人民共和国管辖的其他海域。

(3)《中华人民共和国水污染防治法》。

《中华人民共和国水污染防治法》于1984年5月11日第六届全国人民代表大会常务委员会第五次会议通过，根据1996年5月15日第八届全国人民代表大会常务委员会第十九次会议《关于修改〈中华人民共和国水污染防治法〉的决定》修正，2008年2月28日第十届全国人民代表大会常务委员会第三十二次会议修订。

《中华人民共和国水污染防治法》(附录11)包括八章：总则（第一章)、水污染防治的标准和规划（第二章)、水污染防治的监督管理（第三章)、水污染防治措施（第四章)、饮用水水源和其他特殊水体保护（第五章)、水污染事故处置（第六章)、法律责任（第七章)、附则（第八章)。《中华人民共和国水污染防治法》是为了防治水污染，保护和改善环境，保障饮用水安全，促进经济社会全面协调可持续发展而制定的；《中华人民共和国水污染防治法》适用于中华人民共和国领域内的江河、湖泊、运河、渠道、水库等地表水体以及地下水体的污染防治；水污染防治应当坚持预防为主、防治结合、综合治理的原则，优先保护饮用水水源，严格控制工业污染、城镇生活污染，防治农业面源污染，积极推进生态治理工程建设，预防、控制和减少水环境污染和生态破坏。

(4)《中华人民共和国水土保持法》。

《中华人民共和国水土保持法》于1991年6月29日第七届全国人民代表大会常务委员会第二十次会议通过，2010年12月25日第十一届全国人民代表大会常务委员会第十八次会议修订，修订后的《中华人民共和国水土保持法》自2011年3月1日起施行。

《中华人民共和国水土保持法》（附录12）包括七章：总则（第一章）、规划（第二章）、预防（第三章）、治理（第四章）、监测和监督（第五章）、法律责任（第六章）、附则（第七章）。《中华人民共和国水土保持法》是为了预防和治理水土流失，保护和合理利用水土资源，减轻水、旱、风沙灾害，改善生态环境，保障经济社会可持续发展而制定的；在中华人民共和国境内从事水土保持活动，应当遵守本法，《中华人民共和国水土保持法》中的水土保持，是指对自然因素和人为活动造成水土流失所采取的预防和治理措施。水土保持工作实行预防为主、保护优先、全面规划、综合治理、因地制宜、突出重点、科学管理、注重效益的方针。

（5）《中华人民共和国防洪法》。

《中华人民共和国防洪法》于1997年8月29日第八届全国人民代表大会常务委员会第二十七次会议通过，自1998年1月1日起施行。

《中华人民共和国防洪法》（附录13）包括八章：总则（第一章）、防洪规划（第二章）、治理与防护（第三章）、防洪区和防洪工程设施的管理（第四章）、防汛抗洪（第五章）、保障措施（第六章）、法律责任（第七章）、附则（第八章）。《中华人民共和国防洪法》是为了防治洪水，防御、减轻洪涝灾害，维护人民的生命和财产安全，保障社会主义现代化建设顺利进行而制定的。防洪工作实行全面规划、统筹兼顾、预防为主、综合治理、局部利益服从全局利益的原则。

3. 由国务院制定的行政法规和法规性文件

由国务院制定的与水相关的行政法规和法规性文件内容涉及水利工程的建设和管理、水污染防治、水量调度分配、防汛、水利经济和流域规划等众多方面。如《中华人民共和国河道管理条例》和《取水许可证制度实施办法》等，与各种综合、单项法律相比，国务院制定的这些行政法规和法规性文件更为具体、详细、操作性更强。

（1）《中华人民共和国河道管理条例》。

《中华人民共和国河道管理条例》于1988年6月3日国务院第七次常务会议通过，从1988年6月10日起施行。

《中华人民共和国河道管理条例》（附录14）包括七章：总则（第一章）、河道整治与建设（第二章）、河道保护（第三章）、河道清障（第四章）、经费（第五章）、罚则（第六章）、附则（第七章）。《中华人民共和国河道管理条例》是为加强河道管理，保障防洪安全，发挥江河湖泊的综合效益，根据《中华人民共和国水法》而制定的。《中华人民共和国河道管理条例》适用于中华人民共和国领域内的河道（包括湖泊、人工水道、行洪区、蓄洪区，滞洪区）。

（2）《取水许可证制度实施办法》。

《取水许可证制度实施办法》于1993年6月11日国务院第五次常务会议通过，自1993年9月1日施行。

《取水许可证制度实施办法》（附录15）分为38条条款。《取水许可证制度实施办法》是为加强水资源管理，节约用水，促进水资源合理开发利用，根据《中华人民共和国水法》而制定的；《取水许可证制度实施办法》中的取水，是指利用水工程或者机械提水设施直接从江河、湖泊或者地下取水。一切取水单位和个人，除本办法第三条、第四条规定的情形外，都应当依照本办法申请取水许可证，并依照规定取水。水工程包括闸（不含船闸）、坝、跨河流的引水式水电站、渠道、人工河道、虹吸管等取水、引水工程。取用自来水厂等供水工程的水，不适用本办法。

《取水许可证制度实施办法》第三条，下列少量取水不需要申请取水许可证：

（一）为家庭生活、畜禽饮用取水的；

（二）为农业灌溉少量取水的；

（三）用人力、畜力或者其他方法少量取水的。

少量取水的限额由省级人民政府规定。

《取水许可证制度实施办法》第四条，下列取水免予申请取水许可证：

（一）为农业抗旱应急必须取水的；

（二）为保障矿井等地下工程施工安全和生产安全必须取水的；

（三）为防御和消除对公共安全或者公共利益的危害必须取水的。

4. 由国务院所属部委制定的相关部门行政规章

由于我国水资源管理在很长的一段时间内实行的是分散管理的模式，因此，不同部门从各自管理范围、职责出发，制定了很多与水有关的行政规章，以环境保护部门和水利部门分别形成的两套规章系统为代表。环境保护部门侧重水质、水污染防治，主要是针对排放系统的管理，制定的相关行政规章有《环境标准管理》和《全国环境监测管理条例》等；水利部门侧重水资源的开发、利用，制定的相关行政规章有《取水许可申请审批程序规定》、《取水许可水质管理办法》和《取水许可监督管理办法》等。

5. 地方性法规和行政规章

我国水资源的时空分布存在很大差异，不同地区的水资源条件、面临的主要水资源问题，以及地区经济实力等都各不相同，因此，水资源管理需因地制宜地展开，各地方可指定与区域特点相符合、能够切实有效解决区域问题的法律法规和行政规章。目前我国已经颁布很多与水有关的地方性法规、省级政府规章及规范性文件。

6. 其他部门中相关的法律规范

水资源问题涉及社会生活的各个方面，其他部门中相关的法律规范也适用于水资源法律管理，如《中华人民共和国农业法》和《中华人民共和国土地法》中的相关法律规范。

7. 立法机关、司法机关的相关法律解释

立法机关、司法机关对以上各种法律、法规、规章、规范性文件做出的说明性文字，或是对实际执行过程中出现的问题的解释、答复，也是水资源管理法规体系的组成部分。

8. 依法制定的各种相关标准

由行政机关根据立法机关的授权而制定和颁布的各种相关标准，是水资源管理法规体系的重要组成部分，如《地表水环境质量标准》、《地下水质量标准》和《生活饮用水卫生标准》等。

第四节　水资源水量与水质管理

一、水资源水量管理

1. 水资源总量

水资源总量是地表水资源量和地下水资源量两者之和，这个总量应是扣除地表水与地下水重复量之后的地表水资源和地下水资源天然补给量的总和。由于地表水和地下水相互联系和相互转化，故在计算水资源总量时，需将地表水与地下水相互转化的重复水量扣除。水资源总量的计算公式为：

$$W=R+Q-D \tag{7-1}$$

式中：W 为水资源总量；R 为地表水资源量；Q 为地下水资源量；D 为地表水与地下水相互转化的重复水量。

用多年平均河川径流量表示的我国水资源总量 27115 亿 m^3，居世界第六位，仅次于巴西、俄罗斯、美国、印度尼西亚、加拿大，水资源总量比较丰富。表 7－1 给出了我国部分省、市、自治区的水资源情况。

表 7－1　　**我国部分省、市、自治区的水资源情况**

省、市、自治区	年降水		年河川径流		年地下水	年水资源	年产水模数
	总量 $(10^8 m^3)$	深 (mm)	总量 $(10^8 m^3)$	深 (mm)	总量 $(10^8 m^3)$	总量 $(10^8 m^3)$	$(10^4 m^3/km^2)$
北京市	105	625	25	151	26	41	23.3
天津市	68	604	11	96	6	15	12.9
河北省	1034	551	167	89	146	237	12.6
山西省	831	532	115	74	95	144	9.2
内蒙古自治区	3183	276	371	32	248	507	4.4
辽宁省	1000	687	325	223	106	363	25.0
黑龙江省	2481	531	647	139	269	776	16.6
上海市	65	1053	19	301	12	27	43.5
江苏省	1017	996	249	244	115	325	31.9
浙江省	1597	1569	885	869	213	897	88.1
安徽省	1590	1139	617	442	167	677	48.5
福建省	2023	1667	1168	962	306	1169	96.3
江西省	2660	1591	1416	847	323	1442	85.2
山东省	1110	724	264	172	154	335	21.9
河南省	1290	773	311	186	199	408	24.4
湖北省	2166	1165	946	509	291	981	52.8
湖南省	3020	1426	1620	765	375	1627	76.8
广东省	3158	1775	1801	1012	467	1818	102.1

续表

省、市、自治区	年降水		年河川径流		年地下水	年水资源	年产水模数
	总量 (10^8m^3)	深 (mm)	总量 (10^8m^3)	深 (mm)	总量 (10^8m^3)	总量 (10^8m^3)	($10^4m^3/km^2$)
广西壮族自治区	3621	1533	1880	796	398	1880	79.1
海南省	599	1755	310	908	79	316	92.7
四川省	5889	1038	3131	552	802	3134	55.2
贵州省	2094	1189	1035	588	259	1035	58.8
云南省	4824	1257	2221	579	738	2221	57.9
西藏自治区	7132	594	4482	373	1094	4482	37.3
陕西省	1371	667	420	204	165	442	21.5
甘肃省	1297	328	273	69	133	274	6.9
青海省	2064	286	623	86	258	626	8.7
宁夏回族自治区	157	365	8.5	16	16	10	1.9
新疆维吾尔自治区	2429	147	793	48	580	883	5.4
台湾省	874	2429	637	1770	139	664	184.6
全国	61889	648	27115	284	8288	28124	29.5

注　资料来源于姜文来等《水资源管理学导论》(化学工业出版社，2005年)。

水资源总量中可能被消耗利用的部分称为水资源可利用量，包括地表水资源可利用量和地下水资源可利用量，水资源可利用量是指在可预见的时期内，在统筹考虑生活、生产和生态环境用水的基础上，通过经济合理、技术可行的措施，在当地水资源中可一次性利用的最大水量[17]。

2. 水资源供需平衡管理

(1) 水资源需水预测。

水资源的用途十分广泛，主要有农业用水、工业用水、生活用水、生态环境用水、发电用水、航运用水、旅游用水、养殖用水等。水资源需水预测是国民经济和社会发展计划的重要组成部分，也是国家和各省、市、自治区制定水利计划的重要依据。水资源需水预测包括生活用水预测、工业用水预测、农业用水预测和生态环境用水预测等。

(2) 水资源供给预测。

水资源供给预测是对不同时段供水量进行科学地判断。供水量是指在不同的来水条件下供水设施可提供的水量。供水来源有多种形式，根据供水来源差异分为以下几种，见图7-1。

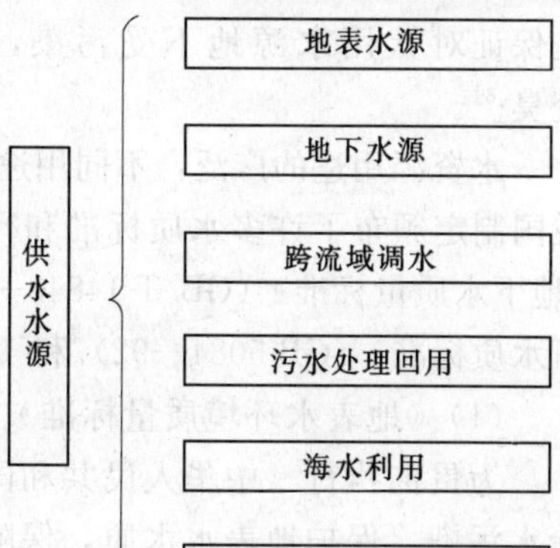

图7-1　供水水源的组成

(3) 水资源供需平衡分析。

根据区域水资源供水量与水资源需水量，即可进行区域水资源供需平衡分析。水资源供需平衡的计算公式为：

$$水量供需平衡值=可供水总量-需水总量-水量总损失 \quad (7-2)$$

水资源供需平衡计算后，若水量供需平衡值大于等于零，表明区域水资源供水量能够满足各种用水的需水要求；若水量供需平衡值小于零，表明区域水资源供水量不能满足各种用水的需水要求，则需通过各种措施，使水资源供水量和水资源需水量处于平衡状态，满足各种用水的用水需求。

水资源供需平衡的基本思想是通过“开源节流”来解决水资源供水量不能满足水资源需水量的问题。“开源节流”的措施如图 7-2 所示。

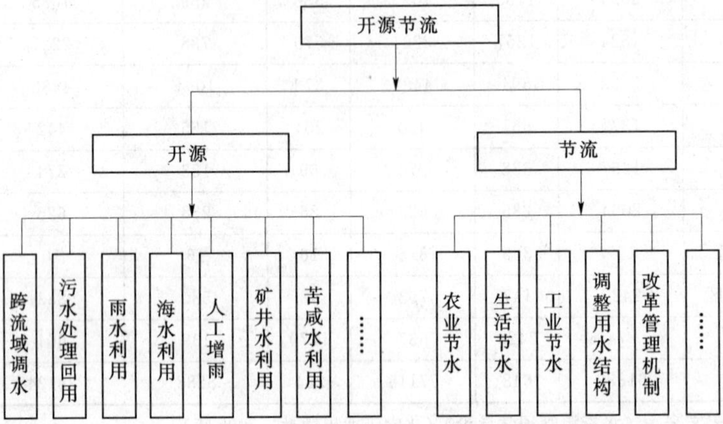

图 7-2　开源节流的措施

二、水资源水质管理

水体的水质标志着水体的物理（如色度、浊度、臭味等）、化学（无机物和有机物的含量）和生物（细菌、微生物、浮游生物、底栖生物）的特性及其组成的状况。在水文循环过程中，天然水水质会发生一系列复杂的变化，自然界中完全纯净的水是不存在的，水体的水质一方面决定于水体的天然水质，而更加重要的是随着人口和工农业的发展而导致的人为水质水体污染[18]。因此，要对水资源的水质进行管理，通过调查水资源的污染源，实行水质监测，进行水质调查和评价，制定有关法规和标准，制定水质规划等。水资源水质管理的目标是注意维持地表水和地下水的水质是否达到国家规定的不同要求标准，特别是保证对饮用水源地不受污染，以及风景游览区和生活区水体不致发生富营养化和变臭[8]。

水资源用途的广泛，不同用途对水资源的水质要求也不一致，为适用于各种供水目的，我国制定颁布了许多水质标准和行业标准，如《地表水环境质量标准》(GB 3838—2002)、《地下水质量标准》(GB/T 14848—93)、《生活饮用水卫生标准》(GB 5749—2006)、《农业灌溉水质标准》(GB 5084—92) 和《污水综合排放标准》(GB 8978—1996) 等。

(1)《地表水环境质量标准》。

为贯彻执行《中华人民共和国环境保护法》和《中华人民共和国水污染防治法》，防治水污染，保护地表水水质，保障人体健康，维护良好的生态系统，制定《地表水环境质量标准》(GB 3838—2002)。本标准运用于中华人民共和国领域内江河、湖泊、运河、渠道、水库等具有使用功能的地表水水域，具有特定功能的水域，执行相应的专业水质标准。

依据地表水水域环境功能和保护目标，按功能高低依次划分为五类：

Ⅰ类　主要适用于源头水、国家自然保护区。

Ⅱ类　主要适用于集中式生活饮用水水源地一级保护区、珍稀水生生物栖息地、鱼虾类产卵场、仔稚幼鱼的索饵汤等。

Ⅲ类　主要适用于集中式生活饮用水水源地二级保护区、鱼虾类越冬场、洄游通道、水产养殖区等渔业水域及游泳区。

Ⅳ类　主要适用于一般工业用水区及人体非直接接触的娱乐用水区。

Ⅴ类　主要适用于农业用水区及一般景观要求水域。

对应地表水上述五类水域功能，将地表水环境质量标准基本项目标准值分为五类，不同功能类别分别执行相应类别的标准值。同一水域兼有多类使用功能的，执行最高功能类别对应的标准。

正确认识我国水资源质量现状，加强对水环境的保护和治理是我国水资源管理工作的一项重要内容。2003 年我国七大流域水质状况如表 7-2 所示，2003 年我国重点湖库水质类别如表 7-3 所示。

表 7-2　　2003 年我国七大流域水质状况

<table>
<tr><th>流域</th><th>Ⅰ类（%）</th><th>Ⅱ类（%）</th><th>Ⅲ类（%）</th><th>Ⅳ类（%）</th><th>Ⅴ类（%）</th><th>劣Ⅴ类(%)</th><th>主要污染物指标</th></tr>
<tr><td>长江</td><td>9.7</td><td>41.7</td><td>20.4</td><td>14.6</td><td>2.9</td><td>10.7</td><td>石油类、氨氮</td></tr>
<tr><td>黄河</td><td></td><td>9.1</td><td>13.6</td><td>29.5</td><td>9.1</td><td>38.7</td><td>石油类、氨氮和高锰酸盐指数</td></tr>
<tr><td>珠江</td><td>6.1</td><td>54.5</td><td>21.2</td><td>12.1</td><td></td><td>6.1</td><td>挥发酚、氨氮和石油类</td></tr>
<tr><td>松花江</td><td></td><td></td><td>7.7</td><td>64.1</td><td>10.3</td><td>17.9</td><td>石油类、氨氮和高锰酸盐指数</td></tr>
<tr><td>淮河</td><td></td><td>7.0</td><td>11.6</td><td>30.3</td><td>11.6</td><td>39.5</td><td>氨氮、石油类和生化需氧量</td></tr>
<tr><td>海河</td><td>3.1</td><td>10.7</td><td>7.7</td><td>12.3</td><td>12.3</td><td>53.9</td><td>氨氮、生化需氧量和石油类</td></tr>
<tr><td>辽河</td><td></td><td>24.3</td><td>5.4</td><td>16.2</td><td>13.5</td><td>40.6</td><td>生化需氧量、石油类和挥发酚</td></tr>
<tr><td>浙闽片河流</td><td></td><td>33.3</td><td>30.0</td><td>36.7</td><td></td><td></td><td>挥发酚、石油类和氨氮</td></tr>
<tr><td>西南诸河</td><td colspan="2">58.8</td><td colspan="2">29.4</td><td colspan="2">11.8</td><td>铅和高锰酸盐指数</td></tr>
<tr><td>内陆河流</td><td>21.1</td><td>42.1</td><td>21.0</td><td>15.8</td><td></td><td></td><td>石油类</td></tr>
</table>

注　资料来源于姜文来等《水资源管理学导论》（化学工业出版社，2005 年）。

表 7-3　　2003 年我国重点湖库水质类别

水系	个数	Ⅰ～Ⅲ类	Ⅳ、Ⅴ类	劣Ⅴ类	主要污染指标
三湖	3	0	0	3	总氮、总磷
大型淡水湖	10	3	4	3	总磷、总氮
城市湖	5	0	3	2	总磷、总氮
大型水库	10	4	4	2	总氮、总磷
总计	28	7	11	10	总磷、总氮
比例（%）	100	25	35.7	39.3	

注　资料来源于姜文来等《水资源管理学导论》（化学工业出版社，2005 年）。

(2)《地下水质量标准》。

为保护和合理开发地下水资源，防止和控制地下水污染，保障人民身体健康，促进经济建设，特制定《地下水质量标准》(GB/T 14848—93)。本标准是地下水勘查评价、开发利用和监督管理的依据。本标准适用于一般地下水，不适用于地下热水、矿水、盐卤水。

依据我国地下水水质现状、人体健康基准值及地下水质量保护目标，并参照了生活饮用水、工业用水水质要求，将地下水质量划分为五类：

Ⅰ类 主要反映地下水化学组分的天然低背景含量。适用于各种用途。

Ⅱ类 主要反映地下水化学组分的天然背景含量。适用于各种用途。

Ⅲ类 以人体健康基准值为依据。主要适用于集中式生活饮用水水源及工、农业用水。

Ⅳ类 以农业和工业用水要求为依据。除适用于农业和部分工业用水外，适当处理后可作生活饮用水。

Ⅴ类 不宜饮用，其他用水可根据使用目的选用。

对应地下水上述五类质量用途，将地下水环境质量标准基本项目标准值分为五类，不同质量类别分别执行相应类别的标准值。

据有关部门统计，我国地下水环境并不乐观，地下水污染问题日趋严重，我国北方丘陵山区及山前平原地区的地下水水质较好，中部平原地区地下水水质较差，滨海地区地下水水质最差，南方大部分地区的地下水水质较好，可直接作为饮用水饮用。我国约有7000万人仍在饮用不符合饮用水水质标准的地下水。

三、水资源水量与水质统一管理

联合国教科文组织和世界气象组织共同制定的《水资源评价活动——国家评价手册》将水资源定义为：可以利用或有可能被利用的水源，具有足够的数量和可用的质量，并能在某一地点为满足某种用途而可被利用。从水资源的定义看，水资源包含水量和水质两个方面的含义，是“水量”和“水质”的有机结合，互为依存，缺一不可。

造成水资源短缺的因素有很多，其中有两个主要因素是资源性缺水和水质性缺水，资源性缺水是指当地水资源总量少，不能适应经济发展的需要，形成供水紧张；水质性缺水是大量排放的废污水造成淡水资源受污染而短缺的现象。很多时候，水资源短缺并不是由于资源性缺水造成的，而是由于水污染，使水资源的水质达不到用水要求。

水体本身具有自净能力，只要进入水体中的污染物的量不超过水体自净能力的范围，便不会对水体造成明显的影响，而水体的自净能力与水体的水量具有密切的关系，同等条件下，水体的水量越大，允许容纳的污染物的量越多。

地球上的水体受太阳能的作用，不断地进行相互转换和周期性的循环过程。在水循环过程中，水不断地与其周围的介质发生复杂的物理和化学作用，从而形成自己的物理性质和化学成分，自然界中完全纯净的水是不存在的。

因此，进行水资源水量和水质管理时，需将水资源水量与水质进行统一管理，只考虑水资源水量或者水质，都是不可取的。

第五节 水 价 管 理

水资源管理措施可分为制度性和市场性两种手段，对于水资源的保护，制度性手段可限制不必要的用水，市场性手段是用价格刺激自愿保护，市场性管理就是应用价格的杠杆作用，调节水资源的供需关系，达到资源管理的目的[19]。一个完善合理的水价体系是我国现代水权制度和水资源管理体制建设的必要保障[12]。价格是价值的货币表现，研究水资源价格需要首先研究水资源价值。

一、水资源价值

1. 水资源价值论

水资源有无价值，国内外学术界有不同的解释。研究水资源是否具有价值的理论学说有劳动价值论、效用价值论、生态价值论和哲学价值论等，下面简要介绍劳动价值论与效用价值论[5,12,20-22]。

(1) 劳动价值论。

马克思在其政治经济学理论中，把价值定义为抽象劳动的凝结，即物化在商品中的抽象劳动。价值量的大小决定于商品所消耗的社会必要劳动时间的多少，即在社会平均的劳动熟练程度和劳动强度下，制造某种使用价值所需的劳动时间。运用马克思的劳动价值论来考察水资源的价值，关键在于水资源是否凝结着人类的劳动。

对于水资源是否凝结着人类的劳动，存在两种观点：一种观点认为，自然状态下的水资源是自然界赋予的天然产物，不是人类创造的劳动产品，没有凝结着人类的劳动，因此，水资源不具有价值；另一种观点认为，随着时代的变迁，当今社会早已不是马克思所处的年代，在过去，水资源的可利用量相对比较充裕，不需要人们再付出具体劳动就会自我更新和恢复，因而在这一特定的历史条件下水资源似乎是没有价值的。随着社会经济的高速发展，水资源短缺等水问题日益严重，这表明水资源仅仅依靠自然界的自然再生产已不能满足日益增长的经济需求，我们必须付出一定的劳动参与水资源的再生产，水资源具有价值又正好符合劳动价值论的观点。

上述两种观点都是从水资源是否物化人类的劳动为出发点展开论证，但得出的结论截然相反，究其原因，主要是劳动价值论是否适用于现代的水资源。随着时代的变迁和社会的发展与进步，仅仅单纯的利用劳动价值论，来解释水资源是否具有价值是有一定困难的。

(2) 效用价值论。

效用价值论是从物品满足人的欲望能力或人对物品效用的主观评价角度来解释价值及其形成过程的经济理论。物品的效用是物品能够满足人的欲望程度。价值则是人对物品满足人的欲望的主观估价。

效用价值论认为，一切生产活动都是创造效用的过程，然而人们获得效用却不一定非要通过生产来实现，效用不但可以通过大自然的赐予获得，而且人们的主观感觉也是效用的一个源泉。只要人们的某种欲望或需要得到了满足，人们就获得了某种效用。

边际效用论是效用价值论后期发展的产物，边际效用是指在不断增加某一消费品所取得一系列递减的效用中，最后一个单位所带来的效用。边际效用论主要包括四个观点：价值起源于效用，效用是形成价值的必要条件又以物品的稀缺性为条件，效用和稀缺性是价值得以出现的充分条件；价值取决于边际效用量，即满足人的最后的亦即最小欲望的那一单位商品的效用；边际效用递减和边际效用均等规律，边际效用递减规律是指人们对某种物品的欲望程度随着享用的该物品数量的不断增加而递减，边际效用均等规律（也称边际效用均衡定律）是指不管几种欲望最初绝对量如何，最终使各种欲望满足的程度彼此相同，才能使人们从中获得的总效用达到最大；效用量是由供给和需求之间的状况决定的，其大小与需求强度成正比例关系，物品的价值最终由效用性和稀缺性共同决定。

根据效用价值理论，凡是有效用的物品具有价值，很容易得出水资源具有价值。因为水资源是生命之源、文明的摇篮、社会发展的重要支撑和构成生态环境的基本要素，对人类具有巨大的效用，此外，水资源短缺已成为全球性问题，水资源满足既短缺又有用的条件。

根据效用价值理论，能够很容易得出水资源具有价值，但效用价值论也存在几个问题，如效用价值论与劳动价值论相对抗，将商品的价值混同于使用价值或物品的效用，效用价值论决定价值的尺度是效用。

2. 水资源价值的内涵

水资源价值可以利用劳动价值论、效用价值论、生态价值论和哲学价值论等进行研究和解释，但不管用哪种价值论来解释水资源价值，水资源价值的内涵主要表现在以下三个方面[8,12,23]。

(1) 稀缺性。

稀缺性是资源价值的基础，也是市场形成的根本条件，只有稀缺的东西才会具有经济学意义上的价值，才会在市场上有价格。对水资源价值的认识，是随着人类社会的发展和水资源稀缺性的逐步提高（水资源供需关系的变化）而逐渐发展和形成的，水资源价值也存在从无到有、由底向高的演变过程。

资源价值首要体现的是其稀缺性，水资源具有时空分布不均匀的特点，水资源价值的大小也是其在不同地区不同时段稀缺性的体现。

(2) 资源产权。

产权是与物品或劳务相关的一系列权利和一组权利。产权是经济运行的基础，商品和劳务买卖的核心是产权的转让，产权是交易的基本先决条件。资源配置、经济效率和外部性问题都和产权密切相关。

从资源配置角度看，产权主要包括所有权、使用权、收益权和转让权。要实现资源的最优配置，转让权是关键。要体现水资源的价值，一个很重要的方面就是对其产权的体现。产权体现了所有者对其拥有的资源的一种权利，是规定使用权的一种法律手段。

我国宪法第一章第九条明确定规定，水流等自然资源属于国家所有，禁止任何组织或者个人用任何手段侵占或者破坏自然资源。《中华人民共和国水法》第一章第三条明确规定，水资源属于国家所有，水资源的所有权由国务院代表国家行使；国家鼓励单位和个人依法开发、利用水资源，并保护其合法权益，开发、利用水资源的单位和个人有依法保护水资源的义务。上述规定表明，国家对水资源拥有产权，任何单位和个人开发利用水资源即是水资源使用权的转让，需要支付一定的费用，这是国家对水资源所有权的体现，这些费用也正是水资源开发利用过程中所有权及其所包含的其他一些权力（使用权等）的转让的体现。

（3）劳动价值。

水资源价值中的劳动价值主要是指水资源所有者为了在水资源开发利用和交易中处于有利地位，需要通过水文监测、水资源规划和水资源保护等手段，对其拥有的水资源的数量和质量进行调查和管理，这些投入的劳动和资金，必然使得水资源价值中拥有一部分劳动价值。

水资源价值中的劳动价值是区分天然水资源价值和已开发水资源价值的重要标志，若水资源价值中含有劳动价值，则称其为已开发的水资源，反之，称其为尚未开发的水资源。尚未开发的水资源同样有稀缺性和资源产权形成的价值。

水资源价值的内涵包括稀缺性、资源产权和劳动价值三个方面。对于不同水资源类型来讲，水资源的价值所包含的内容会有所差异，比如对水资源丰富程度不同的地区来说，水资源稀缺性体现的价值就会不同。

3. 水资源价值定价方法

水资源价值的定价方法包括影子价格法、市场定价法、补偿价格法、机会成本法、供求定价法、级差收益法和生产价格法等，下面简要介绍影子价格法、市场定价法、补偿价格法、机会成本法等方法[5,17]。

（1）影子价格法。

影子价格法是通过自然资源对生产和劳务所带来收益的边际贡献来确定其影子价格，然后参照影子价格将其乘以某个价格系数来确定自然资源的实际价格。影子价格法的计算公式如下：

$$P=\alpha P^* \tag{7-3}$$

$$P^*=\frac{dZ}{dQ} \tag{7-4}$$

式中：P 为自然资源的实际价格；P^* 为自然资源的影子价格；α 为价格系数；Z 为生产或劳务带来的收益；Q 为自然资源的消耗量。

（2）市场定价法。

市场定价法是用自然资源产品的市场价格减去自然资源产品的单位成本，从而得到自然资源的价值。市场定价法适用于市场发育完全的条件。市场定价法的计算公式如下：

$$P=P_s-C_s \tag{7-5}$$

式中：P 为自然资源的实际价格；P_s 为自然资源的市场价格；C_s 为自然资源产品的单位成本。

（3）补偿价格法。

补偿价格法是把人工投入增强自然资源再生、恢复和更新能力的耗费作为补偿费用来确定自然资源价值定价的方法。

（4）机会成本法。

机会成本法是按自然资源使用过程中的社会效益及其关系，将失去的使用机会所创造的最大收益作为该资源被选用的机会成本。

二、水价

1. 水价的概念与构成

水价是指水资源使用者使用单位水资源所付出的价格[11-12]。

水价应该包括商品水的全部机会成本，水价的构成概括起来应该包括资源水价、工程水价和环境水价。目前多数发达国家都在实行这种机制[12]。资源水价、工程水价和环境水价的内涵如下[12,15,21]。

(1) 资源水价。

资源水价即水资源价值或水资源费，是水资源的稀缺性、产权在经济上的实现形式。资源水价包括对水资源耗费的补偿；对水生态（如取水或调水引起的水生态变化）影响的补偿；为加强对短缺水资源的保护，促进技术开发，还应包括促进节水、保护水资源和海水淡化技术进步的投入。

(2) 工程水价。

工程水价是指通过具体的或抽象的物化劳动把资源水变成产品水，进入市场成为商品水所花费的代价，包括工程费（勘测、设计和施工等）、服务费（包括运行、经营、管理、维护和修理等）和资本费（利息和折旧等）的代价。

(3) 环境水价。

环境水价是指经过使用的水体排出用户范围后污染了他人或公共的水环境，为污染治理和水环境保护所需要的代价。

资源水价作为取得水权的机会成本，受到需水结构和数量、供水结构和数量、用水效率和效益等因素的影响，在时间和空间上不断变化。工程水价和环境水价主要受取水工程和治污工程的成本影响，通常变化不大。

2. 水价制定原则

制定科学合理的水价，对加强水资源管理，促进节约用水和保障水资源可持续利用等具有重要意义。制定水价时应遵循以下四个原则[8,12,15,23]。

(1) 公平性和平等性原则。

水资源是人类生存和社会发展的物质基础，而且水资源具有公共性的特点，任何人都享有用水的权利，水价的制定必须保证所有人都能公平和平等的享受用水的权利，此外，水价的制定还要考虑行业、地区以及城乡之间的差别。

(2) 高效配置原则。

水资源是稀缺资源，水价的制定必须要重视水资源的高效配置，以发挥水资源的最大效益。

(3) 成本回收原则。

成本回收原则是指水资源的供给价格不应小于水资源的成本价格。成本回收原则是保证水经营单位正常运行，促进水投资单位投资积极性的一个重要举措。

(4) 可持续发展原则。

水资源的可持续利用是人类社会可持续发展的基础，水价的制定，必须有利于水资源的可持续利用，因此，合理的水价应包含水资源开发利用的外部成本（如排污费或污水处理费等)。

3. 水价实施种类

水价实施种类有单一计量水价、固定收费、二部制水价、季节水价、基本生活水价、阶梯式水价、水质水价、用途分类水价、峰谷水价、地下水保护价和浮动水价等，各种水价的含义如表7-4所示[15,21,23]。

表7-4　水价实施种类及含义

种类	含　义
单一计量水价	按照用水量的大小，按方计收水费，每一单位的用水量的价格都相同
固定收费	不考虑用水量的变化，每月或每年用户按照用水规模支付一定的费用
二部制水价	包括计量水价和基本水价，在某一用水量之下，收费为一固定值，不随用水量的变化而变化，超过这一用水量，按方计算
季节水价	水价随季节变动
基本生活水价	为保证低收入者的基本生活用水而设置，一般第一级别的水价设置在低收入者支付能力范围内，同时提供低收入者最低生活用水量
阶梯式水价	用水量越大，价格越高，对于超定额用水阶梯加价
水质水价	按照国家对水质分类的标准，不同水质标准的水实施不同的价格标准
用途分类水价	水价按照水的不同用途有所不同，体现不同的价值
峰谷水价	水资源需求量较大，用水供给困难时实行峰价；水资源需求不大，供水充足时实行谷价
地下水保护价	优先使用地表水，对地下水实行保护性的高价
浮动水价	在国家统一定价的基础上，允许生产企业或经营单位，视市场供求和生产经营情况，在允许的范围内自行调整的商品价格

第六节　水资源管理信息系统

一、信息化与信息化技术

1. 信息化

信息化是指培养、发展以计算机为主的智能化工具为代表的新生产力，并使之造福于社会的历史过程。(百度百科)

2. 信息化技术

信息化技术是以计算机为核心，包括网络、通信、3S技术、遥测、数据库、多媒体等技术的综合[17]。

二、水资源管理信息化的必要性

水资源管理是一项涉及面广、信息量大和内容复杂的系统工程，水资源管理决策要科学、合理、及时和准确。水资源管理信息化的必要性包括以下几个方面[7,11,17]。

(1) 水资源管理是一项复杂的水事行为，需要收集、储存和处理大量的水资源系统信息，传统的方法难于济事，信息化技术在水资源管理中的应用，能够实现水资源信息系统管理的目标。

（2）远距离水信息的快速传输，以及水资源管理各个业务数据的共享也需要现代网络或无线传输技术。

（3）复杂的系统分析也离不开信息化技术的支撑，它需要对大量的信息进行及时和可靠的分析，特别是对于一些突发事件的实时处理，如洪水问题，需要现代信息技术做出及时的决策。

（4）对水资源管理进行实时的远程控制和管理等也需要信息化技术的支撑。

三、水资源管理信息系统

1. 水资源管理信息系统的概念

水资源管理信息系统是传统水资源管理方法与系统论、信息论、控制论和计算机技术的完美结合，它具有规范化、实时化和最优化管理的特点，是水资源管理水平的一个飞跃[12]。

2. 水资源管理信息系统的结构

为了实现水资源管理信息系统的主要工作，水资源管理信息系统一般有数据库、模型库和人机交互系统三部分组成，水资源管理信息系统的结构及其功能如图 7－3 所示[10,24]。

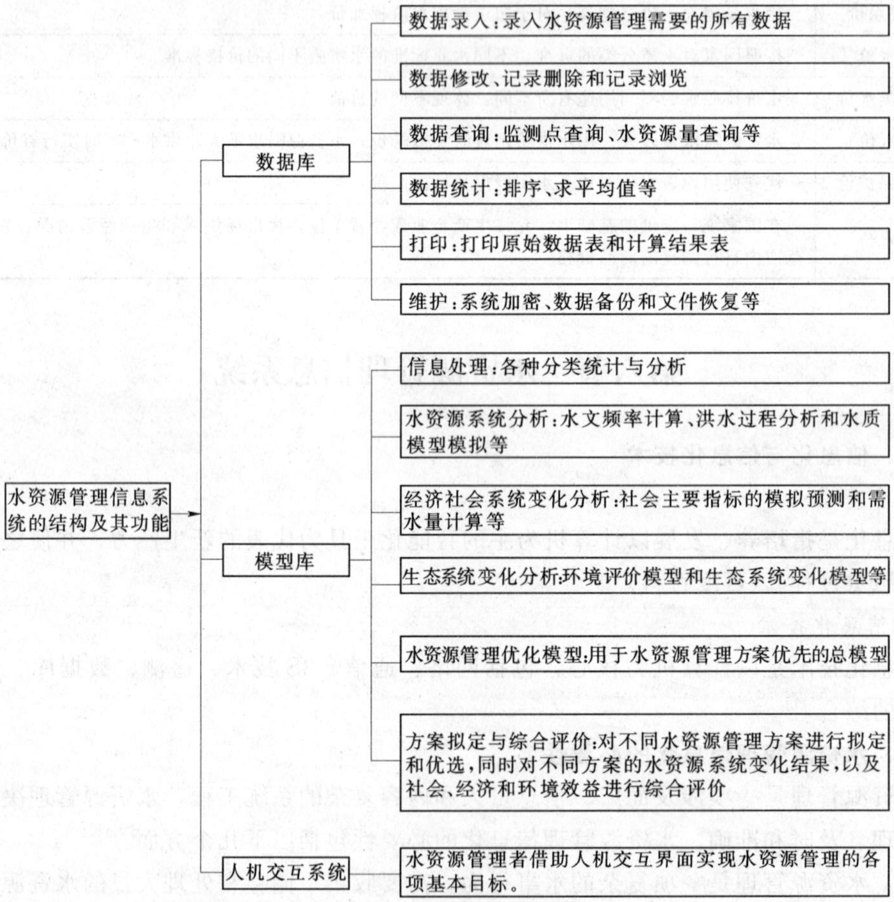

图 7－3　水资源管理信息系统的结构及其功能

3. 水资源管理信息系统的建设

（1）建设目标。

水资源管理信息系统建设的具体目标如图 7-4 所示[11,24]。

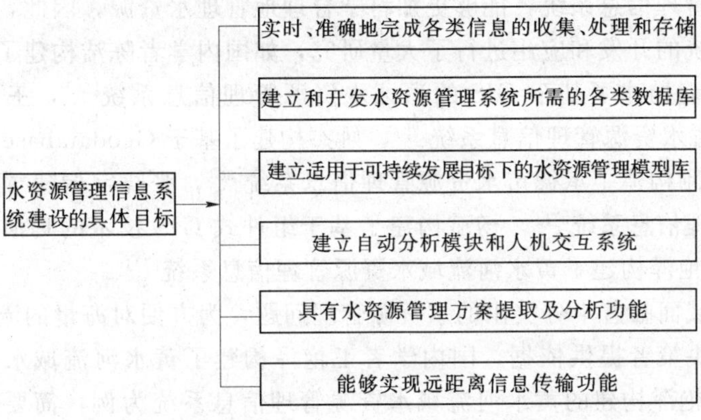

图 7-4　水资源管理信息系统建设的具体目标

（2）建设原则。

水资源管理信息系统是一项规模强大、结构复杂、功能强、涉及面广、建设周期长的系统工程[17]。为实现水资源管理信息系统的建设目标，水资源管理信息系统建设过程中应遵循以下八个原则（图 7-5）[24-25]。

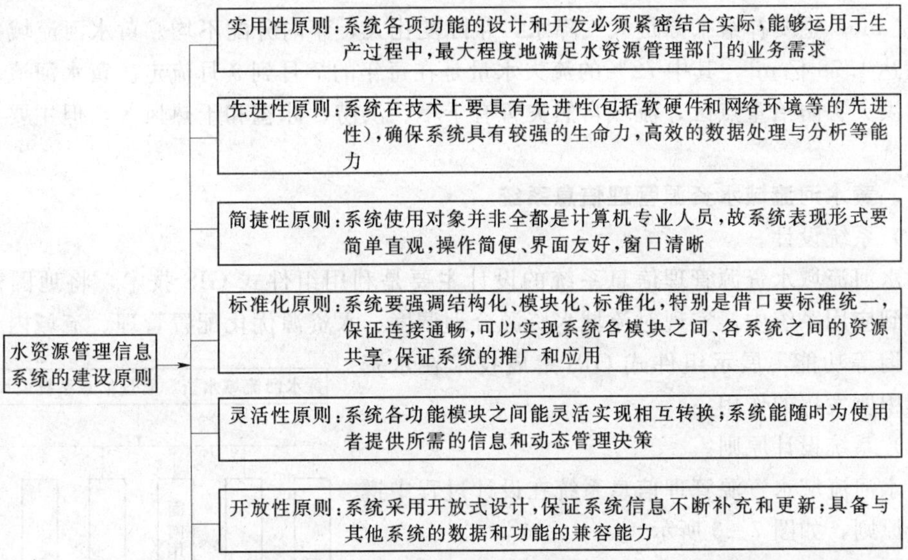

图 7-5　水资源管理信息系统的建设原则

第七节　实　例　分　析

利用水资源管理信息系统，能够更加科学合理地管理水资源，因此，国内外学者对水资源管理信息系统的开发和应用进行了大量研究，如国内学者陈洁构建了黄河水资源管理信息系统[26]，陈静构建了基于 GIS 的灌区水资源管理信息系统[27]，王小笑构建了基于 WebGIS 的江西省水资源管理信息系统[28]，姚杰构建了基于 Geodatabase 的水资源管理信息系统[29]，王艳刚构建了承德市水资源管理信息系统[30]，张晓宇构建了基于 MapX 的神东矿区水资源管理信息系统[31]，杨斌构建了基于组件式 GIS 技术的玛河流域水资源管理信息系统[32]，王艳泽构建了黄水河流域水资源管理信息系统[33]。

针对黄河流域面临着十分突出的水资源管理问题，为方便对海量的流域水资源信息进行管理，从而为决策者提供依据，国内学者王艳泽构建了黄水河流域水资源管理信息系统[33]，下面以王艳泽构建的黄水河流域水资源管理信息系统为例，简要阐述一下水资源管理信息系统在水资源管理中的重要作用。

一、黄水河流域水资源概况

黄水河流域位于山东省烟台市西北部，地理走向为东南西北向，全流域面积大约为 1000km²，流经龙口市、蓬莱市、栖霞市和招远市。黄水河流域水系较为复杂，镜内干支流纵横交错。黄水河干流全长 55km，主要支流有阜山河、苏家店河、黑山河和东营河、莱茵河、黄城集河和荆家河等十余条。黄水河流域平均年径流深为 128mm 左右，年径流量 13 亿 m³。主要补给来源是大气降水，年际变化大，年内分配不均。黄水河流域每年流失水量达 1.78 亿 m³，其中 72%的流失水量是在每年的 7 月到 9 月流走。黄水河流域是山东省山洪灾害防治重点区，流域自然灾害有干旱、洪涝、冰雹和干热风等，但主要为旱涝灾害。

二、黄水河流域水资源管理信息系统

(1) 系统设计。

黄水河流域水资源管理信息系统的设计主要是利用组件式 GIS 技术，将地图窗口集成加载到应用系统中，实现对流域水资源合理调度、水资源优化配置管理、流域内各信息统计查询等功能，展示组件式 GIS 集成技术在水资源管理中所发挥的作用。

(2) 系统设计原则。

黄水河流域水资源管理信息系统在设计过程中遵循六个原则，如图 7-6 所示。

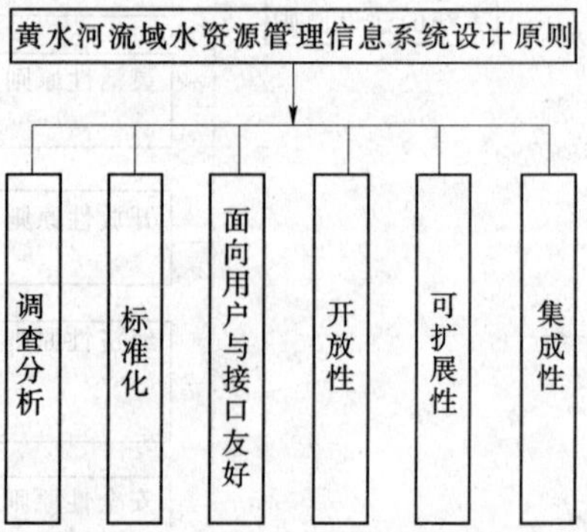

图 7-6　黄水河流域水资源管理信息系统设计原则

(3) 系统主要功能。

黄水河流域水资源管理信息系统的主要功能包括基础信息查询和水资源计算两部分，基础信息查询和水资源计算包含的具体内容如图 7-7 所示。

(4) 系统应用。

王艳泽运用构建的黄水河流域水资源管理信息系

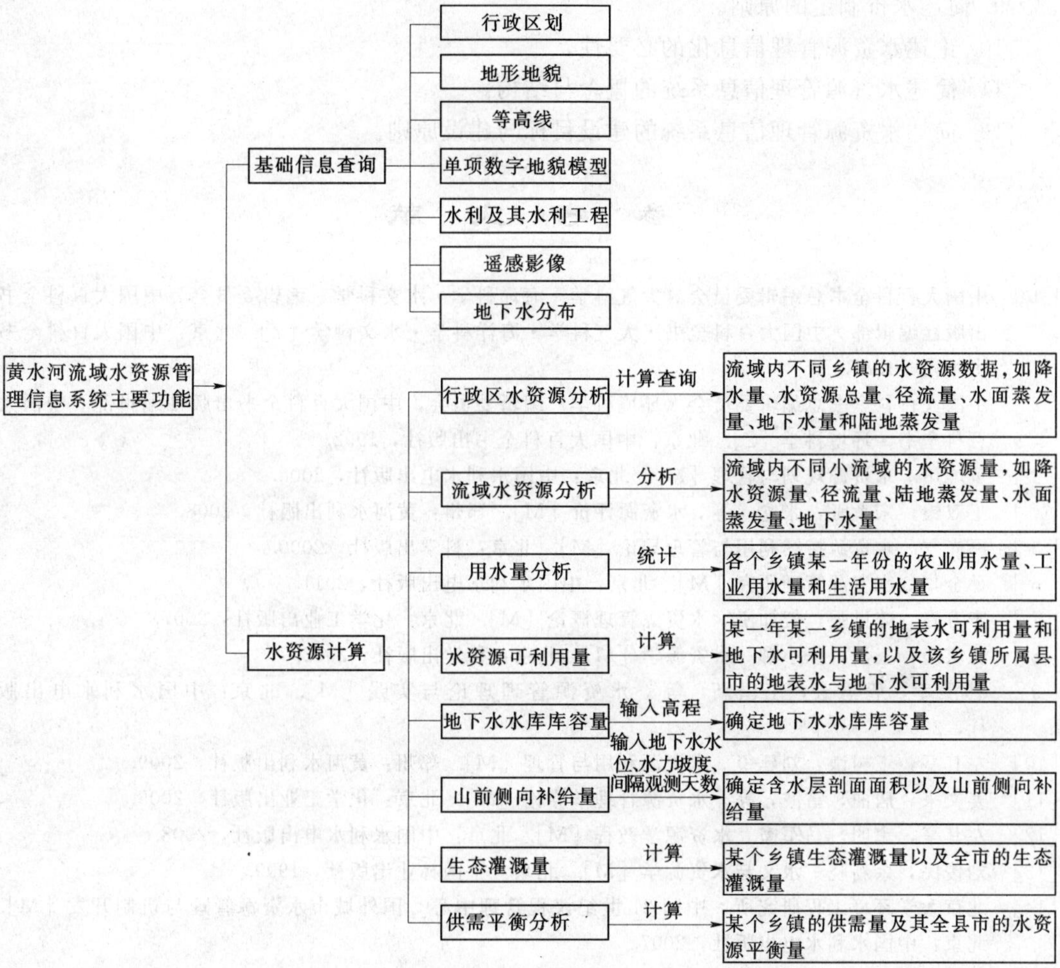

图 7-7　黄水河流域水资源管理信息系统主要功能

统，对黄水河流域水资源的空间分布和开发利用进行了分析预测，分析结果符合当地实际情况，构建的水资源管理信息系统，对黄水河流域的水资源管理能起到决策支持作用。

思 考 题

1. 简述水资源管理的基本含义。
2. 简述水资源管理的目标与原则。
3. 简述水资源管理的主要内容。
4. 简述国外水资源管理的经验。
5. 简述水资源法律管理的概念及作用。
6. 论述水资源水量与水质统一管理的必要性。
7. 简述水资源价值的内涵及其定价方法。
8. 简述水价的概念与构成。

9. 简述水价制定的原则。

10. 论述水资源管理信息化的必要性。

11. 简述水资源管理信息系统的概念与结构。

12. 简述水资源管理信息系统的建设目标与建设原则。

参考文献

[1] 中国大百科全书总编辑委员会《大气科学·海洋科学·水文科学》编辑委员会，中国大百科全书出版社编辑部．中国大百科全书·大气科学·海洋科学·水文科学 [Z]. 北京：中国大百科全书出版社，1987.

[2] 中国大百科全书总编辑委员会《环境科学》编辑委员会，中国大百科全书出版社编辑部．中国大百科全书·环境科学 [Z]. 北京：中国大百科全书出版社，1992.

[3] 董增川．水资源规划与管理 [M]. 北京：中国水利水电出版社，2008.

[4] 王双银，宋孝玉，张鑫，等．水资源评价 [M]. 郑州：黄河水利出版社，2008.

[5] 冯尚友．水资源持续利用与管理导论 [M]. 北京：科学出版社，2000.

[6] 孙金华．水资源管理研究 [M]. 北京：中国水利水电出版社，2011.

[7] 于万春，姜世强，贺如泓．水资源管理概论 [M]. 北京：化学工业出版社，2007.

[8] 陈家琦，王浩，杨小柳．水资源学 [M]. 北京：科学出版社，2002.

[9] 林洪孝，管恩宏，王国新，等．水资源管理理论与实践 [M]. 北京：中国水利水电出版社，2003.

[10] 左其亭，王树谦，刘廷玺．水资源利用与管理 [M]. 郑州：黄河水利出版社，2009.

[11] 姜文来，唐曲，雷波，等．水资源管理学导论 [M]. 北京：化学工业出版社，2005.

[12] 左其亭，窦明，马军霞．水资源学教程 [M]. 北京：中国水利水电出版社，2008.

[13] 刘俊民，余新晓．水文与水资源学 [M]. 北京：中国林业出版社，1999.

[14] 北京大学环境工程研究所，中国 21 世纪议程管理中心．国外城市水资源管理与机制开发 [M]. 北京：中国水利水电出版社，2007.

[15] 李雪松．中国水资源制度研究 [M]. 武汉：武汉大学出版社，2006.

[16] 何俊仕，林洪孝．水资源概论 [M]. 北京：中国农业大学出版社，2006.

[17] 王晓昌，张荔，袁宏林．水资源利用与保护 [M]. 北京：高等教育出版社，2008.

[18] 曹万金，刘曼蓉．水体污染与水资源保护 [M]. 北京：中国科学技术出版社，1990.

[19] 雷社平，汪妮，解建仓．论水价及其在水资源管理中的作用 [J]. 兰州铁道学院学报（自然科学版），2002，21 (4)：132-135.

[20] 姜文来．水资源价值论 [M]. 北京：科学出版社，1998.

[21] 杨培岭，李云开，任树梅．水资源经济 [M]. 北京：中国水利水电出版社，2003.

[22] 于法稳．水资源与农业可持续发展 [M]. 重庆：重庆大学出版社，2000.

[23] 沈大军，梁瑞驹，王浩，等．水价理论与实践 [M]. 北京：科学出版社，1999.

[24] 左其亭，陈曦．面向可持续发展的水资源规划与管理 [M]. 北京：中国水利水电出版社，2003.

[25] 陈锁忠，常本春，黄家柱，等．水资源管理信息系统 [M]. 北京：科学出版社，2006.

[26] 陈洁．黄河水资源管理信息系统的分析与设计 [D]. 济南：山东大学，2012.

[27] 陈静．基于 GIS 的灌区水资源管理信息系统研发 [D]. 杨凌：西北农林科技大学，2008.

[28] 王小笑．基于 WebGIS 的江西省水资源管理信息系统的研究与实现 [D]. 南昌：南昌大学，2009.

[29] 姚杰．基于 Geodatabase 的水资源管理信息系统研究 [D]. 杭州：浙江大学，2005.

[30] 王艳刚．承德市水资源管理信息系统设计研究［D］．成都：电子科技大学，2012.
[31] 张晓宇．基于 MapX 的神东矿区水资源管理信息系统研究［D］．阜新：辽宁工程技术大学，2005.
[32] 杨斌．组件式 GIS 技术在流域水资源管理信息系统中的应用研究［D］．乌鲁木齐：新疆农业大学，2006.
[33] 王艳泽．黄水河流域水资源管理信息系统构建研究［D］．济南：山东师范大学，2010.

附　录

附　录　1

地表水环境质量标准（GB 3838—2002）

附录 1-1　　地表水环境质量标准基本项目标准限值　　单位：mg/L

序号	分类 项目	Ⅰ类	Ⅱ类	Ⅲ类	Ⅳ类	Ⅴ类
1	水温（℃）	人为造成的环境水温变化应限制在： 周平均最大温升≤1；周平均最大温降≤2				
2	pH（无量纲）	6～9				
3	溶解氧≥	饱和率 90% （或 7.5）	6	5	3	2
4	高锰酸盐指数≤	2	4	6	10	15
5	化学需氧量（COD）≤	15	15	20	30	40
6	五日生化需氧量（BOD_5）≤	3	3	4	6	10
7	氨氮（NH_3-N）≤	0.15	0.5	1.0	1.5	2.0
8	总磷（以 P 计）≤	0.02 （湖、库 0.01）	0.1 （湖、库 0.025）	0.2 （湖、库 0.05）	0.3 （湖、库 0.1）	0.4 （湖、库 0.2）
9	总氮（湖、库，以 N 计）≤	0.2	0.5	1.0	1.5	2.0
10	铜≤	0.01	1.0	1.0	1.0	1.0
11	锌≤	0.05	1.0	1.0	2.0	2.0
12	氟化物（以 F^- 计）≤	1.0	1.0	1.0	1.5	1.5
13	硒≤	0.01	0.01	0.01	0.02	0.02
14	砷≤	0.05	0.05	0.05	0.1	0.1
15	汞≤	0.00005	0.00005	0.0001	0.001	0.001
16	镉≤	0.001	0.005	0.005	0.005	0.01
17	铬（六价）≤	0.01	0.05	0.05	0.05	0.1
18	铅≤	0.01	0.01	0.05	0.05	0.1
19	氰化物≤	0.005	0.05	0.2	0.2	0.2
20	挥发酚≤	0.002	0.002	0.005	0.01	0.1
21	石油类≤	0.05	0.05	0.05	0.5	1.0
22	阴离子表面活性剂≤	0.2	0.2	0.2	0.3	0.3
23	硫化物≤	0.05	0.1	0.2	0.5	1.0
24	粪大肠菌群（个/L）≤	200	2000	10000	20000	40000

附录 1-2　　集中式生活饮用水地表水源地补充项目标准限值　　单位：mg/L

序　号	项　目	标 准 值
1	硫酸盐（以 SO_4^{2-} 计）	250
2	氯化物（以 Cl^- 计）	250
3	硝酸盐（以 N 计）	10
4	铁	0.3
5	锰	0.1

附录 1-3　　集中式生活饮用水地表水源地特定项目标准限值　　单位：mg/L

序号	项目	标准值	序号	项目	标准值
1	三氯甲烷	0.06	28	四氯苯[③]	0.02
2	四氯化碳	0.002	29	六氯苯	0.05
3	三溴甲烷	0.1	30	硝基苯	0.017
4	二氯甲烷	0.02	31	二硝基苯[④]	0.5
5	1,2-二氯乙烷	0.03	32	2,4-二硝基甲苯	0.0003
6	环氧氯丙烷	0.02	33	2,4,6-三硝基甲苯	0.5
7	氯乙烯	0.005	34	硝基氯苯[⑤]	0.05
8	1,1-二氯乙烯	0.03	35	2,4-二硝基氯苯	0.5
9	1,2-二氯乙烯	0.05	36	2,4-二氯苯酚	0.093
10	三氯乙烯	0.07	37	2,4,6-三氯苯酚	0.2
11	四氯乙烯	0.04	38	五氯酚	0.009
12	氯丁二烯	0.002	39	苯胺	0.1
13	六氯丁二烯	0.0006	40	联苯胺	0.0002
14	苯乙烯	0.02	41	丙烯酰胺	0.0005
15	甲醛	0.9	42	丙烯腈	0.1
16	乙醛	0.05	43	邻苯二甲酸二丁酯	0.003
17	丙烯醛	0.1	44	邻苯二甲酸二（2-乙基己基）酯	0.008
18	三氯乙醛	0.01			
19	苯	0.01	45	水合肼	0.01
20	甲苯	0.7	46	四乙基铅	0.0001
21	乙苯	0.3	47	吡啶	0.2
22	二甲苯[①]	0.5	48	松节油	0.2
23	异丙苯	0.25	49	苦味酸	0.5
24	氯苯	0.3	50	丁基黄原酸	0.005
25	1,2-二氯苯	1.0	51	活性氯	0.01
26	1,4-二氯苯	0.3	52	滴滴涕	0.001
27	三氯苯[②]	0.02	53	林丹	0.002

续表

序号	项目	标准值	序号	项目	标准值
54	环氧七氯	0.0002	68	多氯联苯[⑥]	2.0×10^{-5}
55	对硫磷	0.003	69	微囊藻毒素-L-R	0.001
56	甲基对硫磷	0.002	70	黄磷	0.003
57	马拉硫磷	0.05	71	钼	0.07
58	乐果	0.08	72	钴	1.0
59	敌敌畏	0.05	73	铍	0.002
60	敌百虫	0.05	74	硼	0.5
61	内吸磷	0.03	75	锑	0.005
62	百菌清	0.01	76	镍	0.02
63	甲萘威	0.05	77	钡	0.7
64	溴氰菊酯	0.02	78	钒	0.05
65	阿拉特津	0.003	79	钛	0.1
66	苯并（a）芘	2.8×10^{-6}	80	铊	0.0001
67	甲基汞	1.0×10^{-6}			

① 二甲苯：指对-二甲苯、间-二甲苯、邻-二甲苯。

② 三氯苯：指1,2,3-三氯苯、1,2,4-三氯苯、1,3,5-三氯苯。

③ 四氯苯：指1,2,3,4-四氯苯、1,2,3,5-四氯苯、1,2,4,5-四氯苯。

④ 二硝基苯：指对-二硝基苯、间-二硝基苯、邻-二硝基苯。

⑤ 硝基氯苯：指对-硝基氯苯、间-硝基氯苯、邻-硝基氯苯。

⑥ 多氯联苯：指 PCB-1016、PCB-1221、PCB-1232、PCB-1242、PCB-1248、PCB-1254、PCB-1260。

附　录　2

海水水质标准（GB 3097—1997）

单位：mg/L

序号	项目 \ 分类	Ⅰ类	Ⅱ类	Ⅲ类	Ⅳ类
1	漂浮物质	海面不得出现油膜、浮沫和其他漂浮物质			海面无明显油膜、浮沫和其他漂浮物质
2	色、臭、味	海水不得有异色、异臭、异味			海水不得有令人厌恶和感到不快的色、臭、味
3	悬浮物质	人为增加的量≤10		人为增加的量≤100	人为增加的量≤150
4	大肠菌群（个/L）≤	10000 供人生食的贝类增养殖水质≤700			
5	粪大肠菌群（个/L）≤	2000 供人生食的贝类增养殖水质≤140			
6	病原体	供人生食的贝类增养殖水质不得含有病原体			
7	水温（℃）	人为造成的海水温升夏季不超过当时当地1℃，其他季节不超过2℃		人为造成的海水温升不超过当时当地4℃	
8	pH	7.8～8.5 同时不超出该海域正常变化范围的0.2pH单位		6.8～8.8 同时不超出该海域正常变化范围的0.5pH单位	
9	溶解氧＞	6	5	4	3
10	化学需氧量（COD）≤	2	3	4	5
11	生化需氧量（BOD_5）≤	1	3	4	5
12	无机氮（以N计）≤	0.20	0.30	0.40	0.50
13	非离子氨（以N计）≤	0.020			
14	活性磷酸盐（以P计）≤	0.015	0.030		0.045
15	汞≤	0.00005	0.0002		0.0005
16	镉≤	0.001	0.005	0.010	
17	铅≤	0.001	0.005	0.010	0.050
18	六价铬≤	0.005	0.010	0.020	0.050
19	总铬≤	0.05	0.10	0.20	0.50
20	砷≤	0.020	0.030	0.050	
21	铜≤	0.005	0.010	0.050	
22	锌≤	0.020	0.050	0.10	0.50
23	硒≤	0.010	0.020		0.050

续表

序号	项目 \ 分类	Ⅰ类	Ⅱ类	Ⅲ类	Ⅳ类
24	镍≤	0.005	0.010	0.020	0.050
25	氰化物≤	0.005		0.10	0.20
26	硫化物（以S计）≤	0.02	0.05	0.10	0.25
27	挥发性酚≤	0.005		0.010	0.050
28	石油类≤	0.05		0.30	0.50
29	六六六≤	0.001	0.002	0.003	0.005
30	滴滴涕≤	0.00005	0.0001		
31	马拉硫磷≤	0.0005	0.001		
32	甲基对硫磷≤	0.0005	0.001		
33	苯并（a）芘（$\mu g/L$）≤	0.0025			
34	阴离子表面活性剂（以LAS计）	0.03	0.10		
35	放射性核素（Ba/L） ^{60}Co	0.03			
36	放射性核素（Ba/L） ^{90}Sr	4			
37	放射性核素（Ba/L） ^{106}Rn	0.2			
38	放射性核素（Ba/L） ^{134}Cs	0.6			
39	放射性核素（Ba/L） ^{137}Cs	0.7			

附 录 3
地下水质量标准（GB/T 14848—93）

序号	项目 \ 分类	Ⅰ类	Ⅱ类	Ⅲ类	Ⅳ类	Ⅴ类
1	色（度）	≤5	≤5	≤15	≤25	＞25
2	嗅和味	无	无	无	无	有
3	浑浊度（度）	≤3	≤3	≤3	≤10	＞10
4	肉眼可见物	无	无	无	无	有
5	pH	6.5～8.5			5.5～6.5，8.5～9	＜5.5，＞9
6	总硬度（以 $CaCO_3$ 计）（mg/L）	≤150	≤300	≤450	≤550	＞550
7	溶解性总固体（mg/L）	≤300	≤500	≤1000	≤2000	＞2000
8	硫酸盐（mg/L）	≤50	≤150	≤250	≤350	＞350
9	氯化物（mg/L）	≤50	≤150	≤250	≤350	＞350
10	铁（Fe）（mg/L）	≤0.1	≤0.2	≤0.3	≤1.5	＞1.5
11	锰（Mn）（mg/L）	≤0.05	≤0.05	≤0.1	≤1.0	＞1.0
12	铜（Cu）（mg/L）	≤0.01	≤0.05	≤1.0	≤1.5	＞1.5
13	锌（Zn）（mg/L）	≤0.05	≤0.5	≤1.0	≤5.0	＞5.0
14	钼（Mo）（mg/L）	≤0.001	≤0.01	≤0.1	≤0.5	＞0.5
15	钴（Co）（mg/L）	≤0.005	≤0.05	≤0.05	≤1.0	＞1.0
16	挥发性酚类（以苯酚计）（mg/L）	≤0.001	≤0.001	≤0.002	≤0.01	＞0.01
17	阴离子合成洗涤剂（mg/L）	不得检出	≤0.1	≤0.3	≤0.3	＞0.3
18	高锰酸盐指数（mg/L）	≤1.0	≤2.0	≤3.0	≤10	＞10
19	硝酸盐（以N计）（mg/L）	≤2.0	≤5.0	≤20	≤30	＞30
20	亚硝酸盐（以N计）（mg/L）	≤0.001	≤0.01	≤0.02	≤0.1	＞0.1
21	氨氮（NH_4）（mg/L）	≤0.02	≤0.02	≤0.2	≤0.5	＞0.5
22	氟化物（mg/L）	≤1.0	≤1.0	≤1.0	≤2.0	＞2.0
23	碘化物（mg/L）	≤0.1	≤0.1	≤0.2	≤1.0	＞1.0
24	氰化物（mg/L）	≤0.001	≤0.01	≤0.05	≤0.1	＞0.1
25	汞（Hg）（mg/L）	≤0.00005	≤0.0005	≤0.001	≤0.001	＞0.001
26	砷（As）（mg/L）	≤0.005	≤0.01	≤0.05	≤0.05	＞0.05
27	硒（Se）（mg/L）	≤0.01	≤0.01	≤0.01	≤0.1	＞0.1
28	镉（Cd）（mg/L）	≤0.0001	≤0.001	≤0.01	≤0.01	＞0.01

续表

序号	分类 项目	Ⅰ类	Ⅱ类	Ⅲ类	Ⅳ类	Ⅴ类
29	铬（六价）（Cr^{6+}）（mg/L）	≤0.005	≤0.01	≤0.05	≤0.1	＞0.1
30	铅（Pb）（mg/L）	≤0.005	≤0.01	≤0.05	≤0.1	＞0.1
31	铍（Be）（mg/L）	≤0.00002	≤0.0001	≤0.0002	≤0.001	＞0.001
32	钡（Ba）（mg/L）	≤0.01	≤0.1	≤1.0	≤4.0	＞4.0
33	镍（Ni）（mg/L）	≤0.005	≤0.05	≤0.05	≤0.1	＞0.1
34	滴滴涕（μg/L）	不得检出	≤0.005	≤1.0	≤1.0	＞1.0
35	六六六（μg/L）	≤0.005	≤0.05	≤5.0	≤5.0	＞5.0
36	总大肠菌群（个/L）	≤3.0	≤3.0	≤3.0	≤100	＞100
37	细菌总数（个/mL）	≤100	≤100	≤100	≤1000	＞1000
38	总α放射性（Ba/L）	≤0.1	≤0.1	≤0.1	＞0.1	＞0.1
39	总β放射性（Ba/L）	≤0.1	≤1.0	≤1.0	＞1.0	＞1.0

附　录　4
污水综合排放标准（GB 8978—1996）

附录 4－1　　第一类污染物最高允许排放浓度　　单位：mg/L

序　　号	污　染　物	最高允许排放浓度
1	总汞	0.05
2	烷基汞	不得检出
3	总镉	0.1
4	总铬	1.5
5	六价铬	0.5
6	总砷	0.5
7	总铅	1.0
8	总镍	1.0
9	苯并（a）芘	0.00003
10	总铍	0.005
11	总银	0.5
12	总 α 放射性	1Ba/L
13	总 β 放射性	10Ba/L

附录 4－2　　第二类污染物最高允许排放浓度　　单位：mg/L

（1997 年 12 月 31 日之前建设的单位）

序号	污染物	适　用　范　围	一级标准	二级标准	三级标准
1	pH	一切排污单位	6～9	6～9	6～9
2	色度（稀释倍数）	染料工业	50	180	—
		其他排污单位	50	80	—
3	悬浮物（SS）	采矿、选矿、选煤工业	100	300	—
		脉金选矿	100	500	—
		边远地区砂金选矿	100	800	—
		城镇二级污水处理厂	20	30	—
		其他排污单位	70	200	400
4	五日生化需氧量（BOD_5）	甘蔗制糖、苎麻脱胶、湿法纤维板工业	30	100	600
		甜菜制糖、酒精、味精、皮革、化纤浆粕工业	30	150	600
		城镇二级污水处理厂	20	30	—
		其他排污单位	30	60	300

续表

序号	污染物	适用范围	一级标准	二级标准	三级标准
5	化学需氧量（COD）	甜菜制糖、焦化、合成脂肪酸、湿法纤维板、染料、洗毛、有机磷农药工业	100	200	1000
		味精、酒精、医药原料药、生物制药、苎麻脱胶、皮革、化纤浆粕工业	100	300	1000
		石油化工工业（包括石油炼制）	100	150	500
		城镇二级污水处理厂	60	120	—
		其他排污单位	100	150	500
6	石油类	一切排污单位	10	10	30
7	动植物油	一切排污单位	20	20	100
8	挥发酚	一切排污单位	0.5	0.5	2.0
9	总氰化物	电影洗片（铁氰化合物）	0.5	5.0	5.0
		其他排污单位	0.5	0.5	1.0
10	硫化物	一切排污单位	1.0	1.0	2.0
11	氨氮	医药原药、染料、石油化工工业	15	50	—
		其他排污单位	15	25	—
12	氟化物	黄磷工业	10	20	20
		低氟地区（水体含氟量<0.5mg/L）	10	20	30
		其他排污单位	10	10	20
13	磷酸盐（以P计）	一切排污单位	0.5	1.0	—
14	甲醛	一切排污单位	1.0	2.0	5.0
15	苯胺类	一切排污单位	1.0	2.0	5.0
16	硝基苯类	一切排污单位	2.0	3.0	5.0
17	阴离子表面活性剂（LAS）	合成洗涤剂工业	5.0	15	20
		其他排污单位	5.0	10	20
18	总铜	一切排污单位	0.5	1.0	2.0
19	总锌	一切排污单位	2.0	5.0	5.0
20	总锰	合成脂肪酸工业	2.0	5.0	5.0
		其他排污单位	2.0	2.0	5.0
21	彩色显影剂	电影洗片	2.0	3.0	5.0
22	显影剂及氧化物总量	电影洗片	3.0	6.0	6.0
23	元素磷	一切排污单位	0.1	0.3	0.3
24	有机磷农药（以P计）	一切排污单位	不得检出	0.5	0.5
25	粪大肠菌群数	医院*、兽医院及医疗机构含病原体污水	500个/L	1000个/L	5000个/L
		传染病、结核病医院污水	100个/L	500个/L	1000个/L
26	总余氯（采用氯化消毒的医院污水）	医院*、兽医院及医疗机构含病原体污水	<0.5**	>3（接触时间≥1h）	>2（接触时间≥1h）
		传染病、结核病医院污水	<0.5**	>6.5（接触时间≥1.5h）	>5（接触时间≥1.5h）

*　指50个床位以上的医院。

**　加氯消毒后进行脱氯处理，达到本标准。

附录 4-3　　**第二类污染物最高允许排放浓度**

（1998年1月1日之后建设的单位）　　单位：mg/L

序号	污染物	适用范围	一级标准	二级标准	三级标准
1	pH	一切排污单位	6～9	6～9	6～9
2	色度（稀释倍数）	一切排污单位	50	80	—
3	悬浮物（SS）	采矿、选矿、选煤工业	70	300	—
		脉金选矿	70	400	—
		边远地区砂金选矿	70	800	—
		城镇二级污水处理厂	20	30	—
		其他排污单位	70	150	400
4	五日生化需氧量（BOD_5）	甘蔗制糖、苎麻脱胶、湿法纤维板工业、染料、洗毛工业	20	60	600
		甜菜制糖、酒精、味精、皮革、化纤浆粕工业	20	100	600
		城镇二级污水处理厂	20	30	—
		其他排污单位	20	30	300
5	化学需氧量（COD）	甜菜制糖、合成脂肪酸、湿法纤维板、染料、洗毛、有机磷农药工业	100	200	1000
		味精、酒精、医药原料药、生物制药、苎麻脱胶、皮革、化纤浆粕工业	100	300	1000
		石油化工工业（包括石油炼制）	60	120	500
		城镇二级污水处理厂	60	120	—
		其他排污单位	100	150	500
6	石油类	一切排污单位	5	10	20
7	动植物油	一切排污单位	10	15	100
8	挥发酚	一切排污单位	0.5	0.5	2.0
9	总氰化物	一切排污单位	0.5	0.5	1.0
10	硫化物	一切排污单位	1.0	1.0	1.0
11	氨氮	医药原药、染料、石油化工工业	15	50	—
		其他排污单位	15	25	—
12	氟化物	黄磷工业	10	15	20
		低氟地区（水体含氟量＜0.5mg/L）	10	20	30
		其他排污单位	10	10	20
13	磷酸盐（以P计）	一切排污单位	0.5	1.0	—
14	甲醛	一切排污单位	1.0	2.0	5.0
15	苯胺类	一切排污单位	1.0	2.0	5.0
16	硝基苯类	一切排污单位	2.0	3.0	5.0
17	阴离子表面活性剂（LAS）	一切排污单位	5.0	10	20

续表

序号	污染物	适 用 范 围	一级标准	二级标准	三级标准
18	总铜	一切排污单位	0.5	1.0	2.0
19	总锌	一切排污单位	2.0	5.0	5.0
20	总锰	合成脂肪酸工业	2.0	5.0	5.0
		其他排污单位	2.0	2.0	5.0
21	彩色显影剂	电影洗片	1.0	2.0	3.0
22	显影剂及氧化物总量	电影洗片	3.0	3.0	6.0
23	元素磷	一切排污单位	0.1	0.1	0.3
24	有机磷农药（以P计）	一切排污单位	不得检出	0.5	0.5
25	乐果	一切排污单位	不得检出	1.0	2.0
26	对硫磷	一切排污单位	不得检出	1.0	2.0
27	甲基对硫磷	一切排污单位	不得检出	1.0	2.0
28	马拉硫磷	一切排污单位	不得检出	5.0	10
29	五氯酚及五氯酚钠（以五氯酚计）	一切排污单位	5.0	8.0	10
30	可吸附有机卤化物（AOX）（以Cl计）	一切排污单位	1.0	5.0	8.0
31	三氯甲烷	一切排污单位	0.3	0.6	1.0
32	四氯化碳	一切排污单位	0.03	0.06	0.5
33	三氯乙烯	一切排污单位	0.3	0.6	1.0
34	四氯乙烯	一切排污单位	0.1	0.2	0.5
35	苯	一切排污单位	0.1	0.2	0.5
36	甲苯	一切排污单位	0.1	0.2	0.5
37	乙苯	一切排污单位	0.4	0.6	1.0
38	邻-二甲苯	一切排污单位	0.4	0.6	1.0
39	对-二甲苯	一切排污单位	0.4	0.6	1.0
40	间-二甲苯	一切排污单位	0.4	0.6	1.0
41	氯苯	一切排污单位	0.2	0.4	1.0
42	邻-二氯苯	一切排污单位	0.4	0.6	1.0
43	对-二氯苯	一切排污单位	0.4	0.6	1.0
44	对-硝基氯苯	一切排污单位	0.5	1.0	5.0
45	2,4-二硝基氯苯	一切排污单位	0.5	1.0	5.0
46	苯酚	一切排污单位	0.3	0.4	1.0

续表

序号	污染物	适用范围	一级标准	二级标准	三级标准
47	间-甲苯	一切排污单位	0.1	0.2	0.5
48	2,4-二氯酚	一切排污单位	0.6	0.8	1.0
49	2,4,6-三氯酚	一切排污单位	0.6	0.8	1.0
50	邻苯二甲酸二丁酯	一切排污单位	0.2	0.4	2.0
51	邻苯二甲酸二辛脂	一切排污单位	0.3	0.6	2.0
52	丙烯腈	一切排污单位	2.0	5.0	5.0
53	总硒	一切排污单位	0.1	0.2	0.5
54	粪大肠菌群数	医院*、兽医院及医疗机构含病原体污水	500个/L	1000个/L	5000个/L
		传染病、结核病医院污水	100个/L	500个/L	1000个/L
55	总余氯（采用氯化消毒的医院污水）	医院*、兽医院及医疗机构含病原体污水	<0.5**	>3（接触时间≥1h）	>2（接触时间≥1h）
		传染病、结核病医院污水	<0.5**	>6.5（接触时间≥1.5h）	>5（接触时间≥1.5h）
56	总有机碳（TOC）	合成脂肪酸工业	20	40	—
		苎麻脱胶工业	20	60	—
		其他排污单位	20	30	—

注　其他排污单位指除在该控制项目中所列行业以外的一切排污单位。

*　指50个床位以上的医院。

**　加氯消毒后进行脱氯处理，达到本标准。

附　录　5
城镇污水处理厂污染物排放标准（GB 18918—2002）

附录 5－1　　基本控制项目最高允许排放浓度（日均值）　　单位：mg/L

序号	基本控制项目		一级标准		二级标准	三级标准
			A标准	B标准		
1	化学需氧量（COD）		50	60	100	120①
2	生化需氧量（BOD_5）		10	20	30	60①
3	悬浮物（SS）		10	20	30	50
4	动植物油		1	3	5	20
5	石油类		1	3	5	15
6	阴离子表面活性剂		0.5	1	2	5
7	总氮（以N计）		15	20	—	—
8	氨氮（以N计）		5（8）	8（15）	25（30）	—
9	总磷（以P计）	2005年12月31日前建设的	1	1.5	3	5
		2006年1月1日起建设的	0.5	1	3	5
10	色度（稀释倍数）		30	30	40	50
11	pH		6～9			
12	粪大肠菌群数（个/L）		10^3	10^4	10^4	—

① 下列情况下按去除率指标执行：当进水COD大于350mg/L时，去除率应大于60%；BOD大于160mg/L时，去除率应大于50%。

② 括号外数值为水温＞12℃时的控制指标，括号内数值为水温≤12℃时的控制指标。

附录 5－2　　部分一类污染物最高允许排放浓度（日均值）　　单位：mg/L

序　号	项　目	标　准　值
1	总汞	0.001
2	烷基汞	不得检出
3	总镉	0.01
4	总铬	0.1
5	六价铬	0.05
6	总砷	0.1
7	总铅	0.1

附录5-3　　选择控制项目最高允许排放浓度（日均值）　　单位：mg/L

序号	选择控制项目	标准值	序号	选择控制项目	标准值
1	总镍	0.05	23	三氯乙烯	0.3
2	总铍	0.002	24	四氯乙烯	0.1
3	总银	0.1	25	苯	0.1
4	总铜	0.5	26	甲苯	0.1
5	总锌	1.0	27	邻-二氯苯	0.4
6	总锰	2.0	28	对-二氯苯	0.4
7	总硒	0.1	29	对-硝基氯苯	0.4
8	苯并（a）芘	0.00003	30	乙苯	0.4
9	挥发酚	0.5	31	氯苯	0.3
10	总氰化物	0.5	32	1,4-二氯苯	0.4
11	硫化物	1.0	33	1,2-二氯苯	1.0
12	甲醛	1.0	34	对硝基氯苯	0.5
13	苯胺类	0.5	35	2,4-二硝基氯苯	0.5
14	总硝基化合物	2.0	36	苯酚	0.3
15	有机磷农药（以P计）	0.5	37	间-甲酚	0.1
16	马拉硫磷	1.0	38	2,4-二氯酚	0.6
17	乐果	0.5	39	2,4,6-三氯酚	0.6
18	对硫磷	0.05	40	邻苯二甲酸二丁酯	0.1
19	甲基对硫磷	0.2	41	邻苯二甲酸二辛脂	0.1
20	五氯酚	0.5	42	丙烯腈	2.0
21	三氯甲烷	0.3	43	可吸附有机卤化物（AOX）（以Cl计）	1.0
22	四氯化碳	0.03			

附　录　6
生活饮用水卫生标准（GB 5749—2006）

附录 6－1　　　　　　　　水质常规指标及限值

指　　标	限　值
1. 微生物指标[a]	
总大肠菌群（MPN/100mL 或 CFU/100mL）	不得检出
耐热大肠菌群（MPN/100mL 或 CFU/100mL）	不得检出
大肠埃希氏菌（MPN/100mL 或 CFU/100mL）	不得检出
菌落总数（CFU/mL）	100
2. 毒理指标	
砷（mg/L）	0.01
镉（mg/L）	0.005
铬（六价）（mg/L）	0.05
铅（mg/L）	0.01
汞（mg/L）	0.001
硒（mg/L）	0.01
氰化物（mg/L）	0.05
氟化物（mg/L）	1.0
硝酸盐（以 N 计）（mg/L）	10 地下水源限制时为 20
三氯甲烷（mg/L）	0.06
四氯化碳（mg/L）	0.002
溴酸盐（使用臭氧时）（mg/L）	0.01
甲醛（使用臭氧时）（mg/L）	0.9
亚氯酸盐（使用二氧化氯消毒时）（mg/L）	0.7
氯酸盐（使用复合二氧化氯消毒时）（mg/L）	0.7
3. 感官性状和一般化学指标	
色度（铂钴色度单位）	15
浑浊度（散射浑浊度单位）（NTU）	1 水源与净水技术条件限制时为 3
臭和味	无异臭、异味
肉眼可见物	无
pH	不小于 6.5 且不大于 8.5
铝（mg/L）	0.2

续表

指　　标	限　　值
铁（mg/L）	0.3
锰（mg/L）	0.1
铜（mg/L）	1.0
锌（mg/L）	1.0
氯化物（mg/L）	250
硫酸盐（mg/L）	250
溶解性总固体（mg/L）	1000
总硬度（以 $CaCO_3$ 计）（mg/L）	450
耗氧量（COD_{Mn}法，以 O_2 计）（mg/L）	3 水源限制，原水耗氧量＞6mg/L 时为 5
挥发酚类（以苯酚计）（mg/L）	0.002
阴离子合成洗涤剂（mg/L）	0.3
4. 放射性指标[b]	指导值
总 α 放射性（Ba/L）	0.5
总 β 放射性（Ba/L）	1

a　MPN 表示最可能数；CFU 表示菌落形成单位。当水样检出总大肠菌群时，应进一步检验大肠埃希氏菌或耐热大肠菌群；水样未检出总大肠菌群时，不必检验大肠埃希氏菌或耐热大肠菌群。

b　放射性指标超过指导值，应进行核素分析和评价，判定能否引用。

附录 6－2　　应用水中消毒剂常规指标及要求

消毒剂名称	与水接触时间	出厂水中限值（mg/L）	出厂水中余量（mg/L）	管网末梢水中余量（mg/L）
氯气及游离氯制剂（游离氯）	≥30min	4	≥0.3	≥0.05
一氯胺	≥120min	3	≥0.5	≥0.05
臭氧（O_3）	≥12min	0.3	—	0.02 如加氯，总量≥0.05
二氧化氯（ClO_2）	≥30min	0.8	≥0.1	≥0.02

附录 6－3　　水质非常规指标及限值

指　　标	限　　值
1. 微生物指标	
贾第鞭毛虫（个/10L）	＜1
隐孢子虫（个/10L）	＜1
2. 毒理指标	
锑（mg/L）	0.005
钡（mg/L）	0.7
铍（mg/L）	0.002

续表

指　　标	限　　值
硼 (mg/L)	0.5
钼 (mg/L)	0.07
镍 (mg/L)	0.02
银 (mg/L)	0.05
铊 (mg/L)	0.0001
氯化氰 (以 CN^- 计) (mg/L)	0.07
一氯二溴甲烷 (mg/L)	0.1
二氯一溴甲烷 (mg/L)	0.06
二氯乙酸 (mg/L)	0.05
1,2-二氯乙烷 (mg/L)	0.03
二氯甲烷 (mg/L)	0.02
三卤甲烷（三氯甲烷、一氯二溴甲烷、二氯一溴甲烷、三溴甲烷的总和）	该类化合物中各种化合物的实测浓度与其各自限值的比值之和不超过1
1,1,1-三氯乙烷 (mg/L)	2
三氯乙酸 (mg/L)	0.1
三氯乙醛 (mg/L)	0.01
2,4,6-三氯酚 (mg/L)	0.2
三溴甲烷 (mg/L)	0.1
七氯 (mg/L)	0.0004
马拉硫磷 (mg/L)	0.25
五氯酚 (mg/L)	0.009
六六六 (总量) (mg/L)	0.005
六氯苯 (mg/L)	0.001
乐果 (mg/L)	0.08
对硫磷 (mg/L)	0.003
灭草松 (mg/L)	0.3
甲基对硫磷 (mg/L)	0.02
百菌清 (mg/L)	0.01
呋喃丹 (mg/L)	0.007
林丹 (mg/L)	0.002
毒死蜱 (mg/L)	0.03
草甘膦 (mg/L)	0.7
敌敌畏 (mg/L)	0.001
莠去津 (mg/L)	0.002
溴氰菊酯 (mg/L)	0.02

续表

指　　标	限　　值
2,4-滴（mg/L）	0.03
滴滴涕（mg/L）	0.001
乙苯（mg/L）	0.3
二甲苯（总量）（mg/L）	0.5
1,1-二氯乙烯（mg/L）	0.03
1,2-二氯乙烯（mg/L）	0.05
1,2-二氯苯（mg/L）	1
1,4-二氯苯（mg/L）	0.3
三氯乙烯（mg/L）	0.07
三氯苯（总量）（mg/L）	0.02
六氯丁二烯（mg/L）	0.0006
丙烯酰胺（mg/L）	0.0005
四氯乙烯（mg/L）	0.04
甲苯（mg/L）	0.7
邻苯二甲酸二（2-乙基己基）酯（mg/L）	0.008
环氧氯丙烷（mg/L）	0.0004
苯（mg/L）	0.01
苯乙烯（mg/L）	0.02
苯并（a）芘（mg/L）	0.00001
氯乙烯（mg/L）	0.005
氯苯（mg/L）	0.3
微囊藻毒素-LR（mg/L）	0.001
3.感官性状和一般化学指标	
氨氮（以 N 计）（mg/L）	0.5
硫化物（mg/L）	0.02
钠（mg/L）	200

附 录 7

农田灌溉水质标准（GB 5084—2005）

附录 7-1　　农田灌溉用水水质基本控制项目标准值

序号	项目类别	作物种类		
		水作	旱作	蔬菜
1	五日生化需氧量（mg/L）	≤60	≤100	≤40[a]，≤15[b]
2	化学需氧量（mg/L）	≤150	≤200	≤100[a]，≤60[b]
3	悬浮物（mg/L）	≤80	≤100	≤60[a]，≤15[b]
4	阴离子表面活性剂（mg/L）	≤5	≤8	≤5
5	水温（℃）	≤35		
6	pH	5.5～8.5		
7	全盐量（mg/L）	≤1000[c]（非盐碱土地区），2000[c]（盐碱土地区）		
8	氯化物（mg/L）	≤350		
9	硫化物（mg/L）	≤1		
10	总汞（mg/L）	≤0.001		
11	镉（mg/L）	≤0.01		
12	总砷（mg/L）	≤0.05	≤0.1	≤0.05
13	铬（六价）（mg/L）	≤0.1		
14	铅（mg/L）	≤0.2		
15	粪大肠菌群数（个/100mL）	≤4000	≤4000	≤2000[a]，≤1000[b]
16	蛔虫卵数（个/≤L）	≤2		≤2[a]，≤1[b]

a　加工、烹调及去皮蔬菜。

b　生食类蔬菜、瓜类和草本水果。

c　具有一定的水利灌排设施，能保证一定的排水和地下水径流条件的地区，或有一定淡水资源能满足冲洗土体中盐分的地区，农田灌溉水质全盐量指标可以适当放宽。

附录 7-2　　农田灌溉用水水质选择性控制项目标准值

序号	项目类别	作物种类		
		水作	旱作	蔬菜
1	铜（mg/L）	≤0.5	≤1	
2	锌（mg/L）	≤2		
3	硒（mg/L）	≤0.02		

续表

序号	项 目 类 别	作 物 种 类		
		水作	旱作	蔬菜
4	氟化物（mg/L）	≤2（一般地区），≤3（高氟区）		
5	氰化物（mg/L）	≤0.5		
6	石油类（mg/L）	≤5	≤10	≤1
7	挥发酚（mg/L）	≤1		
8	苯（mg/L）	≤2.5		
9	三氯乙醛（mg/L）	≤1	≤0.5	≤0.5
10	丙烯醛（mg/L）	≤0.5		
11	硼（mg/L）	≤1[a]（对硼敏感作物），2[b]（对硼耐受性较强的作物），3[c]（对硼耐受性强的作物）		

a 对硼敏感作物，如黄瓜、豆类、马铃薯、笋瓜、韭菜、洋葱、柑橘等。

b 对硼耐受性较强的作物，如小麦、玉米、青椒、小白菜、葱等。

c 对硼耐受性强的作物，如水稻、萝卜、油菜、甘蓝等。

附　录　8

渔业水质标准（GB 11607—1989）

单位：mg/L

项目序号	项　目	标　准　值
1	色、臭、味	不得使鱼、虾、贝、藻类带有异色、异臭、异味
2	漂浮物质	水面不得出现明显油膜或浮沫
3	悬浮物质	人为增加的量不得超过10，而且悬浮物质沉积于底部后，不得对鱼、虾、贝类产生有害的影响
4	pH值	淡水6.5～8.5，海水7.0～8.5
5	溶解氧	连续24h中，16h以上必须大于5，其任何时候不得低于3，对于蛙科鱼类栖息水域冰封期其余任何时候不得低于4
6	生化需氧量（五天、20℃）	不超过5，冰封期不超过3
7	总大肠菌群	不超过5000个/L（贝类养殖水质不超过500个/L）
8	汞	≤0.0005
9	镉	≤0.005
10	铅	≤0.05
11	铬	≤0.1
12	铜	≤0.01
13	锌	≤0.1
14	镍	≤0.05
15	砷	≤0.05
16	氰化物	≤0.005
17	硫化物	≤0.2
18	氟化物（以F^-计）	≤1
19	非离子氨	≤0.02
20	凯氏氮	≤0.05
21	挥发性酚	≤0.005
22	黄磷	≤0.001
23	石油类	≤0.05
24	丙烯腈	≤0.5
25	丙烯醛	≤0.02
26	六六六（丙体）	≤0.002
27	滴滴涕	≤0.001
28	马拉硫磷	≤0.005
29	五氯酚钠	≤0.01
30	乐果	≤0.1
31	甲胺磷	≤1
32	甲基对硫磷	≤0.0005
33	呋喃丹	≤0.01

附录 9

中华人民共和国水法

（1988年1月21日第六届全国人民代表大会常务委员会第24次会议审议通过，
2002年8月29日第九届全国人民代表大会常务委员会第29次会议修订通过，
修订后的《中华人民共和国水法》自2002年10月1日起施行）

第一章　总　　则

第一条　为了合理开发、利用、节约和保护水资源，防治水害，实现水资源的可持续利用，适应国民经济和社会发展的需要，制定本法。

第二条　在中华人民共和国领域内开发、利用、节约、保护、管理水资源，防治水害，适用本法。

本法所称水资源，包括地表水和地下水。

第三条　水资源属于国家所有。水资源的所有权由国务院代表国家行使。农村集体经济组织的水塘和由农村集体经济组织修建管理的水库中的水，归各该农村集体经济组织使用。

第四条　开发、利用、节约、保护水资源和防治水害，应当全面规划、统筹兼顾、标本兼治、综合利用、讲求效益，发挥水资源的多种功能，协调好生活、生产经营和生态环境用水。

第五条　县级以上人民政府应当加强水利基础设施建设，并将其纳入本级国民经济和社会发展计划。

第六条　国家鼓励单位和个人依法开发、利用水资源，并保护其合法权益。开发、利用水资源的单位和个人有依法保护水资源的义务。

第七条　国家对水资源依法实行取水许可制度和有偿使用制度。但是，农村集体经济组织及其成员使用本集体经济组织的水塘、水库中的水的除外。国务院水行政主管部门负责全国取水许可制度和水资源有偿使用制度的组织实施。

第八条　国家厉行节约用水，大力推行节约用水措施，推广节约用水新技术、新工艺，发展节水型工业、农业和服务业，建立节水型社会。

各级人民政府应当采取措施，加强对节约用水的管理，建立节约用水技术开发推广体系，培育和发展节约用水产业。

单位和个人有节约用水的义务。

第九条　国家保护水资源，采取有效措施，保护植被，植树种草，涵养水源，防治水土流失和水体污染，改善生态环境。

第十条　国家鼓励和支持开发、利用、节约、保护、管理水资源和防治水害的先进科学技术的研究、推广和应用。

第十一条　在开发、利用、节约、保护、管理水资源和防治水害等方面成绩显著的单位和个人，由人民政府给予奖励。

第十二条　国家对水资源实行流域管理与行政区域管理相结合的管理体制。

国务院水行政主管部门负责全国水资源的统一管理和监督工作。

国务院水行政主管部门在国家确定的重要江河、湖泊设立的流域管理机构（以下简称流域管理机构），在所管辖的范围内行使法律、行政法规规定的和国务院水行政主管部门授予的水资源管理和监督职责。

县级以上地方人民政府水行政主管部门按照规定的权限，负责本行政区域内水资源的统一管理和监督工作。

第十三条　国务院有关部门按照职责分工，负责水资源开发、利用、节约和保护的有关工作。

县级以上地方人民政府有关部门按照职责分工，负责本行政区域内水资源开发、利用、节约和保护的有关工作。

第二章　水资源规划

第十四条　国家制定全国水资源战略规划。

开发、利用、节约、保护水资源和防治水害，应当按照流域、区域统一制定规划。规划分为流域规划和区域规划。流域规划包括流域综合规划和流域专业规划；区域规划包括区域综合规划和区域专业规划。

前款所称综合规划，是指根据经济社会发展需要和水资源开发利用现状编制的开发、利用、节约、保护水资源和防治水害的总体部署。前款所称专业规划，是指防洪、治涝、灌溉、航运、供水、水力发电、竹木流放、渔业、水资源保护、水土保持、防沙治沙、节约用水等规划。

第十五条　流域范围内的区域规划应当服从流域规划，专业规划应当服从综合规划。

流域综合规划和区域综合规划以及与土地利用关系密切的专业规划，应当与国民经济和社会发展规划以及土地利用总体规划、城市总体规划和环境保护规划相协调，兼顾各地区、各行业的需要。

第十六条　制定规划，必须进行水资源综合科学考察和调查评价。水资源综合科学考察和调查评价，由县级以上人民政府水行政主管部门会同同级有关部门组织进行。

县级以上人民政府应当加强水文、水资源信息系统建设。县级以上人民政府水行政主管部门和流域管理机构应当加强对水资源的动态监测。

基本水文资料应当按照国家有关规定予以公开。

第十七条　国家确定的重要江河、湖泊的流域综合规划，由国务院水行政主管部门会同国务院有关部门和有关省、自治区、直辖市人民政府编制，报国务院批准。跨省、自治区、直辖市的其他江河、湖泊的流域综合规划和区域综合规划，由有关流域管理机构会同江河、湖泊所在地的省、自治区、直辖市人民政府水行政主管部门和有关部门编制，分别经有关省、自治区、直辖市人民政府审查提出意见后，报国务院水行政主管部门审核；国务院水行政主管部门征求国务院有关部门意见后，报国务院或者其授权的部门批准。

前款规定以外的其他江河、湖泊的流域综合规划和区域综合规划，由县级以上地方人民政府水行政主管部门会同同级有关部门和有关地方人民政府编制，报本级人民政府或者其授权的部门批准，并报上一级水行政主管部门备案。

专业规划由县级以上人民政府有关部门编制，征求同级其他有关部门意见后，报本级人民政府批准。其中，防洪规划、水土保持规划的编制、批准，依照防洪法、水土保持法的有关规定执行。

第十八条　规划一经批准，必须严格执行。

经批准的规划需要修改时，必须按照规划编制程序经原批准机关批准。

第十九条　建设水工程，必须符合流域综合规划。在国家确定的重要江河、湖泊和跨省、自治区、直辖市的江河、湖泊上建设水工程，其工程可行性研究报告报请批准前，有关流域管理机构应当对水工程的建设是否符合流域综合规划进行审查并签署意见；在其他江河、湖泊上建设水工程，其工程可行性研究报告报请批准前，县级以上地方人民政府水行政主管部门应当按照管理权限对水工程的建设是否符合流域综合规划进行审查并签署意见。水工程建设涉及防洪的，依照防洪法的有关规定执行；涉及其他地区和行业的，建设单位应当事先征求有关地区和部门的意见。

第三章　水资源开发利用

第二十条　开发、利用水资源，应当坚持兴利与除害相结合，兼顾上下游、左右岸和有关地区之间的利益，充分发挥水资源的综合效益，并服从防洪的总体安排。

第二十一条　开发、利用水资源，应当首先满足城乡居民生活用水，并兼顾农业、工业、生态环境用水以及航运等需要。

在干旱和半干旱地区开发、利用水资源，应当充分考虑生态环境用水需要。

第二十二条　跨流域调水，应当进行全面规划和科学论证，统筹兼顾调出和调入流域的用水需要，防止对生态环境造成破坏。

第二十三条　地方各级人民政府应当结合本地区水资源的实际情况，按照地表水与地下水统一调度开发、开源与节流相结合、节流优先和污水处理再利用的原则，合理组织开发、综合利用水资源。

国民经济和社会发展规划以及城市总体规划的编制、重大建设项目的布局，应当与当地水资源条件和防洪要求相适应，并进行科学论证；在水资源不足的地区，应当对城市规模和建设耗水量大的工业、农业和服务业项目加以限制。

第二十四条　在水资源短缺的地区，国家鼓励对雨水和微咸水的收集、开发、利用和对海水的利用、淡化。

第二十五条　地方各级人民政府应当加强对灌溉、排涝、水土保持工作的领导，促进农业生产发展；在容易发生盐碱化和渍害的地区，应当采取措施，控制和降低地下水的水位。

农村集体经济组织或者其成员依法在本集体经济组织所有的集体土地或者承包土地上投资兴建水工程设施的，按照谁投资建设谁管理和谁受益的原则，对水工程设施及其蓄水进行管理和合理使用。

农村集体经济组织修建水库应当经县级以上地方人民政府水行政主管部门批准。

第二十六条　国家鼓励开发、利用水能资源。在水能丰富的河流，应当有计划地进行多目标梯级开发。

建设水力发电站，应当保护生态环境，兼顾防洪、供水、灌溉、航运、竹木流放和渔业等方面的需要。

第二十七条 国家鼓励开发、利用水运资源。在水生生物洄游通道、通航或者竹木流放的河流上修建永久性拦河闸坝，建设单位应当同时修建过鱼、过船、过木设施，或者经国务院授权的部门批准采取其他补救措施，并妥善安排施工和蓄水期间的水生生物保护、航运和竹木流放，所需费用由建设单位承担。

在不通航的河流或者人工水道上修建闸坝后可以通航的，闸坝建设单位应当同时修建过船设施或者预留过船设施位置。

第二十八条 任何单位和个人引水、截（蓄）水、排水，不得损害公共利益和他人的合法权益。

第二十九条 国家对水工程建设移民实行开发性移民的方针，按照前期补偿、补助与后期扶持相结合的原则，妥善安排移民的生产和生活，保护移民的合法权益。

移民安置应当与工程建设同步进行。建设单位应当根据安置地区的环境容量和可持续发展的原则，因地制宜，编制移民安置规划，经依法批准后，由有关地方人民政府组织实施。所需移民经费列入工程建设投资计划。

第四章 水资源、水域和水工程的保护

第三十条 县级以上人民政府水行政主管部门、流域管理机构以及其他有关部门在制定水资源开发、利用规划和调度水资源时，应当注意维持江河的合理流量和湖泊、水库以及地下水的合理水位，维护水体的自然净化能力。

第三十一条 从事水资源开发、利用、节约、保护和防治水害等水事活动，应当遵守经批准的规划；因违反规划造成江河和湖泊水域使用功能降低、地下水超采、地面沉降、水体污染的，应当承担治理责任。

开采矿藏或者建设地下工程，因疏干排水导致地下水水位下降、水源枯竭或者地面塌陷，采矿单位或者建设单位应当采取补救措施；对他人生活和生产造成损失的，依法给予补偿。

第三十二条 国务院水行政主管部门会同国务院环境保护行政主管部门、有关部门和有关省、自治区、直辖市人民政府，按照流域综合规划、水资源保护规划和经济社会发展要求，拟定国家确定的重要江河、湖泊的水功能区划，报国务院批准。跨省、自治区、直辖市的其他江河、湖泊的水功能区划，由有关流域管理机构会同江河、湖泊所在地的省、自治区、直辖市人民政府水行政主管部门、环境保护行政主管部门和其他有关部门拟定，分别经有关省、自治区、直辖市人民政府审查提出意见后，由国务院水行政主管部门会同国务院环境保护行政主管部门审核，报国务院或者其授权的部门批准。

前款规定以外的其他江河、湖泊的水功能区划，由县级以上地方人民政府水行政主管部门会同同级人民政府环境保护行政主管部门和有关部门拟定，报同级人民政府或者其授权的部门批准，并报上一级水行政主管部门和环境保护行政主管部门备案。

县级以上人民政府水行政主管部门或者流域管理机构应当按照水功能区对水质的要求

和水体的自然净化能力，核定该水域的纳污能力，向环境保护行政主管部门提出该水域的限制排污总量意见。

县级以上地方人民政府水行政主管部门和流域管理机构应当对水功能区的水质状况进行监测，发现重点污染物排放总量超过控制指标的，或者水功能区的水质未达到水域使用功能对水质的要求的，应当及时报告有关人民政府采取治理措施，并向环境保护行政主管部门通报。

第三十三条　国家建立饮用水水源保护区制度。省、自治区、直辖市人民政府应当划定饮用水水源保护区，并采取措施，防止水源枯竭和水体污染，保证城乡居民饮用水安全。

第三十四条　禁止在饮用水水源保护区内设置排污口。

在江河、湖泊新建、改建或者扩大排污口，应当经过有管辖权的水行政主管部门或者流域管理机构同意，由环境保护行政主管部门负责对该建设项目的环境影响报告书进行审批。

第三十五条　从事工程建设，占用农业灌溉水源、灌排工程设施，或者对原有灌溉用水、供水水源有不利影响的，建设单位应当采取相应的补救措施；造成损失的，依法给予补偿。

第三十六条　在地下水超采地区，县级以上地方人民政府应当采取措施，严格控制开采地下水。在地下水严重超采地区，经省、自治区、直辖市人民政府批准，可以划定地下水禁止开采或者限制开采区。在沿海地区开采地下水，应当经过科学论证，并采取措施，防止地面沉降和海水入侵。

第三十七条　禁止在江河、湖泊、水库、运河、渠道内弃置、堆放阻碍行洪的物体和种植阻碍行洪的林木及高秆作物。

禁止在河道管理范围内建设妨碍行洪的建筑物、构筑物以及从事影响河势稳定、危害河岸堤防安全和其他妨碍河道行洪的活动。

第三十八条　在河道管理范围内建设桥梁、码头和其他拦河、跨河、临河建筑物、构筑物，铺设跨河管道、电缆，应当符合国家规定的防洪标准和其他有关的技术要求，工程建设方案应当依照防洪法的有关规定报经有关水行政主管部门审查同意。

因建设前款工程设施，需要扩建、改建、拆除或者损坏原有水工程设施的，建设单位应当负担扩建、改建的费用和损失补偿。但是，原有工程设施属于违法工程的除外。

第三十九条　国家实行河道采砂许可制度。河道采砂许可制度实施办法，由国务院规定。

在河道管理范围内采砂，影响河势稳定或者危及堤防安全的，有关县级以上人民政府水行政主管部门应当划定禁采区和规定禁采期，并予以公告。

第四十条　禁止围湖造地。已经围垦的，应当按照国家规定的防洪标准有计划地退地还湖。

禁止围垦河道。确需围垦的，应当经过科学论证，经省、自治区、直辖市人民政府水行政主管部门或者国务院水行政主管部门同意后，报本级人民政府批准。

第四十一条　单位和个人有保护水工程的义务，不得侵占、毁坏堤防、护岸、防汛、水文监测、水文地质监测等工程设施。

第四十二条　县级以上地方人民政府应当采取措施，保障本行政区域内水工程，特别是水坝和堤防的安全，限期消除险情。水行政主管部门应当加强对水工程安全的监督管理。

第四十三条　国家对水工程实施保护。国家所有的水工程应当按照国务院的规定划定工程管理和保护范围。

国务院水行政主管部门或者流域管理机构管理的水工程，由主管部门或者流域管理机构商有关省、自治区、直辖市人民政府划定工程管理和保护范围。

前款规定以外的其他水工程，应当按照省、自治区、直辖市人民政府的规定，划定工程保护范围和保护职责。

在水工程保护范围内，禁止从事影响水工程运行和危害水工程安全的爆破、打井、采石、取土等活动。

第五章　水资源配置和节约使用

第四十四条　国务院发展计划主管部门和国务院水行政主管部门负责全国水资源的宏观调配。全国的和跨省、自治区、直辖市的水中长期供求规划，由国务院水行政主管部门会同有关部门制订，经国务院发展计划主管部门审查批准后执行。地方的水中长期供求规划，由县级以上地方人民政府水行政主管部门会同同级有关部门依据上一级水中长期供求规划和本地区的实际情况制订，经本级人民政府发展计划主管部门审查批准后执行。

水中长期供求规划应当依据水的供求现状、国民经济和社会发展规划、流域规划、区域规划，按照水资源供需协调、综合平衡、保护生态、厉行节约、合理开源的原则制定。

第四十五条　调蓄径流和分配水量，应当依据流域规划和水中长期供求规划，以流域为单元制定水量分配方案。

跨省、自治区、直辖市的水量分配方案和旱情紧急情况下的水量调度预案，由流域管理机构商有关省、自治区、直辖市人民政府制订，报国务院或者其授权的部门批准后执行。其他跨行政区域的水量分配方案和旱情紧急情况下的水量调度预案，由共同的上一级人民政府水行政主管部门商有关地方人民政府制订，报本级人民政府批准后执行。

水量分配方案和旱情紧急情况下的水量调度预案经批准后，有关地方人民政府必须执行。

在不同行政区域之间的边界河流上建设水资源开发、利用项目，应当符合该流域经批准的水量分配方案，由有关县级以上地方人民政府报共同的上一级人民政府水行政主管部门或者有关流域管理机构批准。

第四十六条　县级以上地方人民政府水行政主管部门或者流域管理机构应当根据批准的水量分配方案和年度预测来水量，制定年度水量分配方案和调度计划，实施水量统一调度；有关地方人民政府必须服从。

国家确定的重要江河、湖泊的年度水量分配方案，应当纳入国家的国民经济和社会发展年度计划。

第四十七条　国家对用水实行总量控制和定额管理相结合的制度。

省、自治区、直辖市人民政府有关行业主管部门应当制订本行政区域内行业用水定额，报同级水行政主管部门和质量监督检验行政主管部门审核同意后，由省、自治区、直辖市人民政府公布，并报国务院水行政主管部门和国务院质量监督检验行政主管部门备案。

县级以上地方人民政府发展计划主管部门会同同级水行政主管部门，根据用水定额、经济技术条件以及水量分配方案确定的可供本行政区域使用的水量，制定年度用水计划，对本行政区域内的年度用水实行总量控制。

第四十八条　直接从江河、湖泊或者地下取用水资源的单位和个人，应当按照国家取水许可制度和水资源有偿使用制度的规定，向水行政主管部门或者流域管理机构申请领取取水许可证，并缴纳水资源费，取得取水权。但是，家庭生活和零星散养、圈养畜禽饮用等少量取水的除外。

实施取水许可制度和征收管理水资源费的具体办法，由国务院规定。

第四十九条　用水应当计量，并按照批准的用水计划用水。

用水实行计量收费和超定额累进加价制度。

第五十条　各级人民政府应当推行节水灌溉方式和节水技术，对农业蓄水、输水工程采取必要的防渗漏措施，提高农业用水效率。

第五十一条　工业用水应当采用先进技术、工艺和设备，增加循环用水次数，提高水的重复利用率。

国家逐步淘汰落后的、耗水量高的工艺、设备和产品，具体名录由国务院经济综合主管部门会同国务院水行政主管部门和有关部门制定并公布。生产者、销售者或者生产经营中的使用者应当在规定的时间内停止生产、销售或者使用列入名录的工艺、设备和产品。

第五十二条　城市人民政府应当因地制宜采取有效措施，推广节水型生活用水器具，降低城市供水管网漏失率，提高生活用水效率；加强城市污水集中处理，鼓励使用再生水，提高污水再生利用率。

第五十三条　新建、扩建、改建建设项目，应当制订节水措施方案，配套建设节水设施。节水设施应当与主体工程同时设计、同时施工、同时投产。

供水企业和自建供水设施的单位应当加强供水设施的维护管理，减少水的漏失。

第五十四条　各级人民政府应当积极采取措施，改善城乡居民的饮用水条件。

第五十五条　使用水工程供应的水，应当按照国家规定向供水单位缴纳水费。供水价格应当按照补偿成本、合理收益、优质优价、公平负担的原则确定。具体办法由省级以上人民政府价格主管部门会同同级水行政主管部门或者其他供水行政主管部门依据职权制定。

第六章　水事纠纷处理与执法监督检查

第五十六条　不同行政区域之间发生水事纠纷的，应当协商处理；协商不成的，由上一级人民政府裁决，有关各方必须遵照执行。在水事纠纷解决前，未经各方达成协议或者共同的上一级人民政府批准，在行政区域交界线两侧一定范围内，任何一方不得修建排水、阻水、取水和截（蓄）水工程，不得单方面改变水的现状。

第五十七条　单位之间、个人之间、单位与个人之间发生的水事纠纷，应当协商解决；当事人不愿协商或者协商不成的，可以申请县级以上地方人民政府或者其授权的部门调解，也可以直接向人民法院提起民事诉讼。县级以上地方人民政府或者其授权的部门调解不成的，当事人可以向人民法院提起民事诉讼。

在水事纠纷解决前，当事人不得单方面改变现状。

第五十八条　县级以上人民政府或者其授权的部门在处理水事纠纷时，有权采取临时处置措施，有关各方或者当事人必须服从。

第五十九条　县级以上人民政府水行政主管部门和流域管理机构应当对违反本法的行为加强监督检查并依法进行查处。

水政监督检查人员应当忠于职守，秉公执法。

第六十条　县级以上人民政府水行政主管部门、流域管理机构及其水政监督检查人员履行本法规定的监督检查职责时，有权采取下列措施：

（一）要求被检查单位提供有关文件、证照、资料；

（二）要求被检查单位就执行本法的有关问题作出说明；

（三）进入被检查单位的生产场所进行调查；

（四）责令被检查单位停止违反本法的行为，履行法定义务。

第六十一条　有关单位或者个人对水政监督检查人员的监督检查工作应当给予配合，不得拒绝或者阻碍水政监督检查人员依法执行职务。

第六十二条　水政监督检查人员在履行监督检查职责时，应当向被检查单位或者个人出示执法证件。

第六十三条　县级以上人民政府或者上级水行政主管部门发现本级或者下级水行政主管部门在监督检查工作中有违法或者失职行为的，应当责令其限期改正。

第七章　法　律　责　任

第六十四条　水行政主管部门或者其他有关部门以及水工程管理单位及其工作人员，利用职务上的便利收取他人财物、其他好处或者玩忽职守，对不符合法定条件的单位或者个人核发许可证、签署审查同意意见，不按照水量分配方案分配水量，不按照国家有关规定收取水资源费，不履行监督职责，或者发现违法行为不予查处，造成严重后果，构成犯罪的，对负有责任的主管人员和其他直接责任人员依照刑法的有关规定追究刑事责任；尚不够刑事处罚的，依法给予行政处分。

第六十五条　在河道管理范围内建设妨碍行洪的建筑物、构筑物，或者从事影响河势稳定、危害河岸堤防安全和其他妨碍河道行洪的活动的，由县级以上人民政府水行政主管部门或者流域管理机构依据职权，责令停止违法行为，限期拆除违法建筑物、构筑物，恢复原状；逾期不拆除、不恢复原状的，强行拆除，所需费用由违法单位或者个人负担，并处一万元以上十万元以下的罚款。

未经水行政主管部门或者流域管理机构同意，擅自修建水工程，或者建设桥梁、码头和其他拦河、跨河、临河建筑物、构筑物，铺设跨河管道、电缆，且防洪法未作规定的，由县级以上人民政府水行政主管部门或者流域管理机构依据职权，责令停止违法行为，限期补办有关手续；逾期不补办或者补办未被批准的，责令限期拆除违法建筑物、构筑物；逾期不拆除的，强行拆除，所需费用由违法单位或者个人负担，并处一万元以上十万元以下的罚款。

虽经水行政主管部门或者流域管理机构同意，但未按照要求修建前款所列工程设施的，由县级以上人民政府水行政主管部门或者流域管理机构依据职权，责令限期改正，按照情节轻重，处一万元以上十万元以下的罚款。

第六十六条　有下列行为之一，且防洪法未作规定的，由县级以上人民政府水行政主管部门或者流域管理机构依据职权，责令停止违法行为，限期清除障碍或者采取其他补救措施，处一万元以上五万元以下的罚款：

（一）在江河、湖泊、水库、运河、渠道内弃置、堆放阻碍行洪的物体和种植阻碍行洪的林木及高秆作物的；

（二）围湖造地或者未经批准围垦河道的。

第六十七条　在饮用水水源保护区内设置排污口的，由县级以上地方人民政府责令限期拆除、恢复原状；逾期不拆除、不恢复原状的，强行拆除、恢复原状，并处五万元以上十万元以下的罚款。

未经水行政主管部门或者流域管理机构审查同意，擅自在江河、湖泊新建、改建或者扩大排污口的，由县级以上人民政府水行政主管部门或者流域管理机构依据职权，责令停止违法行为，限期恢复原状，处五万元以上十万元以下的罚款。

第六十八条　生产、销售或者在生产经营中使用国家明令淘汰的落后的、耗水量高的工艺、设备和产品的，由县级以上地方人民政府经济综合主管部门责令停止生产、销售或者使用，处二万元以上十万元以下的罚款。

第六十九条　有下列行为之一的，由县级以上人民政府水行政主管部门或者流域管理机构依据职权，责令停止违法行为，限期采取补救措施，处二万元以上十万元以下的罚款；情节严重的，吊销其取水许可证：

（一）未经批准擅自取水的；

（二）未依照批准的取水许可规定条件取水的。

第七十条　拒不缴纳、拖延缴纳或者拖欠水资源费的，由县级以上人民政府水行政主管部门或者流域管理机构依据职权，责令限期缴纳；逾期不缴纳的，从滞纳之日起按日加收滞纳部分千分之二的滞纳金，并处应缴或者补缴水资源费一倍以上五倍以下的罚款。

第七十一条　建设项目的节水设施没有建成或者没有达到国家规定的要求，擅自投入使用的，由县级以上人民政府有关部门或者流域管理机构依据职权，责令停止使用，限期改正，处五万元以上十万元以下的罚款。

第七十二条　有下列行为之一，构成犯罪的，依照刑法的有关规定追究刑事责任；尚不够刑事处罚，且防洪法未作规定的，由县级以上地方人民政府水行政主管部门或者流域管理机构依据职权，责令停止违法行为，采取补救措施，处一万元以上五万元以下的罚款；违反治安管理处罚条例的，由公安机关依法给予治安管理处罚；给他人造成损失的，依法承担赔偿责任：

（一）侵占、毁坏水工程及堤防、护岸等有关设施，毁坏防汛、水文监测、水文地质监测设施的；

（二）在水工程保护范围内，从事影响水工程运行和危害水工程安全的爆破、打井、采石、取土等活动的。

第七十三条 侵占、盗窃或者抢夺防汛物资，防洪排涝、农田水利、水文监测和测量以及其他水工程设备和器材，贪污或者挪用国家救灾、抢险、防汛、移民安置和补偿及其他水利建设款物，构成犯罪的，依照刑法的有关规定追究刑事责任。

第七十四条 在水事纠纷发生及其处理过程中煽动闹事、结伙斗殴、抢夺或者损坏公私财物、非法限制他人人身自由，构成犯罪的，依照刑法的有关规定追究刑事责任；尚不够刑事处罚的，由公安机关依法给予治安管理处罚。

第七十五条 不同行政区域之间发生水事纠纷，有下列行为之一的，对负有责任的主管人员和其他直接责任人员依法给予行政处分：

（一）拒不执行水量分配方案和水量调度预案的；

（二）拒不服从水量统一调度的；

（三）拒不执行上一级人民政府的裁决的；

（四）在水事纠纷解决前，未经各方达成协议或者上一级人民政府批准，单方面违反本法规定改变水的现状的。

第七十六条 引水、截（蓄）水、排水，损害公共利益或者他人合法权益的，依法承担民事责任。

第七十七条 对违反本法第三十九条有关河道采砂许可制度规定的行政处罚，由国务院规定。

第八章 附 则

第七十八条 中华人民共和国缔结或者参加的与国际或者国境边界河流、湖泊有关的国际条约、协定与中华人民共和国法律有不同规定的，适用国际条约、协定的规定。但是，中华人民共和国声明保留的条款除外。

第七十九条 本法所称水工程，是指在江河、湖泊和地下水源上开发、利用、控制、调配和保护水资源的各类工程。

第八十条 海水的开发、利用、保护和管理，依照有关法律的规定执行。

第八十一条 从事防洪活动，依照防洪法的规定执行。

水污染防治，依照水污染防治法的规定执行。

第八十二条 本法自 2002 年 10 月 1 日起施行。

附　录　10
中华人民共和国环境保护法

（1989 年 12 月 26 日第七届全国人民代表大会常务委员会第十一次会议通过，
1989 年 12 月 26 日中华人民共和国主席令第 22 号公布，自公布之日施行）

第一章　总　　则

第一条　为保护和改善生活环境与生态环境，防治污染和其他公害，保障人体健康，促进社会主义现代化建设的发展，制定本法。

第二条　本法所称环境，是指影响人类生存和发展的各种天然的和经过人工改造的自然因素的总体，包括大气、水、海洋、土地、矿藏、森林、草原、野生生物、自然遗迹、人文遗迹、自然保护区、风景名胜区、城市和乡村等。

第三条　本法适用于中华人民共和国领域和中华人民共和国管辖的其他海域。

第四条　国家制定的环境保护规划必须纳入国民经济和社会发展计划，国家采取有利于环境保护的经济、技术政策和措施，使环境保护工作同经济建设和社会发展相协调。

第五条　国家鼓励环境保护科学教育事业的发展，加强环境保护科学技术的研究和开发，提高环境保护科学技术水平，普及环境保护的科学知识。

第六条　一切单位和个人都有保护环境的义务，并有权对污染和破坏环境的单位和个人进行检举和控告。

第七条　国务院环境保护行政主管部门，对全国环境保护工作实施统一监督管理。

县级以上地方人民政府环境保护行政主管部门，对本辖区的环境保护工作实施统一监督管理。

国家海洋行政主管部门、港务监督、渔政渔港监督、军队环境保护部门和各级公安、交通、铁道、民航管理部门，依照有关法律的规定对环境污染防治实施监督管理。

县级以上人民政府的土地、矿产、林业、农业、水利行政主管部门，依照有关法律的规定对资源的保护实施监督管理。

第八条　对保护和改善环境有显著成绩的单位和个人，由人民政府给予奖励。

第二章　环境监督管理

第九条　国务院环境保护行政主管部门制定国家环境质量标准。

省、自治区、直辖市人民政府对国家环境质量标准中未作规定的项目，可以制定地方环境质量标准，并报国务院环境保护行政主管部门备案。

第十条　国务院环境保护行政主管部门根据国家环境质量标准和国家经济、技术条件，制定国家污染物排放标准。

省、自治区、直辖市人民政府对国家污染物排放标准中未作规定的项目，可以制定地方污染物排放标准；对国家污染物排放标准中已作规定的项目，可以制定严于国家污染物排放标准的地方污染物排放标准。地方污染物排放标准须报国务院环境保护行政主管部门备案。

凡是向已有地方污染物排放标准的区域排放污染物的，应当执行地方污染物排放标准。

第十一条　国务院环境保护行政主管部门建立监测制定，制定监测规范，会同有关部门组织监测网络，加强对环境监测的管理。

国务院和省、自治区、直辖市人民政府的环境保护行政主管部门，应当定期发布环境状况公报。

第十二条　县级以上人民政府环境保护行政主管部门，应当会同有关部门对管辖范围内的环境状况进行调查和评价，拟订环境保护规划，经计划部门综合平衡后，报同级人民政府批准实施。

第十三条　建设污染环境的项目，必须遵守国家有关建设项目环境保护管理的规定。

建设项目的环境影响报告书，必须对建设项目产生的污染和对环境的影响作出评价，规定防治措施，经项目主管部门预审并依照规定的程序报环境保护行政主管部门批准。环境影响报告书经批准后，计划部门方可批准建设项目设计任务书。

第十四条　县级以上人民政府环境保护行政主管部门或者其他依照法律规定行使环境监督管理权的部门，有权对管辖范围内的排污单位进行现场检查。被检查的单位应当如实反映情况，提供必要的资料。检查机关应当为被检查的单位保守技术秘密和业务秘密。

第十五条　跨行政区的环境污染和环境破坏的防治工作，由有关地方人民政府协商解决，或者由上级人民政府协调解决，作出决定。

第三章　保护和改善环境

第十六条　地方各级人民政府，应当对本辖区的环境质量负责，采取措施改善环境质量。

第十七条　各级人民政府对具有代表性的各种类型的自然生态系统区域，珍稀、濒危的野生动植物自然分布区域，重要的水源涵养区域，具有重大科学文化价值的地质构造、著名溶洞和化石分布区、冰川、火山、温泉等自然遗迹，以及人文遗迹、古树名木，应当采取措施加以保护，严禁破坏。

第十八条　在国务院、国务院有关主管部门和省、自治区、直辖市人民政府划定的风景名胜区、自然保护区和其他需要特别保护的区域内，不得建设污染环境的工业生产设施；建设其他设施，其污染物排放不得超过规定的排放标准。已经建成的设施，其污染物排放超过规定的排放标准的，限期治理。

第十九条　开发利用自然资源，必须采取措施保护生态环境。

第二十条　各级人民政府应当加强对农业环境的保护，防治土壤污染、土地沙化、盐渍化、贫瘠化、沼泽化、地面沉降和防治植被破坏、水土流失、水源枯竭、种源灭绝以及其他生态失调现象的发生和发展，推广植物病虫害的综合防治，合理使用化肥、农药及植物生长激素。

第二十一条　国务院和沿海地方各级人民政府应当加强对海洋环境的保护。向海洋排

放污染物、倾倒废弃物，进行海岸工程建设和海洋石油勘探开发，必须依照法律的规定，防止对海洋环境的污染损害。

第二十二条　制定城市规划，应当确定保护和改善环境的目标和任务。

第二十三条　城乡建设应当结合当地自然环境的特点，保护植被、水域和自然景观，加强城市园林、绿地和风景名胜区的建设。

第四章　防治环境污染和其他公害

第二十四条　产生环境污染和其他公害的单位，必须把环境保护工作纳入计划，建立环境保护责任制度；采取有效措施，防治在生产建设或者其他活动中产生的废气、废水、废渣、粉尘、恶臭气体、放射性物质以及噪声、振动、电磁波辐射等对环境的污染和危害。

第二十五条　新建工业企业和现有工业企业的技术改造，应当采取资源利用率高、污染物排放量少的设备和工艺，采用经济合理的废弃物综合利用技术和污染物处理技术。

第二十六条　建设项目中防治污染的设施，必须与主体工程同时设计、同时施工、同时投产使用。防治污染的设施必须经原审批环境影响报告书的环境保护行政主管部门验收合格后，该建设项目方可投入生产或者使用。

防治污染的设施不得擅自拆除或者闲置，确有必要拆除或者闲置的，必须征得所在地的环境保护行政主管部门同意。

第二十七条　排放污染物的企业事业单位，必须依照国务院环境保护行政主管部门的规定申报登记。

第二十八条　排放污染物超过国家或者地方规定的污染物排放标准的企业事业单位，依照国家规定缴纳超标准排污费，并负责治理。水污染防治法另有规定的，依照水污染防治法的规定执行。

征收的超标准排污费必须用于污染的防治，不得挪作他用，具体使用办法由国务院规定。

第二十九条　对造成环境严重污染的企业事业单位，限期治理。

中央或者省、自治区、直辖市人民政府直接管辖的企业事业单位的限期治理，由省、自治区、直辖市人民政府决定。市、县或者市、县以下人民政府管辖的企业事业单位限期治理，由市、县人民政府决定。被限期治理的企业事业单位必须如期完成治理任务。

第三十条　禁止引进不符合我国环境保护规定要求的技术和设备。

第三十一条　因发生事故或者其他突然性事件，造成或者可能造成污染事故的单位，必须立即采取措施处理，及时通报可能受到污染危害的单位和居民，并向当地环境保护行政主管部门和有关部门报告，接受调查处理。

可能发生重大污染事故的企业事业单位，应当采取措施，加强防范。

第三十二条　县级以上地方人民政府环境保护行政主管部门，在环境受到严重污染威胁居民生命财产安全时，必须立即向当地人民政府报告，由人民政府采取有效措施，解除或者减轻危害。

第三十三条　生产、储存、运输、销售、使用有毒化学物品和含有放射性物质的物品，必须遵守国家有关规定，防止污染环境。

第三十四条　任何单位不得将产生严重污染的生产设备转移给没有污染防治能力的单位使用。

第五章　法　律　责　任

第三十五条　违反本法规定，有下列行为之一的，环境保护行政主管部门或者其他依照法律规定行使环境监督管理权的部门可以根据不同情节，给予警告或者处以罚款：

（一）拒绝环境保护行政主管部门或者其他依照法律规定行使环境监督管理权的部门现场检查或者在被检查时弄虚作假的。

（二）拒绝或者谎报国务院环境保护行政主管部门规定的有关污染物排放申报事项的。

（三）不按国家规定缴纳超标准排污费的。

（四）引进不符合我国环境保护规定要求的技术和设备的。

（五）将产生严重污染的生产设备转移给没有污染防治能力的单位使用的。

第三十六条　建设项目的防治污染设施没有建成或者没有达到国家规定的要求，投入生产或者使用的，由批准该建设项目的环境影响报告书的环境保护行政主管部门责令停止生产或者使用，可以并处罚款。

第三十七条　未经环境保护行政主管部门同意，擅自拆除或者闲置防治污染的设施，污染物排放超过规定的排放标准的，由环境保护行政主管部门责令重新安装使用，并处罚款。

第三十八条　对违反本法规定，造成环境污染事故的企业事业单位，由环境保护行政主管部门或者其他依照法律规定行使环境监督管理权的部门根据所造成的危害后果处以罚款；情节较重的，对有关责任人员由其所在单位或者政府主管机关给予行政处分。

第三十九条　对经限期治理逾期未完成治理任务的企业事业单位，除依照国家规定加收超标准排污费外，可以根据所造成的危害后果处以罚款，或者责令停业、关闭。

前款规定的罚款由环境保护行政主管部门决定。责令停业、关闭，由作出限期治理决定的人民政府决定；责令中央直接管辖的企业事业单位停业、关闭，须报国务院批准。

第四十条　当事人对行政处罚决定不服的，可以在接到处罚通知之日起十五日内，向作出处罚决定的机关的上一级机关申请复议；对复议决定不服的，可以在接到复议决定之日起十五日内，向人民法院起诉。当事人也可以在接到处罚通知之日起十五日内，直接向人民法院起诉。当事人逾期不申请复议、也不向人民法院起诉、又不履行处罚决定的，由作出处罚决定的机关申请人民法院强制执行。

第四十一条　造成环境污染危害的，有责任排除危害，并对直接受到损害的单位或者个人赔偿损失。

赔偿责任和赔偿金额的纠纷，可以根据当事人的请求，由环境保护行政主管部门或者其他依照法律规定行使环境监督管理权的部门处理；当事人对处理决定不服的，可以向人民法院起诉。当事人也可以直接向人民法院起诉。

完全由于不可抗拒的自然灾害，并经及时采取合理措施，仍然不能避免造成环境污染损害的，免予承担责任。

第四十二条　因环境污染损害赔偿提起诉讼的时效期间为三年，从当事人知道或者应当知道受到污染损害时起计算。

第四十三条　违反本法规定，造成重大环境污染事故，导致公私财产重大损失或者人身伤亡的严重后果的，对直接责任人员依法追究刑事责任。

第四十四条　违反本法规定，造成土地、森林、草原、水、矿产、渔业、野生动植物等资源的破坏的，依照有关法律的规定承担法律责任。

第四十五条　环境保护监督管理人员滥用职权、玩忽职守、徇私舞弊的，由其所在单位或者上级主管机关给予行政处分；构成犯罪的，依法追究刑事责任。

第六章　附　　则

第四十六条　中华人民共和国缔结或者参加的与环境保护有关的国际条约，同中华人民共和国的法律有不同规定的，适用国际条约的规定，但中华人民共和国声明保留的条款除外。

第四十七条　本法自公布之日起施行。《中华人民共和国环境保护法（试行）》同时废止。

附　录　11

中华人民共和国水污染防治法

（1984 年 5 月 11 日第六届全国人民代表大会常务委员会第五次会议通过，根据 1996 年 5 月 15 日第八届全国人民代表大会常务委员会第十九次会议《关于修改〈中华人民共和国水污染防治法〉的决定》修正，2008 年 2 月 28 日第十届全国人民代表大会常务委员会第三十二次会议修订）

第一章　总　　则

第一条　为了防治水污染，保护和改善环境，保障饮用水安全，促进经济社会全面协调可持续发展，制定本法。

第二条　本法适用于中华人民共和国领域内的江河、湖泊、运河、渠道、水库等地表水体以及地下水体的污染防治。

海洋污染防治适用《中华人民共和国海洋环境保护法》。

第三条　水污染防治应当坚持预防为主、防治结合、综合治理的原则，优先保护饮用水水源，严格控制工业污染、城镇生活污染，防治农业面源污染，积极推进生态治理工程建设，预防、控制和减少水环境污染和生态破坏。

第四条　县级以上人民政府应当将水环境保护工作纳入国民经济和社会发展规划。

县级以上地方人民政府应当采取防治水污染的对策和措施，对本行政区域的水环境质量负责。

第五条　国家实行水环境保护目标责任制和考核评价制度，将水环境保护目标完成情况作为对地方人民政府及其负责人考核评价的内容。

第六条　国家鼓励、支持水污染防治的科学技术研究和先进适用技术的推广应用，加强水环境保护的宣传教育。

第七条　国家通过财政转移支付等方式，建立健全对位于饮用水水源保护区区域和江河、湖泊、水库上游地区的水环境生态保护补偿机制。

第八条　县级以上人民政府环境保护主管部门对水污染防治实施统一监督管理。

交通主管部门的海事管理机构对船舶污染水域的防治实施监督管理。

县级以上人民政府水行政、国土资源、卫生、建设、农业、渔业等部门以及重要江河、湖泊的流域水资源保护机构，在各自的职责范围内，对有关水污染防治实施监督管理。

第九条　排放水污染物，不得超过国家或者地方规定的水污染物排放标准和重点水污染物排放总量控制指标。

第十条　任何单位和个人都有义务保护水环境，并有权对污染损害水环境的行为进行检举。

县级以上人民政府及其有关主管部门对在水污染防治工作中做出显著成绩的单位和个人给予表彰和奖励。

第二章　水污染防治的标准和规划

第十一条　国务院环境保护主管部门制定国家水环境质量标准。

省、自治区、直辖市人民政府可以对国家水环境质量标准中未作规定的项目，制定地方标准，并报国务院环境保护主管部门备案。

第十二条　国务院环境保护主管部门会同国务院水行政主管部门和有关省、自治区、直辖市人民政府，可以根据国家确定的重要江河、湖泊流域水体的使用功能以及有关地区的经济、技术条件，确定该重要江河、湖泊流域的省界水体适用的水环境质量标准，报国务院批准后施行。

第十三条　国务院环境保护主管部门根据国家水环境质量标准和国家经济、技术条件，制定国家水污染物排放标准。

省、自治区、直辖市人民政府对国家水污染物排放标准中未作规定的项目，可以制定地方水污染物排放标准；对国家水污染物排放标准中已作规定的项目，可以制定严于国家水污染物排放标准的地方水污染物排放标准。地方水污染物排放标准须报国务院环境保护主管部门备案。

向已有地方水污染物排放标准的水体排放污染物的，应当执行地方水污染物排放标准。

第十四条　国务院环境保护主管部门和省、自治区、直辖市人民政府，应当根据水污染防治的要求和国家或者地方的经济、技术条件，适时修订水环境质量标准和水污染物排放标准。

第十五条　防治水污染应当按流域或者按区域进行统一规划。国家确定的重要江河、湖泊的流域水污染防治规划，由国务院环境保护主管部门会同国务院经济综合宏观调控、水行政等部门和有关省、自治区、直辖市人民政府编制，报国务院批准。

前款规定外的其他跨省、自治区、直辖市江河、湖泊的流域水污染防治规划，根据国家确定的重要江河、湖泊的流域水污染防治规划和本地实际情况，由有关省、自治区、直辖市人民政府环境保护主管部门会同同级水行政等部门和有关市、县人民政府编制，经有关省、自治区、直辖市人民政府审核，报国务院批准。

省、自治区、直辖市内跨县江河、湖泊的流域水污染防治规划，根据国家确定的重要江河、湖泊的流域水污染防治规划和本地实际情况，由省、自治区、直辖市人民政府环境保护主管部门会同同级水行政等部门编制，报省、自治区、直辖市人民政府批准，并报国务院备案。

经批准的水污染防治规划是防治水污染的基本依据，规划的修订须经原批准机关批准。

县级以上地方人民政府应当根据依法批准的江河、湖泊的流域水污染防治规划，组织制定本行政区域的水污染防治规划。

第十六条　国务院有关部门和县级以上地方人民政府开发、利用和调节、调度水资源时，应当统筹兼顾，维持江河的合理流量和湖泊、水库以及地下水体的合理水位，维护水体的生态功能。

第三章　水污染防治的监督管理

第十七条　新建、改建、扩建直接或者间接向水体排放污染物的建设项目和其他水上设施，应当依法进行环境影响评价。

建设单位在江河、湖泊新建、改建、扩建排污口的，应当取得水行政主管部门或者流域管理机构同意；涉及通航、渔业水域的，环境保护主管部门在审批环境影响评价文件时，应当征求交通、渔业主管部门的意见。

建设项目的水污染防治设施，应当与主体工程同时设计、同时施工、同时投入使用。水污染防治设施应当经过环境保护主管部门验收，验收不合格的，该建设项目不得投入生产或者使用。

第十八条　国家对重点水污染物排放实施总量控制制度。

省、自治区、直辖市人民政府应当按照国务院的规定削减和控制本行政区域的重点水污染物排放总量，并将重点水污染物排放总量控制指标分解落实到市、县人民政府。市、县人民政府根据本行政区域重点水污染物排放总量控制指标的要求，将重点水污染物排放总量控制指标分解落实到排污单位。具体办法和实施步骤由国务院规定。

省、自治区、直辖市人民政府可以根据本行政区域水环境质量状况和水污染防治工作的需要，确定本行政区域实施总量削减和控制的重点水污染物。

对超过重点水污染物排放总量控制指标的地区，有关人民政府环境保护主管部门应当暂停审批新增重点水污染物排放总量的建设项目的环境影响评价文件。

第十九条　国务院环境保护主管部门对未按照要求完成重点水污染物排放总量控制指标的省、自治区、直辖市予以公布。省、自治区、直辖市人民政府环境保护主管部门对未按照要求完成重点水污染物排放总量控制指标的市、县予以公布。

县级以上人民政府环境保护主管部门对违反本法规定、严重污染水环境的企业予以公布。

第二十条　国家实行排污许可制度。

直接或者间接向水体排放工业废水和医疗污水以及其他按照规定应当取得排污许可证方可排放的废水、污水的企业事业单位，应当取得排污许可证；城镇污水集中处理设施的运营单位，也应当取得排污许可证。排污许可的具体办法和实施步骤由国务院规定。

禁止企业事业单位无排污许可证或者违反排污许可证的规定向水体排放前款规定的废水、污水。

第二十一条　直接或者间接向水体排放污染物的企业事业单位和个体工商户，应当按照国务院环境保护主管部门的规定，向县级以上地方人民政府环境保护主管部门申报登记拥有的水污染物排放设施、处理设施和在正常作业条件下排放水污染物的种类、数量和浓度，并提供防治水污染方面的有关技术资料。

企业事业单位和个体工商户排放水污染物的种类、数量和浓度有重大改变的，应当及时申报登记；其水污染物处理设施应当保持正常使用；拆除或者闲置水污染物处理设施的，应当事先报县级以上地方人民政府环境保护主管部门批准。

第二十二条　向水体排放污染物的企业事业单位和个体工商户，应当按照法律、行政法规和国务院环境保护主管部门的规定设置排污口；在江河、湖泊设置排污口的，还应当遵守国务院水行政主管部门的规定。

禁止私设暗管或者采取其他规避监管的方式排放水污染物。

第二十三条　重点排污单位应当安装水污染物排放自动监测设备，与环境保护主管部门的监控设备联网，并保证监测设备正常运行。排放工业废水的企业，应当对其所排放的工业废水进行监测，并保存原始监测记录。具体办法由国务院环境保护主管部门规定。

应当安装水污染物排放自动监测设备的重点排污单位名录，由设区的市级以上地方人民政府环境保护主管部门根据本行政区域的环境容量、重点水污染物排放总量控制指标的要求以及排污单位排放水污染物的种类、数量和浓度等因素，商同级有关部门确定。

第二十四条　直接向水体排放污染物的企业事业单位和个体工商户，应当按照排放水污染物的种类、数量和排污费征收标准缴纳排污费。

排污费应当用于污染的防治，不得挪作他用。

第二十五条　国家建立水环境质量监测和水污染物排放监测制度。国务院环境保护主管部门负责制定水环境监测规范，统一发布国家水环境状况信息，会同国务院水行政等部门组织监测网络。

第二十六条　国家确定的重要江河、湖泊流域的水资源保护工作机构负责监测其所在流域的省界水体的水环境质量状况，并将监测结果及时报国务院环境保护主管部门和国务院水行政主管部门；有经国务院批准成立的流域水资源保护领导机构的，应当将监测结果及时报告流域水资源保护领导机构。

第二十七条　环境保护主管部门和其他依照本法规定行使监督管理权的部门，有权对管辖范围内的排污单位进行现场检查，被检查的单位应当如实反映情况，提供必要的资料。检查机关有义务为被检查的单位保守在检查中获取的商业秘密。

第二十八条　跨行政区域的水污染纠纷，由有关地方人民政府协商解决，或者由其共同的上级人民政府协调解决。

第四章　水污染防治措施

第一节　一般规定

第二十九条　禁止向水体排放油类、酸液、碱液或者剧毒废液。

禁止在水体清洗装贮过油类或者有毒污染物的车辆和容器。

第三十条　禁止向水体排放、倾倒放射性固体废物或者含有高放射性和中放射性物质的废水。

向水体排放含低放射性物质的废水，应当符合国家有关放射性污染防治的规定和标准。

第三十一条　向水体排放含热废水，应当采取措施，保证水体的水温符合水环境质量标准。

第三十二条　含病原体的污水应当经过消毒处理；符合国家有关标准后，方可排放。

第三十三条　禁止向水体排放、倾倒工业废渣、城镇垃圾和其他废弃物。

禁止将含有汞、镉、砷、铬、铅、氰化物、黄磷等的可溶性剧毒废渣向水体排放、倾倒或者直接埋入地下。

存放可溶性剧毒废渣的场所，应当采取防水、防渗漏、防流失的措施。

第三十四条　禁止在江河、湖泊、运河、渠道、水库最高水位线以下的滩地和岸坡堆放、存贮固体废弃物和其他污染物。

第三十五条　禁止利用渗井、渗坑、裂隙和溶洞排放、倾倒含有毒污染物的废水、含病原体的污水和其他废弃物。

第三十六条　禁止利用无防渗漏措施的沟渠、坑塘等输送或者存贮含有毒污染物的废水、含病原体的污水和其他废弃物。

第三十七条　多层地下水的含水层水质差异大的，应当分层开采；对已受污染的潜水和承压水，不得混合开采。

第三十八条　兴建地下工程设施或者进行地下勘探、采矿等活动，应当采取防护性措施，防止地下水污染。

第三十九条　人工回灌补给地下水，不得恶化地下水质。

第二节　工业水污染防治

第四十条　国务院有关部门和县级以上地方人民政府应当合理规划工业布局，要求造成水污染的企业进行技术改造，采取综合防治措施，提高水的重复利用率，减少废水和污染物排放量。

第四十一条　国家对严重污染水环境的落后工艺和设备实行淘汰制度。

国务院经济综合宏观调控部门会同国务院有关部门，公布限期禁止采用的严重污染水环境的工艺名录和限期禁止生产、销售、进口、使用的严重污染水环境的设备名录。

生产者、销售者、进口者或者使用者应当在规定的期限内停止生产、销售、进口或者使用列入前款规定的设备名录中的设备。工艺的采用者应当在规定的期限内停止采用列入前款规定的工艺名录中的工艺。

依照本条第二款、第三款规定被淘汰的设备，不得转让给他人使用。

第四十二条　国家禁止新建不符合国家产业政策的小型造纸、制革、印染、染料、炼焦、炼硫、炼砷、炼汞、炼油、电镀、农药、石棉、水泥、玻璃、钢铁、火电以及其他严重污染水环境的生产项目。

第四十三条　企业应当采用原材料利用效率高、污染物排放量少的清洁工艺，并加强管理，减少水污染物的产生。

第三节　城镇水污染防治

第四十四条　城镇污水应当集中处理。

县级以上地方人民政府应当通过财政预算和其他渠道筹集资金，统筹安排建设城镇污水集中处理设施及配套管网，提高本行政区域城镇污水的收集率和处理率。

国务院建设主管部门应当会同国务院经济综合宏观调控、环境保护主管部门，根据城乡规划和水污染防治规划，组织编制全国城镇污水处理设施建设规划。县级以上地方人民政府组织建设、经济综合宏观调控、环境保护、水行政等部门编制本行政区域的城镇污水处理设施建设规划。县级以上地方人民政府建设主管部门应当按照城镇污水处理设施建设规划，组织建设城镇污水集中处理设施及配套管网，并加强对城镇污水集中处理设施运营的监督管理。

城镇污水集中处理设施的运营单位按照国家规定向排污者提供污水处理的有偿服务，收取污水处理费用，保证污水集中处理设施的正常运行。向城镇污水集中处理设施排放污水、缴纳污水处理费用的，不再缴纳排污费。收取的污水处理费用应当用于城镇污水集中处理设施的建设和运行，不得挪作他用。

城镇污水集中处理设施的污水处理收费、管理以及使用的具体办法，由国务院规定。

第四十五条　向城镇污水集中处理设施排放水污染物，应当符合国家或者地方规定的水污染物排放标准。

城镇污水集中处理设施的出水水质达到国家或者地方规定的水污染物排放标准的，可以按照国家有关规定免缴排污费。

城镇污水集中处理设施的运营单位，应当对城镇污水集中处理设施的出水水质负责。

环境保护主管部门应当对城镇污水集中处理设施的出水水质和水量进行监督检查。

第四十六条　建设生活垃圾填埋场，应当采取防渗漏等措施，防止造成水污染。

第四节　农业和农村水污染防治

第四十七条　使用农药，应当符合国家有关农药安全使用的规定和标准。

运输、存贮农药和处置过期失效农药，应当加强管理，防止造成水污染。

第四十八条　县级以上地方人民政府农业主管部门和其他有关部门，应当采取措施，指导农业生产者科学、合理地施用化肥和农药，控制化肥和农药的过量使用，防止造成水污染。

第四十九条　国家支持畜禽养殖场、养殖小区建设畜禽粪便、废水的综合利用或者无害化处理设施。

畜禽养殖场、养殖小区应当保证其畜禽粪便、废水的综合利用或者无害化处理设施正常运转，保证污水达标排放，防止污染水环境。

第五十条　从事水产养殖应当保护水域生态环境，科学确定养殖密度，合理投饵和使用药物，防止污染水环境。

第五十一条　向农田灌溉渠道排放工业废水和城镇污水，应当保证其下游最近的灌溉取水点的水质符合农田灌溉水质标准。

利用工业废水和城镇污水进行灌溉，应当防止污染土壤、地下水和农产品。

第五节　船舶水污染防治

第五十二条　船舶排放含油污水、生活污水，应当符合船舶污染物排放标准。从事海洋航运的船舶进入内河和港口的，应当遵守内河的船舶污染物排放标准。

船舶的残油、废油应当回收，禁止排入水体。

禁止向水体倾倒船舶垃圾。

船舶装载运输油类或者有毒货物，应当采取防止溢流和渗漏的措施，防止货物落水造成水污染。

第五十三条 船舶应当按照国家有关规定配置相应的防污设备和器材，并持有合法有效的防止水域环境污染的证书与文书。

船舶进行涉及污染物排放的作业，应当严格遵守操作规程，并在相应的记录簿上如实记载。

第五十四条 港口、码头、装卸站和船舶修造厂应当备有足够的船舶污染物、废弃物的接收设施。从事船舶污染物、废弃物接收作业，或者从事装载油类、污染危害性货物船舱清洗作业的单位，应当具备与其运营规模相适应的接收处理能力。

第五十五条 船舶进行下列活动，应当编制作业方案，采取有效的安全和防污染措施，并报作业地海事管理机构批准：

（一）进行残油、含油污水、污染危害性货物残留物的接收作业，或者进行装载油类、污染危害性货物船舱的清洗作业；

（二）进行散装液体污染危害性货物的过驳作业；

（三）进行船舶水上拆解、打捞或者其他水上、水下船舶施工作业。

在渔港水域进行渔业船舶水上拆解活动，应当报作业地渔业主管部门批准。

第五章 饮用水水源和其他特殊水体保护

第五十六条 国家建立饮用水水源保护区制度。饮用水水源保护区分为一级保护区和二级保护区；必要时，可以在饮用水水源保护区外围划定一定的区域作为准保护区。

饮用水水源保护区的划定，由有关市、县人民政府提出划定方案，报省、自治区、直辖市人民政府批准；跨市、县饮用水水源保护区的划定，由有关市、县人民政府协商提出划定方案，报省、自治区、直辖市人民政府批准；协商不成的，由省、自治区、直辖市人民政府环境保护主管部门会同同级水行政、国土资源、卫生、建设等部门提出划定方案，征求同级有关部门的意见后，报省、自治区、直辖市人民政府批准。

跨省、自治区、直辖市的饮用水水源保护区，由有关省、自治区、直辖市人民政府商有关流域管理机构划定；协商不成的，由国务院环境保护主管部门会同同级水行政、国土资源、卫生、建设等部门提出划定方案，征求国务院有关部门的意见后，报国务院批准。

国务院和省、自治区、直辖市人民政府可以根据保护饮用水水源的实际需要，调整饮用水水源保护区的范围，确保饮用水安全。有关地方人民政府应当在饮用水水源保护区的边界设立明确的地理界标和明显的警示标志。

第五十七条 在饮用水水源保护区内，禁止设置排污口。

第五十八条 禁止在饮用水水源一级保护区内新建、改建、扩建与供水设施和保护水源无关的建设项目；已建成的与供水设施和保护水源无关的建设项目，由县级以上人民政府责令拆除或者关闭。

禁止在饮用水水源一级保护区内从事网箱养殖、旅游、游泳、垂钓或者其他可能污染饮用水水体的活动。

第五十九条　禁止在饮用水水源二级保护区内新建、改建、扩建排放污染物的建设项目；已建成的排放污染物的建设项目，由县级以上人民政府责令拆除或者关闭。

在饮用水水源二级保护区内从事网箱养殖、旅游等活动的，应当按照规定采取措施，防止污染饮用水水体。

第六十条　禁止在饮用水水源准保护区内新建、扩建对水体污染严重的建设项目；改建建设项目，不得增加排污量。

第六十一条　县级以上地方人民政府应当根据保护饮用水水源的实际需要，在准保护区内采取工程措施或者建造湿地、水源涵养林等生态保护措施，防止水污染物直接排入饮用水水体，确保饮用水安全。

第六十二条　饮用水水源受到污染可能威胁供水安全的，环境保护主管部门应当责令有关企业事业单位采取停止或者减少排放水污染物等措施。

第六十三条　国务院和省、自治区、直辖市人民政府根据水环境保护的需要，可以规定在饮用水水源保护区内，采取禁止或者限制使用含磷洗涤剂、化肥、农药以及限制种植养殖等措施。

第六十四条　县级以上人民政府可以对风景名胜区水体、重要渔业水体和其他具有特殊经济文化价值的水体划定保护区，并采取措施，保证保护区的水质符合规定用途的水环境质量标准。

第六十五条　在风景名胜区水体、重要渔业水体和其他具有特殊经济文化价值的水体的保护区内，不得新建排污口。在保护区附近新建排污口，应当保证保护区水体不受污染。

第六章　水污染事故处置

第六十六条　各级人民政府及其有关部门，可能发生水污染事故的企业事业单位，应当依照《中华人民共和国突发事件应对法》的规定，做好突发水污染事故的应急准备、应急处置和事后恢复等工作。

第六十七条　可能发生水污染事故的企业事业单位，应当制定有关水污染事故的应急方案，做好应急准备，并定期进行演练。

生产、储存危险化学品的企业事业单位，应当采取措施，防止在处理安全生产事故过程中产生的可能严重污染水体的消防废水、废液直接排入水体。

第六十八条　企业事业单位发生事故或者其他突发性事件，造成或者可能造成水污染事故的，应当立即启动本单位的应急方案，采取应急措施，并向事故发生地的县级以上地方人民政府或者环境保护主管部门报告。环境保护主管部门接到报告后，应当及时向本级人民政府报告，并抄送有关部门。

造成渔业污染事故或者渔业船舶造成水污染事故的，应当向事故发生地的渔业主管部门报告，接受调查处理。其他船舶造成水污染事故的，应当向事故发生地的海事管理机构报告，接受调查处理；给渔业造成损害的，海事管理机构应当通知渔业主管部门参与调查处理。

第七章　法律责任

第六十九条　环境保护主管部门或者其他依照本法规定行使监督管理权的部门，不依法作出行政许可或者办理批准文件的，发现违法行为或者接到对违法行为的举报后不予查处的，或者有其他未依照本法规定履行职责的行为的，对直接负责的主管人员和其他直接责任人员依法给予处分。

第七十条　拒绝环境保护主管部门或者其他依照本法规定行使监督管理权的部门的监督检查，或者在接受监督检查时弄虚作假的，由县级以上人民政府环境保护主管部门或者其他依照本法规定行使监督管理权的部门责令改正，处一万元以上十万元以下的罚款。

第七十一条　违反本法规定，建设项目的水污染防治设施未建成、未经验收或者验收不合格，主体工程即投入生产或者使用的，由县级以上人民政府环境保护主管部门责令停止生产或者使用，直至验收合格，处五万元以上五十万元以下的罚款。

第七十二条　违反本法规定，有下列行为之一的，由县级以上人民政府环境保护主管部门责令限期改正；逾期不改正的，处一万元以上十万元以下的罚款：

（一）拒报或者谎报国务院环境保护主管部门规定的有关水污染物排放申报登记事项的；

（二）未按照规定安装水污染物排放自动监测设备或者未按照规定与环境保护主管部门的监控设备联网，并保证监测设备正常运行的；

（三）未按照规定对所排放的工业废水进行监测并保存原始监测记录的。

第七十三条　违反本法规定，不正常使用水污染物处理设施，或者未经环境保护主管部门批准拆除、闲置水污染物处理设施的，由县级以上人民政府环境保护主管部门责令限期改正，处应缴纳排污费数额一倍以上三倍以下的罚款。

第七十四条　违反本法规定，排放水污染物超过国家或者地方规定的水污染物排放标准，或者超过重点水污染物排放总量控制指标的，由县级以上人民政府环境保护主管部门按照权限责令限期治理，处应缴纳排污费数额二倍以上五倍以下的罚款。

限期治理期间，由环境保护主管部门责令限制生产、限制排放或者停产整治。限期治理的期限最长不超过一年；逾期未完成治理任务的，报经有批准权的人民政府批准，责令关闭。

第七十五条　在饮用水水源保护区内设置排污口的，由县级以上地方人民政府责令限期拆除，处十万元以上五十万元以下的罚款；逾期不拆除的，强制拆除，所需费用由违法者承担，处五十万元以上一百万元以下的罚款，并可以责令停产整顿。

除前款规定外，违反法律、行政法规和国务院环境保护主管部门的规定设置排污口或者私设暗管的，由县级以上地方人民政府环境保护主管部门责令限期拆除，处二万元以上十万元以下的罚款；逾期不拆除的，强制拆除，所需费用由违法者承担，处十万元以上五十万元以下的罚款；私设暗管或者有其他严重情节的，县级以上地方人民政府环境保护主管部门可以提请县级以上地方人民政府责令停产整顿。

未经水行政主管部门或者流域管理机构同意，在江河、湖泊新建、改建、扩建排污口的，由县级以上人民政府水行政主管部门或者流域管理机构依据职权，依照前款规定采取措施、给予处罚。

第七十六条　有下列行为之一的，由县级以上地方人民政府环境保护主管部门责令停止违法行为，限期采取治理措施，消除污染，处以罚款；逾期不采取治理措施的，环境保护主管部门可以指定有治理能力的单位代为治理，所需费用由违法者承担：

（一）向水体排放油类、酸液、碱液的；

（二）向水体排放剧毒废液，或者将含有汞、镉、砷、铬、铅、氰化物、黄磷等的可溶性剧毒废渣向水体排放、倾倒或者直接埋入地下的；

（三）在水体清洗装贮过油类、有毒污染物的车辆或者容器的；

（四）向水体排放、倾倒工业废渣、城镇垃圾或者其他废弃物，或者在江河、湖泊、运河、渠道、水库最高水位线以下的滩地、岸坡堆放、存贮固体废弃物或者其他污染物的；

（五）向水体排放、倾倒放射性固体废物或者含有高放射性、中放射性物质的废水的；

（六）违反国家有关规定或者标准，向水体排放含低放射性物质的废水、热废水或者含病原体的污水的；

（七）利用渗井、渗坑、裂隙或者溶洞排放、倾倒含有毒污染物的废水、含病原体的污水或者其他废弃物的；

（八）利用无防渗漏措施的沟渠、坑塘等输送或者存贮含有毒污染物的废水、含病原体的污水或者其他废弃物的。

有前款第三项、第六项行为之一的，处一万元以上十万元以下的罚款；有前款第一项、第四项、第八项行为之一的，处二万元以上二十万元以下的罚款；有前款第二项、第五项、第七项行为之一的，处五万元以上五十万元以下的罚款。

第七十七条　违反本法规定，生产、销售、进口或者使用列入禁止生产、销售、进口、使用的严重污染水环境的设备名录中的设备，或者采用列入禁止采用的严重污染水环境的工艺名录中的工艺的，由县级以上人民政府经济综合宏观调控部门责令改正，处五万元以上二十万元以下的罚款；情节严重的，由县级以上人民政府经济综合宏观调控部门提出意见，报请本级人民政府责令停业、关闭。

第七十八条　违反本法规定，建设不符合国家产业政策的小型造纸、制革、印染、染料、炼焦、炼硫、炼砷、炼汞、炼油、电镀、农药、石棉、水泥、玻璃、钢铁、火电以及其他严重污染水环境的生产项目的，由所在地的市、县人民政府责令关闭。

第七十九条　船舶未配置相应的防污染设备和器材，或者未持有合法有效的防止水域环境污染的证书与文书的，由海事管理机构、渔业主管部门按照职责分工责令限期改正，处二千元以上二万元以下的罚款；逾期不改正的，责令船舶临时停航。

船舶进行涉及污染物排放的作业，未遵守操作规程或者未在相应的记录簿上如实记载的，由海事管理机构、渔业主管部门按照职责分工责令改正，处二千元以上二万元以下的罚款。

第八十条　违反本法规定，有下列行为之一的，由海事管理机构、渔业主管部门按照职责分工责令停止违法行为，处以罚款；造成水污染的，责令限期采取治理措施，消除污染；逾期不采取治理措施的，海事管理机构、渔业主管部门按照职责分工可以指定有治理能力的单位代为治理，所需费用由船舶承担：

（一）向水体倾倒船舶垃圾或者排放船舶的残油、废油的；

（二）未经作业地海事管理机构批准，船舶进行残油、含油污水、污染危害性货物残留物的接收作业，或者进行装载油类、污染危害性货物船舱的清洗作业，或者进行散装液体污染危害性货物的过驳作业的；

（三）未经作业地海事管理机构批准，进行船舶水上拆解、打捞或者其他水上、水下船舶施工作业的；

（四）未经作业地渔业主管部门批准，在渔港水域进行渔业船舶水上拆解的。

有前款第一项、第二项、第四项行为之一的，处五千元以上五万元以下的罚款；有前款第三项行为的，处一万元以上十万元以下的罚款。

第八十一条 有下列行为之一的，由县级以上地方人民政府环境保护主管部门责令停止违法行为，处十万元以上五十万元以下的罚款；并报经有批准权的人民政府批准，责令拆除或者关闭：

（一）在饮用水水源一级保护区内新建、改建、扩建与供水设施和保护水源无关的建设项目的；

（二）在饮用水水源二级保护区内新建、改建、扩建排放污染物的建设项目的；

（三）在饮用水水源准保护区内新建、扩建对水体污染严重的建设项目，或者改建建设项目增加排污量的。

在饮用水水源一级保护区内从事网箱养殖或者组织进行旅游、垂钓或者其他可能污染饮用水水体的活动的，由县级以上地方人民政府环境保护主管部门责令停止违法行为，处二万元以上十万元以下的罚款。个人在饮用水水源一级保护区内游泳、垂钓或者从事其他可能污染饮用水水体的活动的，由县级以上地方人民政府环境保护主管部门责令停止违法行为，可以处五百元以下的罚款。

第八十二条 企业事业单位有下列行为之一的，由县级以上人民政府环境保护主管部门责令改正；情节严重的，处二万元以上十万元以下的罚款：

（一）不按照规定制定水污染事故的应急方案的；

（二）水污染事故发生后，未及时启动水污染事故的应急方案，采取有关应急措施的。

第八十三条 企业事业单位违反本法规定，造成水污染事故的，由县级以上人民政府环境保护主管部门依照本条第二款的规定处以罚款，责令限期采取治理措施，消除污染；不按要求采取治理措施或者不具备治理能力的，由环境保护主管部门指定有治理能力的单位代为治理，所需费用由违法者承担；对造成重大或者特大水污染事故的，可以报经有批准权的人民政府批准，责令关闭；对直接负责的主管人员和其他直接责任人员可以处上一年度从本单位取得的收入百分之五十以下的罚款。

对造成一般或者较大水污染事故的，按照水污染事故造成的直接损失的百分之二十计算罚款；对造成重大或者特大水污染事故的，按照水污染事故造成的直接损失的百分之三十计算罚款。

造成渔业污染事故或者渔业船舶造成水污染事故的，由渔业主管部门进行处罚；其他船舶造成水污染事故的，由海事管理机构进行处罚。

第八十四条　当事人对行政处罚决定不服的，可以申请行政复议，也可以在收到通知之日起十五日内向人民法院起诉；期满不申请行政复议或者起诉，又不履行行政处罚决定的，由作出行政处罚决定的机关申请人民法院强制执行。

第八十五条　因水污染受到损害的当事人，有权要求排污方排除危害和赔偿损失。

由于不可抗力造成水污染损害的，排污方不承担赔偿责任；法律另有规定的除外。

水污染损害是由受害人故意造成的，排污方不承担赔偿责任。水污染损害是由受害人重大过失造成的，可以减轻排污方的赔偿责任。

水污染损害是由第三人造成的，排污方承担赔偿责任后，有权向第三人追偿。

第八十六条　因水污染引起的损害赔偿责任和赔偿金额的纠纷，可以根据当事人的请求，由环境保护主管部门或者海事管理机构、渔业主管部门按照职责分工调解处理；调解不成的，当事人可以向人民法院提起诉讼。当事人也可以直接向人民法院提起诉讼。

第八十七条　因水污染引起的损害赔偿诉讼，由排污方就法律规定的免责事由及其行为与损害结果之间不存在因果关系承担举证责任。

第八十八条　因水污染受到损害的当事人人数众多的，可以依法由当事人推选代表人进行共同诉讼。

环境保护主管部门和有关社会团体可以依法支持因水污染受到损害的当事人向人民法院提起诉讼。

国家鼓励法律服务机构和律师为水污染损害诉讼中的受害人提供法律援助。

第八十九条　因水污染引起的损害赔偿责任和赔偿金额的纠纷，当事人可以委托环境监测机构提供监测数据。环境监测机构应当接受委托，如实提供有关监测数据。

第九十条　违反本法规定，构成违反治安管理行为的，依法给予治安管理处罚；构成犯罪的，依法追究刑事责任。

第八章　附　　则

第九十一条　本法中下列用语的含义：

（一）水污染，是指水体因某种物质的介入，而导致其化学、物理、生物或者放射性等方面特性的改变，从而影响水的有效利用，危害人体健康或者破坏生态环境，造成水质恶化的现象。

（二）水污染物，是指直接或者间接向水体排放的，能导致水体污染的物质。

（三）有毒污染物，是指那些直接或者间接被生物摄入体内后，可能导致该生物或者其后代发病、行为反常、遗传异变、生理机能失常、机体变形或者死亡的污染物。

（四）渔业水体，是指划定的鱼虾类的产卵场、索饵场、越冬场、洄游通道和鱼虾贝藻类的养殖场的水体。

第九十二条　本法自 2008 年 6 月 1 日起施行。

附 录 12

中华人民共和国水土保持法

（1991 年 6 月 29 日第七届全国人民代表大会常务委员会第二十次会议通过，
2010 年 12 月 25 日第十一届全国人民代表大会常务委员会第十八次会议修订）

第一章 总 则

第一条 为了预防和治理水土流失，保护和合理利用水土资源，减轻水、旱、风沙灾害，改善生态环境，保障经济社会可持续发展，制定本法。

第二条 在中华人民共和国境内从事水土保持活动，应当遵守本法。

本法所称水土保持，是指对自然因素和人为活动造成水土流失所采取的预防和治理措施。

第三条 水土保持工作实行预防为主、保护优先、全面规划、综合治理、因地制宜、突出重点、科学管理、注重效益的方针。

第四条 县级以上人民政府应当加强对水土保持工作的统一领导，将水土保持工作纳入本级国民经济和社会发展规划，对水土保持规划确定的任务，安排专项资金，并组织实施。

国家在水土流失重点预防区和重点治理区，实行地方各级人民政府水土保持目标责任制和考核奖惩制度。

第五条 国务院水行政主管部门主管全国的水土保持工作。

国务院水行政主管部门在国家确定的重要江河、湖泊设立的流域管理机构（以下简称流域管理机构），在所管辖范围内依法承担水土保持监督管理职责。

县级以上地方人民政府水行政主管部门主管本行政区域的水土保持工作。

县级以上人民政府林业、农业、国土资源等有关部门按照各自职责，做好有关的水土流失预防和治理工作。

第六条 各级人民政府及其有关部门应当加强水土保持宣传和教育工作，普及水土保持科学知识，增强公众的水土保持意识。

第七条 国家鼓励和支持水土保持科学技术研究，提高水土保持科学技术水平，推广先进的水土保持技术，培养水土保持科学技术人才。

第八条 任何单位和个人都有保护水土资源、预防和治理水土流失的义务，并有权对破坏水土资源、造成水土流失的行为进行举报。

第九条 国家鼓励和支持社会力量参与水土保持工作。

对水土保持工作中成绩显著的单位和个人，由县级以上人民政府给予表彰和奖励。

第二章 规 划

第十条 水土保持规划应当在水土流失调查结果及水土流失重点预防区和重点治理区划定的基础上，遵循统筹协调、分类指导的原则编制。

第十一条　国务院水行政主管部门应当定期组织全国水土流失调查并公告调查结果。

省、自治区、直辖市人民政府水行政主管部门负责本行政区域的水土流失调查并公告调查结果，公告前应当将调查结果报国务院水行政主管部门备案。

第十二条　县级以上人民政府应当依据水土流失调查结果划定并公告水土流失重点预防区和重点治理区。

对水土流失潜在危险较大的区域，应当划定为水土流失重点预防区；对水土流失严重的区域，应当划定为水土流失重点治理区。

第十三条　水土保持规划的内容应当包括水土流失状况、水土流失类型区划分、水土流失防治目标、任务和措施等。

水土保持规划包括对流域或者区域预防和治理水土流失、保护和合理利用水土资源作出的整体部署，以及根据整体部署对水土保持专项工作或者特定区域预防和治理水土流失作出的专项部署。

水土保持规划应当与土地利用总体规划、水资源规划、城乡规划和环境保护规划等相协调。

编制水土保持规划，应当征求专家和公众的意见。

第十四条　县级以上人民政府水行政主管部门会同同级人民政府有关部门编制水土保持规划，报本级人民政府或者其授权的部门批准后，由水行政主管部门组织实施。

水土保持规划一经批准，应当严格执行；经批准的规划根据实际情况需要修改的，应当按照规划编制程序报原批准机关批准。

第十五条　有关基础设施建设、矿产资源开发、城镇建设、公共服务设施建设等方面的规划，在实施过程中可能造成水土流失的，规划的组织编制机关应当在规划中提出水土流失预防和治理的对策和措施，并在规划报请审批前征求本级人民政府水行政主管部门的意见。

第三章　预　　防

第十六条　地方各级人民政府应当按照水土保持规划，采取封育保护、自然修复等措施，组织单位和个人植树种草，扩大林草覆盖面积，涵养水源，预防和减轻水土流失。

第十七条　地方各级人民政府应当加强对取土、挖砂、采石等活动的管理，预防和减轻水土流失。

禁止在崩塌、滑坡危险区和泥石流易发区从事取土、挖砂、采石等可能造成水土流失的活动。崩塌、滑坡危险区和泥石流易发区的范围，由县级以上地方人民政府划定并公告。崩塌、滑坡危险区和泥石流易发区的划定，应当与地质灾害防治规划确定的地质灾害易发区、重点防治区相衔接。

第十八条　水土流失严重、生态脆弱的地区，应当限制或者禁止可能造成水土流失的生产建设活动，严格保护植物、沙壳、结皮、地衣等。

在侵蚀沟的沟坡和沟岸、河流的两岸以及湖泊和水库的周边，土地所有权人、使用权人或者有关管理单位应当营造植物保护带。禁止开垦、开发植物保护带。

第十九条　水土保持设施的所有权人或者使用权人应当加强对水土保持设施的管理与

维护，落实管护责任，保障其功能正常发挥。

第二十条　禁止在二十五度以上陡坡地开垦种植农作物。在二十五度以上陡坡地种植经济林的，应当科学选择树种，合理确定规模，采取水土保持措施，防止造成水土流失。

省、自治区、直辖市根据本行政区域的实际情况，可以规定小于二十五度的禁止开垦坡度。禁止开垦的陡坡地的范围由当地县级人民政府划定并公告。

第二十一条　禁止毁林、毁草开垦和采集发菜。禁止在水土流失重点预防区和重点治理区铲草皮、挖树兜或者滥挖虫草、甘草、麻黄等。

第二十二条　林木采伐应当采用合理方式，严格控制皆伐；对水源涵养林、水土保持林、防风固沙林等防护林只能进行抚育和更新性质的采伐；对采伐区和集材道应当采取防止水土流失的措施，并在采伐后及时更新造林。

在林区采伐林木的，采伐方案中应当有水土保持措施。采伐方案经林业主管部门批准后，由林业主管部门和水行政主管部门监督实施。

第二十三条　在五度以上坡地植树造林、抚育幼林、种植中药材等，应当采取水土保持措施。

在禁止开垦坡度以下、五度以上的荒坡地开垦种植农作物，应当采取水土保持措施。具体办法由省、自治区、直辖市根据本行政区域的实际情况规定。

第二十四条　生产建设项目选址、选线应当避让水土流失重点预防区和重点治理区；无法避让的，应当提高防治标准，优化施工工艺，减少地表扰动和植被损坏范围，有效控制可能造成的水土流失。

第二十五条　在山区、丘陵区、风沙区以及水土保持规划确定的容易发生水土流失的其他区域开办可能造成水土流失的生产建设项目，生产建设单位应当编制水土保持方案，报县级以上人民政府水行政主管部门审批，并按照经批准的水土保持方案，采取水土流失预防和治理措施。没有能力编制水土保持方案的，应当委托具备相应技术条件的机构编制。

水土保持方案应当包括水土流失预防和治理的范围、目标、措施和投资等内容。

水土保持方案经批准后，生产建设项目的地点、规模发生重大变化的，应当补充或者修改水土保持方案并报原审批机关批准。水土保持方案实施过程中，水土保持措施需要作出重大变更的，应当经原审批机关批准。

生产建设项目水土保持方案的编制和审批办法，由国务院水行政主管部门制定。

第二十六条　依法应当编制水土保持方案的生产建设项目，生产建设单位未编制水土保持方案或者水土保持方案未经水行政主管部门批准的，生产建设项目不得开工建设。

第二十七条　依法应当编制水土保持方案的生产建设项目中的水土保持设施，应当与主体工程同时设计、同时施工、同时投产使用；生产建设项目竣工验收，应当验收水土保持设施；水土保持设施未经验收或者验收不合格的，生产建设项目不得投产使用。

第二十八条　依法应当编制水土保持方案的生产建设项目，其生产建设活动中排弃的砂、石、土、矸石、尾矿、废渣等应当综合利用；不能综合利用，确需废弃的，应当堆放在水土保持方案确定的专门存放地，并采取措施保证不产生新的危害。

第二十九条　县级以上人民政府水行政主管部门、流域管理机构，应当对生产建设项目水土保持方案的实施情况进行跟踪检查，发现问题及时处理。

第四章　治　　理

第三十条　国家加强水土流失重点预防区和重点治理区的坡耕地改梯田、淤地坝等水土保持重点工程建设，加大生态修复力度。

县级以上人民政府水行政主管部门应当加强对水土保持重点工程的建设管理，建立和完善运行管护制度。

第三十一条　国家加强江河源头区、饮用水水源保护区和水源涵养区水土流失的预防和治理工作，多渠道筹集资金，将水土保持生态效益补偿纳入国家建立的生态效益补偿制度。

第三十二条　开办生产建设项目或者从事其他生产建设活动造成水土流失的，应当进行治理。

在山区、丘陵区、风沙区以及水土保持规划确定的容易发生水土流失的其他区域开办生产建设项目或者从事其他生产建设活动，损坏水土保持设施、地貌植被，不能恢复原有水土保持功能的，应当缴纳水土保持补偿费，专项用于水土流失预防和治理。专项水土流失预防和治理由水行政主管部门负责组织实施。水土保持补偿费的收取使用管理办法由国务院财政部门、国务院价格主管部门会同国务院水行政主管部门制定。

生产建设项目在建设过程中和生产过程中发生的水土保持费用，按照国家统一的财务会计制度处理。

第三十三条　国家鼓励单位和个人按照水土保持规划参与水土流失治理，并在资金、技术、税收等方面予以扶持。

第三十四条　国家鼓励和支持承包治理荒山、荒沟、荒丘、荒滩，防治水土流失，保护和改善生态环境，促进土地资源的合理开发和可持续利用，并依法保护土地承包合同当事人的合法权益。

承包治理荒山、荒沟、荒丘、荒滩和承包水土流失严重地区农村土地的，在依法签订的土地承包合同中应当包括预防和治理水土流失责任的内容。

第三十五条　在水力侵蚀地区，地方各级人民政府及其有关部门应当组织单位和个人，以天然沟壑及其两侧山坡地形成的小流域为单元，因地制宜地采取工程措施、植物措施和保护性耕作等措施，进行坡耕地和沟道水土流失综合治理。

在风力侵蚀地区，地方各级人民政府及其有关部门应当组织单位和个人，因地制宜地采取轮封轮牧、植树种草、设置人工沙障和网格林带等措施，建立防风固沙防护体系。

在重力侵蚀地区，地方各级人民政府及其有关部门应当组织单位和个人，采取监测、径流排导、削坡减载、支挡固坡、修建拦挡工程等措施，建立监测、预报、预警体系。

第三十六条　在饮用水水源保护区，地方各级人民政府及其有关部门应当组织单位和个人，采取预防保护、自然修复和综合治理措施，配套建设植物过滤带，积极推广沼气，开展清洁小流域建设，严格控制化肥和农药的使用，减少水土流失引起的面源污染，保护饮用水水源。

第三十七条　已在禁止开垦的陡坡地上开垦种植农作物的，应当按照国家有关规定退耕，植树种草；耕地短缺、退耕确有困难的，应当修建梯田或者采取其他水土保持措施。

在禁止开垦坡度以下的坡耕地上开垦种植农作物的，应当根据不同情况，采取修建梯田、坡面水系整治、蓄水保土耕作或者退耕等措施。

第三十八条 对生产建设活动所占用土地的地表土应当进行分层剥离、保存和利用，做到土石方挖填平衡，减少地表扰动范围；对废弃的砂、石、土、矸石、尾矿、废渣等存放地，应当采取拦挡、坡面防护、防洪排导等措施。生产建设活动结束后，应当及时在取土场、开挖面和存放地的裸露土地上植树种草、恢复植被，对闭库的尾矿库进行复垦。

在干旱缺水地区从事生产建设活动，应当采取防止风力侵蚀措施，设置降水蓄渗设施，充分利用降水资源。

第三十九条 国家鼓励和支持在山区、丘陵区、风沙区以及容易发生水土流失的其他区域，采取下列有利于水土保持的措施：

（一）免耕、等高耕作、轮耕轮作、草田轮作、间作套种等；

（二）封禁抚育、轮封轮牧、舍饲圈养；

（三）发展沼气、节柴灶，利用太阳能、风能和水能，以煤、电、气代替薪柴等；

（四）从生态脆弱地区向外移民；

（五）其他有利于水土保持的措施。

第五章 监 测 和 监 督

第四十条 县级以上人民政府水行政主管部门应当加强水土保持监测工作，发挥水土保持监测工作在政府决策、经济社会发展和社会公众服务中的作用。县级以上人民政府应当保障水土保持监测工作经费。

国务院水行政主管部门应当完善全国水土保持监测网络，对全国水土流失进行动态监测。

第四十一条 对可能造成严重水土流失的大中型生产建设项目，生产建设单位应当自行或者委托具备水土保持监测资质的机构，对生产建设活动造成的水土流失进行监测，并将监测情况定期上报当地水行政主管部门。

从事水土保持监测活动应当遵守国家有关技术标准、规范和规程，保证监测质量。

第四十二条 国务院水行政主管部门和省、自治区、直辖市人民政府水行政主管部门应当根据水土保持监测情况，定期对下列事项进行公告：

（一）水土流失类型、面积、强度、分布状况和变化趋势；

（二）水土流失造成的危害；

（三）水土流失预防和治理情况。

第四十三条 县级以上人民政府水行政主管部门负责对水土保持情况进行监督检查。流域管理机构在其管辖范围内可以行使国务院水行政主管部门的监督检查职权。

第四十四条 水政监督检查人员依法履行监督检查职责时，有权采取下列措施：

（一）要求被检查单位或者个人提供有关文件、证照、资料；

（二）要求被检查单位或者个人就预防和治理水土流失的有关情况作出说明；

（三）进入现场进行调查、取证。

被检查单位或者个人拒不停止违法行为，造成严重水土流失的，报经水行政主管部门批准，可以查封、扣押实施违法行为的工具及施工机械、设备等。

第四十五条　水政监督检查人员依法履行监督检查职责时，应当出示执法证件。被检查单位或者个人对水土保持监督检查工作应当给予配合，如实报告情况，提供有关文件、证照、资料；不得拒绝或者阻碍水政监督检查人员依法执行公务。

第四十六条　不同行政区域之间发生水土流失纠纷应当协商解决；协商不成的，由共同的上一级人民政府裁决。

第六章　法　律　责　任

第四十七条　水行政主管部门或者其他依照本法规定行使监督管理权的部门，不依法作出行政许可决定或者办理批准文件的，发现违法行为或者接到对违法行为的举报不予查处的，或者有其他未依照本法规定履行职责的行为的，对直接负责的主管人员和其他直接责任人员依法给予处分。

第四十八条　违反本法规定，在崩塌、滑坡危险区或者泥石流易发区从事取土、挖砂、采石等可能造成水土流失的活动的，由县级以上地方人民政府水行政主管部门责令停止违法行为，没收违法所得，对个人处一千元以上一万元以下的罚款，对单位处二万元以上二十万元以下的罚款。

第四十九条　违反本法规定，在禁止开垦坡度以上陡坡地开垦种植农作物，或者在禁止开垦、开发的植物保护带内开垦、开发的，由县级以上地方人民政府水行政主管部门责令停止违法行为，采取退耕、恢复植被等补救措施；按照开垦或者开发面积，可以对个人处每平方米二元以下的罚款、对单位处每平方米十元以下的罚款。

第五十条　违反本法规定，毁林、毁草开垦的，依照《中华人民共和国森林法》、《中华人民共和国草原法》的有关规定处罚。

第五十一条　违反本法规定，采集发菜，或者在水土流失重点预防区和重点治理区铲草皮、挖树兜、滥挖虫草、甘草、麻黄等的，由县级以上地方人民政府水行政主管部门责令停止违法行为，采取补救措施，没收违法所得，并处违法所得一倍以上五倍以下的罚款；没有违法所得的，可以处五万元以下的罚款。

在草原地区有前款规定违法行为的，依照《中华人民共和国草原法》的有关规定处罚。

第五十二条　在林区采伐林木不依法采取防止水土流失措施的，由县级以上地方人民政府林业主管部门、水行政主管部门责令限期改正，采取补救措施；造成水土流失的，由水行政主管部门按照造成水土流失的面积处每平方米二元以上十元以下的罚款。

第五十三条　违反本法规定，有下列行为之一的，由县级以上人民政府水行政主管部门责令停止违法行为，限期补办手续；逾期不补办手续的，处五万元以上五十万元以下的罚款；对生产建设单位直接负责的主管人员和其他直接责任人员依法给予处分：

（一）依法应当编制水土保持方案的生产建设项目，未编制水土保持方案或者编制的水土保持方案未经批准而开工建设的；

（二）生产建设项目的地点、规模发生重大变化，未补充、修改水土保持方案或者补充、修改的水土保持方案未经原审批机关批准的；

（三）水土保持方案实施过程中，未经原审批机关批准，对水土保持措施作出重大变更的。

第五十四条　违反本法规定，水土保持设施未经验收或者验收不合格将生产建设项目投产使用的，由县级以上人民政府水行政主管部门责令停止生产或者使用，直至验收合格，并处五万元以上五十万元以下的罚款。

第五十五条　违反本法规定，在水土保持方案确定的专门存放地以外的区域倾倒砂、石、土、矸石、尾矿、废渣等的，由县级以上地方人民政府水行政主管部门责令停止违法行为，限期清理，按照倾倒数量处每立方米十元以上二十元以下的罚款；逾期仍不清理的，县级以上地方人民政府水行政主管部门可以指定有清理能力的单位代为清理，所需费用由违法行为人承担。

第五十六条　违反本法规定，开办生产建设项目或者从事其他生产建设活动造成水土流失，不进行治理的，由县级以上人民政府水行政主管部门责令限期治理；逾期仍不治理的，县级以上人民政府水行政主管部门可以指定有治理能力的单位代为治理，所需费用由违法行为人承担。

第五十七条　违反本法规定，拒不缴纳水土保持补偿费的，由县级以上人民政府水行政主管部门责令限期缴纳；逾期不缴纳的，自滞纳之日起按日加收滞纳部分万分之五的滞纳金，可以处应缴水土保持补偿费三倍以下的罚款。

第五十八条　违反本法规定，造成水土流失危害的，依法承担民事责任；构成违反治安管理行为的，由公安机关依法给予治安管理处罚；构成犯罪的，依法追究刑事责任。

第七章　附　　则

第五十九条　县级以上地方人民政府根据当地实际情况确定的负责水土保持工作的机构，行使本法规定的水行政主管部门水土保持工作的职责。

第六十条　本法自2011年3月1日起施行。

附录 13

中华人民共和国防洪法

（1997 年 8 月 29 日第八届全国人民代表大会常务委员会第二十七次会议通过，1997 年 8 月 29 日中华人民共和国主席令第 88 号公布，自 1998 年 1 月 1 日起施行）

第一章　总　则

第一条　为了防治洪水，防御、减轻洪涝灾害，维护人民的生命和财产安全，保障社会主义现代化建设顺利进行，制定本法。

第二条　防洪工作实行全面规划、统筹兼顾、预防为主、综合治理、局部利益服从全局利益的原则。

第三条　防洪工程设施建设，应当纳入国民经济和社会发展计划。

防洪费用按照政府投入同受益者合理承担相结合的原则筹集。

第四条　开发利用和保护水资源，应当服从防洪总体安排，实行兴利与除害相结合的原则。

江河、湖泊治理以及防洪工程设施建设，应当符合流域综合规划，与流域水资源的综合开发相结合。

本法所称综合规划是指开发利用水资源和防治水害的综合规划。

第五条　防洪工作按照流域或者区域实行统一规划、分级实施和流域管理与行政区域管理相结合的制度。

第六条　任何单位和个人都有保护防洪工程设施和依法参加防汛抗洪的义务。

第七条　各级人民政府应当加强对防洪工作的统一领导，组织有关部门、单位，动员社会力量，依靠科技进步，有计划地进行江河、湖泊治理，采取措施加强防洪工程设施建设，巩固、提高防洪能力。

各级人民政府应当组织有关部门、单位，动员社会力量，做好防汛抗洪和洪涝灾害后的恢复与救济工作。

各级人民政府应当对蓄滞洪区予以扶持；蓄滞洪后，应当依照国家规定予以补偿或者救助。

第八条　国务院水行政主管部门在国务院的领导下，负责全国防洪的组织、协调、监督、指导等日常工作。国务院水行政主管部门在国家确定的重要江河、湖泊设立的流域管理机构，在所管辖的范围内行使法律、行政法规规定和国务院水行政主管部门授权的防洪协调和监督管理职责。

国务院建设行政主管部门和其他有关部门在国务院的领导下，按照各自的职责，负责有关的防洪工作。

县级以上地方人民政府水行政主管部门在本级人民政府的领导下，负责本行政区域内防洪的组织、协调、监督、指导等日常工作。县级以上地方人民政府建设行政主管部门和其他有关部门在本级人民政府的领导下，按照各自的职责，负责有关的防洪工作。

第二章 防洪规划

第九条 防洪规划是指为防治某一流域、河段或者区域的洪涝灾害而制定的总体部署，包括国家确定的重要江河、湖泊的流域防洪规划，其他江河、河段、湖泊的防洪规划以及区域防洪规划。

防洪规划应当服从所在流域、区域的综合规划；区域防洪规划应当服从所在流域的流域防洪规划。

防洪规划是江河、湖泊治理和防洪工程设施建设的基本依据。

第十条 国家确定的重要江河、湖泊的防洪规划，由国务院水行政主管部门依据该江河、湖泊的流域综合规划，会同有关部门和有关省、自治区、直辖市人民政府编制，报国务院批准。

其他江河、河段、湖泊的防洪规划或者区域防洪规划，由县级以上地方人民政府水行政主管部门分别依据流域综合规划、区域综合规划，会同有关部门和有关地区编制，报本级人民政府批准，并报上一级人民政府水行政主管部门备案；跨省、自治区、直辖市的江河、河段、湖泊的防洪规划由有关流域管理机构会同江河、河段、湖泊所在地的省、自治区、直辖市人民政府水行政主管部门、有关主管部门拟定，分别经有关省、自治区、直辖市人民政府审查提出意见后，报国务院水行政主管部门批准。

城市防洪规划，由城市人民政府组织水行政主管部门、建设行政主管部门和其他有关部门依据流域防洪规划、上一级人民政府区域防洪规划编制，按照国务院规定的审批程序批准后纳入城市总体规划。

修改防洪规划，应当报经原批准机关批准。

第十一条 编制防洪规划，应当遵循确保重点、兼顾一般，以及防汛和抗旱相结合、工程措施和非工程措施相结合的原则，充分考虑洪涝规律和上下游、左右岸的关系以及国民经济对防洪的要求，并与国土规划和土地利用总体规划相协调。

防洪规划应当确定防护对象、治理目标和任务、防洪措施和实施方案，划定洪泛区、蓄滞洪区和防洪保护区的范围，规定蓄滞洪区的使用原则。

第十二条 受风暴潮威胁的沿海地区的县级以上地方人民政府，应当把防御风暴潮纳入本地区的防洪规划，加强海堤（海塘）、挡潮闸和沿海防护林等防御风暴潮工程体系建设，监督建筑物、构筑物的设计和施工符合防御风暴潮的需要。

第十三条 山洪可能诱发山体滑坡、崩塌和泥石流的地区以及其他山洪多发地区的县级以上地方人民政府，应当组织负责地质矿产管理工作的部门、水行政主管部门和其他有关部门对山体滑坡、崩塌和泥石流隐患进行全面调查，划定重点防治区，采取防治措施。

城市、村镇和其他居民点以及工厂、矿山、铁路和公路干线的布局，应当避开山洪威胁；已经建在受山洪威胁的地方的，应当采取防御措施。

第十四条 平原、洼地、水网圩区、山谷、盆地等易涝地区的有关地方人民政府，应当制定除涝治涝规划，组织有关部门、单位采取相应的治理措施，完善排水系统，发展耐涝农作物种类和品种，开展洪涝、干旱、盐碱综合治理。

城市人民政府应当加强对城区排涝管网、泵站的建设和管理。

第十五条　国务院水行政主管部门应当会同有关部门和省、自治区、直辖市人民政府制定长江、黄河、珠江、辽河、淮河、海河入海河口的整治规划。

在前款入海河口围海造地，应当符合河口整治规划。

第十六条　防洪规划确定的河道整治计划用地和规划建设的堤防用地范围内的土地，经土地管理部门和水行政主管部门会同有关地区核定，报经县级以上人民政府按照国务院规定的权限批准后，可以划定为规划保留区；该规划保留区范围内的土地涉及其他项目用地的，有关土地管理部门和水行政主管部门核定时，应当征求有关部门的意见。

规划保留区依照前款规定划定后，应当公告。

前款规划保留区内不得建设与防洪无关的工矿工程设施；在特殊情况下，国家工矿建设项目确需占用前款规划保留区内的土地的，应当按照国家规定的基本建设程序报请批准，并征求有关水行政主管部门的意见。

防洪规划确定的扩大或者开辟的人工排洪道用地范围内的土地，经省级以上人民政府土地管理部门和水行政主管部门会同有关部门、有关地区核定，报省级以上人民政府按照国务院规定的权限批准后，可以划定为规划保留区，适用前款规定。

第十七条　在江河、湖泊上建设防洪工程和其他水工程、水电站等，应当符合防洪规划的要求；水库应当按照防洪规划的要求留足防洪库容。

前款规定的防洪工程和其他水工程、水电站的可行性研究报告按照国家规定的基本建设程序报请批准时，应当附具有关水行政主管部门签署的符合防洪规划要求的规划同意书。

第三章　治理与防护

第十八条　防治江河洪水，应当蓄泄兼施，充分发挥河道行洪能力和水库、洼淀、湖泊调蓄洪水的功能，加强河道防护，因地制宜地采取定期清淤疏浚等措施，保持行洪畅通。

防治江河洪水，应当保护、扩大流域林草植被，涵养水源，加强流域水土保持综合治理。

第十九条　整治河道和修建控制引导河水流向、保护堤岸等工程，应当兼顾上下游、左右岸的关系，按照规划治导线实施，不得任意改变河水流向。

国家确定的重要江河的规划治导线由流域管理机构拟定，报国务院水行政主管部门批准。

其他江河、河段的规划治导线由县级以上地方人民政府水行政主管部门拟定，报本级人民政府批准；跨省、自治区、直辖市的江河、河段和省、自治区、直辖市之间的省界河道的规划治导线由有关流域管理机构组织江河、河段所在地的省、自治区、直辖市人民政府水行政主管部门拟定，经有关省、自治区、直辖市人民政府审查提出意见后，报国务院水行政主管部门批准。

第二十条　整治河道、湖泊，涉及航道的，应当兼顾航运需要，并事先征求交通主管部门的意见。整治航道，应当符合江河、湖泊防洪安全要求，并事先征求水行政主管部门的意见。

在竹木流放的河流和渔业水域整治河道的，应当兼顾竹木水运和渔业发展的需要，并事先征求林业、渔业行政主管部门的意见。在河道中流放竹木，不得影响行洪和防洪工程设施的安全。

第二十一条　河道、湖泊管理实行按水系统一管理和分级管理相结合的原则，加强防护，确保畅通。

国家确定的重要江河、湖泊的主要河段，跨省、自治区、直辖市的重要河段、湖泊，省、自治区、直辖市之间的省界河道、湖泊以及国（边）界河道、湖泊，由流域管理机构和江河、湖泊所在地的省、自治区、直辖市人民政府水行政主管部门按照国务院水行政主管部门的划定依法实施管理。其他河道、湖泊，由县级以上地方人民政府水行政主管部门按照国务院水行政主管部门或者国务院水行政主管部门授权的机构的划定依法实施管理。

有堤防的河道、湖泊，其管理范围为两岸堤防之间的水域、沙洲、滩地、行洪区和堤防及护堤地；无堤防的河道、湖泊，其管理范围为历史最高洪水位或者设计洪水位之间的水域、沙洲、滩地和行洪区。

流域管理机构直接管理的河道、湖泊管理范围，由流域管理机构会同有关县级以上地方人民政府依照前款规定界定；其他河道、湖泊管理范围，由有关县级以上地方人民政府依照前款规定界定。

第二十二条　河道、湖泊管理范围内的土地和岸线的利用，应当符合行洪、输水的要求。

禁止在河道、湖泊管理范围内建设妨碍行洪的建筑物、构筑物，倾倒垃圾、渣土，从事影响河势稳定、危害河岸堤防安全和其他妨碍河道行洪的活动。

禁止在行洪河道内种植阻碍行洪的林木和高秆作物。

在船舶航行可能危及堤岸安全的河段，应当限定航速。限定航速的标志，由交通主管部门与水行政主管部门商定后设置。

第二十三条　禁止围湖造地。已经围垦的，应当按照国家规定的防洪标准进行治理，有计划地退地还湖。

禁止围垦河道。确需围垦的，应当进行科学论证，经水行政主管部门确认不妨碍行洪、输水后，报省级以上人民政府批准。

第二十四条　对居住在行洪河道内的居民，当地人民政府应当有计划地组织外迁。

第二十五条　护堤护岸的林木，由河道、湖泊管理机构组织营造和管理。护堤护岸林木，不得任意砍伐。采伐护堤护岸林木的，须经河道、湖泊管理机构同意后，依法办理采伐许可手续，并完成规定的更新补种任务。

第二十六条　对壅水、阻水严重的桥梁、引道、码头和其他跨河工程设施，根据防洪标准，有关水行政主管部门可以报请县级以上人民政府按照国务院规定的权限责令建设单位限期改建或者拆除。

第二十七条　建设跨河、穿河、穿堤、临河的桥梁、码头、道路、渡口、管道、缆线、取水、排水等工程设施，应当符合防洪标准、岸线规划、航运要求和其他技术要求，不得危害堤防安全，影响河势稳定、妨碍行洪畅通；其可行性研究报告按照国家规定的基本建设程序报请批准前，其中的工程建设方案应当经有关水行政主管部门根据前述防洪要求审查同意。

前款工程设施需要占用河道、湖泊管理范围内土地，跨越河道、湖泊空间或者穿越河床的，建设单位应当经有关水行政主管部门对该工程设施建设的位置和界限审查批准后，方可依法办理开工手续；安排施工时，应当按照水行政主管部门审查批准的位置和界限进行。

第二十八条　对于河道、湖泊管理范围内依照本法规定建设的工程设施，水行政主管部门有权依法检查；水行政主管部门检查时，被检查者应当如实提供有关的情况和资料。

前款规定的工程设施竣工验收时，应当有水行政主管部门参加。

第四章　防洪区和防洪工程设施的管理

第二十九条　防洪区是指洪水泛滥可能淹及的地区，分为洪泛区、蓄滞洪区和防洪保护区。

洪泛区是指尚无工程设施保护的洪水泛滥所及的地区。

蓄滞洪区是指包括分洪口在内的河堤背水面以外临时贮存洪水的低洼地区及湖泊等。

防洪保护区是指在防洪标准内受防洪工程设施保护的地区。

洪泛区、蓄滞洪区和防洪保护区的范围，在防洪规划或者防御洪水方案中划定，并报请省级以上人民政府按照国务院规定的权限批准后予以公告。

第三十条　各级人民政府应当按照防洪规划对防洪区内的土地利用实行分区管理。

第三十一条　地方各级人民政府应当加强对防洪区安全建设工作的领导，组织有关部门、单位对防洪区内的单位和居民进行防洪教育，普及防洪知识，提高水患意识；按照防洪规划和防御洪水方案建立并完善防洪体系和水文、气象、通信、预警以及洪涝灾害监测系统，提高防御洪水能力；组织防洪区内的单位和居民积极参加防洪工作，因地制宜地采取防洪避洪措施。

第三十二条　洪泛区、蓄滞洪区所在地的省、自治区、直辖市人民政府应当组织有关地区和部门，按照防洪规划的要求，制定洪泛区、蓄滞洪区安全建设计划，控制蓄滞洪区人口增长，对居住在经常使用的蓄滞洪区的居民，有计划地组织外迁，并采取其他必要的安全保护措施。

因蓄滞洪区而直接受益的地区和单位，应当对蓄滞洪区承担国家规定的补偿、救助义务。国务院和有关的省、自治区、直辖市人民政府应当建立对蓄滞洪区的扶持和补偿、救助制度。

国务院和有关的省、自治区、直辖市人民政府可以制定洪泛区、蓄滞洪区安全建设管理办法以及对蓄滞洪区的扶持和补偿、救助办法。

第三十三条　在洪泛区、蓄滞洪区内建设非防洪建设项目，应当就洪水对建设项目可能产生的影响和建设项目对防洪可能产生的影响作出评价，编制洪水影响评价报告，提出防御措施。建设项目可行性研究报告按照国家规定的基本建设程序报请批准时，应当附具有关水行政主管部门审查批准的洪水影响评价报告。

在蓄滞洪区内建设的油田、铁路、公路、矿山、电厂、电信设施和管道，其洪水影响评价报告应当包括建设单位自行安排的防洪避洪方案。建设项目投入生产或者使用时，其防洪工程设施应当经水行政主管部门验收。

在蓄滞洪区内建造房屋应当采用平顶式结构。

第三十四条　大中城市，重要的铁路、公路干线，大型骨干企业，应当列为防洪重点，确保安全。

受洪水威胁的城市、经济开发区、工矿区和国家重要的农业生产基地等，应当重点保护，建设必要的防洪工程设施。

城市建设不得擅自填堵原有河道沟叉、贮水湖塘洼淀和废除原有防洪围堤；确需填堵或者废除的，应当经水行政主管部门审查同意，并报城市人民政府批准。

第三十五条　属于国家所有的防洪工程设施，应当按照经批准的设计，在竣工验收前由县级以上人民政府按照国家规定，划定管理和保护范围。

属于集体所有的防洪工程设施，应当按照省、自治区、直辖市人民政府的规定，划定保护范围。

在防洪工程设施保护范围内，禁止进行爆破、打井、采石、取土等危害防洪工程设施安全的活动。

第三十六条　各级人民政府应当组织有关部门加强对水库大坝的定期检查和监督管理。对未达到设计洪水标准、抗震设防要求或者有严重质量缺陷的险坝，大坝主管部门应当组织有关单位采取除险加固措施，限期消除危险或者重建，有关人民政府应当优先安排所需资金。对可能出现垮坝的水库，应当事先制定应急抢险和居民临时撤离方案。

各级人民政府和有关主管部门应当加强对尾矿坝的监督管理，采取措施，避免因洪水导致垮坝。

第三十七条　任何单位和个人不得破坏、侵占、毁损水库大坝、堤防、水闸、护岸、抽水站、排水渠系等防洪工程和水文、通信设施以及防汛备用的器材、物料等。

第五章　防　汛　抗　洪

第三十八条　防汛抗洪工作实行各级人民政府行政首长负责制，统一指挥、分级分部门负责。

第三十九条　国务院设立国家防汛指挥机构，负责领导、组织全国的防汛抗洪工作，其办事机构设在国务院水行政主管部门。

在国家确定的重要江河、湖泊可以设立由有关省、自治区、直辖市人民政府和该江河、湖泊的流域管理机构负责人等组成的防汛指挥机构，指挥所管辖范围内的防汛抗洪工作，其办事机构设在流域管理机构。

有防汛抗洪任务的县级以上地方人民政府设立由有关部门、当地驻军、人民武装部负责人等组成的防汛指挥机构，在上级防汛指挥机构和本级人民政府的领导下，指挥本地区的防汛抗洪工作，其办事机构设在同级水行政主管部门；必要时，经城市人民政府决定，防汛指挥机构也可以在建设行政主管部门设城市市区办事机构，在防汛指挥机构的统一领导下，负责城市市区的防汛抗洪日常工作。

第四十条　有防汛抗洪任务的县级以上地方人民政府根据流域综合规划、防洪工程实际状况和国家规定的防洪标准，制定防御洪水方案（包括对特大洪水的处置措施）。

长江、黄河、淮河、海河的防御洪水方案，由国家防汛指挥机构制定，报国务院批准；跨省、自治区、直辖市的其他江河的防御洪水方案，由有关流域管理机构会同有关省、自治区、直辖市人民政府制定，报国务院或者国务院授权的有关部门批准。防御洪水方案经批准后，有关地方人民政府必须执行。

各级防汛指挥机构和承担防汛抗洪任务的部门和单位，必须根据防御洪水方案做好防汛抗洪准备工作。

第四十一条 省、自治区、直辖市人民政府防汛指挥机构根据当地的洪水规律，规定汛期起止日期。

当江河、湖泊的水情接近保证水位或者安全流量，水库水位接近设计洪水位，或者防洪工程设施发生重大险情时，有关县级以上人民政府防汛指挥机构可以宣布进入紧急防汛期。

第四十二条 对河道、湖泊范围内阻碍行洪的障碍物，按照谁设障、谁清除的原则，由防汛指挥机构责令限期清除；逾期不清除的，由防汛指挥机构组织强行清除，所需费用由设障者承担。

在紧急防汛期，国家防汛指挥机构或者其授权的流域、省、自治区、直辖市防汛指挥机构有权对壅水、阻水严重的桥梁、引道、码头和其他跨河工程设施作出紧急处置。

第四十三条 在汛期，气象、水文、海洋等有关部门应当按照各自的职责，及时向有关防汛指挥机构提供天气、水文等实时信息和风暴潮预报；电信部门应当优先提供防汛抗洪通信的服务；运输、电力、物资材料供应等有关部门应当优先为防汛抗洪服务。

中国人民解放军、中国人民武装警察部队和民兵应当执行国家赋予的抗洪抢险任务。

第四十四条 在汛期，水库、闸坝和其他水工程设施的运用，必须服从有关的防汛指挥机构的调度指挥和监督。

在汛期，水库不得擅自在汛期限制水位以上蓄水，其汛期限制水位以上的防洪库容的运用，必须服从防汛指挥机构的调度指挥和监督。

在凌汛期，有防凌汛任务的江河的上游水库的下泄水量必须征得有关的防汛指挥机构的同意，并接受其监督。

第四十五条 在紧急防汛期，防汛指挥机构根据防汛抗洪的需要，有权在其管辖范围内调用物资、设备、交通运输工具和人力，决定采取取土占地、砍伐林木、清除阻水障碍物和其他必要的紧急措施；必要时，公安、交通等有关部门按照防汛指挥机构的决定，依法实施陆地和水面交通管制。

依照前款规定调用的物资、设备、交通运输工具等，在汛期结束后应当及时归还；造成损坏或者无法归还的，按照国务院有关规定给予适当补偿或者作其他处理。取土占地、砍伐林木的，在汛期结束后依法向有关部门补办手续；有关地方人民政府对取土后的土地组织复垦，对砍伐的林木组织补种。

第四十六条 江河、湖泊水位或者流量达到国家规定的分洪标准，需要启用蓄滞洪区时，国务院，国家防汛指挥机构，流域防汛指挥机构，省、自治区、直辖市人民政府，省、自治区、直辖市防汛指挥机构，按照依法经批准的防御洪水方案中规定的启用条件和批准程序，决定启用蓄滞洪区。依法启用蓄滞洪区，任何单位和个人不得阻拦、拖延；遇到阻拦、拖延时，由有关县级以上地方人民政府强制实施。

第四十七条　发生洪涝灾害后，有关人民政府应当组织有关部门、单位做好灾区的生活供给、卫生防疫、救灾物资供应、治安管理、学校复课、恢复生产和重建家园等救灾工作以及所管辖地区的各项水毁工程设施修复工作。水毁防洪工程设施的修复，应当优先列入有关部门的年度建设计划。

国家鼓励、扶持开展洪水保险。

第六章　保　障　措　施

第四十八条　各级人民政府应当采取措施，提高防洪投入的总体水平。

第四十九条　江河、湖泊的治理和防洪工程设施的建设和维护所需投资，按照事权和财权相统一的原则，分级负责，由中央和地方财政承担。城市防洪工程设施的建设和维护所需投资，由城市人民政府承担。

受洪水威胁地区的油田、管道、铁路、公路、矿山、电力、电信等企业、事业单位应当自筹资金，兴建必要的防洪自保工程。

第五十条　中央财政应当安排资金，用于国家确定的重要江河、湖泊的堤坝遭受特大洪涝灾害时的抗洪抢险和水毁防洪工程修复。省、自治区、直辖市人民政府应当在本级财政预算中安排资金，用于本行政区域内遭受特大洪涝灾害地区的抗洪抢险和水毁防洪工程修复。

第五十一条　国家设立水利建设基金，用于防洪工程和水利工程的维护和建设。具体办法由国务院规定。

受洪水威胁的省、自治区、直辖市为加强本行政区域内防洪工程设施建设，提高防御洪水能力，按照国务院的有关规定，可以规定在防洪保护区范围内征收河道工程修建维护管理费。

第五十二条　有防洪任务的地方各级人民政府应当根据国务院的有关规定，安排一定比例的农村义务工和劳动积累工，用于防洪工程设施的建设、维护。

第五十三条　任何单位和个人不得截留、挪用防洪、救灾资金和物资。

各级人民政府审计机关应当加强对防洪、救灾资金使用情况的审计监督。

第七章　法　律　责　任

第五十四条　违反本法第十七条规定，未经水行政主管部门签署规划同意书，擅自在江河、湖泊上建设防洪工程和其他水工程、水电站的，责令停止违法行为，补办规划同意书手续；违反规划同意书的要求，严重影响防洪的，责令限期拆除；违反规划同意书的要求，影响防洪但尚可采取补救措施的，责令限期采取补救措施，可以处一万元以上十万元以下的罚款。

第五十五条　违反本法第十九条规定，未按照规划治导线整治河道和修建控制引导河水流向、保护堤岸等工程，影响防洪的，责令停止违法行为，恢复原状或者采取其他补救措施，可以处一万元以上十万元以下的罚款。

第五十六条　违反本法第二十二条第二款、第三款规定，有下列行为之一的，责令停止违法行为，排除阻碍或者采取其他补救措施，可以处五万元以下的罚款：

（一）在河道、湖泊管理范围内建设妨碍行洪的建筑物、构筑物的；

（二）在河道、湖泊管理范围内倾倒垃圾、渣土，从事影响河势稳定、危害河岸堤防安全和其他妨碍河道行洪的活动的；

（三）在行洪河道内种植阻碍行洪的林木和高秆作物的。

第五十七条 违反本法第十五条第二款、第二十三条规定，围海造地、围湖造地、围垦河道的，责令停止违法行为，恢复原状或者采取其他补救措施，可以处五万元以下的罚款；既不恢复原状也不采取其他补救措施的，代为恢复原状或者采取其他补救措施，所需费用由违法者承担。

第五十八条 违反本法第二十七条规定，未经水行政主管部门对其工程建设方案审查同意或者未按照有关水行政主管部门审查批准的位置、界限，在河道、湖泊管理范围内从事工程设施建设活动的，责令停止违法行为，补办审查同意或者审查批准手续；工程设施建设严重影响防洪的，责令限期拆除，逾期不拆除的，强行拆除，所需费用由建设单位承担；影响行洪但尚可采取补救措施的，责令限期采取补救措施，可以处一万元以上十万元以下的罚款。

第五十九条 违反本法第三十三条第一款规定，在洪泛区、蓄滞洪区内建设非防洪建设项目，未编制洪水影响评价报告的，责令限期改正；逾期不改正的，处五万元以下的罚款。

违反本法第三十三条第二款规定，防洪工程设施未经验收，即将建设项目投入生产或者使用的，责令停止生产或者使用，限期验收防洪工程设施，可以处五万元以下的罚款。

第六十条 违反本法第三十四条规定，因城市建设擅自填堵原有河道沟叉、贮水湖塘洼淀和废除原有防洪围堤的，城市人民政府应当责令停止违法行为，限期恢复原状或者采取其他补救措施。

第六十一条 违反本法规定，破坏、侵占、毁损堤防、水闸、护岸、抽水站、排水渠系等防洪工程和水文、通信设施以及防汛备用的器材、物料的，责令停止违法行为，采取补救措施，可以处五万元以下的罚款；造成损坏的，依法承担民事责任；应当给予治安管理处罚的，依照治安管理处罚条例的规定处罚；构成犯罪的，依法追究刑事责任。

第六十二条 阻碍、威胁防汛指挥机构、水行政主管部门或者流域管理机构的工作人员依法执行职务，构成犯罪的，依法追究刑事责任；尚不构成犯罪，应当给予治安管理处罚的，依照治安管理处罚条例的规定处罚。

第六十三条 截留、挪用防洪、救灾资金和物资，构成犯罪的，依法追究刑事责任；尚不构成犯罪的，给予行政处分。

第六十四条 除本法第六十条的规定外，本章规定的行政处罚和行政措施，由县级以上人民政府水行政主管部门决定，或者由流域管理机构按照国务院水行政主管部门规定的权限决定。但是，本法第六十一条、第六十二条规定的治安管理处罚的决定机关，按照治安管理处罚条例的规定执行。

第六十五条 国家工作人员，有下列行为之一，构成犯罪的，依法追究刑事责任；尚不构成犯罪的，给予行政处分：

（一）违反本法第十七条、第十九条、第二十二条第二款、第二十二条第三款、第二十七条或者第三十四条规定，严重影响防洪的；

（二）滥用职权，玩忽职守，徇私舞弊，致使防汛抗洪工作遭受重大损失的；

（三）拒不执行防御洪水方案、防汛抢险指令或者蓄滞洪方案、措施、汛期调度运用计划等防汛调度方案的；

（四）违反本法规定，导致或者加重毗邻地区或者其他单位洪灾损失的。

第八章　附　　则

第六十六条　本法自 1998 年 1 月 1 日起施行。

附 录 14

中华人民共和国河道管理条例

（1988年6月3日国务院第七次常务会议通过，1988年6月10日中华人民共和国国务院令第3号公布，自公布之日起施行）

第一章　总　　则

第一条　为加强河道管理，保障防洪安全，发挥江河湖泊的综合效益，根据《中华人民共和国水法》，制定本条例。

第二条　本条例适用于中华人民共和国领域内的河道（包括湖泊、人工水道、行洪区、蓄洪区，滞洪区）。

河道内的航道，同时适用《中华人民共和国航道管理条例》。

第三条　开发利用江河湖泊水资源和防治水害，应当全面规划、统筹兼顾、综合利用、讲求效益，服从防洪的总体安排，促进各项事业的发展。

第四条　国务院水利行政主管部门是全国河道的主管机关。

各省、自治区、直辖市的水利行政主管部门是该行政区域的河道主管机关。

第五条　国家对河道实行按水系统一管理和分级管理相结合的原则。

长江、黄河、淮河、海河、珠江、松花江、辽河等大江大河的主要河段，跨省、自治区、直辖市的重要河段，省、自治区、直辖市之间的边界河道以及国境边界河道，由国家授权的江河流域管理机构实施管理，或者由上述江河所在省、自治区、直辖市的河道主管机关根据流域统一规划实施管理。其他河道由省、自治区、直辖市或者市、县的河道主管机关实施管理。

第六条　河道划分等级。河道等级标准由国务院水利行政主管部门制定。

第七条　河道防汛和清障工作实行地方人民政府行政首长负责制。

第八条　各级人民政府河道主管机关以及河道监理人员，必须按照国家法律、法规，加强河道管理，执行供水计划和防洪调度命令，维护水工程和人民生命财产安全。

第九条　一切单位和个人都有保护河道堤防安全和参加防汛抢险的义务。

第二章　河道整治与建设

第十条　河道的整治与建设，应当服从流域综合规划，符合国家规定的防洪标准、通航标准和其他有关技术要求，维护堤防安全，保持河势稳定和行洪、航运通畅。

第十一条　修建开发水利、防治水害、整治河道的各类工程和跨河、穿河、穿堤、临河的桥梁、码头、道路、渡口、管道、缆线等建筑物及设施，建设单位必须按照河道管理权限，将工程建设方案报送河道主管机关审查同意后，方可按照基本建设程序履行审批手续。

建设项目经批准后，建设单位应当将施工安排告知河道主管机关。

第十二条　修建桥梁、码头和其他设施，必须按照国家规定的防洪标准所确定的河宽进行，不得缩窄行洪通道。

桥梁和栈桥的梁底必须高于设计洪水位，并按照防洪和航运的要求，留有一定的超高。设计洪水位由河道主管机关根据防洪规划确定。

跨越河道的管道、线路的净空高度必须符合防洪和航运的要求。

第十三条　交通部门进行航道整治，应当符合防洪安全要求，并事先征求河道主管机关对有关设计和计划的意见。

水利部门进行河道整治，涉及航道的，应当兼顾航运的需要，并事先征求交通部门对有关设计和计划的意见。

在国家规定可以流放竹木的河流和重要的渔业水域进行河道、航道整治，建设单位应当兼顾竹木水运和渔业发展的需要，并事先将有关设计和计划送同级林业、渔业主管部门征求意见。

第十四条　堤防上已修建的涵闸、泵站和埋设的穿堤管道、缆线等建筑物及设施，河道主管机关应当定期检查，对不符合工程安全要求的，限期改建。

在堤防上新建前款所指建筑物及设施，必须经河道主管机关验收合格后方可启用，并服从河道主管机关的安全管理。

第十五条　确需利用堤顶或者戗台兼做公路的，必须经上级河道主管机关批准。堤身和堤顶公路的管理和维护办法，由河道主管机关商交通部门制定。

第十六条　城镇建设和发展不得占用河道滩地。城镇规划的临河界限，由河道主管机关会同城镇规划等有关部门确定。沿河城镇在编制和审查城镇规划时，应当事先征求河道主管机关的意见。

第十七条　河道岸线的利用和建设，应当服从河道整治规划和航道整治规划。计划部门在审批利用河道岸线的建设项目时，应当事先征求河道主管机关的意见。

河道岸线的界限，由河道主管机关会同交通等有关部门报县级以上地方人民政府划定。

第十八条　河道清淤和加固堤防取土以及按照防洪规划进行河道整治需要占用的土地，由当地人民政府调剂解决。

因修建水库、整治河道所增加的可利用土地，属于国家所有，可以由县级以上人民政府用于移民安置和河道整治工程。

第十九条　省、自治区、直辖市以河道为边界的，在河道两岸外侧各十公里之内，以及跨省、自治区、直辖市的河道，未经有关各方达成协议或者国务院水利行政主管部门批准，禁止单方面修建排水、阻水、引水、蓄水工程以及河道整治工程。

第三章　河　道　保　护

第二十条　有堤防的河道，其管理范围为两岸堤防之间的水域、沙洲、滩地（包括可耕地）、行洪区，两岸堤防及护堤地。

无堤防的河道，其管理范围根据历史最高洪水位或者设计洪水位确定。

河道的具体管理范围，由县级以上地方人民政府负责划定。

第二十一条　在河道管理范围内，水域和土地的利用应当符合江河行洪、输水和航运的要求；滩地的利用，应当由河道主管机关会同土地管理等有关部门制定规划，报县级以上地方人民政府批准后实施。

第二十二条　禁止损毁堤防、护岸、闸坝等水工程建筑物和防汛设施、水文监测和测量设施、河岸地质监测设施以及通信照明等设施。

在防汛抢险期间，无关人员和车辆不得上堤。

因降雨雪等造成堤顶泥泞期间，禁止车辆通行，但防汛抢险车辆除外。

第二十三条　禁止非管理人员操作河道上的涵闸闸门，禁止任何组织和个人干扰河道管理单位的正常工作。

第二十四条　在河道管理范围内，禁止修建围堤、阻水渠道、阻水道路；种植高杆农作物、芦苇、杞柳、荻柴和树木（堤防防护林除外）；设置拦河渔具；弃置矿渣、石渣、煤灰、泥土、垃圾等。

在堤防和护堤地，禁止建房、放牧、开渠、打井、挖窖、葬坟、晒粮、存放物料、开采地下资源、进行考古发掘以及开展集市贸易活动。

第二十五条　在河道管理范围内进行下列活动，必须报经河道主管机关批准；涉及其他部门的，由河道主管机关会同有关部门批准：

（一）采砂、取土、淘金、弃置砂石或者淤泥；

（二）爆破、钻探、挖筑鱼塘；

（三）在河道滩地存放物料、修建厂房或者其他建筑设施；

（四）在河道滩地开采地下资源及进行考古发掘。

第二十六条　根据堤防的重要程度、堤基土质条件等，河道主管机关报经县级以上人民政府批准，可以在河道管理范围的相连地域划定堤防安全保护区。在堤防安全保护区内，禁止进行打井、钻探、爆破、挖筑鱼塘、采石、取土等危害堤防安全的活动。

第二十七条　禁止围湖造田。已经围垦的，应当按照国家规定的防洪标准进行治理，逐步退田还湖。湖泊的开发利用规划必须经河道主管机关审查同意。

禁止围垦河流，确需围垦的，必须经过科学论证，并经省级以上人民政府批准。

第二十八条　加强河道滩地、堤防和河岸的水土保持工作，防止水土流失、河道淤积。

第二十九条　江河的故道、旧堤、原有工程设施等，非经河道主管机关批准，不得填堵、占用或者拆毁。

第三十条　护堤护岸林木，由河道管理单位组织营造和管理，其他任何单位和个人不得侵占、砍伐或者破坏。

河道管理单位对护堤护岸林木进行抚育和更新性质的采伐及用于防汛抢险的采伐，根据国家有关规定免交育林基金。

第三十一条　在为保证堤岸安全需要限制航速的河段，河道主管机关应当会同交通部门设立限制航速的标志，通行的船舶不得超速行驶。

在汛期，船舶的行驶和停靠必须遵守防汛指挥部的规定。

第三十二条　山区河道有山体滑坡、崩岸、泥石流等自然灾害的河段，河道主管机关应当会同地质、交通等部门加强监测。在上述河段，禁止从事开山采石、采矿、开荒等危及山体稳定的活动。

第三十三条　在河道中流放竹木，不得影响行洪、航运和水工程安全，并服从当地河道主管机关的安全管理。

在汛期，河道主管机关有权对河道上的竹木和其他漂流物进行紧急处置。

第三十四条　向河道、湖泊排污的排污口的设置和扩大，排污单位在向环境保护部门申报之前，应当征得河道主管机关的同意。

第三十五条　在河道管理范围内，禁止堆放、倾倒、掩埋、排放污染水体的物体。禁止在河道内清洗装贮过油类或者有毒污染物的车辆、容器。

河道主管机关应当开展河道水质监测工作，协同环境保护部门对水污染防治实施监督管理。

第四章　河道清障

第三十六条　对河道管理范围内的阻水障碍物，按照“谁设障，谁清除”的原则，由河道主管机关提出清障计划和实施方案，由防汛指挥部责令设障者在规定的期限内清除。逾期不清除的，由防汛指挥部组织强行清除，并由设障者负担全部清障费用。

第三十七条　对壅水、阻水严重的桥梁、引道、码头和其他跨河工程设施，根据国家规定的防洪标准，由河道主管机关提出意见并报经人民政府批准，责成原建设单位在规定的期限内改建或者拆除。汛期影响防洪安全的，必须服从防汛指挥部的紧急处理决定。

第五章　经　费

第三十八条　河道堤防的防汛岁修费，按照分级管理的原则，分别由中央财政和地方财政负担，列入中央和地方年度财政预算。

第三十九条　受益范围明确的堤防、护岸、水闸、圩垸、海塘和排涝工程设施，河道主管机关可以向受益的工商企业等单位和农户收取河道工程修建维护管理费，其标准应当根据工程修建和维护管理费用确定。收费的具体标准和计收办法由省、自治区、直辖市人民政府制定。

第四十条　在河道管理范围内采砂、取土、淘金，必须按照经批准的范围和作业方式进行，并向河道主管机关缴纳管理费。收费的标准和计收办法由国务院水利行政主管部门会同国务院财政主管部门制定。

第四十一条　任何单位和个人，凡对堤防、护岸和其他水工程设施造成损坏或者造成河道淤积的，由责任者负责修复、清淤或者承担维修费用。

第四十二条　河道主管机关收取的各项费用，用于河道堤防工程的建设、管理、维修和设施的更新改造。结余资金可以连年结转使用，任何部门不得截取或者挪用。

第四十三条　河道两岸的城镇和农村，当地县级以上人民政府可以在汛期组织堤防保护区域内的单位和个人义务出工，对河道堤防工程进行维修和加固。

第六章　罚　则

第四十四条　违反本条例规定，有下列行为之一的，县级以上地方人民政府河道主管机关除责令其纠正违法行为、采取补救措施外，可以并处警告、罚款、没收非法所得；对有关责任人员，由其所在单位或者上级主管机关给予行政处分；构成犯罪的，依法追究刑事责任：

（一）在河道管理范围内弃置、堆放阻碍行洪物体的；种植阻碍行洪的林木或者高杆植物的；修建围堤、阻水渠道、阻水道路的；

（二）在堤防、护堤地建房、放牧、开渠、打井、挖窖、葬坟、晒粮、存放物料、开采地下资源、进行考古发掘以及开展集市贸易活动的；

（三）未经批准或者不按照国家规定的防洪标准、工程安全标准整治河道或者修建水工程建筑物和其他设施的；

（四）未经批准或者不按照河道主管机关的规定在河道管理范围内采砂、取土、淘金、弃置砂石或者淤泥、爆破、钻探、挖筑鱼塘的；

（五）未经批准在河道滩地存放物料、修建厂房或者其他建筑设施，以及开采地下资源或者进行考古发掘的；

（六）违反本条例第二十七条的规定，围垦湖泊、河流的；

（七）擅自砍伐护堤护岸林木的；

（八）汛期违反防汛指挥部的规定或者指令的。

第四十五条　违反本条例规定，有下列行为之一的，县级以上地方人民政府河道主管机关除责令纠正违法行为、赔偿损失、采取补救措施外，可以并处警告、罚款；应当给予治安管理处罚的，按照《中华人民共和国治安管理处罚法》的规定处罚；构成犯罪的，依法追究刑事责任：

（一）损毁堤防、护岸、闸坝、水工程建筑物，损毁防汛设施、水文监测和测量设施、河岸地质监测设施以及通信照明等设施；

（二）在堤防安全保护区内进行打井、钻探、爆破、挖筑鱼塘、采石、取土等危害堤防安全的活动的；

（三）非管理人员操作河道上的涵闸闸门或者干扰河道管理单位正常工作的。

第四十六条　当事人对行政处罚决定不服的，可以在接到处罚通知之日起十五日内，向作出处罚决定的机关的上一级机关申请复议，对复议决定不服的，可以在接到复议决定之日起十五日内，向人民法院起诉。当事人也可以在接到处罚通知之日起十五日内，直接向人民法院起诉。当事人逾期不申请复议或者不向人民法院起诉又不履行处罚决定的，由作出处罚决定的机关申请人民法院强制执行。对治安管理处罚不服的，按照《中华人民共和国治安管理处罚法》的规定办理。

第四十七条　对违反本条例规定，造成国家、集体、个人经济损失的，受害方可以请求县级以上河道主管机关处理。受害方也可以直接向人民法院起诉。

当事人对河道主管机关的处理决定不服的，可以在接到通知之日起，十五日内向人民法院起诉。

第四十八条　河道主管机关的工作人员以及河道监理人员玩忽职守、滥用职权、徇私舞弊的，由其所在单位或者上级主管机关给予行政处分；对公共财产、国家和人民利益造成重大损失的，依法追究刑事责任。

第七章 附 则

第四十九条 各省、自治区、直辖市人民政府，可以根据本条例的规定，结合本地区的实际情况，制定实施办法。

第五十条 本条例由国务院水利行政主管部门负责解释。

第五十一条 本条例自发布之日起施行。

附录 15

取水许可证制度实施办法

（1993 年 6 月 11 日国务院第五次常务会议通过，自 1993 年 9 月 1 日施行）

第一条 为加强水资源管理，节约用水，促进水资源合理开发利用，根据《中华人民共和国水法》，制定本办法。

第二条 本办法所称取水，是指利用水工程或者机械提水设施直接从江河、湖泊或者地下取水。一切取水单位和个人，除本办法第三条、第四条规定的情形外，都应当依照本办法申请取水许可证，并依照规定取水。

前款所称水工程包括闸（不含船闸）、坝、跨河流的引水式水电站、渠道、人工河道、虹吸管等取水、引水工程。取用自来水厂等供水工程的水，不适用本办法。

第三条 下列少量取水不需要申请取水许可证：

（一）为家庭生活、畜禽饮用取水的；

（二）为农业灌溉少量取水的；

（三）用人力、畜力或者其他方法少量取水的。

少量取水的限额由省级人民政府规定。

第四条 下列取水免予申请取水许可证：

（一）为农业抗旱应急必须取水的；

（二）为保障矿井等地下工程施工安全和生产安全必须取水的；

（三）为防御和消除对公共安全或者公共利益的危害必须取水的。

第五条 取水许可应当首先保证城乡居民生活用水，统筹兼顾农业、工业用水和航运、环境保护需要。

省级人民政府在指定的水域或者区域可以根据实施情况规定具体的取水顺序。

第六条 取水许可必须符合江河流域的综合规划、全国和地方的水长期供求计划，遵守经批准的水量分配方案或者协议。

第七条 地下水取水许可不得超过本行政区域地下水年度计划可采总量，并应当符合井点总体布局和取水层位的要求。

地下水年度计划可采总量、井点总体布局和取水层位，由县级以上地方人民政府水行政主管部门会同地质矿产行政主管部门确定；对城市规划区地下水年度计划可采总量、井总体布局和取水层位，还应当会同城市建设行政主管部门确定。

第八条 在地下水超采区，应当严格控制开采地下水，不得扩大取水。禁止在没有回灌措施的地下水严格超采区取水。

地下水超采区和禁止取水区，由省级以上人民政府水行政主管部门会同地质矿产行政主管部门划定，报同级人民政府批准；涉及城市规划区和城市供水水源的，由省级以上人民政府水行政主管部门会同同级人民政府地质矿产行政主管部门和城市建设行政主管部门划定，报同级人民政府批准。

第九条　国务院水行政主管部门负责全国取水许可制度的组织实施和监督管理。

第十条　新建、改建、扩建的建设项目，需要申请或者重新申请取水许可的，建设单位应当在报送建设项目设计任务前，向县级以上人民政府水行政主管部门提出取水许可预申请；需要取用城市规划区内地下水的，在向水行政主管部门提出取水许可预申请前，须经城市建设行政主管部门审核同意并签署意见。

水行政主管部门收到建设单位提出的取水许可预申请后，应当会同有关部门审议，提出书面意见。

建设单位在报送建设项目设计任务书时，应当附具水行政主管部门的书面意见。

第十一条　建设项目经批准后，建设单位应当持设计任务书等有关批准文件向县级以上人民政府水行政主管部门提出取水许可申请；需要取用城市规划区内地下水的，应当经城市建设行政主管部门审核同意并签署意见后由水行政主管部门审批，水行政主管部门可以授权城市建设行政主管部门或者其他有关部门审批，具体办法由省、自治区、直辖市人民政府规定。

第十二条　国家、集体、个人兴办水工程或者机械提水设施的，由其主办者提出取水许可申请，联合兴办的，由其协商推举的代表提出取水许可申请。

申请的取水量不得超过已批准的水工程、机械提水设施设计所规定的取水量。

第十三条　申请取水许可应当提交下列文件：

（一）取水许可申请书；

（二）取水许可申请所依据的有关文件；

（三）取水许可申请与第三者有利害关系时，第三者的承诺书或者其他文件。

第十四条　取水许可申请书应当包括下列事项：

（一）提出取水许可申请的单位或者个人（以下简称申请人）的名称、姓名、地址；

（二）取水起始时间及期限；

（三）取水目的、取水量、年内各月的用水量、保证率等；

（四）申请理由；

（五）水源及取水地点；

（六）取水方式；

（七）节水措施；

（八）退水地点和退水中所含主要污染物以及污水处理措施；

（九）应当具备的其他事项。

第十五条　水行政主管部门在审批大中型建设项目的地下水取水许可申请、供水水源地的地下水取水许可申请时，须经地质矿产行政主管部门审核同意并签署意见后方可审批；水行政主管部门对上述地下水的许可申请可以授权地质矿产行政主管部门、城市建设行政主管部门或者其他有关部门审批。

第十六条　水行政主管部门或者其授权发放取水许可证的部门应当自收到取水许可申请之日起六十日内决定批准或者不批准；对急需取水的，应当在三十日内决定批准或者不批准。

需要先经地质矿产行政主管部门、城市建设行政主管部门审批的，地质矿产行政主管部门、城市建设行政主管部门应当自收到取水许可申请之日起三十日内送出审核意见。

取水许可申请引起争议或者诉讼，应当书面通知申请人待争议或者诉讼终止后，重新提出取水许可申请。

第十七条　地下水取水许可申请经水行政主管部门或者其授权的有关部门批准后，取水单位方可凿井，井成后经过测定，核定取水量，由水行政主管部门或者其授权的地质矿产行政主管部门、城市建设行政主管部门或者其他有关部门发给取水许可证。

第十八条　取水许可申请经审查批准并取得许可证的，载入取水许可登记簿，定期公告。

第十九条　下列取水由国务院水行政主管部门或者其授权的流域管理机构审批取水许可申请、发放取水许可证。

（一）长江、黄河、淮河、海河、滦河、珠江、松花江、辽河、金沙江、汉江的干流，国际河流，国境边界河流以及其他跨省、自治区、直辖市河流等指定河段限额以上的取水；

（二）省际边界河流、湖泊限额以上的取水；

（三）跨省、自治区、直辖市行政区域限额以上的取水；

（四）由国务院批准的大型建设项目的取水，但国务院水行政主管部门已经授权其他有关部门负责审批取水许可申请、发放取水许可证的除外。

前款所称的指定河段和限额，由国务院水行政主管部门规定。

第二十条　对取水许可申请不予批准时，申请人认为取水许可申请符合法定条件的，可以依法申请复议或者向人民法院起诉。

第二十一条　有下列情形之一的，水行政主管部门或者其授权发放取水许可证的部门根据本部门的权限，经县级以上人民政府批准，可以对取水许可证持有人（以下简称持证人）的取水量予以核减或者限制。

（一）由于自然原因等使水源不能满足本地区正常供水的；

（二）地下水严重超采或者因地下水开采引起地面沉降等地质灾害的；

（三）社会总取水量增加而又无法另行水源的；

（四）产品、产量或者生产工艺发生变化使取水量发生变化的；

（五）出现需要核减或者限制取水量的其他特殊情况的。

第二十二条　因自然原因等需要更改取水地点的，须经原批准机关批准。

第二十三条　对水耗超过规定标准的取水单位，水行政主管部门应当会同有关部门责令其限期改进或者改正。期满无正当理由仍未达到规定要求的，经县级以上人民政府批准，可以根据规定的用水标准核减其取水量。《城市节约用水管理规定》另有规定的，按照该规定办理。

第二十四条　连续停止取水满一年的，由水行政主管部门或者其授权发放取水许可证的行政主管部门核查后，报县级以上人民政府批准，吊销其取水许可证。但是，由于不可抗力或者进行重大技术改造等造成连续停止取水满一年的，经县级以上人民政府批准，不予吊销取水许可证。

第二十五条　依照本办法规定由国务院水行政主管部门或者其授权的流域管理机构批

准发放取水许可证的，其取水量的核减、限制，由原批准发放取水许可证的机关批准，需吊销取水许可证的，必须经国务院水行政主管部门批准。

第二十六条　取水许可不得转让。取水期满，取水许可证自行失效。需要延长取水期限的，应当在距期满九十日前向批准发放取水许可证的机关提出申请。原批准发放取水许可证的机关应当在接到申请之日起三十日内决定批准或者不予批准。

第二十七条　持证人应当依照取水许可证的规定取水。

持证人应当在开始取水前向水行政主管部门报送本年度用水计划，并在下一年度的第一个月份报送用水总结；取用地下水的，应当将年度用水计划和总结抄报地质矿产行政主管部门；在城市规划区内取水的，应当将年度用水计划和总结同时抄报城市建设行政主管部门。

持证人应当装置计量设施，按照规定填报取水报表。

水行政主管部门或者其授权发放取水许可证的部门检查取水情况时，持证人应当予以协助，如实提供取水量测定数据等有关资料。

第二十八条　有下列情形之一的，由水行政主管部门或者其授权发放取水许可证的部门责令限期纠正违法行为，情节严重的，报县级以上人民政府批准，吊销其取水许可证。

（一）未依照规定取水的；

（二）未在规定期限内装置计量设施的；

（三）拒绝提供取水量测定数据等有关资料或者提供假资料的；

（四）拒不执行水行政主管部门或者其授权发放取水许可证的部门作出的取水量核减或者限制决定的；

（五）将依照取水许可证取得的水，非法转售的。

第二十九条　未经批准擅自取水的，由水行政主管部门或者其授权发放取水许可证的部门责令停止取水。

第三十条　转让取水许可证的，由水行政主管部门或者其授权发放取水许可证的部门吊销取水许可证、没收非法所得。

第三十一条　违反本办法的规定取水，给他人造成妨碍或者损失的，应当停止侵害、排除妨碍、赔偿损失。

第三十二条　当事人对行政处罚决定不服的，可以依照《中华人民共和国行政诉讼法》和《行政复议条例》的规定，申请复议或者提起诉讼。当事人逾期不申请复议或得不向人民法院起诉、又不履行处罚决定的，作出处罚决定的机关可以申请人民法院强制执行，或者依法强制执行。

第三十三条　本办法施行前已经取水的单位和个人，除本办法第三条、第四条规定的情形外，应当向县级以上人民政府水行政主管部门办理取水登记，领取取水许可证；在城市规划区内的，取水登记工作应当由县级以上人民政府水行政主管部门会同城市建设行政主管部门进行。取水登记规则分别由省级人民政府和国务院水行政主管部门或者其授权的流域管理机构制定。

第三十四条　取水许可证及取水许可申请书和格式，由国务院水行政主管部门统一制定。发放取水许可证。只准收取工本费。

第三十五条 水资源丰沛的地区省级人同政府征得国务院水行主管部门同意，可以划定暂不实行取水许可制度的范围。

第三十六条 省、自治区、直辖市人民政府可以根据本办法制定实施细则。

第三十七条 本办法由国务院水行政主管部门负责解释。

第三十八条 本办法自一九九三年九月一日起施行。